教育部高职高专材料类专业教指委推荐教材

成形技术基础与实训

Forming Technology Theory and Practice

（金工实训）

主　编　陆卫娟

副主编　王庭俊　阎庆斌

参　编　唐龙泉　宋小军　王锁根　孙彩玲

主　审　凌爱林

天津大学出版社
TIANJIN UNIVERSITY PRESS

内容提要

本书以实训项目为主线,创造性地将理论与实践融会贯通于一书,并以新的课程标准为指导,渗透了"以人为本"、"自主—探究—合作—创新"等新的教育教学理念。其内容主要包括钳工加工与实训、铸造成形与实训、锻压成形与实训、焊接成形与实训、非金属材料及复合材料成形、零件毛坯的选择、热处理与实训、金属切削加工基础、车削加工与实训、铣削和刨削加工与实训、磨削加工与实训、特种加工、零件生产工艺过程基本知识、装配、先进机械制造技术简介等15个项目,其中含8个主要实训项目。

本书为开设该课程的高职高专院校学生的教材,同时还可供中职、技校学生学习或工厂、企业职工培训使用,也可作为有关技术人员的参考资料。

图书在版编目(CIP)数据

成形技术基础与实训/陆卫娟主编. —天津:天津大学出版社,2007.8(2013.8重印)

ISBN 978-7-5618-2505-1

Ⅰ.成… Ⅱ.①陆… Ⅲ.成形-高等学校-教材 Ⅳ.TG39

中国版本图书馆CIP数据核字(2007)第108352号

出版发行 天津大学出版社
出 版 人 杨欢
地　　址 天津市卫津路92号天津大学内(邮编:300072)
电　　话 发行部:022-27403647
网　　址 publish.tju.edu.cn
印　　刷 廊坊市长虹印刷有限公司
经　　销 全国各地新华书店
开　　本 169mm×239mm
印　　张 22.5
字　　数 521千
版　　次 2007年8月第1版　2013年8月第2版
印　　次 2013年8月第4次
印　　数 12 001-15 000
定　　价 29.80元

前　言

本书是根据机电类高等职业技术教育“工程材料及成形技术基础”课程标准(修订稿)编写而成的教改教材，全书以实训项目为主线，创造性地将理论与实践融会贯通于一书之中。教学安排一般为5~8周，最低不应少于5周。

本书与《工程材料及成形技术基础之一(工程材料与实训)》配套使用，同时也可作为金工实习教材单独使用。其特点是以项目教学思路组织教学内容，形成新的课程体系，并将理论知识融合于项目实践过程之中，学中做，做中学，学做结合。每个项目的完成，都将使学生经历一次理论与实践结合、知识与技能交融的完整过程。同时，教材的每一个项目中还提供了典型操作案例，可供学生操作和自学时参考。另外，教材中还安排了相关的拓展性题目，为学有余力的学生提供了自主发挥的空间。

本书通篇贯彻了“以人为本”的教育理念和“自主—探究—合作—创新”的学习理念，坚持基础性与时代性、常规工艺与新技术的结合。首先考虑仍广泛应用于现代机械制造企业的常规工艺、常用技术，为所有学生的发展奠定必要的基础；同时以适当的形式为学有余力的学生提供了可选择的新技术、新工艺等学习内容，甚至暂时还不能完全掌握，但又可开阔学生科学视野的内容，从而为学习者提供更广阔的发展空间。在教学过程、方法以及情感、态度与价值观等方面，本书也有较充分的体现。

本书由山西机电职业技术学院凌爱林(前言、绪论、项目一、项目七)、阎庆斌(项目二、项目五)、王锁根(项目四)、陆卫娟(项目八、项目九)、宋小军(项目三、项目十)，扬州工业职业技术学院王庭俊(项目十一、项目十二、项目十三)，福建漳州职业技术学院唐龙泉(项目六、项目十五)，烟台职业技术学院孙彩玲(项目十四)共同编写。陆卫娟任主编，阎庆斌、王庭俊任副主编。山西机电职业技术学院凌爱林教授担任主审。本书在编写过程中，得到了中国热处理行业协会秘书长佟晓辉教授、中国建筑材料工业协会范令惠教授、邢台职业技术学院院长刘丛教授、承德石油高等专科学校校长王纪安教授等专家的关怀、支持、指导和帮助。同时张绿叶、谷志胜、韩静国、宋志平、邱文、秦会峰、唐威、孙佳佳和宗梅等老师对本书也做了相关工作并提出了宝贵意见，在此一并表示衷心感谢！

由于本教材采用新的课程体系编写，渗透了大量新的知识和内容，并进行了全面的重组和编排，加之编者水平有限，时间短促，书中难免有缺点和不足之处，恳请读者批评指正。

编　者
2013年8月

目　录

绪　论

0.1　课程概述

人类生产与生活中使用的各种各样的机器设备、生活用品等，都是由各种不同的材料通过各种不同的加工方法制造而成。其工艺流程如图0-1所示。一般来说，制造一台机器设备，首先需根据零件的性能要求选择相应材料，然后通过成型技术使材料成为零件毛坯，再对零件毛坯进行切削加工并穿插热处理工艺以制成合格的零件，最后将零件进行装配，即成为完整的、可供直接使用的机器设备。

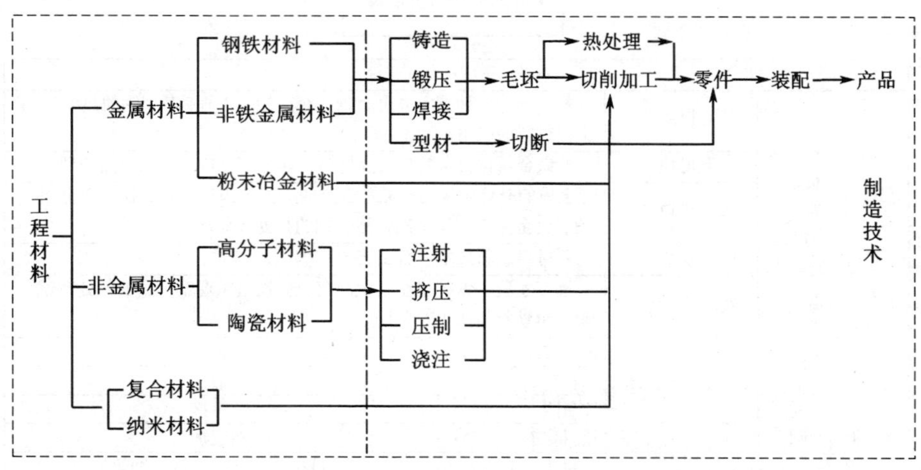

图0-1　常规机械制造工艺流程示意图

“工程材料及成形技术基础”课是研究机器零件常用材料和加工方法，即从选材到成形加工的综合性技术基础课；是学生学习工程材料知识，奠定成形技术与技能基础，培养良好职业道德与工程技术素养的必修课程。

0.1.1　本教材的编写依据

本教材的编写依据是“工程材料及成形技术基础”课程标准。用课程标准取代原教学大纲、指导教学改革，是本课程的重要特征。

“工程材料及成形技术基础”课程标准的基本框架如图0-2所示。

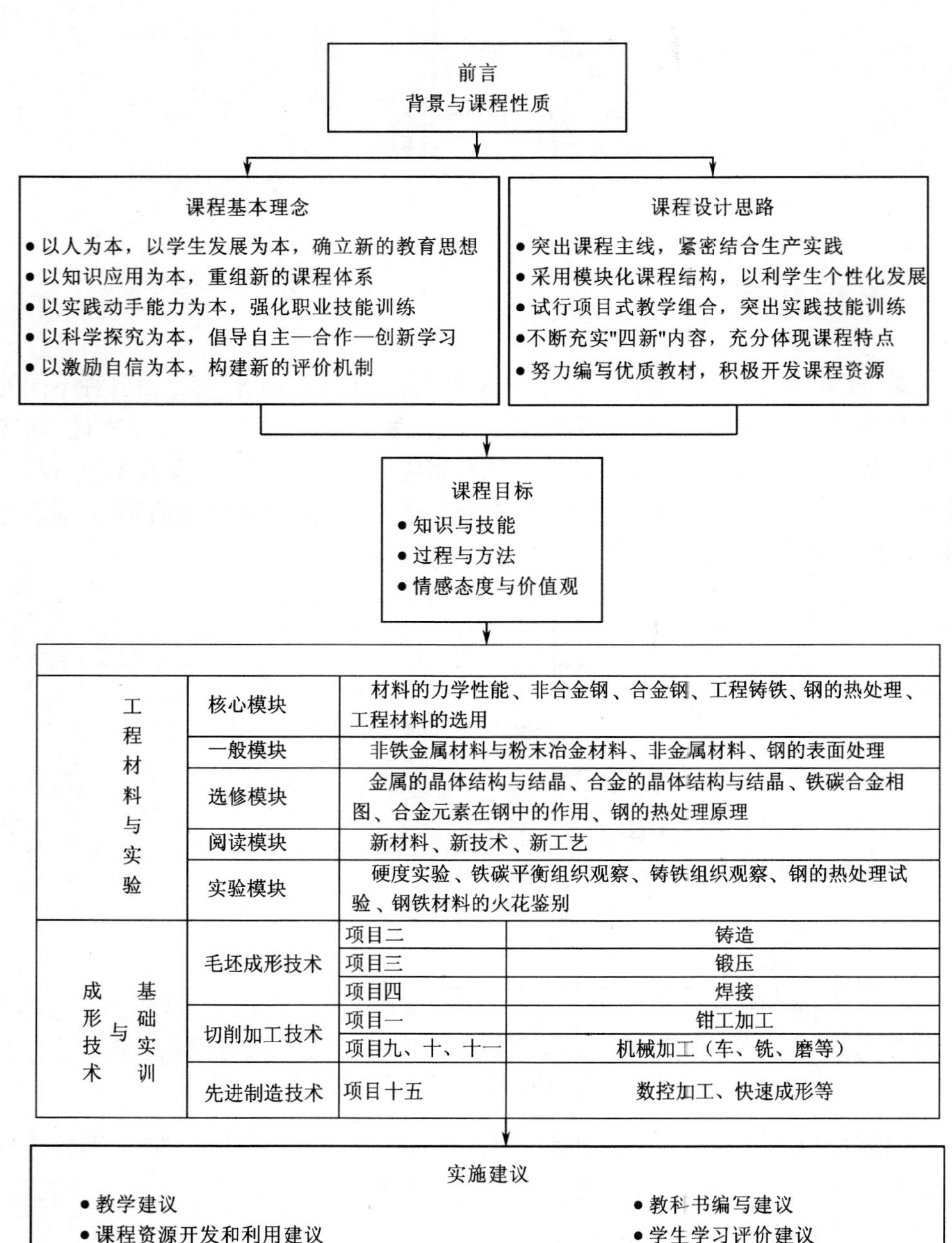

图 0-2　高职“工程材料及成形技术基础”课程标准设计框图

0.1.2　本教材的主要内容

“工程材料及成形技术基础”课程教材，分为“工程材料与实验”和“成形技术基础与实训”两册编写出版，本册教材主要介绍“成形技术基础与实训”内容，如表 0-1 所示。

表 0-1 “成形技术基础与实训”内容一览表

内容	分 类	项目编号	项目名称	主要内容呈现形式
成形技术基础与实训	手工加工技术	项目一	钳工加工及实训	钳工加工概述—钳工加工工艺设计—钳工加工操作技能与实训—检验—项目总结报告—交流与评价
	毛坯成形技术	项目二	铸造成形及实训	铸造成形概述—铸造工艺设计—砂型铸造操作技能与实训—作品检验—项目总结报告—交流与评价—特种铸造参观—现代铸造技术发展趋势简介
		项目三	锻压成形及实训	锻压成形概述—自由锻工艺设计—自由锻操作技能与实训—作品检验—项目总结报告—交流与评价—模锻、板料冲压—塑性加工新技术发展趋势简介
		项目四	焊接成形及实训	焊接成形概述—焊条电弧焊工艺设计—焊条电弧焊操作技能与实训—作品检验—项目总结报告—交流与评价—焊接新技术发展趋势简介
	机械加工技术	项目九	车削加工及实训	车削加工概述—车削加工工艺设计—车削加工操作技能与实训—作品检验—项目总结报告—交流评价
		项目十	铣削加工及实训	铣(刨)削加工概述—铣(刨)削加工工艺设计—铣(刨)削加工操作技能与实训—作品检验—项目总结报告—交流评价
		项目十一	磨削加工及实训	磨削加工概述—磨削加工工艺设计—磨削加工操作技能与实训—作品检验—项目总结报告—交流评价
	先进制造技术	项目十五	数控加工、快速成形等	先进成形技术概述—数控车、铣、线切割、电火花等加工参观与训练——CAD/CAM/CAE 系列软件应用训练——激光加工、超声波加工、快速原形成形技术等参观实践—项目总结报告—交流与评价

0.1.3 本课程的教学总目标

表 0-2 所示为本课程教学总目标,在本教材中主要体现的是“成形技术与技能基础”部分。通过该内容的学习,达到了解成形技术基础知识,初步掌握“钳工加工、毛坯成形、切削加工”等操作技能的目的。

表 0-2 三维课程总目标

目标	分类	主题	内涵
知识与技能	主要内容	一条主线	零件生产制造工艺全过程
		两个平台	材料应用技术平台
			成形技术与技能基础平台
		三项能力	选择材料及热处理工艺的能力,选择零件成形方法的能力,制定零件工艺路线的能力
		四类技能	钳工操作技能、毛坯成形操作技能、热处理操作技能、切削成形操作技能
	呈现形式	模块化	核心模块、一般模块、选修模块、阅读模块、实验模块
		理论实践一体化	以项目为单元,以实践操作训练为主线,理论贯穿其中

续表

目标	分类	主题	内涵
过程与方法	教学过程	综合性训练	按单元设计综合性题目
		项目式组合	按工种进行项目式训练
	教学方法	启发式教学	“不愤不启、不悱不发”
		自主式学习	自主—探究—合作—创新
情感、态度与价值观	情感	热爱—感悟	热爱祖国—感悟人生
	态度	崇尚—诚信	崇尚科学—诚信为本
	价值观	服务—贡献	服务人民—贡献社会

0.1.4 教学时间安排及主要教学过程与方法建议

1. 教学时间安排建议

由于本课程内容是以项目为单位编排，各项目均需集中时间进行，所以，教学时间安排一般以周为单位。项目1为1～2周，项目2、3、4为2～3周，项目5、6、7为2～3周，项目8为0.5～1周。其中各项目教学周数，可根据不同专业的具体要求进行调整，但必须保证总教学周数最低不少于5周。

2. 理论实践一体化的项目式教学过程

“成形技术基础与实训”的教学过程，主要是以各实训项目为主线展开，理论教学根据实践需求予以穿插。教学场地一般应选择在校内实训室或校外实训基地，理论教学内容一般应在实训现场讲授，不再单独安排；整个教学过程将集中在一周或几周时间内完成。

3. 自主式实施、启发式引导的教学方法

每个项目的实施均应充分体现学生的主体性，即从零件设计、图纸绘制、工艺编制到实践操作、完成作品、撰写项目报告、进行交流讨论，直到最后的结果认定、成绩评价等均应由学生自主完成，教师给以正确指导与引导，保证项目按期、圆满完成。

4. 关注情感、态度与价值观变化

初步形成对制造技术的好奇心和求知欲，产生热爱祖国、积极向上的学习情感。初步形成热爱工厂、热爱技术的工程素养和一丝不苟、艰苦创业以及不怕苦、不怕累、不怕脏、不怕热的良好思想品德。培养文明生产、环境保护和质量与效益的意识。尊重科学，勇于探索，关注国内外科技发展现状与趋势，有振兴中华的使命感和责任感，有将科学技术服务于人类的意识。

0.2 工程材料简介

材料是人类用来制造各种产品的物质，是人类生活和生产的物质基础。本课程所学习和实践的各种成形工艺、切削加工都是基于材料而进行的，所以在进入课程全面学习之前，有必要首先对工程材料进行初步了解。

材料种类繁多，按其组成特点，可分为金属材料、非金属材料、复合材料、新型材料等4大类；按使用性能，可分为主要作为承力结构使用的材料和主要利用光、电、磁、热、声等特殊性能的功能材料两大类；按材料的应用领域，可分为信息材料、能源材料、建筑材料、工程材料、生物材料、航空航天材料等多种类别。

工程材料主要用于制造结构件、机械零件和工具，通常有金属材料、非金属材料、复合材料等。

0.2.1 金属材料

金属材料一般是指具有金属特性的物质，通常分为钢铁材料、非铁金属材料和粉末冶金材料等三类。

1. 钢铁材料

(1)工业用钢

钢铁材料是指以铁、碳为主要元素组成的铁碳合金，又分为工业用钢和工程铸铁。

工业用钢是指碳的质量分数在2.11%以下，并含有其他元素的铁碳合金，是目前机械工业生产中应用最广泛的材料之一。按照国家标准GB/T 13304—1991《钢分类》规定，钢按化学成分分为非合金钢、低合金钢、合金钢三大类。

1)非合金钢(碳钢)

只含有少量杂质元素的铁碳合金称为非合金钢(碳钢)，通常分为非合金结构钢、优质非合金结构钢、非合金工具钢、铸造非合金钢等，其主要性能、用途、特点等如表0-3所示。

表0-3　非合金钢(碳钢)的成分、性能及用途

类别	常用牌号	成分	性　能	用　途
非合金结构钢	Q235	中、低碳	塑韧较高，强度较低	一般工程结构普通机械零件，如小轴、连杆、螺栓、螺母、法兰等
优质非合金结构钢	45	低、中高碳	性能优化	尺寸小、受力小的各类结构零件，如连杆、曲轴等
非合金工具钢	T10	高碳	硬度耐磨性好，热硬性差	低速、手动工具，如钻头、冲模、丝锥、锯条、刮刀等
铸造非合金钢	ZG200－400	低、中碳	力学性能较高	形状复杂、力学性能要求高的零件，如机座、变速箱体等

2)低合金钢

在非合金钢的基础上，有目的地加入少量合金元素(总量不超过5%，一般<3%)而形成的钢，称为低合金钢。该类钢一般具有良好的塑性、焊接性、耐气候性等性能，是最主要的工程结构材料。通常分为低合金高强度结构钢、低合金耐气候钢、低合金专业用钢等；常用的低合金高强度结构钢如表0-4所示。

表 0-4　常用低合金高强度钢的成分、力学性能及用途

牌号		化学成分 W(%)				钢材厚度(mm)	力学性能			冷弯试验	用途举例
新标准	旧标准	C	Si	Mn	其他		σ_b (MPa)	σ_S (MPa)	δ (%)	试件厚度(α) 心棒直径(d)	
Q295	$09Mn_2$	≤0.12	0.20～0.60	1.40～1.80	–	4～10	450	300	21	180 ℃ ($d=2a$)	油槽、油罐、机车车辆、梁柱等
Q345	14MnNb	0.12～0.18	0.20～0.60	0.80～1.20	0.15～0.50Nb	≤16	500	360	20		油罐、锅炉、桥梁等
	16Mn	0.12～0.20	0.20～0.60	1.20～1.60	–	≤16	520	350	21		桥梁、船舶、车辆、压力容器、建筑结构等
	16MnCu	0.12～0.20	0.20～0.60	1.25～1.50	0.20～0.35Cu	≤16	520	350	21		桥梁、船舶、车辆、压力容器、建筑结构等
Q390	15MnTi	0.12～0.18	0.20～0.60	1.25～1.50	0.12～0.20Ti	≤25	540	400	19	180 ℃ ($d=3a$)	船舶、压力容器、电站设备等
	15MnV	0.12～0.18	0.20～0.60	1.25～1.50	0.04～0.14V	≤25	540	400	18		船舶、压力容器、桥梁、车辆、起重机械等

3)合金钢

在非合金钢的基础上,有目的地加入一定量(总量>5%)的一种或几种合金元素而形成的钢,称为合金钢。它不仅大大改善了非合金钢的力学性能,而且还可以获得某些特殊性能,是钢铁材料中应用最广泛的材料。其种类繁多,通常分为机械结构用合金钢、合金工具钢和高速工具钢、特殊性能钢等。常用合金钢的类别、特点、用途等总结如表 0-5 所示。

表 0-5　合金钢的类别、特点、用途、典型牌号及热处理工艺

类别			特点	用途举例	典型牌号	常用热处理工艺
低合金高强度结构钢			低碳、低合金、高强度	桥梁、船舶、车辆	Q345	
机械结构用合金钢	合金渗碳钢		低碳,外硬内韧	汽车拖拉机齿轮等	20CrMnTi	渗碳→淬火+低温回火
	合金调质钢		中碳,综合力学性能好	汽车、拖拉机的传动轴	40Cr	调质→局部表面淬火+低温回火
	合金弹簧钢		中、高碳,弹性极限及疲劳强度高	汽车板簧	60Si2Mn	淬火+中温回火
	滚动轴承钢		高碳高铬,高硬度	滚动轴承	GCr15、GCr15SiMn	淬火+低温回火
合金工具钢	量具刃具钢		高硬度、高耐磨	块规、丝锥	CrWMn、9SiCr	球化退火→淬火+低温回火
	合金模具钢	冷作模具钢	高硬度、高耐磨及足够强韧性	冲模、冷压模	CrWMn、9Mn2V	球化退火→淬火+低温回火
		热作模具钢	高温下力学性能好	中型锻模	5CrMnMo	淬火+回火
		塑料模具钢	耐蚀、加工性好	耐蚀及高精度模具	2Cr13、4Cr13	淬火+回火
	高速工具钢		高的热硬性	成形车刀	W18Cr4V	淬火+多次回火

续表

类别		特点	用途举例	典型牌号	常用热处理工艺
特殊性能钢	不锈钢	耐蚀、一定的力学性能	火箭上液氧贮箱	0Cr18Ni9	固溶处理
	耐热钢	高温下抗氧化，有一定强度	内燃机气阀	4Cr9Si2	调质
	耐磨钢(高锰钢)	高压、高冲击下表现出高耐磨性	坦克、拖拉机履带	ZGMn13－4	水韧处理

(2)工程铸铁

工程铸铁是指碳的质量分数大于2.11%，并含有较多硅元素的铁碳合金，其磷、硫等杂质含量高于工业用钢。工程铸铁的主要优点是铸造性能良好，同时还具有生产工艺简便、成本低等优点，所以在工业生产中获得广泛应用，通常机器中50%(以质量计)以上的零件是铸铁件。一般分为灰铸铁、球墨铸铁、可锻铸铁和蠕墨铸铁等。常用工程铸铁的类别、性能、用途等见表0-6所示。

表0-6　工程铸铁的分类、石墨形态、生产方法、性能及应用

分类(牌号)	石墨形态	生产方法	性能	应用
普通灰铸铁(HT)	片状	铁液在共析温度及以上温度区间时缓慢冷却，使石墨化充分进行而获得	抗拉强度低，塑性、韧性低，石墨片数量越多、尺寸越大、分布越不均匀，抗拉强度越低。抗压强度、硬度主要取决于基体，石墨影响不大	制作箱体、机座等承压零件
球墨铸铁(QT)	球状	在铁液中加入球化剂使石墨呈球状；在出铁液时加入孕育剂促进石墨化而获得	由于球状石墨对基体的割裂作用和引起应力集中现象明显减小，故其力学性能比灰铸铁高得多	制造受力复杂、性能要求高的重要零件，如珠光体球墨铸铁制造拖拉机曲轴、齿轮；铁素体球墨铸铁制造阀门、汽车后桥壳等
可锻铸铁(KTH或KTZ)	团絮状	先浇注成白口铸件，再经石墨化退火，使渗碳体分解为团絮状石墨	与灰铁比，强度高、塑性和韧性好，但不能锻造。与球铁比，具有质量稳定、铁液处理简单、易组织流水线生产等优点	制造形状复杂、有一定塑性和韧性、承受冲击和振动及耐蚀的薄壁铸件，如汽车、拖拉机的后桥及转向机构等
蠕墨铸铁(RuT)	蠕虫状	在铁液中加入蠕化剂，使石墨成蠕虫状，再加孕育剂进行孕育处理	性能介于灰铁与球铁之间，强度接近于球铁，具有一定的塑性和韧性。耐热疲劳性、减振性和铸造性能优于球铁，接近灰铁，切削性能和球铁相似，比灰铁稍差	制作形状复杂、组织致密、强度高、承受较大热循环载荷的铸件，如柴油机的汽缸盖、汽缸套、进(排)气管、金属型、阀体等

2. 非铁金属材料与粉末冶金材料

(1)非铁金属材料

非铁金属材料是指除钢铁材料以外的其他金属及合金的总称(俗称有色金属),具有特殊的电性能、磁性能、热性能、耐蚀性能以及高比强度,广泛应用于机电、仪表,特别是航空、航天及航海等工业。非铁金属材料主要包括铝及铝合金、铜及铜合金、钛及钛合金、镁及镁合金以及滑动轴承合金等。

(2)粉末冶金材料

粉末冶金材料是用几种金属粉末或金属与非金属粉末做原料,通过配料、压制成形、烧结和后处理等工艺过程而制成的材料;生产粉末冶金材料的工艺过程称为粉末冶金法。粉末冶金材料主要有减摩材料、结构材料、摩擦材料、硬质合金以及难熔金属材料、特殊电磁性能材料、过滤材料、无偏析高速钢等。目前工业生产中应用较多的是硬质合金,它是以一种或几种难熔碳化物(如碳化钨、碳化钛等)的粉末为主要成分,加入起粘接作用的金属粉末,并用粉末冶金法制得的材料。

常用非铁金属材料与硬质合金的分类、牌号、用途等见表 0-7 所示。

表 0-7　常用非铁金属材料与硬质合金的分类、牌号、用途

<table>
<tr><th colspan="4">分类</th><th>典型牌号或代号</th><th>用途举例</th></tr>
<tr><td rowspan="8">铝合金</td><td rowspan="4">变形铝合金</td><td colspan="2">防锈铝合金</td><td>3A21(LF21)、5A05(LF5)</td><td>焊接沚箱、油管、焊条等</td></tr>
<tr><td colspan="2">硬铝合金</td><td>2A01(LY1)、2A11(LY11)</td><td>铆钉、叶片等</td></tr>
<tr><td colspan="2">超硬铝合金</td><td>7A04(LC4)、7A06(LC6)</td><td>飞机大梁、起落架等</td></tr>
<tr><td colspan="2">锻铝合金</td><td>2A50(LD5)、2A70(LD7)</td><td>航空发动机活塞、叶轮等</td></tr>
<tr><td rowspan="4">铸造铝合金</td><td colspan="2">Al-Si 系</td><td>ZAlSi7Mg(ZL101)、AlSi12(ZL102)</td><td>飞机、仪器零件,仪表、水泵壳体等</td></tr>
<tr><td colspan="2">Al-Cu 系</td><td>ZAlCu5Mn(ZL201)</td><td>内燃机气缸头、活塞等</td></tr>
<tr><td colspan="2">Al-Mg 系</td><td>ZAlMg10(ZL301)、ZAlMg5Si1(ZL303)</td><td>船舶配件等</td></tr>
<tr><td colspan="2">Al-Zn 系</td><td>ZAlZn11Si7(ZL401)</td><td>汽车、飞机零件等</td></tr>
<tr><td rowspan="6">铜合金</td><td rowspan="2">黄铜</td><td colspan="2">普通黄铜</td><td>H70、H62、ZCuZn38</td><td>弹壳、铆钉、散热器及端盖、阀座等</td></tr>
<tr><td colspan="2">特殊黄铜</td><td>HPb59-1、HMn58-2 、ZCuZn16Si4</td><td>耐磨、耐蚀零件及接触海水的零件等</td></tr>
<tr><td rowspan="4">青铜</td><td colspan="2">锡青铜</td><td>QSn4-3、ZCuSn10Pb1</td><td>耐磨及抗磁零件、轴瓦等</td></tr>
<tr><td rowspan="3">无锡青铜</td><td>铝青铜</td><td>ZCuAl10Fe3Mn2、QAl7</td><td>蜗轮、弹簧及弹性零件等</td></tr>
<tr><td>铍青铜</td><td>QBe2</td><td>重要弹簧与弹性元件、齿轮、轴承等</td></tr>
<tr><td>铅青铜</td><td>ZCuPb30</td><td>轴瓦、轴承、减摩零件等</td></tr>
<tr><td colspan="4">钛合金</td><td>TC4</td><td>在 400 ℃以下长期工作的零件等</td></tr>
<tr><td colspan="4">镁合金</td><td>MB8</td><td>飞机蒙皮、锻件(200 ℃以下工作)</td></tr>
</table>

续表

分类		典型牌号或代号	用途举例
滑动轴承合金	锡基轴承合金	ZSnSb11Cu6	航空发动机、汽轮机、内燃机等大型机器的高速轴瓦
	铅基轴承合金	ZPbSb16Sn16Cu2	汽车、拖拉机、轮船、减速器等承受中、低载荷的中速轴承
	铜基轴承合金	ZCuPb30	航空发动机、高速柴油机的轴承等
硬质合金	钨钴类硬质合金	YG3X、YG6	切削脆性材料刀具,量具和耐磨零件等
	钨钛钴类硬质合金	YT15、YT30	切削碳钢和合金钢的刀具等
	万能硬质合金	YW1、YW2	切削高锰钢、不锈钢、工具钢、淬火钢的切削刀具
工业纯铝		强度、硬度很低,塑性很高,无低温脆性,无磁性,导电性、导热性好等	制造电线、电缆等各种导电材料和各种散热器等导热元件
工业纯铜		导电性和导热性良好,并具有抗磁性,强度、硬度低,塑韧性、焊接性及低温力学性能良好等	配制铜合金,制造电线、电缆、散热器、冷凝器、通信器材以及抗磁、防磁仪器等

0.2.2 非金属材料与复合材料

1. 非金属材料

非金属材料是指除金属材料和复合材料以外的其他材料,包括高分子材料和陶瓷材料。它们具有许多金属材料所不及的性能,如高分子材料的耐蚀性、电绝缘性、减振性、质轻以及陶瓷材料的高硬度、耐高温、耐蚀性和特殊的物理性能等。因此,非金属材料在各行各业得到越来越广泛的应用,并成为当代科学技术革命的重要标志之一。

(1)高分子材料

高分子材料是以高分子化合物为主要组分的材料,按照其力学性能及使用状态可分为塑料、橡胶、合成纤维及胶粘剂等。

(2)陶瓷材料

陶瓷材料是指以天然硅酸盐(黏土、石英、长石等)或人工合成化合物(氮化物、氧化物、碳化物等)为原料,经过制粉、配料、成形、高温烧结而成的无机非金属材料。按原料不同,陶瓷分为普通陶瓷(传统陶瓷)和特种陶瓷(近代陶瓷);按用途不同,陶瓷分为工业陶瓷和日用陶瓷;按化学组成不同,陶瓷分为氮化物陶瓷、氧化物陶瓷、碳化物陶瓷等。

常用非金属材料的分类、性能特点和用途等见表 0-8 所示。

表 0-8 常用非金属材料的分类、性能特点和用途

<table>
<tr><th colspan="4">分 类</th><th>性能特点</th><th>应用举例</th></tr>
<tr><td rowspan="6">非金属材料</td><td rowspan="4">高分子材料</td><td rowspan="2">塑料</td><td>热固性塑料</td><td rowspan="2">比强度高,耐蚀,绝缘,减摩,隔声,减振,刚性、耐热性差,强度低,易老化</td><td rowspan="2">地膜、育秧薄膜、大棚膜和排灌管道、鱼网等;齿轮、轴承;管道、容器及防腐材料;门窗、隔热隔音板等;飞行器、舰艇和原子能工业等;包装薄膜、编织袋、瓦楞箱、泡沫塑料等</td></tr>
<tr><td>热塑性塑料</td></tr>
<tr><td rowspan="2">橡胶</td><td>通用橡胶</td><td rowspan="2">高弹性、耐磨、绝缘、隔声、减振、耐燃、易老化</td><td>轮胎、胶管、电绝缘材料、密封件、减振器等</td></tr>
<tr><td>特种合成橡胶</td><td>飞机和宇航中的密封件、薄膜和耐高温的电线、电缆;火箭、导弹的密封垫及化工设备中的衬里等</td></tr>
<tr><td rowspan="2">陶瓷</td><td colspan="2">普通陶瓷</td><td rowspan="2">硬度高,抗压强度较高,抗拉强度低,塑性、韧性差,热硬性高,热膨胀系数和热导率小,电绝缘性能好,化学性质稳定</td><td>装饰板、卫生间装置及器具等;管道设备、耐蚀容器及实验器皿等</td></tr>
<tr><td>特种陶瓷</td><td>氧化物陶瓷</td><td>高压器皿、加热元件;气体激光管、晶体管散热片;耐蚀、耐磨密封环、高温轴承以及加工难切削材料的刀具等</td></tr>
</table>

2. 复合材料

复合材料是两种或两种以上不同化学成分或不同组织结构的物质,通过一定的工艺方法人工合成的多相固体材料。

复合材料既能保持各组成相的最佳性能,又具有组合后的新性能,同时还可以按照构件的结构、受力和功能等要求,给出预定的、分布合理的配套性能,进行材料的最佳设计,而且材料与结构可一次成形。复合材料的某些性能,是单一材料无法比拟也无法具备的。例如:玻璃和树脂的强韧性都不高,但它们组成的复合材料(玻璃钢)却有很高的强度和韧性,而且重量很轻;导电铜片两边加上隔热、隔电塑料可实现一定方向导电、另外方向绝缘及隔热的双重功能。复合材料的主要性能特点为比强度和比模量高、疲劳强度高、高温性能好、抗蠕变能力强、断裂安全性高、成形工艺性好以及具有良好的减摩、耐磨性和较强的减振能力等。有些复合材料还有良好的电绝缘性及光学、磁学特性等。但复合材料存在各向异性,不适用于复杂受力件,抗冲击能力不是很好,且生产成本高,发展受到一定限制。

复合材料的分类可按基体的不同,分为非金属基体和金属基体两类。金属基主要有 Al、Mg、Ti、Cu 等和它们的合金,非金属基主要有合成树脂、橡胶、陶瓷和水泥等。按增强相种类和形状不同,分为颗粒、晶须、层状及纤维增强复合材料。按性能不同,分为结构复合材料和功能复合材料两类。结构复合材料是指用以制作结构和零件的复合材料,功能复合材料是指具有某些物理功能和效应的复合材料,如导电、超导、半导、磁性、阻尼、屏蔽等复合材料。

常用的复合材料有纤维增强复合材料、颗粒增强复合材料、层状复合材料等,其分类、性能特点、用途等见表 0-9 所示。

表 0-9　常用复合材料的分类、性能特点和用途

分　类				性能特点	应用举例
复合材料	纤维增强复合材料	玻璃纤维复合材料	热固性玻璃钢	比强度、比模量高，可减轻零件自重或体积；疲劳强度高，不易产生裂纹，并可阻止裂纹的迅速扩展；良好的减摩、耐磨性和较强的减振能力；高温性能好，抗蠕变能力强；断裂安全性高；成形工艺性好，可一次整体成形	机器护罩、车辆车身、绝缘抗磁仪表、耐蚀耐压容器和管道
			热塑性玻璃钢		轴承、齿轮、汽车仪表及前后灯等；化工装置、管道、容器等；汽车内装制品、收音机机壳、空调叶片等
		碳纤维复合材料	碳纤维—树脂复合材料		主要用于制作航空、航天工业中要求高刚度的结构件，如飞机、飞船、航天器上的外层材料、飞机机身、机翼、螺旋桨、尾翼等
			碳纤维—金属（合金）复合材料		
			碳纤维—陶瓷复合材料		
	颗粒增强复合材料		金属陶瓷		切削刀具
			弥散强化合金		电子管的电极、焊接机的电极、白炽灯引线、微波管等
			表面复合材料		耐磨、耐蚀、耐高温零件
	层状复合材料		双层金属复合材料		温控器、滑动轴承等

0.2.3　新型材料

新型材料是指那些新出现或已在发展中的、具有传统材料所不具备的优异性能和特殊功能的材料。新型材料与传统材料之间并无截然的分界，新型材料是在传统材料基础上发展而成的，传统材料经过对其成分、结构和工艺上的改进，进而提高材料性能或呈现新的性能都可发展成为新型材料。新型材料种类繁多，应用广泛，发展迅速。目前常见的有形状记忆合金、纳米材料、永磁合金、非晶态合金和超导材料等，由于篇幅所限，在此不作详细介绍，以后的工程材料等相关课程中将会进一步讲述。

项目一　钳工加工与实训

钳工是操作者手持工具来完成零件的加工、机器的装配、调试和设备维修等工作的一个机械技术工种。由于钳工能完成从下料到成品的整个加工工艺过程,且使用的工具简单,操作灵活,更能完成机械加工所不能完成的工作,因此,在机械加工日益自动化、方法不断更新的当今,尽管钳工操作生产效率低、劳动强度大、对钳工基本的操作技术要求高,钳工加工仍是机械加工不可替代的组成部分,而且被广泛采用。

任务 1　熟悉钳工的常用设备及基本知识

钳工在工作场地内常用的设备有钳台、台虎钳、砂轮机、台钻和立钻等。

1.1.1　钳台

钳台也称钳桌,有多种样式。钳台用来安装台虎钳,放置工具和工件等。钳台的高度以 800 ~ 900 mm 或以在台面上安装台虎钳时恰好与人的手肘平齐为宜,其长度和宽度可随工件需要而定。

1.1.2　台虎钳

台虎钳是用来夹持工件的通用夹具,其规格是用钳口的宽度来表示的,常用的有 100 mm、125 mm 和 150 mm 等。

台虎钳有固定式和回转式两种,如图 1-1 所示。两者的主要结构和工作原理基本相同。由于回转式台虎钳能够回转,因此使用方便,应用较广。

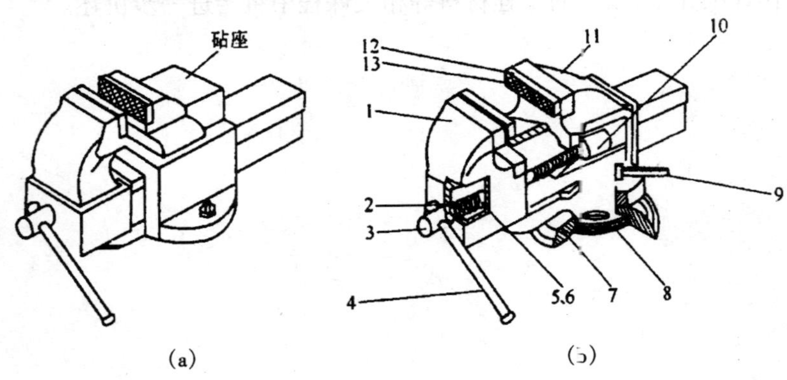

图 1-1　台虎钳

(a)固定式台虎钳;(b)回转式台虎钳

1—活动钳身　2—弹簧　3—丝杆　4—摇动手柄　5—挡圈　6—销　7—转座　8—夹紧盘　9—手柄　10—螺母　11—固定钳身　12—钳口　13—螺钉

1. 回转式台虎钳的主要结构和工作原理

回转式台虎钳的结构图1-1(b)所示。活动钳身1通过其导轨与固定钳身11的导轨孔作滑动配合。丝杆3装在活动钳身上,可以旋转,但不能作轴向移动,并与安装在固定钳身内的螺母10配合。摇动手柄4使丝杆旋转,就可带动活动钳身相对于固定钳身作进退移动,起夹紧或放松工件的作用。弹簧2靠挡圈5和销6固定在丝杆上,其作用是当放松丝杆时,可使活动钳身能及时地退出。在固定钳身和活动钳身上,各装有钢质钳口12,并用螺钉13固定。钳口的工作面上制有交叉的网纹,使工件夹紧后不易产生滑动,且钳口经过热处理淬硬,具有良好的耐磨性。固定钳身装在转座7上,并能绕转座轴心转动。当转到要求的方位时,扳动手柄9使夹紧螺钉旋转,便可在夹紧盘8的作用下把固定钳身锁紧。

2. 回转式台虎钳的正确使用和维护

①夹紧工件时只允许依靠手的力量扳紧手柄,不能用手锤敲击手柄或用加长管子来扳手柄,以免丝杆、螺母或钳身因受力过大而损坏。

②强力作业时,应尽量使用力朝向固定钳身,否则,丝杆和螺母会因受到较大的力而导致螺纹损坏。

③不要在活动钳身的光滑平面上进行敲击工作,以免降低它与固定钳身的配合性能。

④丝杆、螺母和其他活动表面,都应经常加油润滑和防锈,并保持清洁,以延长使用寿命。

1.1.3 砂轮机

砂轮机主要用于修磨钳工使用的各种刀具或工具,如錾子、钻头、刮刀等。它主要是由电动机、机座、托架和防护罩等组成,其外形如图1-2所示。

目前工厂中常用的磨刀砂轮有两种:一种是白色氧化铝砂轮,另一种是绿色碳化硅砂轮。白色氧化铝砂轮的韧性好,比较锋利,但砂轮硬度稍低,常用来刃磨高速钢刀具。绿色碳化硅砂轮硬度高,切削性能好,但较脆,主要用来刃磨硬质合金刀具。

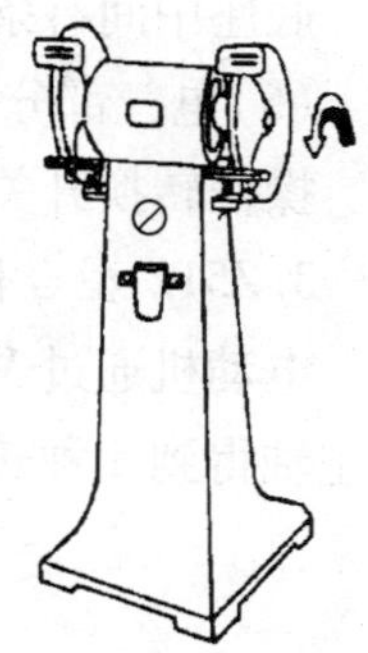

图1-2 砂轮机

1.1.4 台钻

台钻结构简单,操作方便,常用于在小型零件上钻、扩直径在12 mm以下的小孔,使用较广泛。图1-3为Z512型台钻总体结构图。

1. Z512型台钻技术规格

最大外孔直径	12 mm
主轴下端锥度	莫氏2号短型
主轴最大行程	100 mm

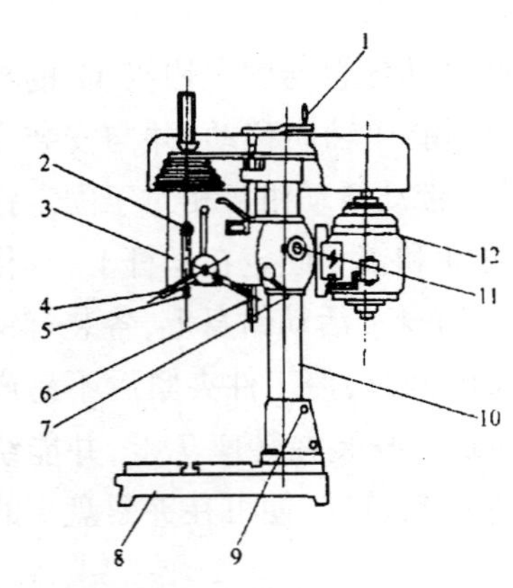

图 1-3　Z512 型台钻结构图

1—摇把　2—尺标　3—头架　4—锁母
5—主轴　6—进给手柄　7—锁紧手柄
8—底座　9—底座紧固螺钉　10—立柱
11—电动机紧固螺钉　12—电动机

主轴轴心线至立轴表面距离	193 mm
主轴端面到底座面距离	20 ~ 420 mm
电动机功率	0.6 kW
主轴转速(分 5 级)	480 ~ 4 100 r/min
主轴绕立柱回转角度	360°
机床外形尺寸(长×宽×高)	690 mm×350 mm ×695 mm

2. Z515 型台钻的结构

(1)机头

头架 3 安装在立柱 10 上,用手柄 7 进行锁紧。主轴装在头架孔内。头架右侧为进给手柄 6,主轴下端的锁母 4 供更换或卸下钻头时使用。

(2)立柱

其截面为圆形,它的顶部是机头升降机构。当旋转摇把 1 使机头升到所需高度后,应将手柄 7 旋紧以锁住机头。

(3)电动机

松开螺钉 11,可推动电动机托板带动电动机前后移动,借以调节 V 带的松紧。

(4)底座

底座中间有条 T 形槽,用来装夹工件或夹具。四角有安装用的螺旋孔。

(5)电气部分

操作转换开关(又称倒顺开关)可使主轴正、反转或停机。

3. Z512 型台钻传动系统

电动机通过 V 带将运动传给主轴。改变 V 带在两个 5 级塔轮上的相对位置,即可使主轴得到 5 种转速,如图 1-4 所示。

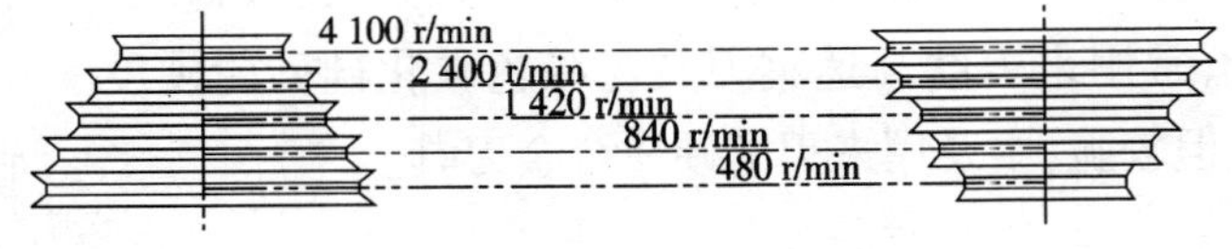

图 1-4　Z512 型台钻 V 带的配合传动

Z512 型台钻只有手动的进给,靠手柄 6 和内卷簧的作用可自动退刀。

1.1.5　立式钻床

立式钻床简称立钻,如图 1-5 所示。立式钻床床身 3 垂直地固定在底座 1 上,主轴变速箱 6 固定在床身的顶部,进给变速箱 5 装在床身导轨上,并可沿导轨作上下移动,床身内用链条挂有重块，链的另一端绕过滑轮与主轴套筒相连，以平衡主轴重量，使操作轻便。工作台 2 装在床身导轨下方，也可沿导轨作上下移动，以适应不同高度工件的加工。

底座内可储存切削液。切削液通过装在底座上的冷却泵对工件进行冷却、润滑。

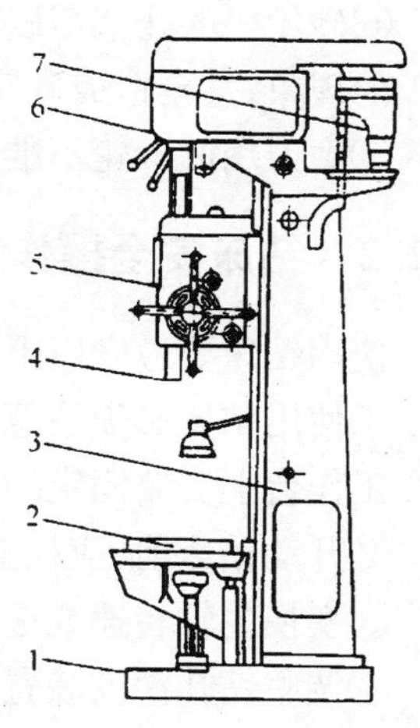

图 1-5 立式钻床

1—底座 2—工作台 3—床身
4—主轴 5—进给变速箱
6—主轴变速箱 7—电动机

1.1.6 摇臂钻床

摇臂钻床如图 1-6 所示，是靠移动钻床的主轴位置来对准工件孔中心的，所以加工时比立式钻床方便。由于主轴变速箱能在摇臂上作大范围移动，而摇臂又能绕立柱回转 360°，所以各种大小工件，可安置在工作台上，甚至放在钻床底座旁边的地上也可以进行钻削。钻床主轴移动到所需位置后，摇臂可用电动胀闸锁紧在立柱上。主轴变速箱也可用偏心锁紧装置固定在摇臂上。

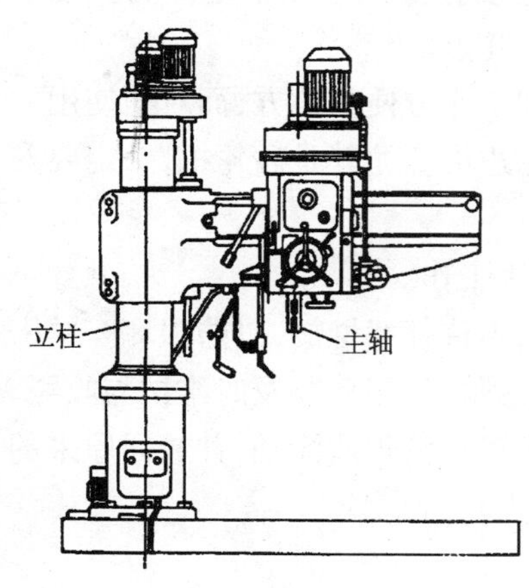

图 1-6 摇臂钻床

除上述特点以外，摇臂钻床的主轴转速范围及进给量范围很大，所以加工范围很广泛，可用于钻孔、扩孔、锪孔、铰孔、镗孔、攻螺纹、切大圆孔等多种孔加工。

任务 2 安全文明实训

1.2.1 砂轮机安全操作规程

由于砂轮较脆，转速又很高（线速度 35 m/s），如使用不当容易产生砂轮碎裂，造成人身事故。因此使用砂轮机时要严格遵守以下安全操作规程。

①砂轮的旋转方向应正确（如图 1-2 中箭头所指的方向），使磨屑向下方飞离砂轮。

②砂轮启动后应观察运转情况，待转速正常后再进行磨削。

③磨刀具时，工作者应站在砂轮的侧面或斜侧位置，不要站在砂轮的对面，这样可以防止砂粒飞入眼内或万一砂轮碎裂飞出伤人。磨刀时最好要戴防护眼镜，如果砂粒飞入眼中不能用手去擦，应去医务室清除。

④磨刀具时不要对砂轮施加过大的压力，以免刀具打滑伤人，或因发生剧烈撞击引起砂轮碎裂。

⑤砂轮磨削面必须经常修整，以使砂轮的外圆及端面在刃磨刀具时刀具没有明显的跳动，当发现刀具严重跳动时，应及时用金刚石笔修整砂轮表面。

⑥砂轮机的托架与砂轮间的距离一般应保持在 3 mm 以内,否则容易发生刀具被扎入的现象,甚至造成砂轮破裂飞出的事故。

⑦磨刀用的砂轮不准磨其他物件,如有色金属、木料等。

1.2.2 钻床安全操作规程

使用钻床要遵守以下安全操作规程。

①使用钻床必须注意安全生产,掌握钻削时力的作用特点,采取一定的安全措施,如在工作台上安装固定挡块;工件装夹要牢靠;严禁戴手套操作。

②开动钻床前,应检查各机构,确认正常后方能启动。

③变换主轴转速或进给量时,应停车调整,以防变换时齿轮损坏。

④调整钻孔深度装置时,先旋动手柄移动主轴,使钻头接触工件,然后把进给挡块(螺母)调到要求位置并锁紧。

⑤钻通孔时必须在工件下面垫上等高衬块,以便落钻并防止损坏台面。

1.2.3 文明生产

钳工的工作场地就是钳工的固定工作地点,合理地安排好工作场地是提高劳动生产率和产品质量的一项重要措施。为此,必须做到以下几点。

①主要设备的布局要合理,钳台应放在光线适宜和工作方便的地方,面对面使用的钳台在中间要装安全网。砂轮机、钻床应安装在场地的边沿。尤其是砂轮机,一定要安装在一旦砂轮飞出也不致伤人的位置。

②毛坯和工件要摆放整齐,尽量放在搁架上,以便于工作。

③工具、量具的放置与收藏要整齐合理、取用方便,不许任意堆放,以防损坏。精密的工具、量具要轻放。常用的工具、量具应放在工作位置附近,用后要及时维护与收藏。

④工作完毕后,所使用过的设备和工具都应按要求进行清理或涂油,并放回原来的位置;工作场地要清扫干净,铁屑等污物要送往指定地点。

任务 3 掌握钳工基本技能(项目实训:学生动手操作,教师现场指导)

本节首先简述加工铆钉锤的实训内容及其加工工艺,然后分别介绍钳工基本技能。

1.3.1 项目实训内容及其加工工艺

1. 项目实训内容

钳工项目实训内容为加工铆钉锤,如图 1-7 所示,技术要求如下。

①材料为 45 钢或 Q235 钢。

②所有锉纹应一致。

③各圆弧连接应光滑。

④ 未注公差按 GB 1804—m。

⑤未注倒角 1 ×45°。

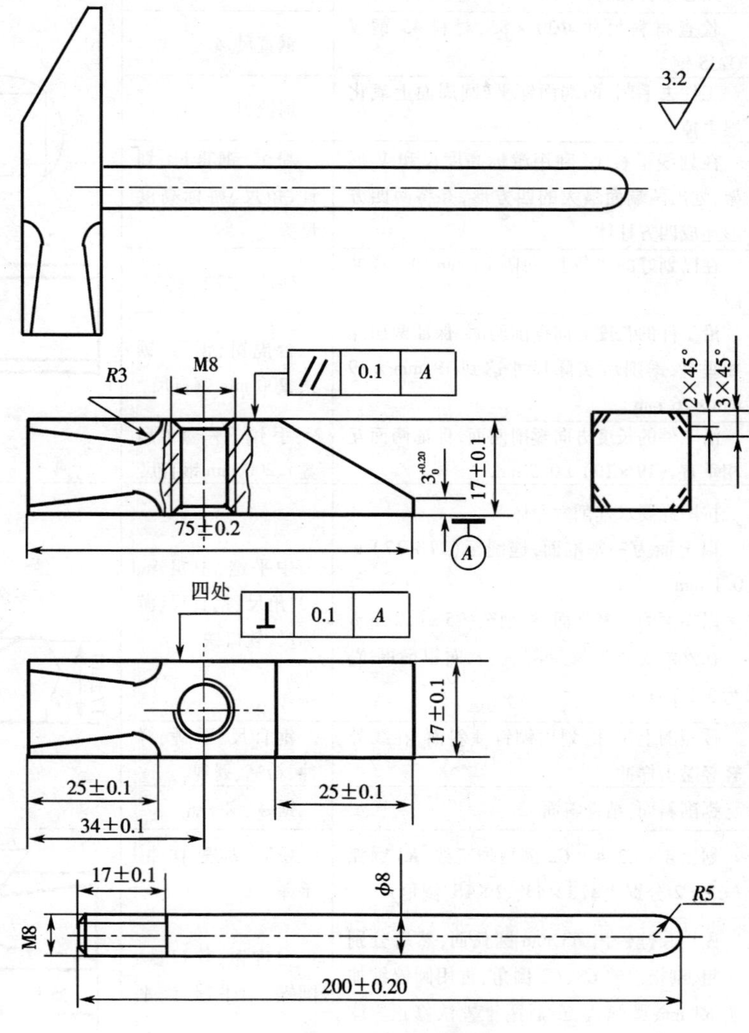

图 1-7 铆钉锤零件图

2. 加工工艺

其加工工艺见表 1-1，主要包括划线、錾削、锯削、锉削、刮削、钻削和内外螺纹的加工等。

表 1-1 铆钉锤加工工艺

序号	工序内容		工(量)具	工艺草图
1		熟悉铆钉锤加工图		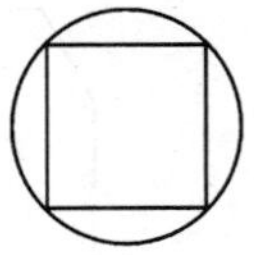 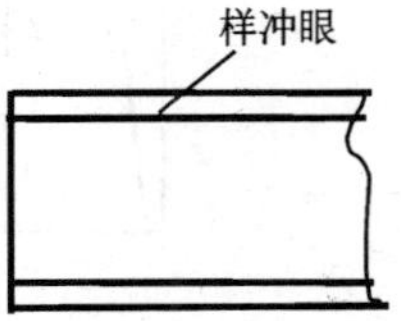
2		检查材料尺寸 $\Phi30 \times 85$，材料 45 钢或 Q235 钢	钢直尺	
3	去毛刺	工件去毛刺，两端面锉平，圆周面上氧化层去掉	扁锉刀	
4	划线	在划线平板上，利用游标高度尺和 V 形架，划出两端面最大的四方形，并将两四方形连成四方柱体	粉笔、钢直尺、划针、角尺、游标高度尺等	样冲眼
5	冲样冲眼	在已划好的线条上，每隔 10 mm 冲一样冲眼	样冲、手锤	
6	锯削	沿工件的长度方向锯削两面，保证两面互相垂直，锯削后实际尺寸达到 19 mm × 19 mm × 76 mm	台虎钳、锯弓、锯条、200 mm 钢直尺	
7	錾削	沿工件的长度方向錾削两面，保证两面互相垂直，(19 × 19) ± 0.5 mm	手锤、平錾（扁錾）、200 mm 钢直尺	
8	锉削	按图样要求锉削六面体 以上面为一基准面，锉削至(17 × 17) ± 0.1 mm 以端面为一基准面，锉削至(75 ± 0.2) mm 在锉削过程中反复测量，表面粗糙度 R_a 为 3.2 μm	中平锉、中粗锉、90°角尺、钢直尺、游标尺、软口铁	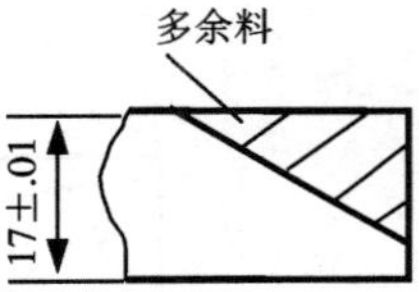 多余料 17±0.01
9	划线	按照图上尺寸，划出铆钉锤斜面，在线外轻轻敲击样冲	钢直尺、手锤、样冲、粉笔、划规	
10	斜面加工	锯削斜面，精锉斜面	锯弓、扁平锉	
11	划线	划出 4 × C3、4 × C2 倒角加工线，R3 圆弧（C3、C2 分别表示 3 × 45°、2 × 45°倒角）	粉笔、划规、样冲、手锤	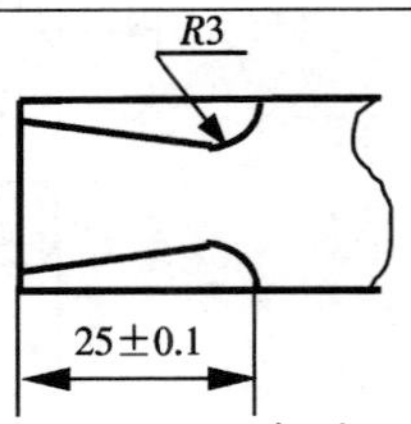 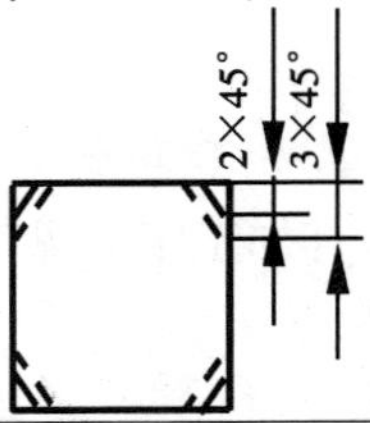 R3
12	C3、C2 倒角加工	先用圆锉锉出 R3 mm 圆弧面，然后分别用粗、细板锉锉 C3、C2 倒角，再用圆锉细加工 R3 mm 圆弧面，最后用推锉法修正。注意圆弧尖角处不得塌角	台虎钳、软口铁、圆锉、中平锉、细平锉	25±0.1
13	划线	划出 8 × C1 倒角加工线，不用冲样冲眼（C1 表示 1 × 45°未注倒角）	粉笔、划规	2×45° 3×45°
14	C1 倒角加工	用细平锉，采用推锉法	细平锉	
15	划线	按图纸上尺寸，在上下平面找出螺纹孔圆心，划出钻孔检查线，冲样冲眼	粉笔、划规、钢直尺、手锤、样冲、角尺	

续表

序号	工序内容		工(量)具	工艺草图
16	钻孔	用 Φ6.7 钻头,从上平面往下钻孔,并在下平面倒出 1 mm,内呈喇叭口	台钻 Z512-2、钻头 Φ6.7、圆锉、中平锉、细平锉	34±0.1
17	攻丝	用 M8 丝锥攻螺纹	台虎钳、M8 丝锥一组、丝锥绞手	
18	产品抛光	各面先用粗砂纸后用细砂纸进行抛光,无锉痕,在抛光过程中最好用细平锉裹住砂纸,采用推锉进行	粗细砂纸	

(1)锤体加工工艺

锤体加工工艺见表 1-1。

(2)锤柄加工工艺

①锯削或锉削取总长 200 mm。

②一端头部 $R5$。

③用板牙套螺纹 M8 ×17 mm 长。

(3)锤体与锤柄的连接

①锤柄用 V 形夹块在台虎钳上夹紧,锤体螺孔旋入并用力扳紧。

②锤体夹在台虎钳上(注意钳口处垫铜皮或软口铁以防夹毛),用尖冲或平冲抵在 M8 螺纹冒出处,用敲击法使该处金属向四周涨开,以达到铆牢的目的,最后将敲击处修平整。

1.3.2 划线及常用工(量)具

根据图样的技术要求,用划线工具在毛坯或工件上划出加工界线的操作,称为划线。

1. 划线的作用

①确定工件上各加工面上的位置和加工余量,使机械加工有明确的加工界线。

②能及时发现和处理不合理的毛坯。

③采用借料划线可使误差不大的毛坯得到补救,使之在加工后仍能符合要求。

2. 划线的种类

划线分平面划线和立体划线两种。只需要在工件的一个表面上划线后,就能明确表示加工界线的划线称为平面划线(见图 1-8),如在板料、条料表面上的划线,法兰盘端面上划的钻孔加工线等都属于平面划线。需要同时在工件的几个互成不同角度(通常是互相垂直)的表面上划线,才能明确表示加工界线的划线称为立体划线(见图 1-9),如在支架箱体等表面划的加工线都属于立体划线。

划线是加工的依据,所划出的线条要求尺寸准确,线条清晰。划线精度一般在 0.25 ~0.5 mm。但由于划出的线条总有一定宽度,以及在使用划线工具和测量调整尺寸时难免产生误差,所以不可能绝对准确。因此,通常不能直接依靠划线来确定加工时

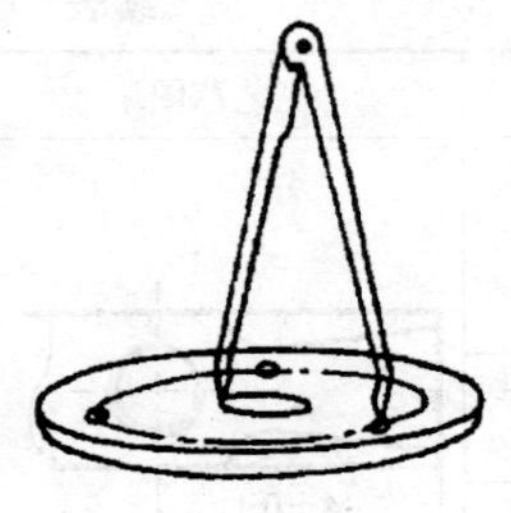

图 1-8　平面划线

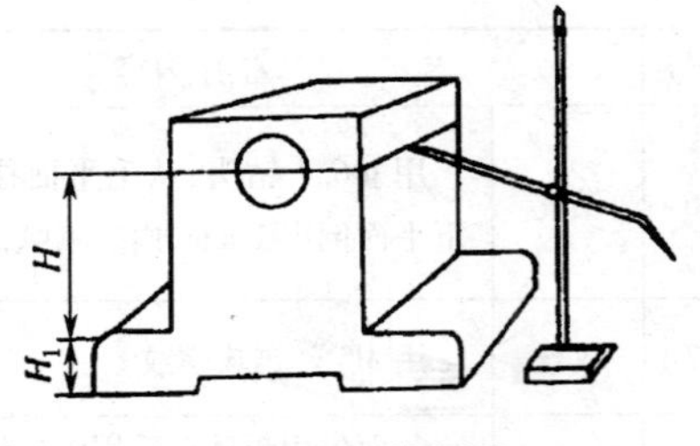

图 1-9　立体划线

的最后尺寸，而必须在加工过程中根据图样的技术要求，通过测量来保证尺寸的准确。

3. 常用涂料及调制

钳工划线常用涂料及调制见表 1-2。

表 1-2　常用涂料及调制

名称	配方（质量分数）	应用
白灰浆	97% 石灰水，3% 的乳胶	铸件或锻件毛坯
龙胆紫（品紫）溶液	2% ~3% 的龙胆紫，3% ~4% 的漆片，93% ~95% 的酒精	铝、铜等有色金属
硫酸铜（蓝矾）溶液	5% ~6% 的硫酸铜，94% ~95% 的稀酒精；或用 8% 的硫酸铜，92% 的水	磨削过的工件
孔雀绿（品绿）溶液	3% ~4% 的孔雀绿，2% ~3% 的漆片，92% ~95% 的酒精	精加工工件

4. 划线工具

常用工具包括支撑工具、直线划线工具、度量工具、辅助工具，如表 1-3 ~ 表 1-6 所示。

表 1-3　支撑工具

名称	简图	材料	应用	说明
划线平板		铸铁、大理石	基准平面	1. 保持平板精度，严禁敲打、碰撞 2. 用后擦干净，涂油防锈 3. 平板定位后要调水平
划线方箱		铸铁（箱体）、中碳钢（支架）	1. 可划三个互成 90°方向的直线 2. V 形槽放置圆柱形工件 3. 垫角度垫板划斜线	1. 注意清洁，严禁碰撞 2. 夹持工件时紧固螺钉的松紧要适当
V 形铁		中碳钢（小型）、铸铁（中、大型）	1. 支撑轴类零件 2. 带 U 形夹，可划垂线	1. 通常两个为一组，形状和大小相同，V 形槽角度为 90°或 120° 2. 注意清洁，严禁碰撞

续表

名称	简图	材料	应用	说明
直角板（弯板）		铸铁	1. 大型工件上划垂线 2. 特型工件上划线	借助G形夹头或压板螺栓，把工件夹紧
千斤顶	螺母	中碳钢（螺杆或底座）、铸铁(底座)	1. 支撑毛坯 2. 调整水平	1. 用三个千斤顶支撑工件，调节螺母，使工件水平 2. 支撑要平衡，确保安全。支撑点间距尽可能大；在支撑点预先冲样冲眼，做支撑窝
楔铁	15°	低碳钢	1. 支撑毛坯 2. 调整水平	1. 大型毛坯划线不宜用千斤顶时，应用楔铁安全可靠 2. 两件对合使用或配合垫铁使用

表 1-4　直线划线工具

名称	简图	材料	应用	说明
游标高度尺		合金工具钢(尺身、游标)、硬质合金（刀片）、铸铁（底座）	1. 精密划线 2. 测量尺寸	1. 使用前游标以平板为基准校零 2. 保护刀刃，不能碰撞；划线过程中使刀刃一侧成45°平稳接触工件，移动尺座划线
划卡		碳素工具钢	1. 找中心 2. 划平行线 3. 划同心圆弧	1. 保持开合松紧适当 2. 适当刃磨，保持卡尖尖锐
划线盘		铸铁(底座)、碳素工具钢(划针)、划针尖可焊高速钢或硬质合金	1. 划针尖用于划线 2. 弯钩用于找正	1. 调节紧固螺母，使划针处于水平位置 2. 划针与工件表面成45°，移动划线盘划线 3. 暂时不用时，针尖朝平板中间；用后划针尖向下直立，避免伤人
曲线板		中碳钢(薄板)	描划光滑过渡的曲线	防止变形，保持光滑平衡

名称	简图	材料	应用	说明
游标划规（地规）	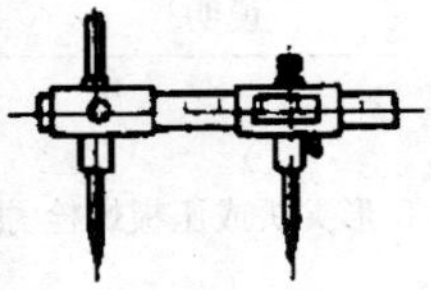	合金工具钢（尺身）、高速钢（划针）	大尺寸或阶梯面上划圆弧线	1. 左边的划针可调整高度，右边的划针可调距离 2. 不能碰撞
专用划规	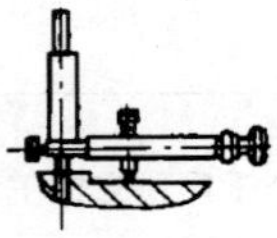	碳素工具钢	1. 划同心圆弧 2. 阶梯面上划同心圆或弧	1. 利用零件上的孔定圆心 2. 不能碰撞
划规		碳素工具钢、尖部可焊高速钢或硬质合金	1. 划圆弧线 2. 截取尺寸 3. 等分线段或角度	两尖合在一起，锥角为 50° ~ 60°
划针	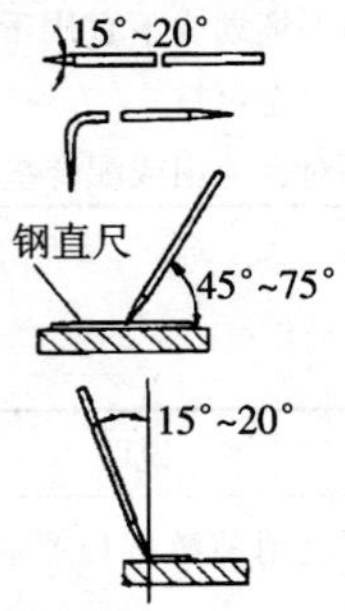 15°~20° 钢直尺 45°~75° 15°~20°	高速钢或钢丝（$\Phi 3 \sim \Phi 5$ mm）	划线	1. 根据需要可用弯头划针 2. 经常修磨，保持针尖锐利

表 1-5　度量工具

名称	简图	材料	应用	说明
万能角度尺	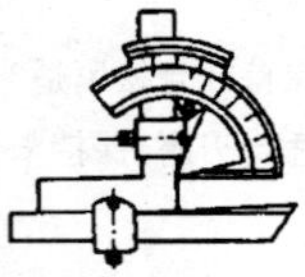	合金工具钢	测量范围：0° ~ 320°	1. 轻拿轻放 2. 不用时涂一层薄油膜，防止生锈
划线尺架	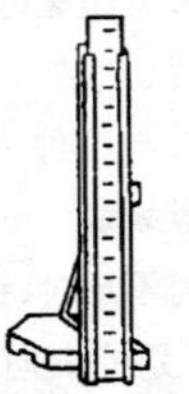	低碳钢	量取尺寸	1. 调整螺钉，改变钢直尺的位置，便于划针位于整数尺寸 2. 用划线盘的划针尖找准零件的基准，在钢直尺上用划针尖比较出一个相应的高度

<table>
<tr><th>名称</th><th>简图</th><th>材料</th><th>应用</th><th colspan="2">说明</th></tr>
<tr><td>线坠</td><td>尼龙线
坠帽
30°</td><td>低碳钢</td><td>大型工件划线时校正</td><td colspan="2">线坠栓牢，防止脱落伤人，砸坏平板</td></tr>
<tr><td>钢直尺</td><td></td><td>不锈钢</td><td>1. 量取尺寸
2. 划线规格有：
0～150 mm
0～300 mm
0～500 mm
0～1 000 mm</td><td colspan="2">1. 端面、侧面不能损伤
2. 如果端面已磨损，量取尺寸应从后一整数刻度起算</td></tr>
<tr><td rowspan="9">90°角尺</td><td rowspan="9">H
90°
B
A</td><td rowspan="9">合金工具钢</td><td rowspan="2">H×B×A(mm)</td><td colspan="2">长边上的垂直度公差(μm)</td></tr>
<tr><td>1 级</td><td>2 级</td></tr>
<tr><td>50×30×3</td><td rowspan="3">6</td><td></td></tr>
<tr><td>63×40×3</td><td></td></tr>
<tr><td>80×50×3</td><td></td></tr>
<tr><td>100×63×5</td><td>7</td><td></td></tr>
<tr><td>125×80×5</td><td rowspan="2">8</td><td></td></tr>
<tr><td>160×100×5</td><td></td></tr>
<tr><td>200×125×5</td><td>9</td><td></td></tr>
<tr><td rowspan="10">宽座角尺</td><td rowspan="10">H
90°
B
A</td><td rowspan="10">合金工具钢</td><td rowspan="2">H×B×A(mm)</td><td colspan="2">长边上的垂直度公差(μm)</td></tr>
<tr><td>1 级</td><td>2 级</td></tr>
<tr><td>63×40×7</td><td rowspan="2">6</td><td rowspan="2">12</td></tr>
<tr><td>80×50×8.5</td></tr>
<tr><td>100×63×10</td><td rowspan="2">7</td><td rowspan="2">14</td></tr>
<tr><td>125×80×10</td></tr>
<tr><td>160×100×15</td><td>8</td><td>16</td></tr>
<tr><td>200×125×17</td><td>9</td><td>18</td></tr>
<tr><td>250×160×17</td><td>10</td><td>20</td></tr>
<tr><td>315×200×22</td><td>11</td><td>22</td></tr>
</table>

续表

表 1-6　辅助工具

名称	简图	材料	应用	说明
样冲	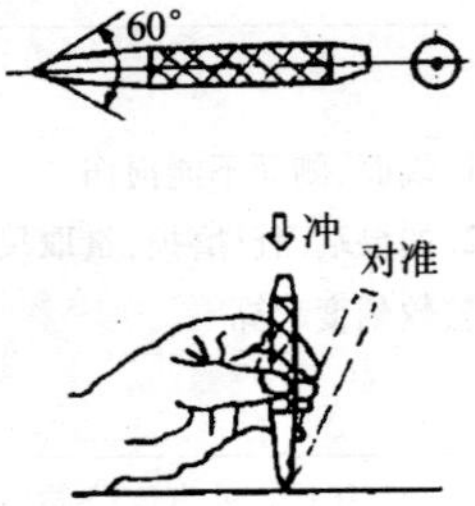 60° 冲 对准	工具钢或报废刀具改制	打样冲眼	1. 样冲尾部向外倾斜 30°～40°，让冲尖对准中心，然后立直样冲，轻轻锤击尾部，打样冲眼 2. 毛坯件样冲眼可打深些，精加工并有特殊要求的零件表面可以不打样冲眼 3. 要钻孔的中心，先轻轻地打样冲眼，再按十字线观察，如果样冲眼正好在十字线的交叉处，可用圆规划好圆及校正圆，再将样冲眼打深；否则需纠正
可调式角度垫板	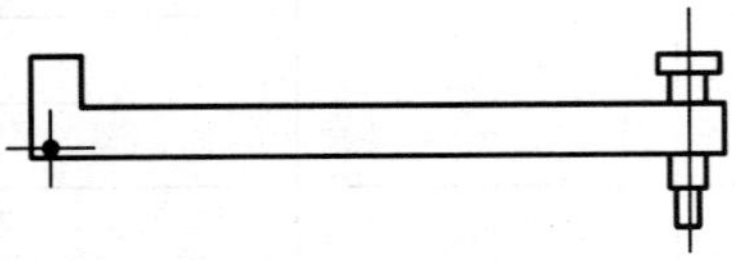	中碳钢	把方箱、V 形铁或工件放置其上，划出所需角度线	调整螺钉，改变垫片角度，其大小用角度尺测出
直角箱	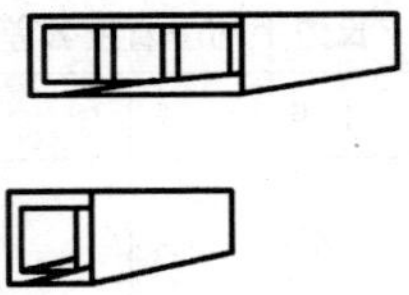	铸铁	1. 划大型工件的垂线 2. 垫高划线盘或高度尺 3. 配合 G 形夹头使用	垫高时注意安全，防止工具倒下伤人
工字形平尺	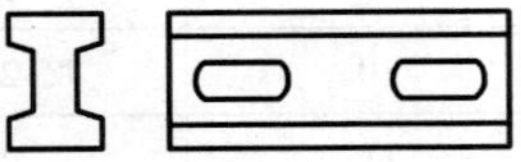	球墨铸铁	配合直角箱，应用在大型零件的立体划线中	1. 把方箱放在工件的两侧，工字形平尺放在方箱上 2. 依据工件投影在平板上的坐标线，利用弯尺或前垂线确定工字形平尺的位置 3. 用大的 G 形夹头将工字形平尺固定在方箱上，使划线盘底面靠在平尺垂面上，进行横跨工件的划线
定心器		中碳钢（螺杆）	孔定中心	调整带尖头的螺杆可将中心架固定在工件的孔内

5. 游标卡尺

游标卡尺是利用游标刻度与尺身刻度差原理，实现其测量精度的测量仪器。它分为游标深度尺、游标高度尺及游标齿厚卡尺等。

(1)游标卡尺规格及测量精度

游标卡尺规格及测量精度如表1-7所示。

表1-7 游标卡尺规格及测量精度 (mm)

规格	测量精度	规格	测量精度
0~125	0.02、0.05、0.10	300~800	0.05、0.10
0~200	0.02、0.05、0.10	400~1 000	0.05、0.10
0~300	0.02、0.05、0.10	600~1 500	0.10
0~500	0.05、0.10	800~2 000	0.10

(2)使用要点

①工件周边去除毛刺，被测物应擦干净。

②检查卡尺测量面接触情况，尺身、游标零位是否对准。

③测量时卡紧力不能过大或过小，否则，将会造成测量的误差。

④读数时，目光平视游标刻线，正确确定游标与尺身的对准刻线。

6. 划线基准

划线时确定工件几何形状，尺寸位置的点、线、面，称为划线基准。

(1)选择划线基准的原则

选择划线基准的原则如表1-8所示。

表1-8 选择划线基准的原则

选择依据	说　明
图样尺寸	划线基准与设计基准一致
加工情况	1. 毛坯上只有一个表面是已加工面，以该面作为基准 2. 工件不是全部加工，以不加工面为基准 3. 工件全是毛坯面，以较平整的大平面为基准
毛坯形状	1. 圆柱形工件，以轴线作基准 2. 有孔、凸起部或毂面时，以孔、凸起部或毂面作为基准

(2)常见的划线基准形式

常见的划线基准形式如表1-9所示。

表 1-9　常见的划线基准形式

基准形式	简图	基准形式	简图
以中心点为基准		以一个外平面和一条中心线为基准	
以两条中心线为基准		以两个互成直角的外平面(或线)为基准	

7. 划线前的准备工作

(1)工件的清理

已加工工件上的毛刺、铁屑,毛坯件上的氧化铁皮、飞边、残留的泥沙、污物等都必须在划线前清除干净,否则将影响划线的准确性和线条的清晰度以及损伤划线工具。

(2)工件的涂色

为了使划出的线条清楚,一般都要在工件划线部位的表面上涂上一层与工作表面颜色不同的涂料。涂料颜色的衬托,使划出的线条更清晰。常用的涂料有白灰浆和蓝油。

(3)在工件孔中装中心塞块

在有孔的工件上划圆时,为求圆心,必须在孔中先安装一个确定圆心用的塞块,然后在塞块上找出圆心,如图 1-10 所示。

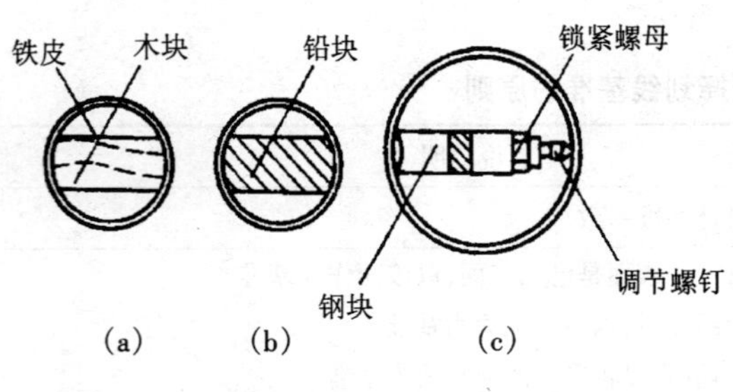

图 1-10　在孔中装中心塞块

(a)木块;(b)铅块;(c)可调节塞块

塞块有木塞块、铅塞块和可调节的塞块等。木塞块和可调节的塞块适合于大孔,铅塞块适用于不太大的孔。塞块敲入孔时要紧塞,以防松动,否则会使划出的尺寸线不准确。

1.3.3　錾削

用手锤锤击錾子对金属进行切削加工的操作称为錾削。其工作内容有:錾削平面、沟槽;錾断金属及清理铸、锻件上的毛刺、飞边等。

1. 錾削工具

錾削的主要工具是錾子和手锤。

(1)錾子

錾子是錾削工件的刀具,錾子的结构如图 1-11 所示,它由錾刃、斜面、錾身、錾头四部分组成。根据工件加工需要,錾子可分为平錾、尖錾和油槽錾三种,如图 1-12 所示。平錾主要用于錾切平面和去毛刺;尖錾主要用于开槽;油槽錾主要应用于錾切润滑油槽。

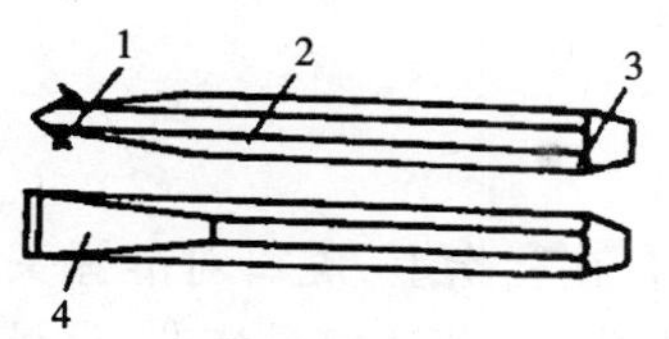

图 1-11 錾子结构

1—錾刃楔角 2—錾身
3—錾头 4—斜面

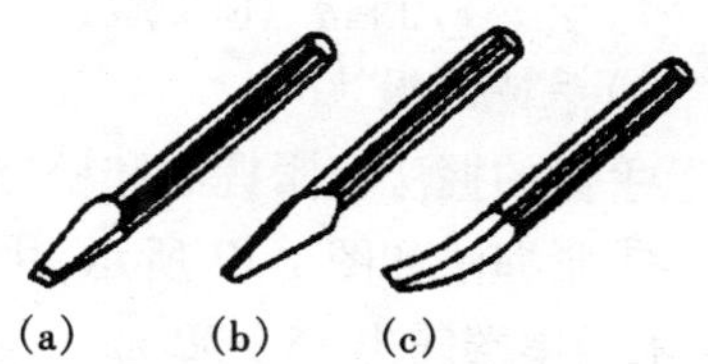

图 1-12 常用錾子

(a)平錾;(b)尖錾;(c)油槽錾

(2)手锤

手锤是钳工常用的敲击工具,由锤头和木柄两部分组成,如图 1-13 所示。手锤的规格以锤头的质量来表示,有 0.25 kg、0.5 kg、1 kg 等几种,安装时用楔子楔紧,以防工作时锤头脱落伤人。

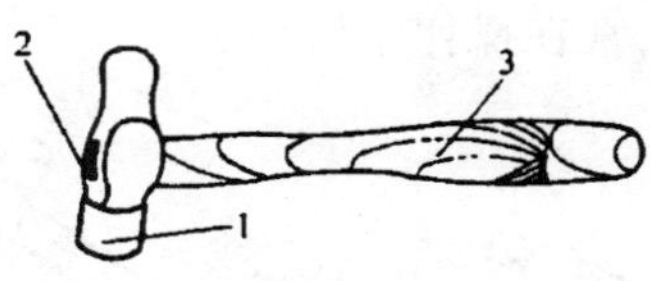

图 1-13 手锤

1—锤头 2—斜楔铁 3—手柄

(3)錾削角度

如要得到较好的錾削工件表面,在錾削时錾子与工件之间应形成适当的錾削角度,如图 1-14 所示。其中前角 γ_0 是錾子刃部前刀面与基面之间的夹角;后角 α_0 是錾子刃部后刀面与切削平面的夹角;β_0 为錾子锲角。

錾削层的厚薄、錾削质量与后角 α_0 有关,一般情况下取 α_0 为 5°~8°。若 α_0 过大,錾子容易扎入工件,如图 1-15(a)所示;若 α_0 过小,錾子会从工件表面滑脱,造成錾面凸起,如图 1-15(b)所示。

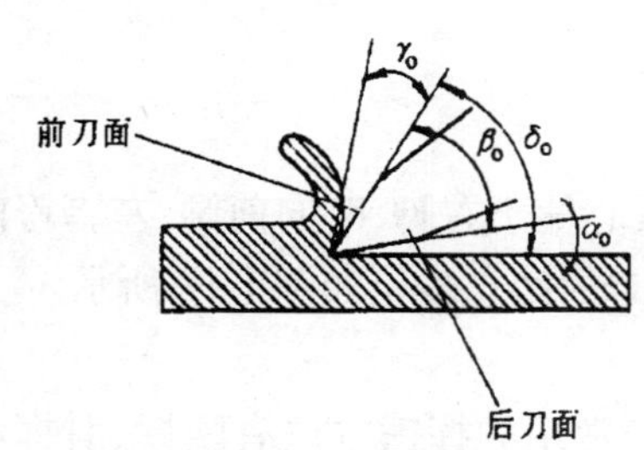

图 1-14 錾削角度

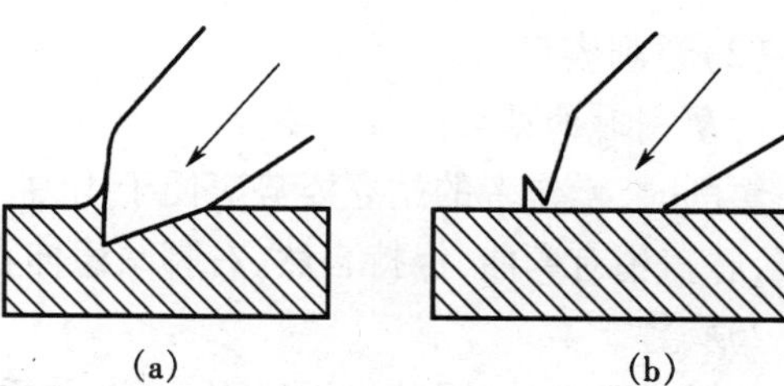

图 1-15 后角对錾削的影响

(a)后角过大时的影响;(b)后角过小时的影响

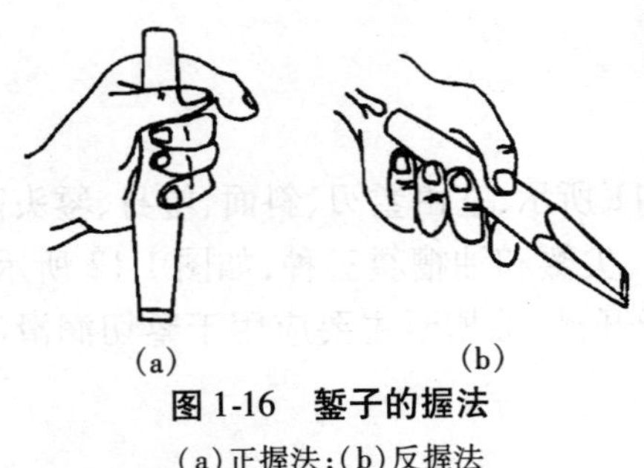

图 1-16　錾子的握法

(a)正握法;(b)反握法

2. 錾削基本技能

(1)錾子和手锤的握法

1)錾子的握法

錾子的握法主要有正握法和反握法两种,如图 1-16 所示。一般采用正握法,即用虎口夹住錾身,左手的中指、无名指及小指握住錾子,大拇指与食指自然伸开,錾子头部伸出部分长 20 ~25 mm。

2)手锤的握法

手锤的握法有紧握法和松握法两种。

①紧握法如图 1-17 所示,用右手紧握锤柄,大拇指合在食指上,虎口对准锤头方向,木柄尾端露出 15 ~30 mm。在锤击过程中五指始终紧握,但此法容易疲劳,尽量少用。

②松握法即只用大拇指和食指始终紧握锤柄。挥锤时小指、无名指、中指依次放松,压着锤柄;锤击时,要以相反的次序收拢。这种握法的优点是手不易疲劳,锤击有力,常在操作中使用。

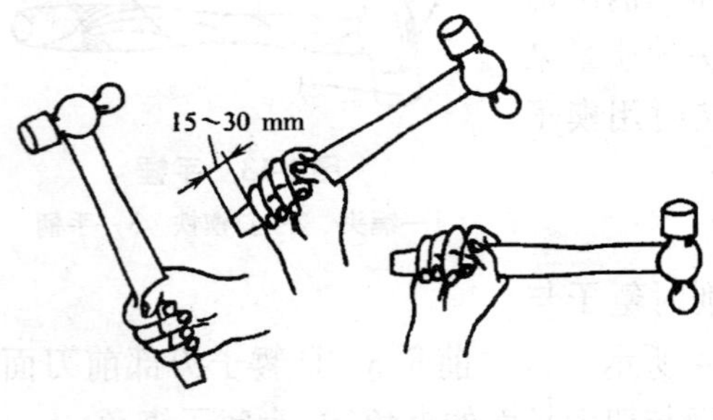

图 1-17　手锤紧握法

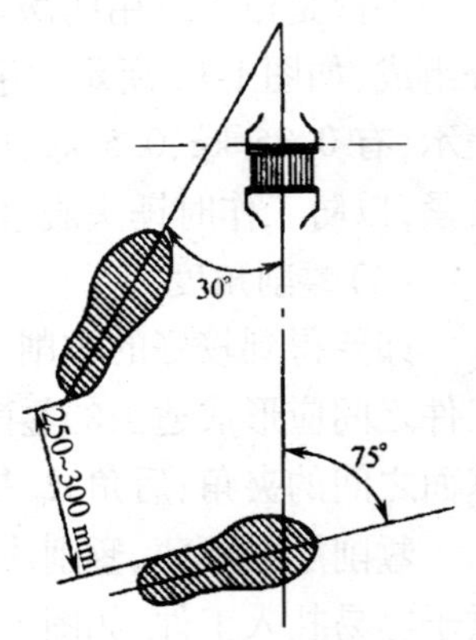

图 1-18　錾削时的站立步位

(2)錾削姿势

1)錾削时的站立步位与姿势

錾削时,操作者的站立姿势应便于用力,身体的重心偏于右脚,略向前倾,左脚跨前半步,膝盖稍有弯曲,保持自然,右脚站稳伸直。錾削时的站立步位如图 1-18 所示。

2)挥锤

挥锤时要自然,眼睛注视錾刃,不许看錾子头部。常用的挥锤方法有腕挥、肘挥和臂挥三种,如图 1-19 所示。腕挥是用手腕的动作进行锤击,锤击力量小,一般用于錾削余量较少或錾削开始或结尾时。肘挥是用手腕与肘部一起挥动进行锤击。因挥动幅度较大,故锤击力较大,这种方法应用最广。臂挥是用手腕、肘和全臂一起挥动进行锤击,其锤击力最大,主要用于需要大力錾削的工件。

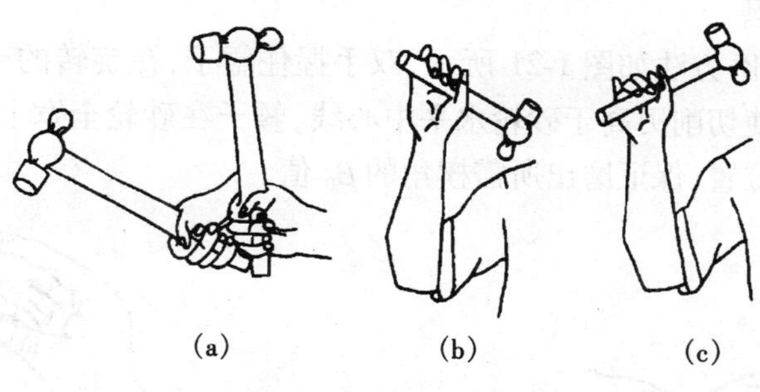

图 1-19　挥锤方法

(a)腕挥;(b)肘挥;(c)臂挥

(3)錾削过程

錾削操作过程一般分为起錾、錾削和錾出三个步骤,如图 1-20 所示。

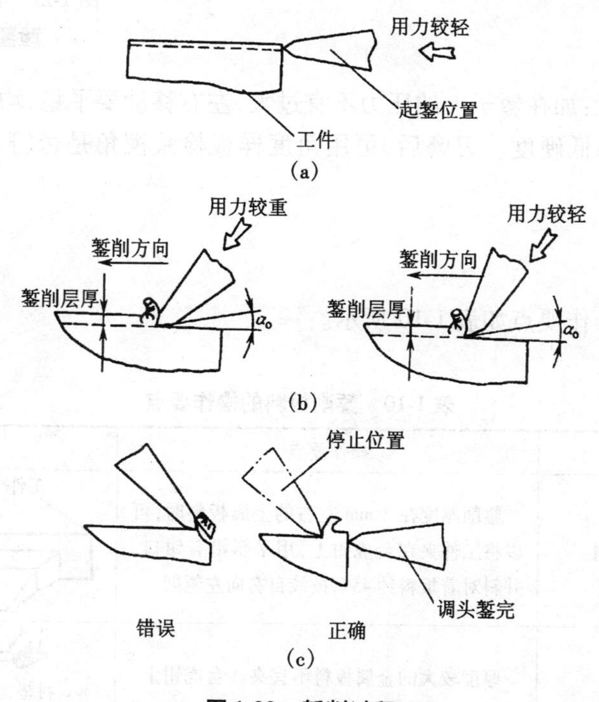

图 1-20　錾削过程

(a)起錾;(b)錾削;(c)錾出

起錾时,錾子要握平或使錾头略向下倾斜,以便錾刃切入工件。錾削时,要保持錾子的正确位置和錾削方向,锤击要有力。錾削分为粗錾和细錾两种。粗錾时,α_0 稍小些;细錾时,α_0 稍大些。錾削厚度要合适,若厚度太大,不仅消耗体力也錾不动,而且易使工件报废。錾削厚度一般取 1 ~2 mm,细錾时取 0. 5 mm 左右。

当錾削接近工件终端约 10 mm 时,应调头錾去余下的部分,以免损坏工件棱角或边缘。

(4)錾子的刃磨

錾子锲角的刃磨方法如图 1-21 所示，双手握住錾子，在旋转的砂轮轮缘上进行刃磨。刃磨时，必须使切削刃高于砂轮水平中心线，錾子在砂轮全宽上作左右移动，并要控制錾子的方向、位置，保证磨出所需楔角的 β_0 值。

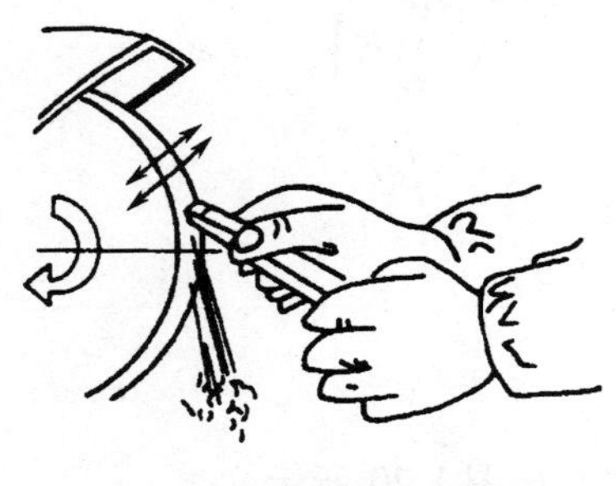

图 1-21　錾子的刃磨

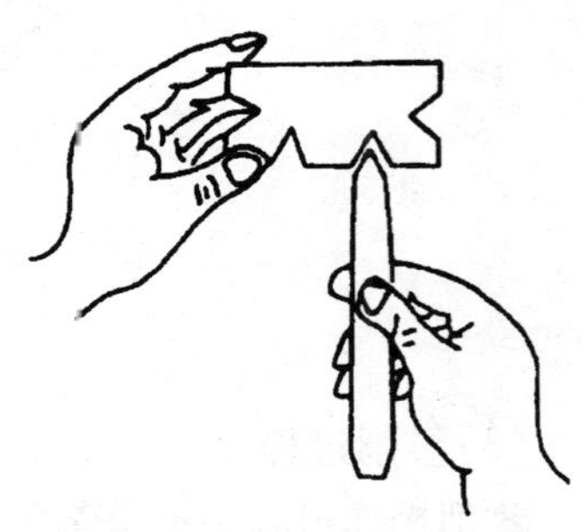

图 1-22　用角度样板检验錾子楔角

刃磨时应注意：加在錾子上的压力不宜过大，左右移动要平稳、均匀，并要经常醮水冷却，以防退火，降低硬度。刃磨后，可用角度样板检验楔角是否符合要求，如图 1-22 所示。

3. 技能训练

(1)錾削板料

錾削板料的操作要点如表 1-10 所示。

表 1-10　錾削板料的操作要点

序号	名称	操作要点	简图
1	錾削薄板料	錾削厚度在 2 mm 左右的金属板料时，可以将工件夹在台虎钳上，用平錾沿着钳口，并斜对着板料约 45°，按线自右向左錾削	工件 平錾
2	錾削厚板料	厚度较大的金属板料不宜夹在台虎钳上，通常放在铁砧上或平整的板面上錾削。錾削时板料下面垫上衬垫	衬垫 铁砧
3	錾削形状复杂板料	先将工件在錾削线周围钻出密集小孔，然后再进行錾削，这样可加快錾削速度	窄錾

(2)錾削平面

錾削平面的操作要点如表 1-11 所示。

表 1-11　錾削平面的操作要点

序号	名称	操作要点	简图
1	錾削窄平面	1. 用台虎钳夹持工件，注意工件被錾削部分应露出钳口 2. 选用平錾錾削，使錾子的切削刃与錾削前进方向倾斜一个角度，如图所示 3. 每次錾削厚度为 0.5 ~2 mm	
2	錾削宽平面	1. 开槽。錾削时，按錾前所划线条用窄錾每隔 17 ~18 mm 开一道槽，快錾到尽头时，将工件调头后錾去剩余部分，如图(a)所示 2. 錾平。用平錾将窄槽之间的金属錾掉，从而錾平整个宽平面，如图(b)所示	窄錾 錾出的槽 錾前划的线 工件调头后錾去剩余部分 (a) 平錾 前进方向 45° (b)

1.3.4　锯削

用手把工件(或材料)锯出窄槽或进行分削的操作称为锯削。锯削工作的范围包括：

①锯断各种原材料或半成品，如图 1-23(a)所示；

②锯除工件上的多余部分，如图 1-23(b)所示；

③在工件上锯槽，如图 1-23(c)所示。

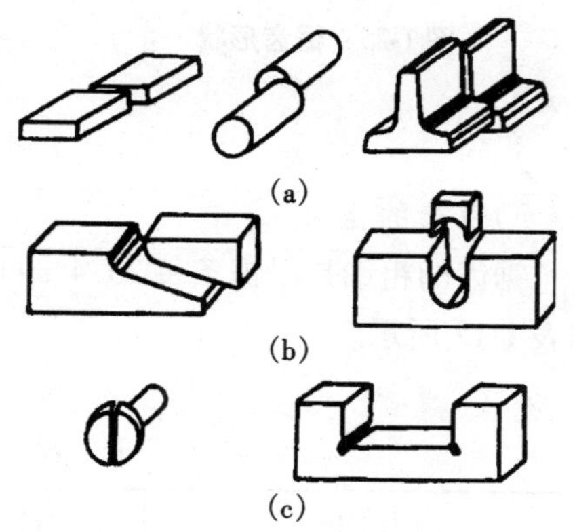

图 1-23　锯削的应用

(a)锯断原材料或半成品；(b)锯除工件上的多余部分；(c)在工件上锯槽

1. 锯削工具

手锯是由锯弓与锯条两部分组成。

(1)锯弓

锯弓是用来安装锯条的。它有固定式和可调式两种。

可调式锯弓通过调整安装距离(如图 1-24)可以安装几种长度的锯条，而且锯柄形状便于用力，所以目前被广泛使用。

锯弓两端都装有夹头，与锯弓的方孔配合，一端是固定的，另一端是活动的。当锯

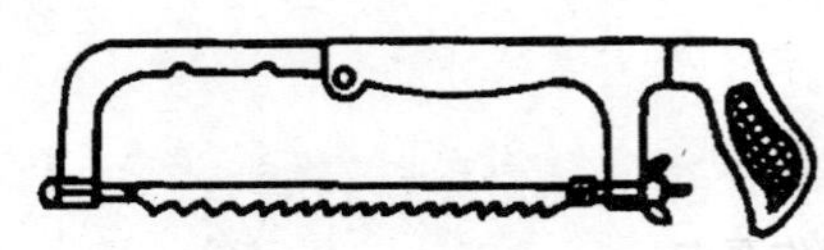
图 1-24 可调节式锯弓的构造

条装在两端夹头的销子上后，旋紧活动夹头上的翼形螺母就可以把锯条拉紧。

(2)锯条

锯条一般用渗碳软钢冷轧而成，也可用碳素工具钢或合金工具钢制成，并要经过热处理。

手锯条的长度是以两端安装孔的中心距来表示的，钳工常用锯条的长度是 30 mm，宽度为 10 ~ 25 mm，厚度为 0. 6 ~ 1. 25 mm。

1)锯齿的角度

锯条的一边开有许多锯齿，构成切削部分，相当于一排同样形状的錾子，如图 1-25 所示。为了使锯削获得较高的工作效率，必须使切削部分具有足够的容屑槽，因此锯齿的后角 α_0 较大。

2)锯路

为了减少锯齿两侧面对锯条的摩擦力，锯条的许多锯齿在制造时按一定规律左右错开，排列成一定的形状，这称为锯路。锯路有交叉形和波浪形等，如图 1-26 所示。锯路的作用是使锯缝宽度大于锯条背部的厚度。这样，在锯削时锯条就不会被锯缝夹住，减少了锯条与锯缝的摩擦阻力，并使排屑顺利，锯削更为省力，同时也减少了锯条磨损。

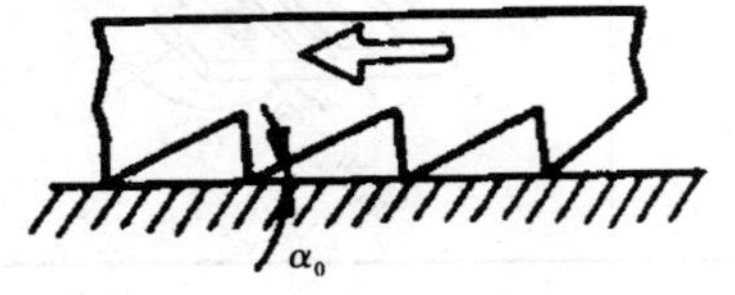

图 1-25 锯齿形状

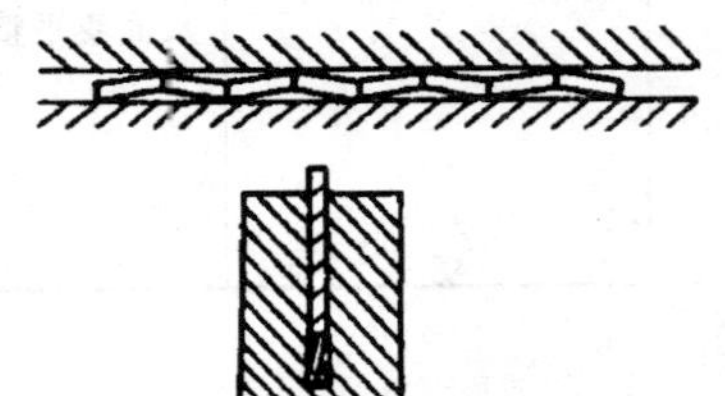
图 1-26 锯齿的排列

3)锯齿的粗细

锯齿的粗细是以锯条每 25. 4 mm 长度内的齿数来表示的，一般分粗、中、细三种，如表 1-12 所示。

表 1-12 锯齿的粗细规格及应用

锯齿粗细	每 25. 4 mm 长度内齿数	应用
粗	14 ~ 16	锯削软材料
中	22 ~ 25	锯削硬材料
细	28 ~ 32	锯削很硬材料

锯齿的粗细应根据工件材料的硬度、厚度以及切面大小来选择。

锯削管子和薄片时，必须使用细齿锯条，截面上至少要有两个以上的锯齿同时参加锯削，才能避免锯齿被钩住而崩断的现象。

2. 锯削基本技能

(1)棒料的锯削方法

锯削棒料零件时,如果被锯削棒料的断面要求比较平整,则应从开始连续锯到结束。若锯出的端面要求不高时,锯削时可改变几次方向(即棒料转过一定角度再锯),这样,由于锯削面变小,更容易切入,而且还可以提高工作效率。

在锯削毛坯材料时,断面要求不高,为了节省锯削时间,就可以分几次锯削。但是,每个方向都不能锯到中心,只能在周围的几个方向锯削到中心的接缝处(图 1-27),然后再将毛坯材料折断。

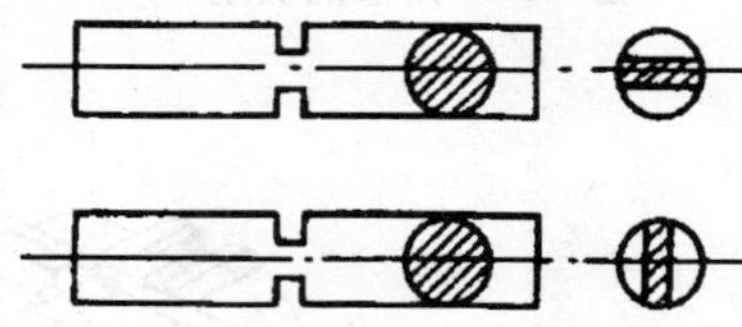

图 1-27　锯断棒料的方法

(2)管子的锯削方法

1)管子锯削线的划法

锯削管子前要划出垂直于轴线的锯削线。由于锯削对划线的精度要求不高,可用最简单的方法,即用矩形纸条(划线边必须直)按锯削尺寸绕住工件外圆(图 1-28),然后用滑石划出。

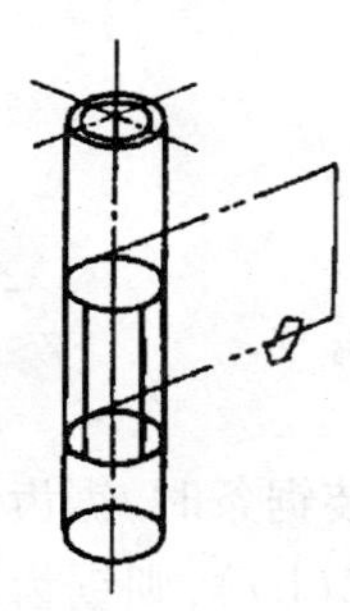

图 1-28　管子的锯削线

2)管子的夹持

锯削管子时必须把管子夹正。对于薄壁管子和精加工过的管子,应夹在有 V 形槽的两个木衬垫之间(图 1-29(a)),以防将管子夹扁或夹坏表面。

3)管子的锯削

锯削薄壁管子时,不可在一个方向从开始连续锯削到结束(图 1-29(b)),否则锯齿会被管壁钩住而崩裂。正确的方法应是:先在一个方向锯到管子内壁处,然后把管子向推锯的方向转过一个角度,并连接原锯缝再锯到管子的内壁处,如此进行下去,直到锯断为止(图 1-29(c))。

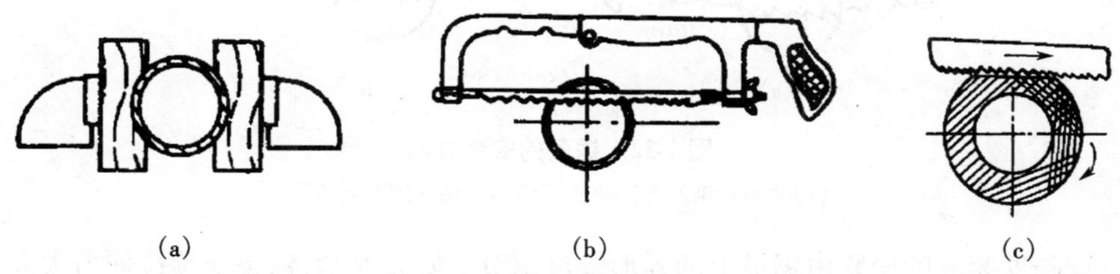

图 1-29　管子的夹持和锯削

(a)管子的夹持;(b)不正确锯削;(c)正确锯削

(3)薄板料的锯削方法

锯削薄板料时,尽可能从宽面上锯下去,当一定要在板料的窄面上锯下去时,应该把板料夹在两块木板之间(图 1-30),连木板一起锯下去,这样可避免锯齿被钩住,同时也增加了板料的刚性,使锯削时不会颤动。

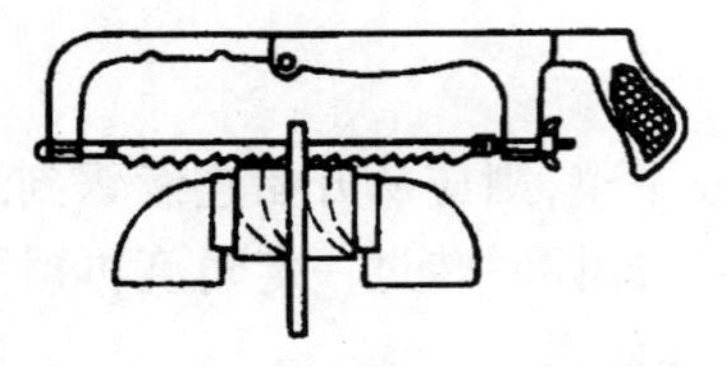

图 1-30 薄板的锯削

(4)深缝的锯削方法

锯削深缝时,当锯缝的深度达到锯弓的高度时(图 1-31(a)),为了防止锯弓与工件相碰,应将锯条转过 90°重新安装,使锯弓转到工件的旁边再锯(图 1-31(b))。由于钳口高度有限,工件应逐渐改变装夹位置,始终使锯削部位处于钳口附近,而不是在离钳口过高或过低的部位锯削。

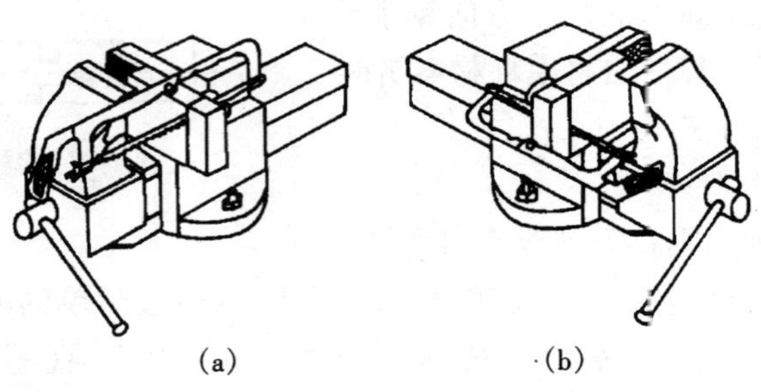

(a) (b)

图 1-31 深缝的锯削方法

3. 锯削技能训练

(1)锯条的安装

手锯是在向前推动时进行切削的,回程时不起切削作用,因此安装锯条时,锯齿切削的方向应朝前(图 1-32(a))。如果锯齿的切削方向装反了(图 1-32(b)),则锯齿前角为负,那就不能正常地锯削。

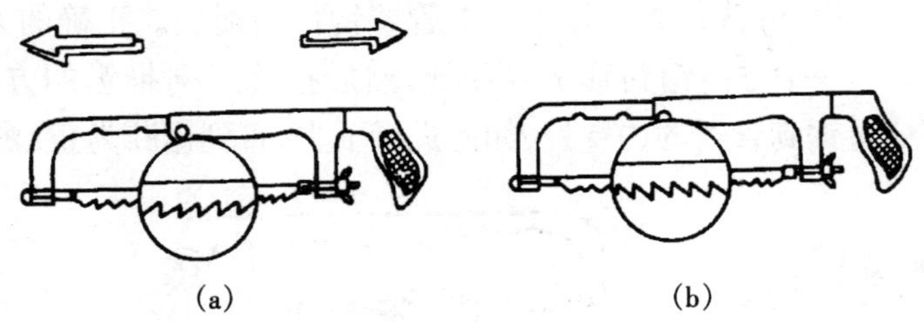

(a) (b)

图 1-32 锯条的安装方向

(a)锯齿切削的方向朝前;(b)锯齿切削的方向装反

锯条安装时的松紧由锯弓上的翼形螺母调节。安装太紧,锯条受预拉伸力太大,在锯削中稍有阻力就很容易崩断;安装太松,在锯削时锯条易发生扭曲折断,而且锯缝也容易歪斜。装好的锯条应尽量与锯弓保持在同一中心面内,这样容易使锯缝正直。

(2)工件的夹持

①工件应夹在台虎钳的右面,以便操作。

②工件伸出钳口的部分不应太长,应使锯缝离开钳口约 20 mm,否则工件在锯削时会产生振动。

③锯缝线条要与钳口侧面保持平行(使锯缝线条与铅垂线方向一致),这样便于控

制锯缝，使其不偏离划线。

④工件夹持要保持牢靠，避免锯削时工件移动或使锯条折断。同时，要避免将工件夹持变形和夹坏已加工的表面。

(3)手锯的握法

用手锯锯削工件(或材料)时，要用右手满握锯柄，用左手扶住锯弓前端，如图1-33所示。

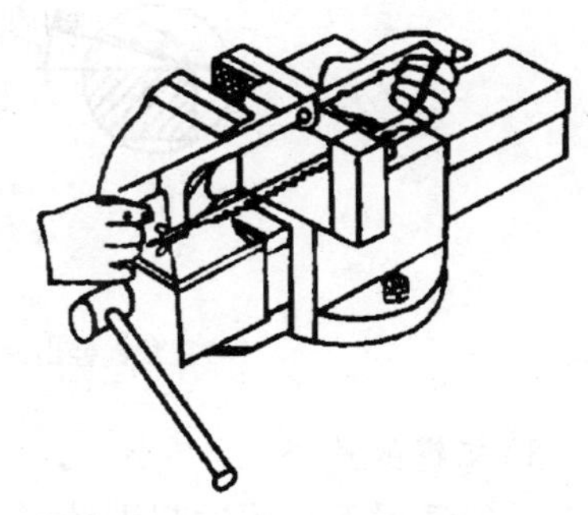

图1-33　手锯的握法

(4)锯削要领

1)锯削时的姿势

锯削时左脚超前半步，身体略向前倾与台虎钳中线约呈30°，右脚站稳伸直与台虎钳中心约呈75°。两腿自然站立，人体重心稍偏于右脚。锯削时视线要落在工件的切削部位。推锯时身体上部稍向前倾，给手锯以适当的压力而完成锯削。

2)锯削时的压力

锯削运动时其推力和压力均由右手控制，左手主要配合右手扶正锯弓，几乎不加压力。手锯退回时全齿不参加切削，只做自然拉回，不施加压力，以免锯齿磨损。工件将要锯断时压力要小。

3)锯削时锯弓的运动方式

锯削时锯弓的运动方式有两种。一种是直线运动，适用于锯削锯缝底面要平直的槽和薄壁工件。另一种是要用小幅度的上下摆动式运动，即手锯推进时身体略向前倾，双手随着手锯前推的同时左手上翘、右手下压；退回时右手上抬，左手自然跟回，这样可使操作自然，两手不易疲劳。

(5)锯削行程和速度

锯削时应尽量利用锯条的有效长度。行程太短，锯条局部磨损加快，锯条寿命缩短。一般往复行程不应小于锯条全长的2/3。锯削运动的速度一般以每分钟20～40次为宜。锯削硬材料时应慢些，锯削软材料时应快些，同时锯削行程应保持均匀。回程的速度应相对快些，以提高生产效率。

(6)起锯方法

起锯是锯削工作的开始，其好坏能直接影响锯削的质量。

1)起锯

起锯方法有远起锯(图1-34(b))和近起锯(图1-34(d))两种。起锯时，在锯缝边缘处用三角锉锉出1～2 mm深痕(图1-34(a))或用锯条前端处细齿开锯，这样能使锯条正确地锯在所需要的位置上。起锯时行程要短，压力要小，速度要慢。

2)起锯角度

起锯角α在15°左右，如果起锯角太大，则起锯不易平稳，锯齿会被工件棱边卡住而引起崩裂(图1-34(c))；起锯角也不能太小，否则，由于锯齿与工件同时接触的齿数较多而不易切入。

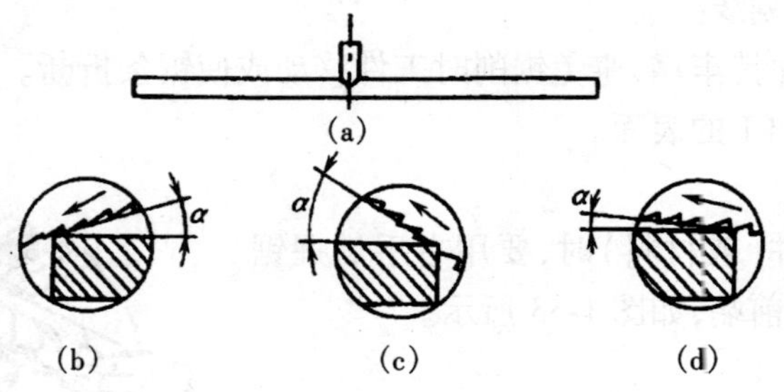

图 1-34　起锯方法

(a)三角锉锉出深痕;(b)远起锯;(c)起锯角过大;(d)近起锯

3)起锯的选择

一般情况下采用远起锯较好,因为远起锯是逐步切入工件,锯齿不易被卡住,起锯也比较方便。如果选用近起锯,当掌握不好时,锯齿就会被工件的棱边卡住。当锯齿被卡住时,可采用向后拉手锯作倒向起锯,使起锯时接触的齿数增加,然后再作推进起锯。这样就可避免锯齿因被工件棱边卡住而崩裂。

4. 锯削废品分析

锯削产生废品的主要原因如下。

①尺寸锯小了。

②锯缝歪斜过多,超出要求范围,其原因如下。

i. 工件安装时,锯缝线方向未能与铅垂方向一致。

ii. 锯条安装太松或与锯弓平面扭曲。

iii. 使用的锯条锯齿两面磨损不均。

iv. 锯削压力过大,使锯条左右偏摆。

v. 锯弓未扶正或用力歪斜,使锯条背偏离锯缝中心平面,而又斜靠在锯断面的一侧。

③起锯时把工件表面锯坏。

1.3.5　锉削

用锉刀对工件表面进行切削加工,使工件达到所要求的尺寸、形状、位置和表面粗糙度的加工方法称为锉削。锉削精度可达 0.01 mm 左右。

锉削的加工范围较广,它可加工工件的内外平面、内外曲面、内外角、沟槽和各种复杂形状的表面,所以锉削在现代化生产中还占有相当重要的地位。

1. 锉削工具

(1)锉刀

锉刀是用碳素工具钢 T13 或 T12 制成,并经过淬火处理,硬度达 HRC 62 ~ HRC 67,由专业厂家生产的一种标准工具。

锉刀的规格(除圆锉的规格以直径表示,方锉的规格以方形尺寸表示外)一般用锉刀有齿部分的长度表示,有 100 mm、150 mm、200 mm(8 英寸)和 300 mm(12 英寸)等多种规格。

(2)锉刀各部分名称

锉刀各部分的名称如图 1-35 所示。

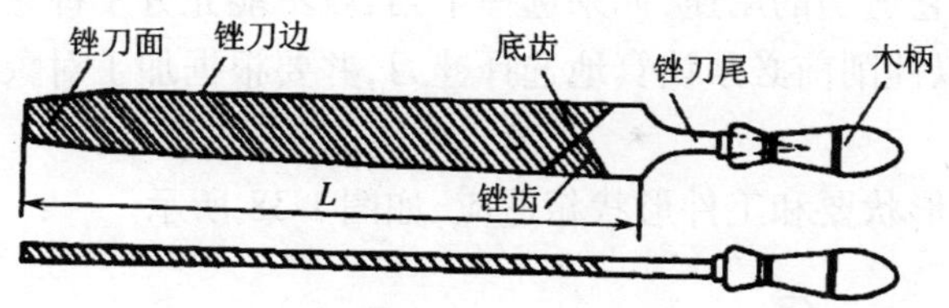

图 1-35 锉刀各部分名称

1)锉刀面

锉刀面(上、下两面)是锉削的主要工作面,锉刀在纵长方向做成凸弧形,其作用是能够抵消锉削时由于两手上下摆动而产生的表面中凸的现象,以使工件锉平。

2)锉刀边

锉刀边是指锉刀的两个侧面。有的锉刀两边都没有齿,有的一个边有齿,没有齿的一边称为光边,其作用是在锉削内直角形的一个面时用光边靠在已加工的面上去锉另一直面,防止碰上已加工表面。

3)锉刀尾

锉刀尾是指锉刀的尾部,它不经淬火处理,用来装入木柄,以便于锉削时握持转递推力。

4)锉齿的粗细规格

锉齿的粗细是按锉刀齿纹的锯齿大小来表示的。锯齿大,用于粗锉刀;锯齿小,用于细锉刀。

(3)锉刀的种类和选择

1)锉刀的分类

锉刀分普通锉、特种锉和整形锉(什锦锉)三类。

①普通锉按其断面形状又分为平锉(板锉)、方锉、三角锉、半圆锉和圆锉等,如图 1-36所示。

图 1-36 普通锉的断面形状

②特种锉是在加工零件的特殊表面时使用的,按其断面形状又分为刀口锉、菱形锉、扁三角锉、圆肚锉等,如图 1-37 所示。

图 1-37 特种锉的断面形状

③整形锉又叫组锉，它主要用于修整工件上的细小部分，通常以 5 把、6 把、8 把、10 把或 12 把为一套。

2）锉刀的选择

每种锉刀都有它适当的用途，如果选择不当，就不能充分发挥它的效能或过早地丧失其切削能力，所以锉削前必须认真地选择锉刀，并要根据加工对象的具体情况从以下几个方面考虑。

①锉刀的断面形状要和工件形状相适应，如图 1-38 所示。

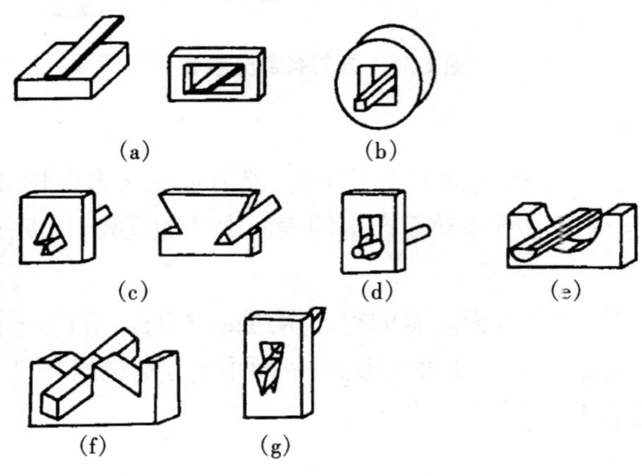

图 1-38　加工不同表面时用的锉刀

（a）板锉；（b）方锉；（c）三角锉；（d）圆锉；（e）半圆锉；（f）菱形锉；（g）刀口锉

②锉刀粗细的选择，取决于工件的加工余量大小、加工精度的高低、表面粗糙度值的大小及工件材料的软硬等。粗锉刀适用于锉削加工余量大、加工精度低和表面粗糙值大的工件。细锉刀适用于锉削加工余量小、加工精度高和表面粗糙度值小的工件。单齿纹锉刀适用于加工软材料。表 1-13 供选择锉刀粗细规格时参考。

表 1-13　按加工精度选择锉刀

锉刀	适用场合		
	加工余量（mm）	尺寸精度（mm）	表面粗糙度 R_a（μm）
粗锉刀	0.5 ~ 1	0.2 ~ 0.5	100 ~ 25
中锉刀	0.20 ~ 0.5	0.05 ~ 0.2	12.5 ~ 6.3
细锉刀	0.05 ~ 0.02	0.01 ~ 0.05	6.3 ~ 3.2
油光锉刀	0.025 ~ 0.05	0.005 ~ 0.01	3.2 ~ 1.6

（4）锉刀的正确使用和保管

在使用和保管锉刀时必须遵守以下规则。

①锉刀不能沾水和沾油，否则容易使锉刀锈蚀或锉削时打滑。

②不可用锉刀锉削毛坯件的硬皮和淬硬表面,否则锉刀会因此而变钝,丧失锉削能力。

③在锉削时要充分使用锉刀的有效长度,以防局部磨损。锉刀在使用过程中或锉削完毕时,都要用钢丝刷或铜片顺着锉纹及时刷去嵌入齿槽内的铁屑,以免锉刀生锈和降低锉削效率。

④锉刀应先用一面,直到用钝后再使用另一面。

⑤锉刀放置要合理,不能重叠堆放,以免损坏锉齿。

⑥锉刀尾不能当作斜铁和撬杠使用,否则都容易使锉刀折断。

⑦使用整形锉时用力不可过猛,以免折断锉刀。

2. 锉削基本技能

(1)平面的锉法

1)顺向锉

锉刀的运动方向与工件的夹持方向始终一致(顺着同一方向)的锉削方法称为顺向锉法,如图1-39所示。顺向锉法是最普通的锉削方法,其特点是锉痕正直、整齐美观,适用于锉削不大的平面和最后锉光。

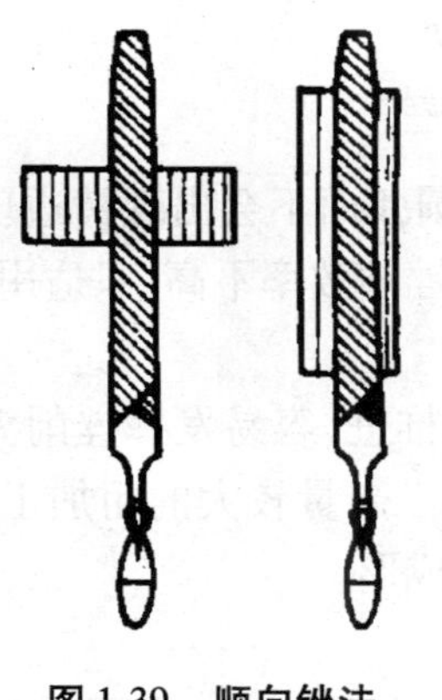

图1-39　顺向锉法

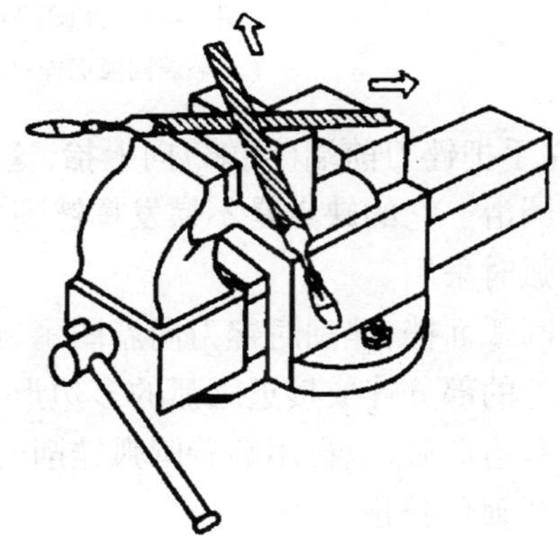

图1-40　交叉锉法

2)交叉锉

锉削时锉刀从两个交叉的方向对工件表面进行锉削的方法称为交叉锉,如图1-40所示。交叉锉的特点是锉刀与工件的接触面大,锉刀容易掌握平稳,同时从锉痕上可以判断出锉削面的高低情况,因此容易把平面锉平。交叉锉法只适用于粗挫,待精加工时要改用顺向锉法,才能得到正直的锉痕。

3)推锉

两手对称地握住锉刀,两大拇指均衡地用力推着锉刀进行锉削的方法称为推锉,如图1-41所示。推锉法不能充分发挥手的推力,切削效率不高,所以常用在加工余量较小、修正尺寸或在锉刀推进受阻时使用。

(2)曲面的锉法

曲面由各种不同的曲线形成的面所组成,但是基本的曲面还是单一的内、外圆弧

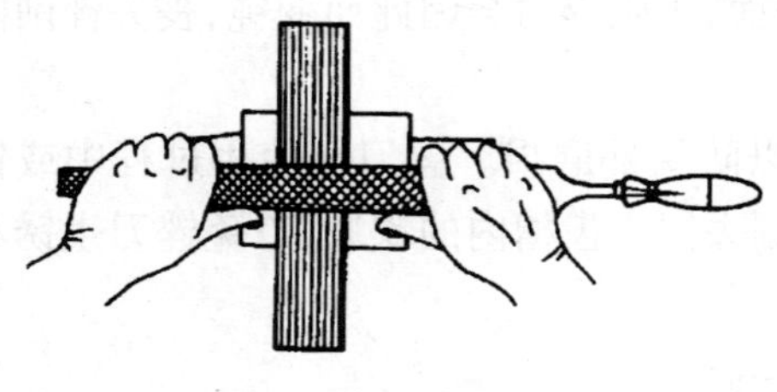

图 1-41　推锉法

面。只要掌握好内、外圆弧面的锉削方法和技能，就能掌握好各种曲面的锉削方法。

1）外圆弧面的锉法

选用板锉刀锉削外圆弧面，锉削时锉刀要同时完成两个运动，即锉刀在作前进运动的同时还应绕工件圆弧的中心转动，其常用的锉削方法如图 1-42 所示。

①顺着圆弧面锉：锉削的右手把锉刀柄部往下压，左手把锉刀前端（尖端）向上抬，这样锉出的圆弧面不会出现棱边现象，且使圆弧面光洁圆滑。它的缺点是不易发挥锉削力量，而且锉削效率不高，只适用于余量较小或精锉圆弧时采用。

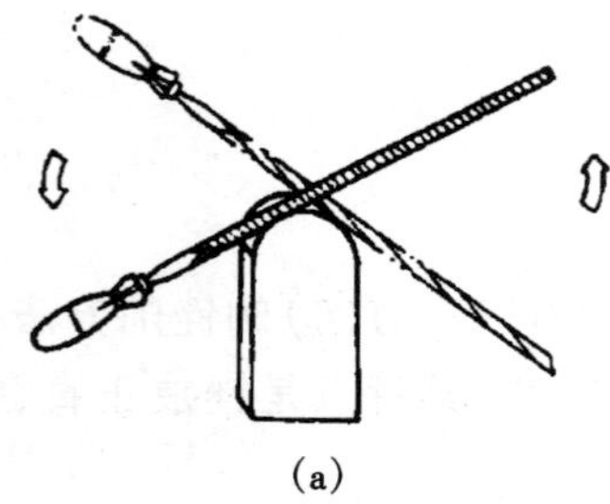

(a)

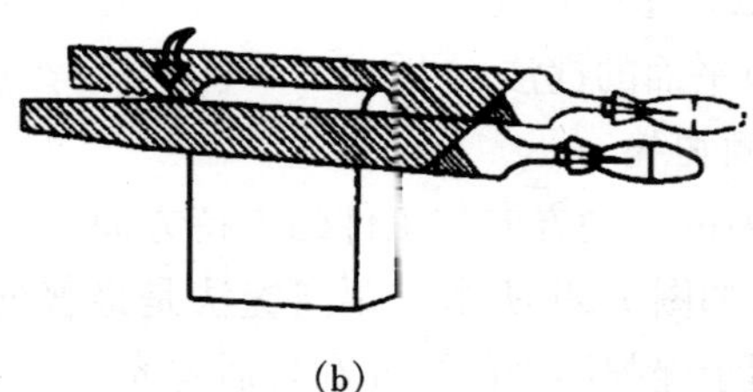

(b)

图 1-42　外圆弧面的锉削方法

(a)顺着圆弧面锉；(b)横着圆弧面锉

②横着圆弧面锉：锉削时锉刀向着图示方向作直线推进，容易发挥锉削力量，能较快地把圆弧外的部分锉成接近圆弧的多边形，适宜于加工余量较大的粗加工。当按圆弧要求锉成多边形后，应再用顺着圆弧锉削的方法精锉成形。

2）内圆弧面的锉削方法

锉削内圆弧面所适用的锉刀有圆锉（适用于圆弧半径较小时）、半圆锉（适用于圆弧半径较大时）。锉削时，锉刀要同时完成以下三个运动：

①前进运动；

②随圆弧面向左或向右移动（约半个到一个锉刀直径）；

③绕锉刀中心线转动（向顺、逆时针方向转动约 90°）。

如果锉刀只作前进运动，即圆锉刀的工作面不作沿工件圆弧曲线和左右的运动，而只作垂直工件圆弧方向的运动，那么就将圆弧面锉成凹形（深坑），如图 1-43(a)所示。

如果锉刀只有前进和向左（或向右）的移动，锉刀的工作面仍不作沿工件圆弧曲线的运动，那么锉出的圆弧面将成菱形，如图 1-43(b)所示。

要得到圆滑的内弧面，锉削时只有将三种运动同时完成，才能使锉刀工作面沿工件的圆弧作锉削运动，并把内圆弧面锉好，如图 1-43(c)所示。

3）平面与曲面的连接锉法

在一般情况下锉削时应先加工平面，然后再加工曲面，这样能使曲面与平面的连接

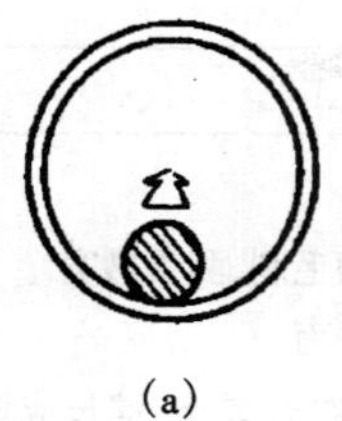

(a)

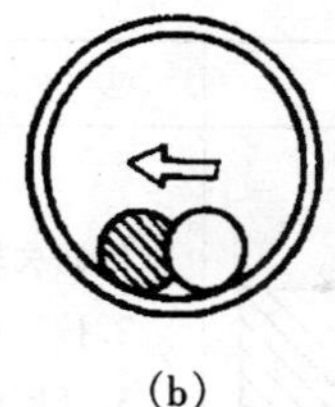

(b)

(c)

图 1-43　内圆弧面锉削时的三个运动分析

(a)前进运动;(b)前进和向左移动;(c)同时前进、左移和转动

比较圆滑。如果先加工曲面后加工平面,则容易损伤已加工好的曲面,而且很难保证对称的中心面,此外连接处也不易圆滑,或使圆弧面不能与平面很好地相切。

(3)锉削工艺实例

锉削工艺实例见表 1-14。

表 1-14　锉削工艺实例

实例	简　图	工　艺
直角图	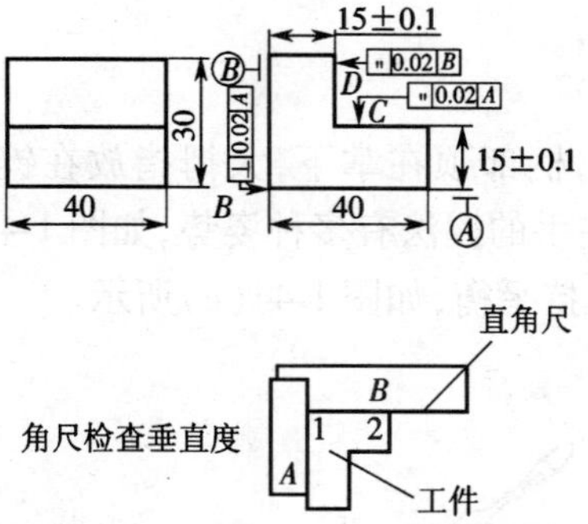 15±0.1；30；40；40；15±0.1；B；A；C；D；⊥ 0.02 A；∥ 0.02 B；∥ 0.02 A 角尺检查垂直度；直角尺；工件；B；1；2；A	1. 锉基准面 A,保证平面度及表面粗糙度,不达到要求不能锉其他面 2. 锉削平面 B,保证各部分公差要求,同时用 90°角尺以透光法来检查 B 面与 A 面的垂直度,保证公差 3. 锉削平面 C,保证尺寸公差及与 A 面的平行度,同时注意防止锉坏 D 面 4. 锉削 D 面,保证尺寸及与 B 面的平行度,防止把 C 面锉坏
燕尾样板	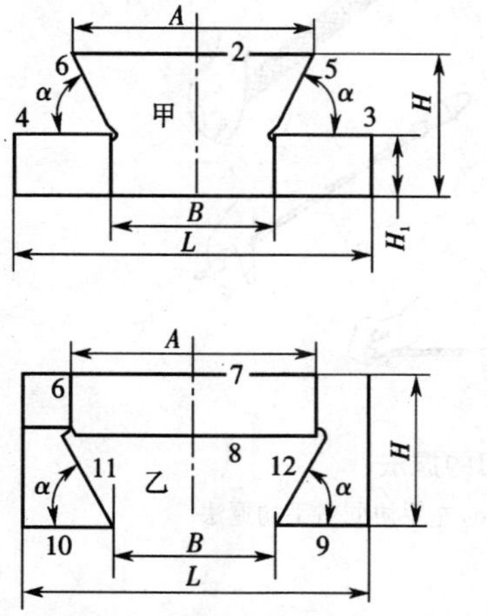 A；2；6；5；α；甲；4；3；H；H_1；B；L A；7；6；8；11；12；乙；α；10；9；H；B；L	1. 根据样板尺寸及所需余量下料 2. 作甲、乙样板标记 3. 按尺寸 L×H,锉准外形 4. 燕尾样板划线,转角处钻 2 ~ 3 mm 的工艺孔,除去多余部分 5. 锉样板甲,先锉面 3、4,保证与面 2 平行,然后再锉斜面 5、6,用辅助样板检验,保证 α 角 6. 锉样板乙,先锉面 8、9、10,使其与面 7 平行;锉斜面 11、12,保证尺寸 B 及 α 角,并用样板甲检验,达到要求,换位修甲、乙两侧面至尺寸 L

续表

实例	简图	工艺
键	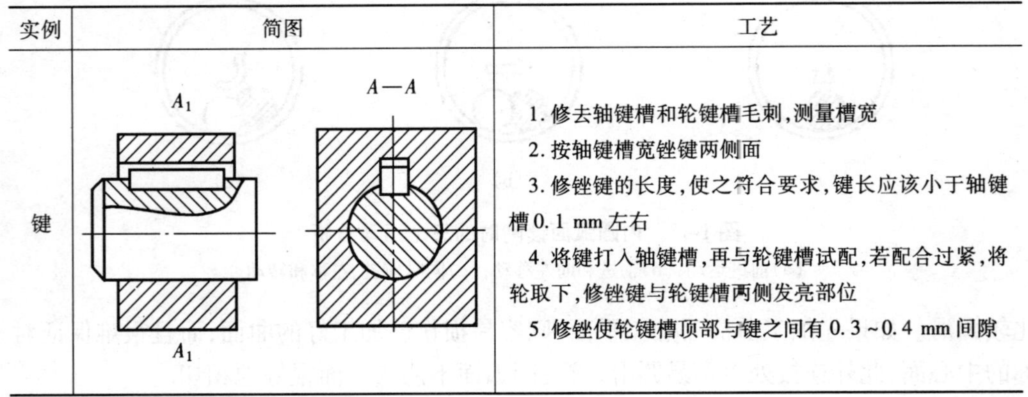	1. 修去轴键槽和轮键槽毛刺，测量槽宽 2. 按轴键槽宽锉键两侧面 3. 修锉键的长度，使之符合要求，键长应该小于轴键槽0.1 mm左右 4. 将键打入轴键槽，再与轮键槽试配，若配合过紧，将轮取下，修锉键与轮键槽两侧发亮部位 5. 修锉使轮键槽顶部与键之间有0.3~0.4 mm间隙

3. 锉削技能训练

(1)锉刀的握法

正确握持锉刀对于锉削质量的提高、锉削力的运用和发挥以及对操作时的疲劳程度都有一定的影响。由于锉刀的大小和形状不同，所以锉刀的握持方法也有所不同，一般有以下几种握法。

1)较大锉刀的握法

250 mm以上的锉刀，要用右手握紧锉刀柄，柄部顶在掌下，大拇指放在锉刀的上部，其余手指满握锉刀柄，如图1-44(a)所示。左手的握法有多种姿势，如图1-44(b)所示。当右手推动锉刀时，左手协同右手使锉刀保持平衡，如图1-44(c)所示。

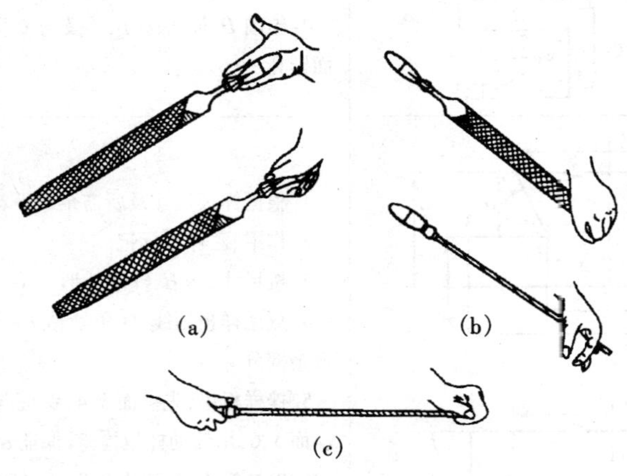

图1-44　较大锉刀的握法

(a)右手的握法；(b)左手的握法；(c)左手协同右手的握法

2)中小锉刀的握法

对200 mm左右的中型锉刀，其右手握法与大锉刀的握法相同，左手需用大拇指、食指、中指轻轻地扶持即可，如图1-45(a)所示。150 mm左右的小型锉刀，所需锉削力小，两手的握法有所不同，如图1-45(b)所示。150 mm以下的更小锉刀，只需右手握住即可,如图 1-45(c)所示。

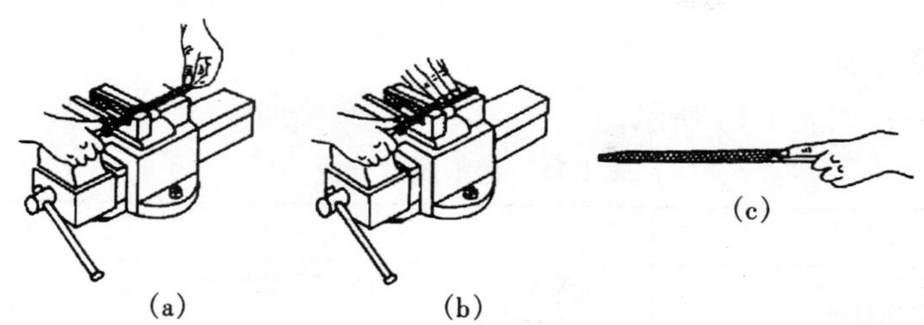

图 1-45　中小锉刀的握法

(a)200 mm 左右的中型锉刀的握法;(b)150 mm 左右的小型锉刀的握法;
(c)150 mm 以下的小锉刀的握法

(2)锉削姿势

锉削时人的站立位置和姿势与锯削相似。锉削时身体的重心要落在左脚上,右腿伸直、左腿弯曲,身体向前倾斜,两脚站稳不动,锉削时靠左腿的曲伸使身体作往复运动。

开始锉削时人的身体向前倾斜 10°左右,左膝稍有弯曲;锉刀推出 2/3 行程时,右肘向前推进锉刀,身体倾斜 18°;锉刀推出全程时,右肘继续向前推进锉刀 ,身体倾斜 15°左右,自然地退回。锉削行程结束后,把锉刀略微提起,使身体和手回复到开始的姿势,再如此进行下一次的锉削。

为了保证锉削表面平直,推进锉刀时,两手压在锉刀上,并应做到平稳而不上下摆动,锉削时推力主要由右手控制,压力大小由两手控制。为此锉削时右手的压力要随锉刀的推动由小而逐渐增大,左手的压力要由大而逐渐减小,如图 1-46 所示,这是锉削平面时必须掌握的关键技术要领。

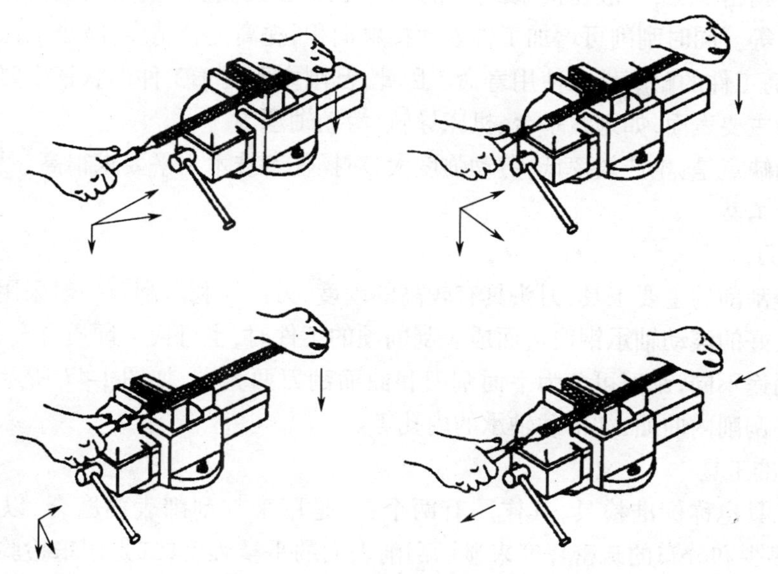

图 1-46　锉平面时的技术要领

锉削时的速度一般应在 40 次/min 左右，推进时稍慢，回程时稍快，动作应自然协调。

4. 锉削质量分析

锉削质量分析如表 1-15 所示。

表 1-15　锉削质量分析

形　式	原　因
表面夹出痕迹	1. 被夹时，台虎钳钳口没有垫软金属或木块 2. 夹紧力太大
空心工件被夹扁	1. 装夹时，没有用 V 形铁或弧形木块 2. 夹紧力太大
平面中凸、塌边、塌角	1. 操作时双手用力不平衡 2. 锉削姿势不正确 3. 锉刀面中凹或扭曲 4. 工件装夹不正确
工件尺寸不合格	1. 划线不正确 2. 锉削时没有及时测量或测量有误差
表面太粗糙	1. 精锉时采用粗锉刀 2. 粗锉刀痕太深 3. 切屑嵌在锉纹中没有清除，把表面拉毛 4. 锉直角时，没采用带光面的锉刀

1.3.6 刮削

刮削是用刮刀在工件表面上刮去一层很薄的金属，以提高工件加工精度的操作。刮削是一种精密加工，一般在机械加工后进行，能刮去机械加工遗留下来的刀痕、表面的细微不平等。同时刮削可增加工件表面接触面积，提高配合精度，减小工件表面粗糙度的值，提高工件的耐磨性和使用寿命。因此，刮削主要用于工件形状精度要求较高或相互配合的主要表面，如划线平台、机床导轨、滑动轴承等。

刮削的缺点是：生产效率低，劳动强度大，对操作者技术水平要求很高。

1. 刮削工具

(1)刮刀

刮刀是刮削的主要工具，刀头具有较高的硬度，刃口锋利。刮刀一般采用碳素工具钢或弹性较好的滚动轴承钢锻造而成。刮削硬的工件时，也可换上硬质合金刀头。

根据用途不同，刮刀可分为平面刮刀和曲面刮刀两大类，如图 1-47 所示。平面刮刀主要用于刮削内曲面，如滑动轴承的内孔等。

(2)校准工具

校准工具也称标准检具，其作用有两个：一是用来与刮削表面磨合，以接触点子(研点)的多少和分布的疏密程度来显示刮削表面的平整程度；二是用来检验刮削表面的精度。常用的校准工具有标准平板、桥式直尺、角度直尺三种，如图 1-48 所示。

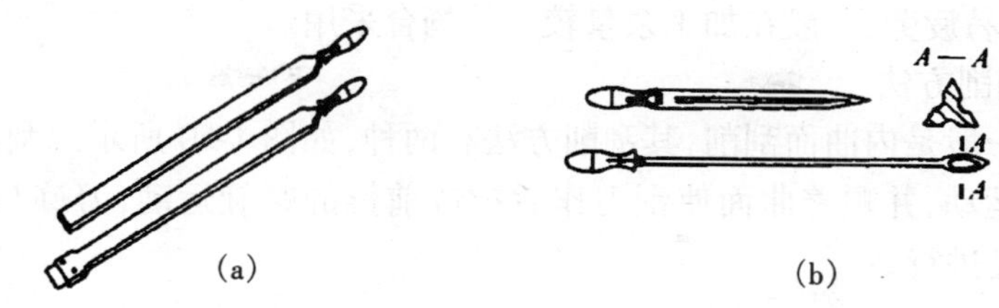

图 1-47 刮刀

(a)平面刮刀;(b)曲面刮刀

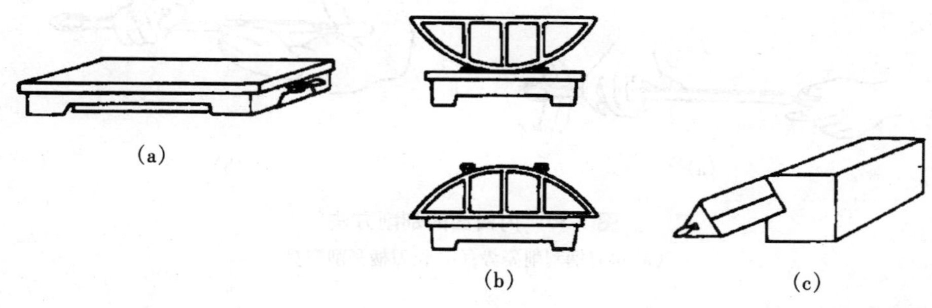

图 1-48 校准工具

(a)标准平板;(b)桥式直尺;(c)角度直尺

标准平板主要用来检验较宽的平面,其面积尺寸有多种规格。选用时,它的面积一般应不大于刮削面的3/4。桥式直尺主要用来校检狭长的平面。角度直尺主要用来校检和磨合燕尾形或V形面的角度。

2. 刮削基本技能

(1)平面刮削方法

平面刮削的方法有挺刮法和手刮法两种,如图1-49所示。

1)挺刮法

刮削时将刮刀柄放在小腹右下侧,双手握住刀身,左手在前,握于距刀刃80~100 mm处,刀刃对准研点,左手下压,利用腿部和臂部力量将刮刀向前推进。当推进到所需的距离后,迅速将刮刀提起完成一个挺刮动作。由于挺刮法用下腹肌肉施力,每刀刮削量大,工作效率较高,适合大余量的刮削。

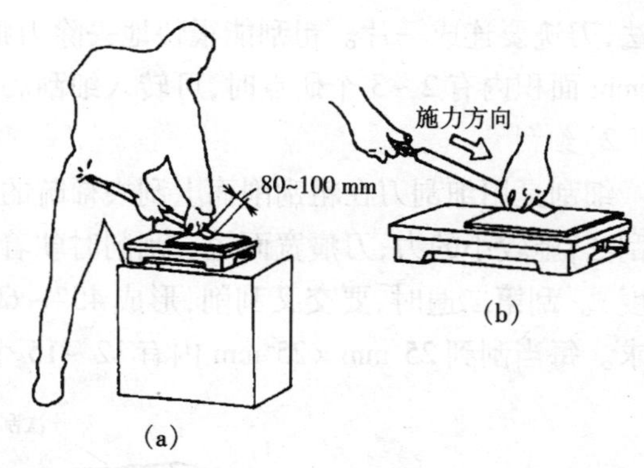

图 1-49 平面刮削

(a)挺刮法;(b)手刮法

2)手刮法

刮削时以右手握柄,左手握住刮刀近头部约50 mm处,刮刀与刮削平面成25°~30°角。右臂利用上身摆动使刮刀向前推进,左手下压引导刮刀前进,当推进到所需距离后,左手迅速提起,完成一个手刮动作。这种方法动作灵活、适应性强,可用于各个工作位置,但手容易疲劳,一般在加工余量较小的场合采用。

(2)曲面刮削方法

曲面刮削一般是内曲面刮削,其刮削方法有两种,如图 1-50 所示。刮削时,左右手应同时作圆弧运动,并顺着曲面使刮刀作后拉或前推的螺旋运动,刀迹与曲面轴线成 45°夹角,且交叉进行。

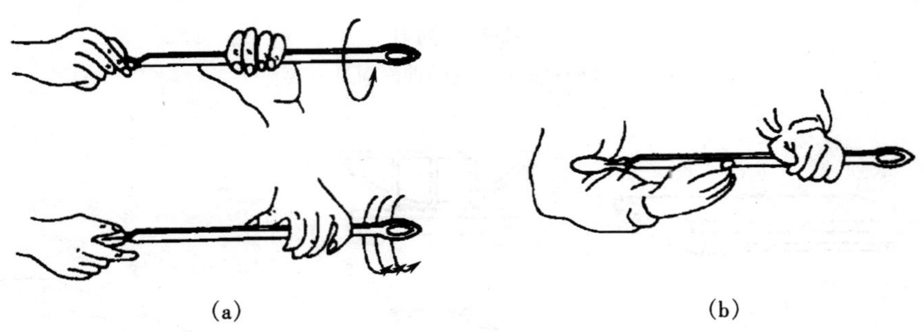

图 1-50　内曲面的刮削方法

(a)短刀柄刮削姿势;(b)长刀柄刮削姿势

3. 刮削技能训练

(1)平面刮削

平面刮削时,先将工件稳固地安放到合适的位置,清理工件表面后刮削。平面刮削可分为 4 步进行。

1)粗刮

粗刮是用粗刮刀在刮削面上均匀地铲去一层较厚的金属。粗刮时采用连续推铲的方法,刀迹要连成一片。粗刮能很快地去除刀痕、锈斑或过多的余量,当刮到 25 mm × 25 mm 面积内有 2 ~ 3 个研点时,可转入细刮。

2)细刮

细刮是用细刮刀在粗刮削面上刮去稀疏的大块研点,如图 1-51 所示。细刮时采用短刮法,施较小的力,刀痕宽而短。刮削时朝着同一方向刮(一般与平面的边成一定的角度)。刮第二遍时,要交叉刮削,形成 45° ~ 60°的网纹,以消除原方向刀痕,达到精度要求。每当刮到 25 mm × 25 mm 内有 12 ~ 15 个研点时,可进行精刮。

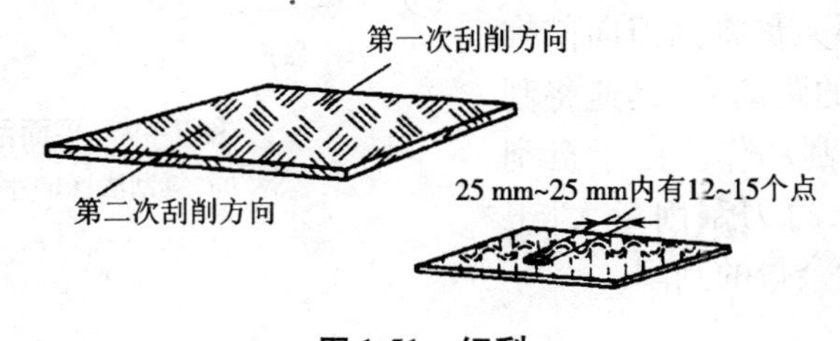

图 1-51　细刮

3)精刮

精刮在细刮的基础上进行,一般采用点刮法,即将精刮刀对准点子,落刀要轻,起刀要快，每个研点只能刮一刀，不要重复，并始终交叉地进行刮削。经反复配研、刮削，使被刮平面达到 $25 \times 25\ mm^2$ 面积内有 20 个研点以上。

4）刮花

刮花是在刮削面或机器外观表面上利用刮刀刮出装饰性花纹，如图 1-52 所示。

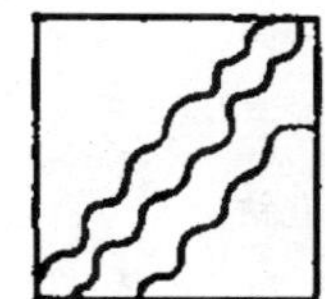

图 1-52　刮花

（2）曲面刮削

下面以滑动轴承的轴瓦为例，介绍曲面刮削的操作步骤及操作要点。

1）研点子

将工件表面清理干净，并涂上显示剂，即红丹粉与全损耗系统用油（机油）的混合剂。用与该轴瓦相配的轴或标准轴进行配研，如图 1-53（a）所示。配研时，轴瓦上的高点处显示剂被磨去而显出金属亮点，然后卸下轴瓦。

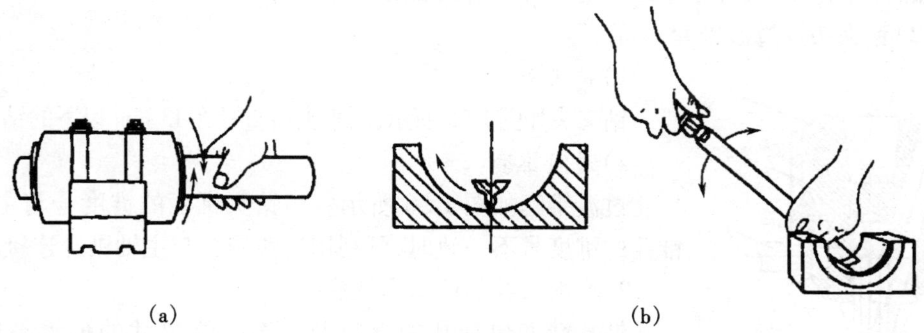

图 1-53　内曲面刮削

（a）研点子；（b）刮削

2）刮削

将轴瓦稳固地装夹在台虎钳上，用曲面刮刀顺主轴的旋转方向刮去高点。待研出的高点全部刮去后，再进行配研，并用刮刀刮去高点，前后两次刀痕要交叉成 45°，如图 1-53（b）所示。如此反复，直至达到精度要求。

1.3.7　钻削及铰削

钻削是用钻头在实体材料上加工孔的操作。

1. 孔加工用刀具及工具

（1）麻花钻头的构造

麻花钻是由柄部、颈部和工作部分（切削部分和导向部分）组成，如图 1-54 所示。

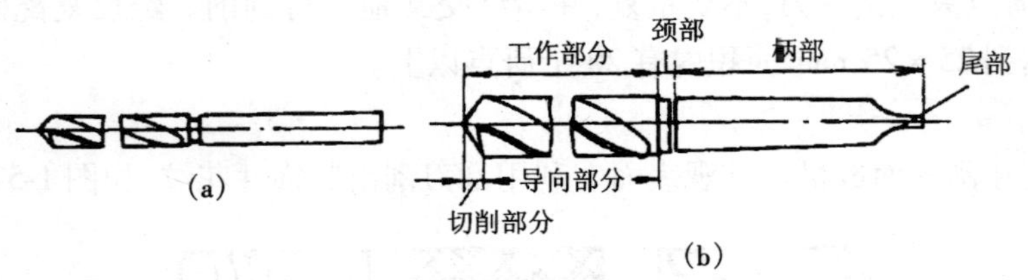

图 1-54　麻花钻

(a)直柄麻花钻;(b)锥柄麻花钻

1)柄部

麻花钻的柄部用于装夹传递扭矩。钻头直径小于 12 mm,柄部为圆柱形;钻头直径大于 12 mm,柄部一般为莫氏锥度。

2)颈部

麻花钻的颈部供钻头磨削时砂轮退刀使用,并用来刻商标和规格等。

3)工作部分

工作部分包括切削部分和导向部分。切削部分由前后刀面、横刃和两主切削刃组成,主切削刃起主要切削作用;导向部分有两条螺旋形棱边,在切削过程中起导向及减少摩擦的作用。两条对称螺旋槽起排屑和输送切削液的作用。

(2)钻夹头及过渡锥套

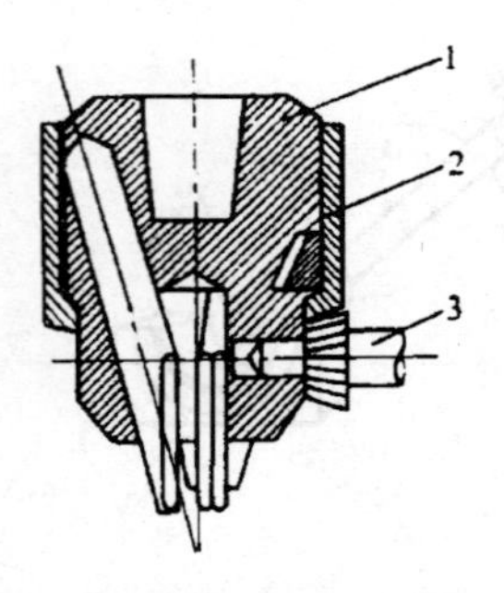

图 1-55　钻夹头

1—夹头体　2—夹套　3—钥匙

1)钻夹头

钻夹头如图 1-55 所示,用来夹持直径在 13 mm 以下的钻头。

2)过渡锥套

过渡锥套如图 1-56 所示。当钻头锥柄的锥度号与主轴锥孔的锥度号不一致时,可利用过渡锥套与主轴锥孔连接。

2. 钻削及铰削的基本技能

钻孔精度包括孔的直径及孔至边缘尺寸的位置精度。钻孔精度一般在 IT12 左右。为了保证孔径尺寸,要做到以下几点:

①钻头刃磨要正确,两刃长短一致,顶角对称;

②在钻头边缘处磨一过渡刃;

③无严格位置要求时,可通过划十字中心线、打样冲眼定位后进行钻孔;

④有位置要求时,用夹具予以保证;

⑤起钻时必须十分小心,将起钻小坑找正到正中位置后才能继续钻孔;

⑥用测量方法保证,测量钻头旋转中心到相对位置的尺寸精度;

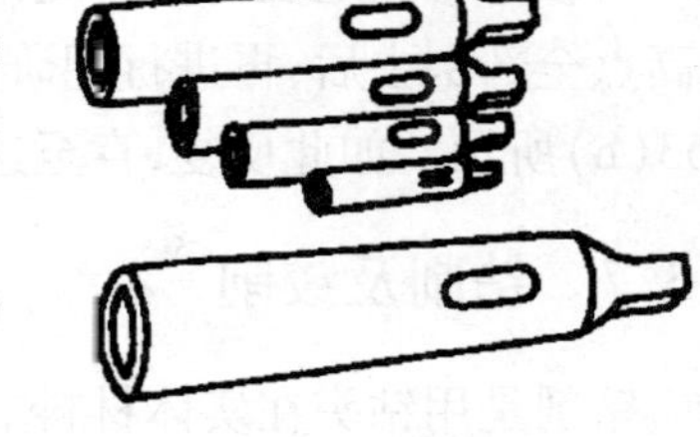

图 1-56　过渡锥套

⑦控制一定的进给力,特别是在孔将要穿透时要减小进给力;

⑧对薄板,特别是薄铜板的钻孔要用垫板压紧钻孔,最好采用薄板钻;

⑨钻孔时排出的切屑严禁用手拉、用嘴吹;

⑩操作中严禁戴手套;

⑪机床使用中若要变速换挡,须在停车时进行,防止齿轮损坏;

⑫工件装夹要牢固,同时注意压紧力作用的位置,防止压紧后工件变形。

钻削时可能出现的问题和原因如表 1-16 所示。

表 1-16　钻削时可能产生的问题和原因

废品形式	产生原因
孔呈多角形	1. 钻头后角太大 2. 钻头刃磨不正确,两主切削有长短、角度不对称
孔径超差	1. 钻头刃磨不正确,两主切削刃有长短、角度不对称 2. 钻头本身弯曲,钻头在钻夹头内未装好或钻套表面不清洁等 3. 钻床主轴径向摆动过大
孔位偏移	1. 工件装夹不稳,钻削过程中产生位移 2. 钻头横刃太长 3. 试钻偏位,未及时校正
孔轴线歪斜	1. 工件固定不妥,使工件表面与钻头不垂直 2. 钻头已钝,进给量过大 3. 钻头横刃太长,定心不好 4. 钻头主轴线与工作台不垂直
孔壁粗糙	1. 钻头主切削刃磨损,钻头后角太大 2. 切削部位冷却润滑不足 3. 进给量过大 4. 钻头棱刃上带有积屑瘤

3. 扩孔与铰孔

(1)扩孔

扩孔是用扩孔钻对已钻出的孔或锻、铸出的孔做扩大孔径的操作。扩孔的尺寸精度可达成 IT10 ~ IT9,表面粗糙度 R_a 为 3.2 ~ 6.3 μm。扩孔钻的结构如图 1-57 所示,与钻头相似。但扩孔钻的切削刃数量多(3 ~ 4 个)、无横刃、钻芯较粗、螺旋槽浅、刚性和导向性好。因此,扩孔时切削较平衡、加工余量较小,加工质量较高。扩孔可作为要求不高的孔的最终加工,也可作为精加工前的预加工。

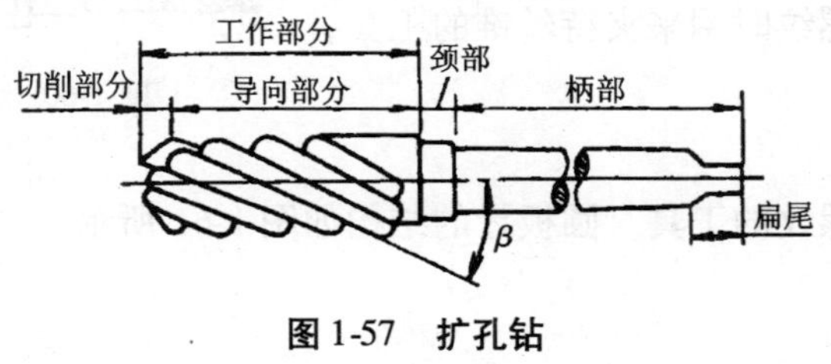

图 1-57　扩孔钻

(2)铰孔

铰孔是用铰刀对孔壁进行精加工的操作,其加工精度可达 IT8 ~ IT7,表面粗糙度 R_a 可达 0. 8 μm。

铰刀的结构如图 1-58 所示。铰刀分机用铰刀和手用铰刀两种。机用铰刀可以安装在钻床或车床上进行铰孔。铰刀的特点是:切削刃多(6 ~ 12 个),容屑槽很浅,刀芯截面大,故刚性和导向性比扩孔钻好。铰刀本身精度高,而且有校准部分,可以校准和修光孔壁。铰刀加工余量很小(粗铰 0. 15 ~ 0. 35 mm,精铰 0. 05 ~ 0. 15 mm),切削速度很低,故切削力小,切削热少。

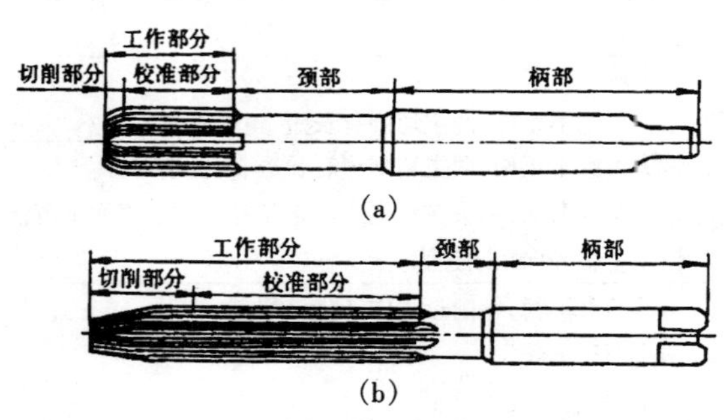

图 1-58 铰刀

(a)机用铰刀;(b)手用绞刀

1. 3. 8 钳工内外螺纹加工

攻螺纹是指用丝锥加工工件内螺纹的操作,即内螺纹的加工;套螺纹是指用板牙加工工件外螺纹的操作,即外螺纹的加工。

1. 加工内外螺纹用工具

(1)丝锥

丝锥是加工内螺纹的工具。

①丝锥结构及有关参数如图 1-59 所示。

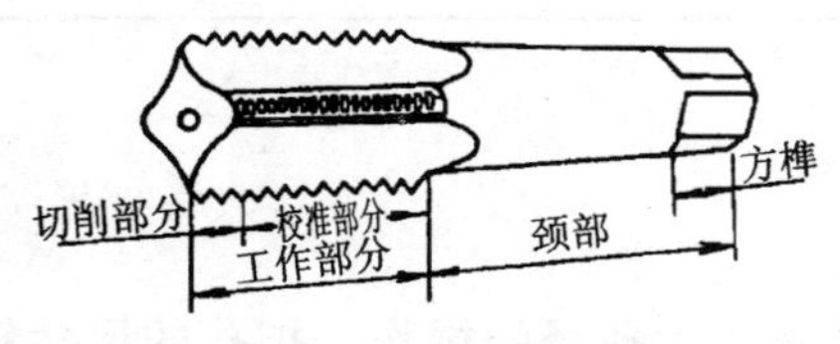

图 1-59 丝锥的构造

②丝锥有粗牙、细牙之分;有粗柄和细柄之分;有单支、成组之分;有等径与不等径之分;还有长柄机用丝锥、短柄螺母丝锥、长柄螺母丝锥之分。

③通常 M6 ~ M24 的丝锥一组有两支;M6 以下及 M24 以上的丝锥一组有三支。

(2)铰杠

铰杠是手工攻螺纹时用来夹持丝锥的工具,如图 1-60 所示。

图 1-50 攻螺纹用铰杠

(3)板牙

板牙是加工外螺纹的工具。圆板牙的结构如图 1-61 所示。

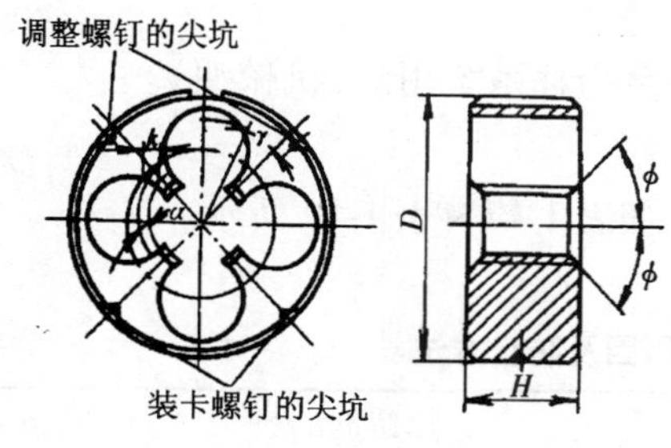

图 1-61　圆板牙的结构

图 1-62　圆板牙架

(4)板牙架

板牙架是装夹板牙的工具,如图 1-62 所示。

2. 螺纹加工的基本技能

(1)攻螺纹的工艺要点

①合理选择攻螺纹前的底孔直径,即钻头直径 D。对普通螺纹的底孔直径,也可由下列经验公式确定。

加工钢和塑性较大的工件时:

钻头直径 D = 螺纹公称直径 d − 螺距 P

加工铸铁和塑性较小的工件时:

钻头直径 D = 螺纹公称直径 d − 1.1 × 螺距 P

钻孔后,孔口必须倒角。倒角直径可略大于螺孔大径,这样可以使丝锥开始切削时容易切入,并可防止孔口出现被挤压出的凸边。

②丝锥头锥攻螺纹时,应保持丝锥中心与螺孔端面在两个相互垂直方向上的垂直度。

③攻盲孔螺纹时,应注意以下几点:

i. 钻孔深 = 所需螺孔深度 +0.7 × 螺纹大径;

ii. 防止丝锥到底了还继续往下攻,造成丝锥折断;

iii. 注意随时清除孔内切屑,防止切屑阻塞造成丝锥折断。

④攻螺纹时必须以头锥、二锥、三锥顺序进行至标准尺寸。当丝锥在压力和旋转力的作用下切入底孔稳定后,只需两手用均衡的旋转力,不需加压,并经常倒转 1/4 ~ 1/2 圈,使切屑碎断,以防丝锥卡住造成丝锥折断。

⑤攻韧性材料的螺纹时,应加注合适的切削液,以减小切削阻力及螺纹的表面粗糙度值,延长丝锥寿命。

(2)套螺纹的工艺要点

①圆杆端部需要倒 15° ~ 20°的斜角,使板牙容易对准工件和切入材料。圆杆直径可按下列经验公式确定:

圆杆直径 D = 螺纹公称直径 d − 0.13 × 螺距 P

②套螺纹应保持板牙端面与圆杆轴线垂直,以防螺纹出现深浅不匀,甚至出现啃牙

现象。

③套螺纹时需加切削液，一般用浓的乳化液或全损耗系统用油(机械油)。

(3)攻螺纹、套螺纹的质量分析

攻螺纹、套螺纹时产生废品及刀具损坏的原因如表1-17～表1-19所示。

表1-17 攻螺纹的产生废品的原因及防止方法

废品形成	产生原因	防止方法
螺纹乱牙	1. 底孔直径太小，丝锥不易切入，造成孔口乱牙 2. 攻二锥时，未按已切出的螺纹切入 3. 丝锥磨钝，不锋利 4. 螺纹歪斜过多，用丝锥强行纠正 5. 未用合适的切削液 6. 攻螺纹时，丝锥未经常倒转	1. 根据加工材料，选择合适的底孔直径 2. 先用手旋入二锥，再用铰杠攻入 3. 刃磨丝锥 4. 开始攻入时，两手用力要均匀，并注意检查丝锥与螺孔端面的垂直度 5. 选用合适的切削液 6. 多倒转丝锥，使切屑碎断
螺纹歪斜	1. 丝锥与螺孔端面不垂直 2. 攻螺纹时，两手用力不均匀	1. 开始切入时，注意丝锥与螺孔端面垂直 2. 两手用力要均匀
螺纹牙深不够	1. 底孔直径太大 2. 丝锥磨损	1. 正确选择底孔直径 2. 刃磨丝锥
螺纹表面粗糙	1. 丝锥前、后刀面及容屑槽粗糙 2. 丝锥不锋利、磨钝 3. 攻螺纹时丝锥未经常倒转 4. 未用合适的切削液 5. 丝锥前、后角太小	1. 刃磨丝锥 2. 刃磨丝锥 3. 多倒转丝锥，改善排屑 4. 选择合适切削液 5. 磨大前、后角

表1-18 套螺纹时产生废品的原因及防止方法

废品形成	产生原因	防止方法
螺纹刮牙	1. 塑性材料未用切削液，螺纹被撕坏 2. 套螺纹时，没有反转削断过程，使切屑堵塞，咬坏螺纹 3. 圆杆直径太大 4. 板牙歪斜太多而强行纠正	1. 根据材料，正确选用切削液 2. 应经常倒转，使切屑断碎及时排出 3. 正确选择圆杆直径 4. 开始套时就应该注意板牙平面与杆轴线垂直，同时注意两手用力相等
螺纹歪斜	1. 圆杆倒角过小，ϕ 角过大，或倒角歪斜 2. 两手用力不均匀	1. 倒角要正确、无歪斜 2. 起套要正，两手用力均衡
螺纹太瘦	1. 铰杠摆动太大，或由于偏斜多次纠正，切削过多，使螺纹中径偏小 2. 起削后，仍用压力扳动	1. 要摆稳板牙，用力均衡 2. 起削后去除压力，只用旋转力
螺纹太浅	圆杆直径太小	根据材料正确选择圆杆直径

表 1-19　丝锥和板牙损坏的原因及防止方法

废品形成	产生原因	防止方法
崩牙或扭转	1. 螺纹底孔直径过小，或圆杆直径太大，切削负荷大	1. 根据加工材料，合理选择底孔直径和圆杆直径
	2. 工件材料中含有杂质或有较大砂眼	2. 加工前检查材料中的砂眼、夹渣等情况，如有上列情况应小心加工
	3. 工件材料硬度太高，或硬度不均匀	3. 加工前检查材料硬度，采用热处理措施，小心加工
	4. 丝锥或板牙，切削部分前、后角太大	4. 刃磨丝锥或板牙
	5. 铰杠或板牙架过大，掌握不稳或用力过猛	5. 选择合格的铰杠或板牙架，小心加工
	6. 加工韧性材料（不锈钢等）时不用切削液，使工件与丝锥或板牙咬住	6. 应用切削液，注意经常倒转切断切屑
	7. 攻盲孔螺纹时，丝锥顶住孔底，还继续用力旋转	7. 注意盲孔深度及丝锥攻入深度，注意排屑
	8. 丝锥或板牙没有经常倒转，致使切屑将容屑槽堵塞	8. 应经常倒转
	9. 刀齿磨钝	9. 刃磨丝锥或板牙
	10. 丝锥或板牙位置不正，单边受力过大	10. 注意或检查起削时丝锥或板牙对工件平面或圆杆轴线的垂直度

（4）从螺孔中取出折断丝锥的基本方法

丝锥工作时若折断在螺孔中取出十分困难，故在攻螺纹时应尽量防止丝锥折断。万一折断可先把切屑和丝锥碎屑清除干净（用敲击周边震动，同时将螺孔倒置，用磁性量针挑、吸碎屑等方法），加入少许润滑油。根据折断情况确定取出方法。下面介绍几种取出方法。

①当丝锥折断部分露出孔外时，可用钳子拧出。

②断丝锥尚露出于孔口时，可用一冲头或弯尖錾子抵在丝锥容屑槽内，顺着螺纹圆周切线方向轻轻地正反方向反复敲打，一直敲到丝锥有了松动，就能顺利取出，如图 1-63 所示。

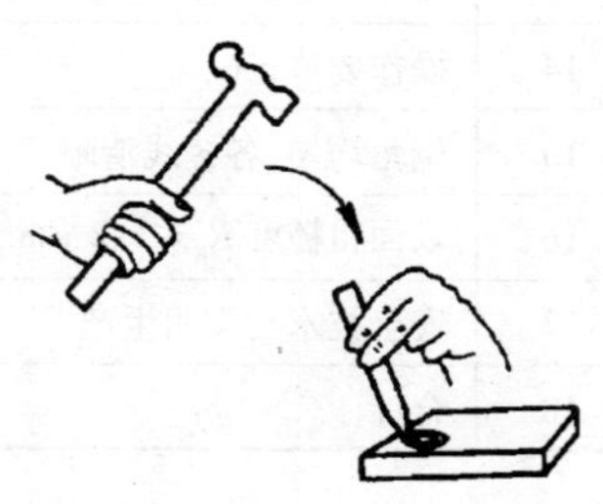

图 1-63　取出断丝锥的方法

③断丝锥完全在螺孔内时，可自制旋出工具。旋出工具上的短柱或钢丝数应与丝锥容屑数相等。使用时，把旋出工具插入丝锥容屑槽内，按退出方向扳转，便可旋出断丝锥。

④如果丝锥断在不锈钢中，可以用硝酸进行腐蚀。因为不锈钢能耐硝酸腐蚀，而高速钢丝锥则不能。因此，丝锥在硝酸的作用下很快被腐蚀，腐蚀到丝锥松动，便可取出。

⑤欲在形状复杂、加工周期较长的零件上取出断丝锥，可用电脉冲将断在工件中的丝锥腐蚀掉。

1.3.9 项目实训评定标准

项目训练的成绩评定为铆钉锤质量评定、钳工实训项目总结报告和钳工实训指导检查记录三项综合评定。

1. 铆钉锤质量检测标准

铆钉锤质量检测标准见表1-20,在操作过程中学生应对照该标准边加工边测量,不断自检,不断修整,不断完善。

表1-20 铆钉锤质量检测标准

班级＿＿＿＿＿学号＿＿＿＿＿日期＿＿＿＿＿教师＿＿＿＿＿得分＿＿＿＿＿

序号	项目与技术要求	配分	自检结果	实测结果	得分
1	尺寸要求(17×17)±0.1 mm(2处)	4×2			
2	尺寸75±0.2 mm	2			
3	尺寸200±0.2 mm	2			
4	[// | 0.1] (2组)	2×2			
5	[⊥ | 0.1] (4处)	2×4			
6	*C*3倒角尺寸正确(4处)	2×4			
7	*C*2倒角尺寸正确(4处)	2×4			
8	*R*3圆弧与斜面连接圆滑	1×4			
9	尺寸25±0.1 mm	2×2			
10	尺寸34±0.1 mm	3			
11	舌部斜面无划痕,交线为直线	2×2			
12	舌沿厚度$3_0^{+0.20}$ mm	2			
13	工作面接触斑点在75%以上	5			
14	操作姿势正确	10			
15	倒角均匀,各棱线清晰	5(每一棱线不合要求扣1分)			
16	表面粗糙度$R_a \leqslant 3.2\ \mu m$	8			
17	安全技术与文明生产	15			
18	合计	100			

2. 钳工实训项目总结报告

钳工实训项目总结报告是在工件加工完毕后对该次项目实训的总结、体会及建议,是对相关理论的巩固与提高。项目报告应包括以下内容:①封面及封底,封面应写清学校名称、项目报告名称、班级、姓名、学号、组别,以左侧装订;②实训时间、地点、指导教师;③实训注意事项;④实训目的;⑤实训内容,包括铆钉锤零件图,并按铆钉锤加工工艺总结归纳实训过程;⑥实训体会与建议,应真实地写出实训中的切身体验,并提出建议、改进措施或创新观点。项目报告各项要求见表1-21。

表 1-21　钳工实训项目总结报告质量评价标准

班级__________学号__________日期__________教师__________得分__________

序号	项目要求	配分	自检结果	实测结果	得分
1	封面	10			
2	图样绘制正确,技术要求全面	15			
3	报告内容正确全面,书写认真,格式规范	50			
4	实习体会深刻	15			
5	提出合理建议、改进措施或创新观点	10			

3. 钳工实训指导检查记录表

钳工实训指导检查记录表记录各班学生实训期间每天的出勤、操作技能的掌握、加工进度、工量具的使用等情况,便于指导教师的检查和指导,见表 1-22。

表 1-22　钳工实训指导检查记录表

__________学期　第__________周

<table>
<tr><td>时　间</td><td></td><td>星　期</td><td></td><td>指导教师</td><td></td></tr>
<tr><td>班　级</td><td></td><td>人　数</td><td></td><td>班　长</td><td></td></tr>
<tr><td>年　级</td><td></td><td>专　业</td><td></td><td>班主任</td><td></td></tr>
<tr><td>实习内容</td><td colspan="5"></td></tr>
<tr><td rowspan="6">检查记录</td><td rowspan="5">学生情况</td><td>姓　名</td><td colspan="3">原　因</td></tr>
<tr><td></td><td colspan="3"></td></tr>
<tr><td></td><td colspan="3"></td></tr>
<tr><td></td><td colspan="3"></td></tr>
<tr><td></td><td colspan="3"></td></tr>
<tr><td>实习情况</td><td colspan="4"></td></tr>
</table>

项目二 铸造成形与实训

任务1 熟悉铸造基本知识(现场教学)

2.1.1 铸造生产的特点、分类及应用

熔炼金属,制造铸型,并将熔融金属浇入铸型,凝固后获得一定形状、尺寸和性能的毛坯或零件的成形方法称为铸造。采取铸造方法获得的金属零件或毛坯称为铸件。铸造是毛坯成形的主要工艺之一,在机械制造中占有重要地位。

1. 铸造的特点

(1)成形方便且适应性强

铸造可制造形状复杂且不受工件尺寸和生产批量限制的铸件。绝大多数金属材料均能用铸造方法生产。对于一些不易锻压和焊接的合金件,铸造是一种较好的成形方法。

(2)铸件的力学性能较差

铸件组织粗大,内部常出现缩孔、缩松、气孔、砂眼等缺陷,化学成分不均匀,其力学性能不如同类材料的锻件高。由于铸造的工序多,而且部分工艺难以控制,因此质量不够稳定,废品率较高。铸造常用于制造承受静载荷以及受力不大的结构件,如箱体、床身、支架等。

(3)良好的经济性

铸造所用原材料来源广泛,并可直接利用废件、废料,成本较低;铸造一般都不需要昂贵的设备,投资较少;铸件的形状和尺寸接近于零件,能够节省金属材料和切削加工的工时。

近年来,由于科技的飞速发展,铸造领域中采用了很多的新工艺、新设备、新材料和新技术,实现了生产机械化、自动化,传统的铸造生产面貌发生了巨大变化,铸件的质量和生产效率有了显著提高,劳动条件不断改善,铸造在工业生产中得到更广泛的应用。

2. 铸造的分类

铸造成形的方法很多,一般分为砂型铸造和特种铸造两大类。

(1)砂型铸造

砂型铸造是指在砂型中生产铸件的铸造方法,它是最基本和应用最广泛的铸造方法,图2-1所示为齿轮毛坯的砂型铸造工艺过程。

砂型铸造是一种既古老而又需要发展的铸造方法,一般可分为手工砂型铸造和机器砂型铸造,前者主要适用于单件小批量生产,后者一般适于成批大量生产。

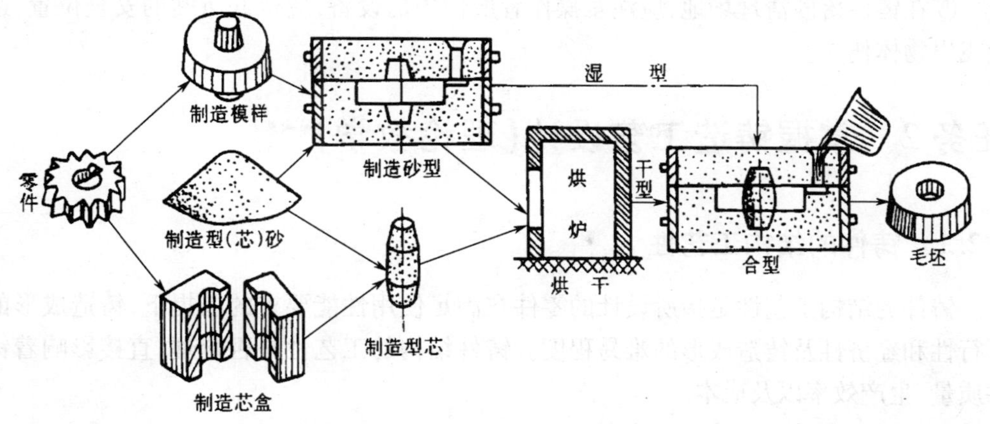

图 2-1　齿轮毛坯的砂型铸造工艺过程

(2)特种铸造

砂型铸造以外的其他铸造方法统称为特种铸造。特种铸造的方法很多,应用较广的有金属型铸造、压力铸造、熔模铸造、离心铸造等。目前特种铸造正逐步得到广泛应用。

2.1.2　铸造的基本原理

铸造是液态金属凝固成形的过程,是质量不变的过程。它是将满足化学成分要求的液态金属或合金在重力场或其他力作用下引入到预制的铸型中,经冷却使其结晶成为具有铸型型腔形状和相应尺寸的固体制品的方法。可见,铸造包含充填铸型和冷却凝固两个基本过程。充填(亦称浇铸)主要是一种机械过程,而凝固则为热过程。

凝固过程中热量传递方式有传导、对流和辐射。材料所具有的热量通过这三种方式传递给铸型或环境,使其自身冷却。在此过程中一方面使材料的几何形状固定下来,另一方面赋予材料所希望的性能信息。从微观来看,凝固就是金属原子由“近程有序”向“远程有序”或“远程无序”的过渡,成为按规则排列的晶体或无序排列的非晶体;从宏观来看,就是液体金属通过散热降温而凝固成一定形状和性能的固体(铸件)。

铸造实训安全注意事项(铸造车间或实训室现场参观介绍):铸造属热加工生产,由于在高温、粉尘和有害气体条件下,从高空到地面等不安全因素较多,因此加强铸造生产的安全措施,搞好安全文明生产对实训和学生的自身健康、保证实训正常进行都具有重要意义。所以必须严格遵守有关实训场地的安全技术要求,应注意以下几点。

①熔炼过程中人员应站在设有安全栏杆或标志的通道上,不得靠近加料口和出料口。

②严禁在吊起物下站立,防止因超负荷吊运造成拉断,导致伤人事故。

③未经操作人员允许不准动用机械和电器设备。

④在造砂型(芯)实习时,应按照操作工艺守则和安全技术要求严格操作遵行。

⑤在铸件落砂清理场地，应注意操作者所使用的设备，应选好所站的安全位置，避免飞出物体伤人。

任务2　掌握铸造工艺设计(理论教学)

2.2.1　铸件的结构工艺性

铸件的结构工艺性是指所设计的零件在满足使用性能要求的前提下，铸造成形的可行性和经济性及铸造成形的难易程度。铸件结构的工艺性是否合理，直接影响着铸件质量、生产效率以及成本。

1. 铸造工艺对铸件结构的要求

(1)铸件外形应力求简单

铸件外形尽可能采用平直轮廓，尽量少用非圆曲面，以便于制模、造型和简化铸造生产的各个工序，如图2-2所示(图中A、B处是曲面)。

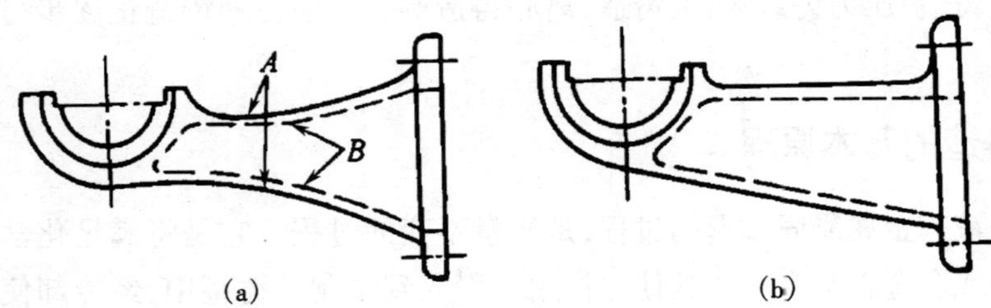

图2-2　简化托架的外形设计

(a)不合理;(b)合理

(2)分型面应少而简单

铸件分型面的数量应尽量少，且尽量为平面，以利于减少砂箱数量和造型工时，简化造型工艺，提高铸件尺寸精度。底座铸件改进前后如图2-3所示。

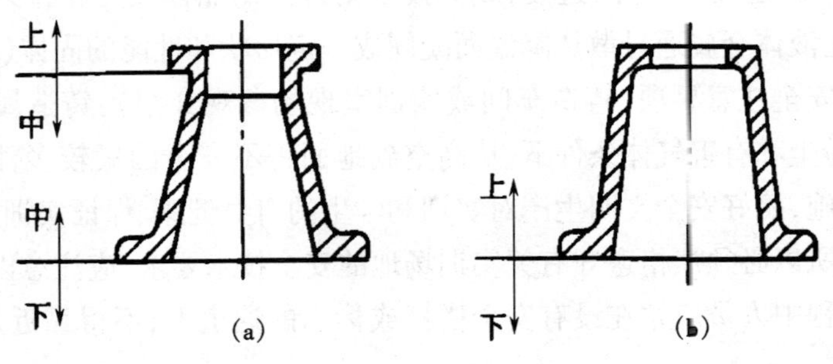

图2-3　底座铸件

(a)改进前;(b)改进后

(3)尽量或少用型芯和活块

型芯和活块会增加工艺的复杂性,增加工作量,提高成本,并易产生缺陷。为减少活块,带有凸台的铸件结构设计如图 2-4 所示。

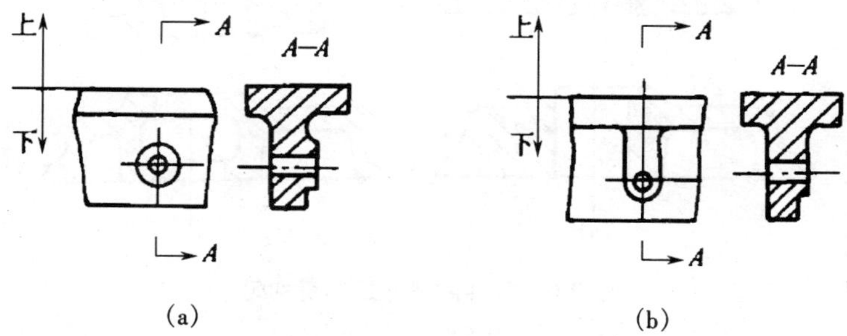

图 2-4 带有凸台的铸件结构设计

(a)改进前;(b)改进后

(4)应有结构斜度

凡垂直于分型面的非加工面都应有一定的倾斜度,即结构斜度,如图 2-5 所示。结构斜度可使起模方便,延长模样寿命,起模时不易损坏型腔表面,从而提高了铸件的尺寸精度。此外,结构斜度还可使铸件美观。

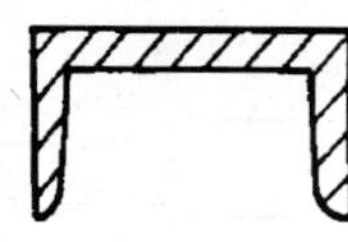 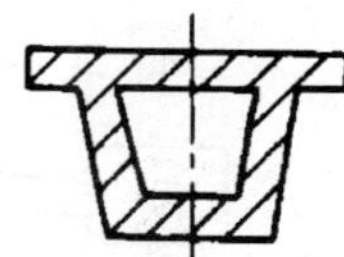 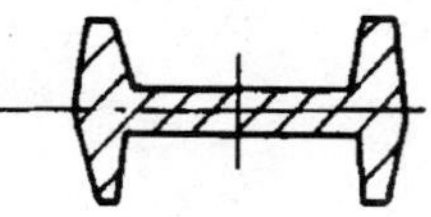 

图 2-5 结构斜度

2. 铸造性能对铸件结构的要求

(1)铸件壁厚应力求合理且均匀

铸件壁厚选择适当,才能保证铸件的力学性能。铸件的最小壁厚主要取决于合金的种类、铸造方法和铸件尺寸。砂型铸造的最小壁厚见表 2-1。

壁厚均匀是指铸件具有冷却速度相近的壁厚。如果铸件壁厚不均匀,会导致冷却不均匀,引起大的内应力,从而使铸件产生变形和裂纹,还会因金属积聚产生缩孔。为保证壁厚均匀,设计结构时,应根据载荷性质和大小合理选择截面形状,并在脆弱处增设加强筋,如图 2-6 所示。

表 2-1 砂型铸造的最小壁厚

铸件尺寸(mm)	最小允许壁厚(mm)				说明
	灰铸铁	铸钢	铝合金	铜合金	
<200×200	5~6	6~8	3	3~5	结构复杂以及高强度灰铁铸件,应取最大值;对于特大型的铸件,还可以增大壁厚的尺寸
200×200~500×500	6~10	10~12	4	6~8	
>500×500	15~20	18~25	5~7		

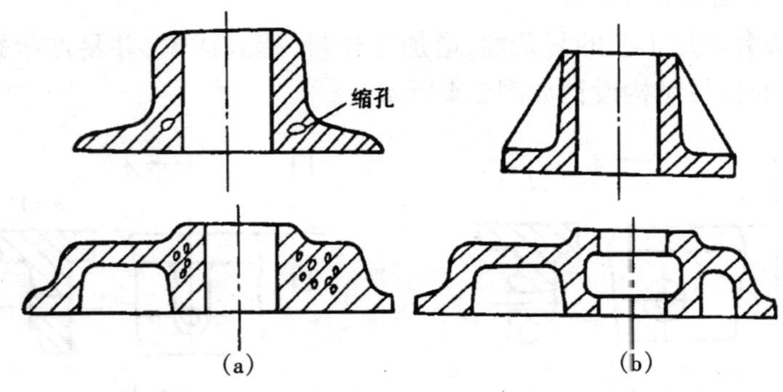

图 2-6　铸件的壁厚应尽量均匀

(a)改进前;(b)改进后

(2)铸件壁的连接应逐步过渡

铸件壁的连接处容易产生铸造缺陷,设计时,应避免壁厚突变、尖角等,防止产生应力集中或金属积聚。

1)圆角结构

如图 2-7 所示,(a)图为直角连接,直角处金属积聚,易产生缩孔、缩松;内侧转角处容易产生应力集中,从而导致裂纹。为防止这些缺陷,必须采用(b)图的圆角结构。圆角是铸件结构的基本特征。

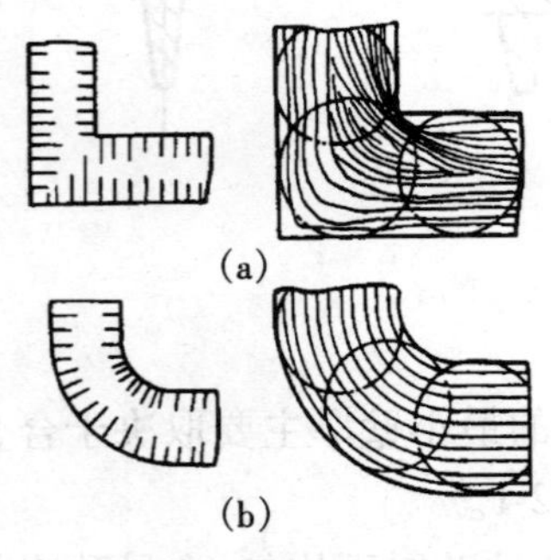

图 2-7　铸件的圆角结构

(a)不合理;(b)合理

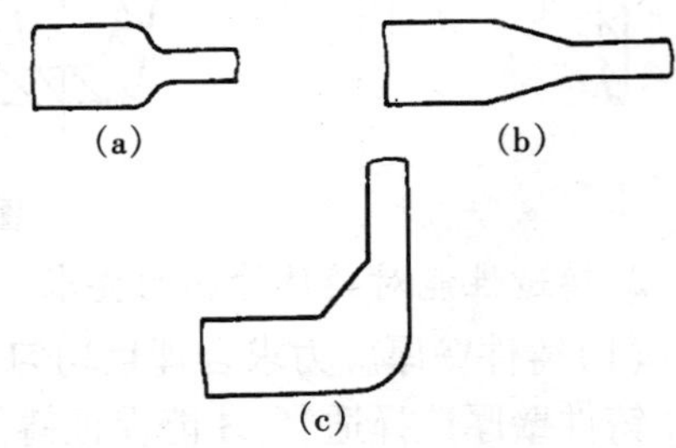

图 2-8　薄壁与厚壁的连接

(a)圆角过渡;(b)倾斜过渡;(c)复合过渡

2)厚薄壁间的连接应逐步过渡

铸件各部分的壁厚不可能完全均匀,设计时不同壁厚间的连接应采用逐步过渡,避免壁厚突变,如图 2-8 所示。

3)肋或壁的连接应避免交叉和锐角

如图 2-9 和图 2-10 所示,肋或壁的连接应避免交叉和锐角,主要目的是减少金属积聚,防止铸造缺陷的产生。

(3)铸件应尽量避免有过大的水平面

铸件的大平面易产生浇不到、冷隔等缺陷;因平面型腔的上表面受金属液长时间烘

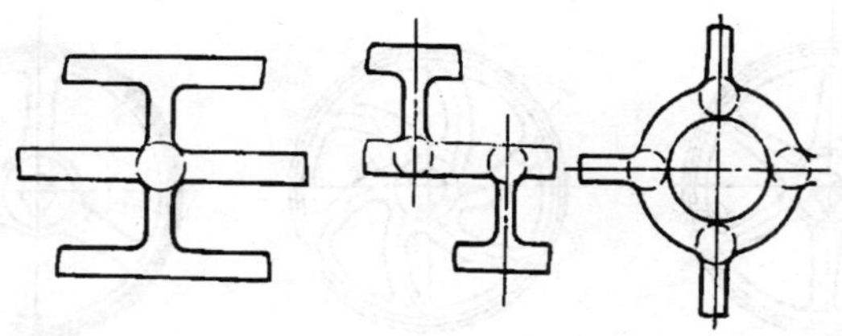

图 2-9　肋的交叉接头

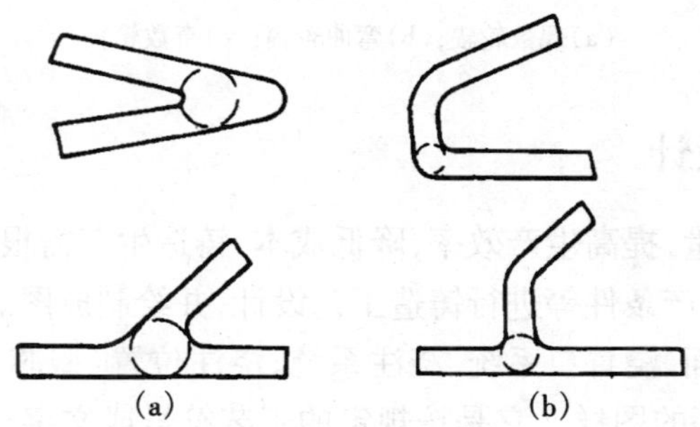

图 2-10　肋间连接

(a)锐角连接;(b)大角度连接

烤,易产生夹砂;大平面也不利于气体和非金属夹杂物的排出。因此,应把铸件的大平面设计成可以避免上述缺陷的倾斜结构,如图 2-11 所示。

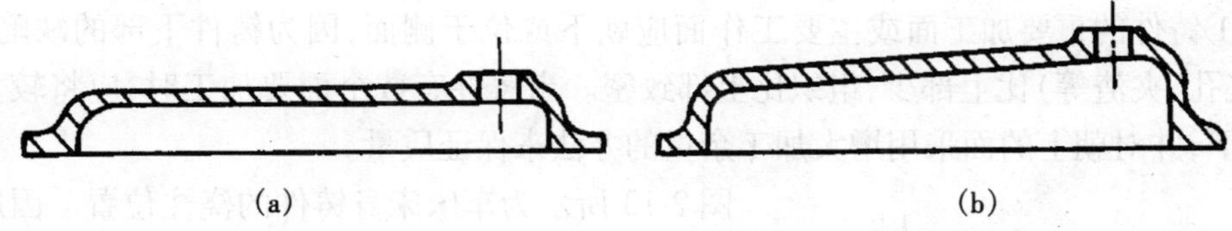

图 2-11　大平面的设计

(a)工艺性差;(b)工艺性好

(4)铸件结构应有利于自由收缩

铸件收缩受阻是产生内应力、变形和裂纹的根本原因。设计铸件结构时应尽量使其能自由收缩。如图 2-12 所示,(a)图中的轮辐由于内应力大,使轮辐或轮沿容易产生裂纹,(b)图和(c)图中的轮辐可借助轮辐的微量变形自行减小应力。

3. 组合铸件的应用

对于大型或形状复杂的铸件,在不影响其精度、强度和刚度的要求下,为使铸件结构简单合理,便于造型、浇注和切削加工,可将其分成几个小铸件进行分铸,经机械加工(或粗加工)后,再用焊接或螺栓将其组合成整体。

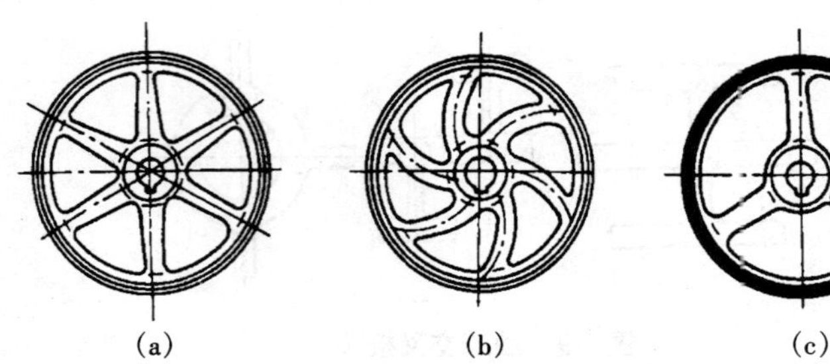

图 2-12 轮辐的设计

(a)偶数轮辐;(b)弯曲轮辐;(c)奇数轮辐

2.2.2 铸造工艺设计

为保证铸件的质量,提高生产效率,降低成本,铸造生产需根据零件的结构特点、技术要求、生产批量和生产条件等进行铸造工艺设计,并绘制成图。铸造工艺图是根据上述要求表示铸型分型面、浇冒口系统、浇注系统、浇注位置、型芯结构尺寸、控制凝固措施(冷铁、保温衬板)等的图样。它是按规定的工艺符号或文字、数字,将制造模样和铸型所需的资料,用红蓝线条直接绘在铸件图上或另绘在工艺图样上,是进行生产准备、指导铸件生产的基本工艺文件。

1. 浇铸位置的选择

浇注位置是指浇注时铸件所处的空间位置。浇注位置选择的正确与否,对铸件的质量有很大的影响。确定浇注位置的基本原则如下。

①铸件的重要加工面或主要工作面应朝下或位于侧面,因为铸件下部的缺陷(砂眼、气孔、夹渣等)比上部少,组织比上部致密。当铸件有数个面要加工时,应将较大的面朝下,并对朝上的面采用增大加工余量的办法来保证质量。

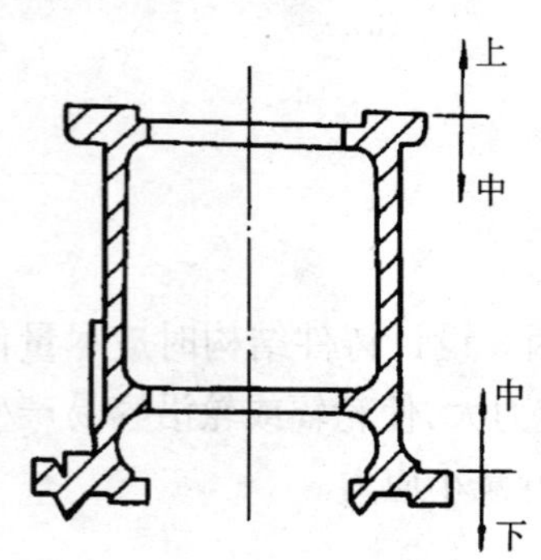

图 2-13 床身铸件的浇注位置

图 2-13 所示为车床床身铸件的浇注位置。因床身导轨面是重要加工面,要求组织均匀致密和硬度高,不允许有任何缺陷,所以将导轨面朝下。图 2-14 所示为吊车卷筒的浇注位置。因卷筒圆周表面的质量要求高,不允许有铸造缺陷,所以,如采用卧浇(图 2-14(a)),虽便于采用两箱造型,合箱方便,但上部圆周表面的质量难以保证;若采用立浇(图 2-14(b)),可使卷筒的全部圆周表面均处于侧面,保证质量均匀一致。

②铸件的宽大平面应朝下,因为在浇注过程中,高温的金属液对型腔的上表面有强烈的热辐射,易导致上表面型砂急剧膨胀而拱起或开裂,使铸件表面产生夹砂、气孔等缺陷。图 2-15 所示平板类铸件应使大平面朝下,以防夹砂等缺陷。

③铸件上的壁薄而大的平面应朝下或垂直、倾斜,这将有利于金属液的充型,以防

(a)　　　　　　　　(b)

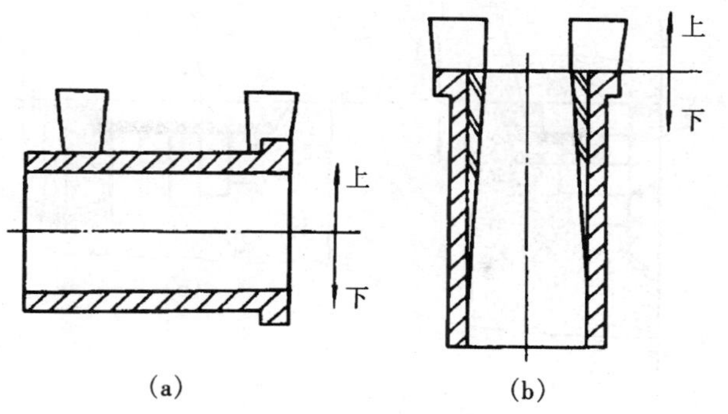

图 2-14　吊车卷筒的浇注位置

(a)不合理(卧浇);(b)合理(立浇)

(a)　　　　　　　　(b)

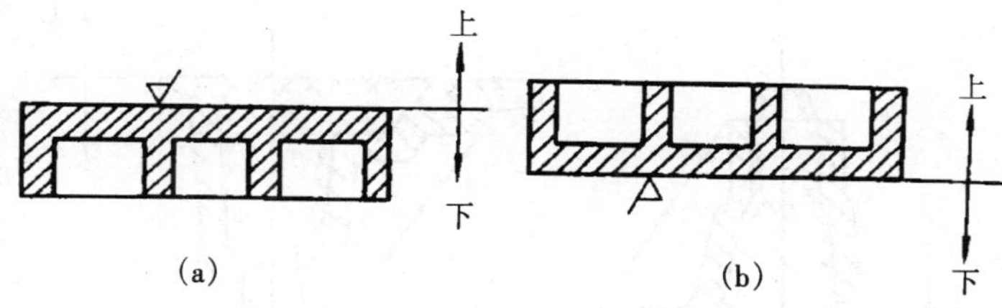

图 2-15　平板的浇铸位置

(a)不合理;(b)合理

止产生冷隔或浇不足等缺陷。箱盖的浇铸位置如图 2-16 所示。

(a)

(b)

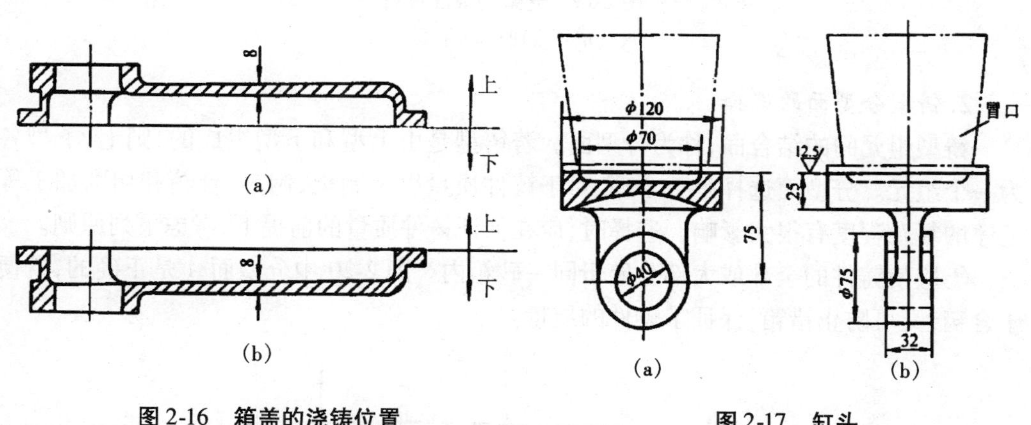

图 2-16　箱盖的浇铸位置

(a)不合理;(b)合理

(a)　　　　　　　　(b)

图 2-17　缸头

(a)不合理;(b)合理

④易形成缩孔的铸件应将截面较厚的部分放在分型面附近的上部或侧面,以便于在厚壁处直接放置冒口,形成自下而上的顺序凝固,有利于补缩,如图 2-17 所示。

⑤应能减少型芯的数量(图 2-18),以便于型芯的固定、排气和检验。图 2-19(b)所示为支架的合理浇注位置,它便于合箱和排气,且安放型芯牢固。

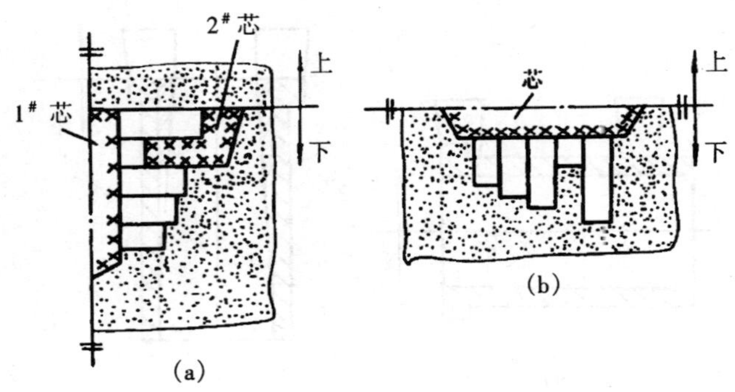

图 2-18　从减少型芯数量来确定浇注位置

(a)不合理(两个型芯);(b)合理(一个型芯)

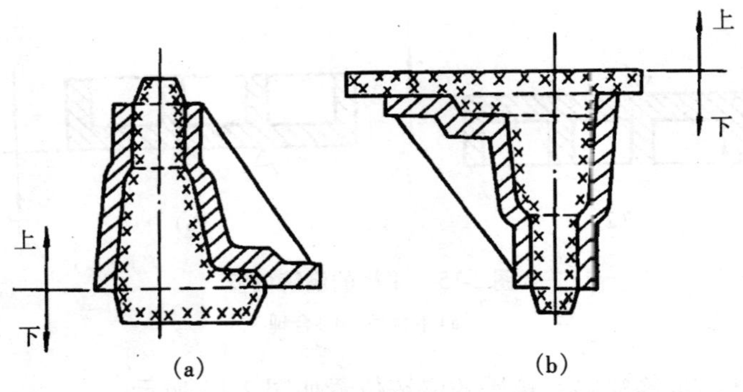

图 2-19　支架的浇注位置

(a)不合理;(b)合理

2. 铸型分型面的选择

铸型组元间的结合面,称为分型面。若铸型是由上型和下型组成的,则上、下型各为一个组元。分型面选择是否合理,对于铸件质量以及制模、制芯、合箱和切削加工等工序的复杂程度有很大影响。选择时,应在保证铸件质量的前提下,考虑下列原则。

①应使铸件的全部或大部分处于同一砂箱内。图 2-20 中分型面 A 是正确的,既便于合箱,又可防止错箱,保证了铸件的质量。

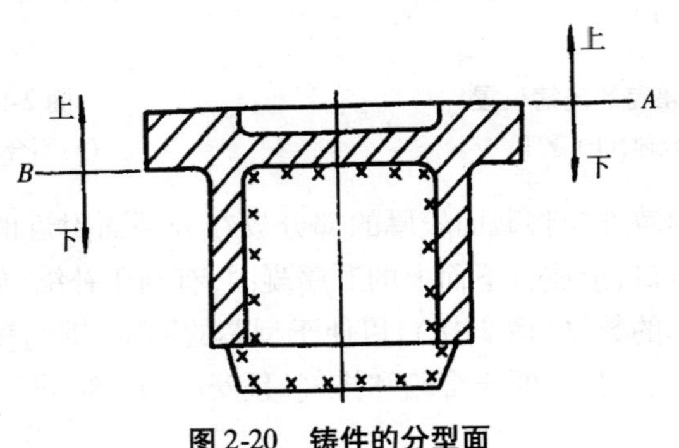

图 2-20　铸件的分型面

②应使铸件的加工面和加工基准面处于同一砂箱中。图2-21(b)所示螺栓塞头的分型面是合理的。因为铸件上部的方头(夹具夹处)是车削外圆面上螺纹的基准,它们处于同一砂箱,可避免错箱,保证铸件质量。

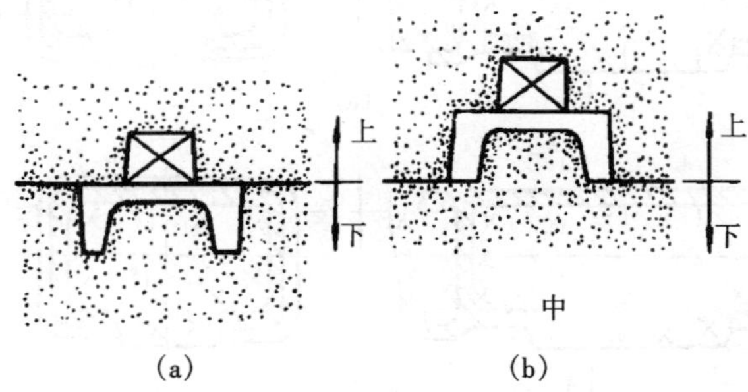

图2-21　螺栓塞头的分型面

(a)不合理;(b)合理

若铸件的加工面很多,又不可能都与基准面放在分型面的同一侧时,则应使加工基准面与大部分加工面处在分型面的同一侧。图2-22所示轮毂铸件在加工 $\phi161$ mm外圆时以 $\phi278$ mm为基准。因此,分型面 A 比 B 好,否则容易因错箱而使 $\phi161$ mm外圆的加工余量不够。

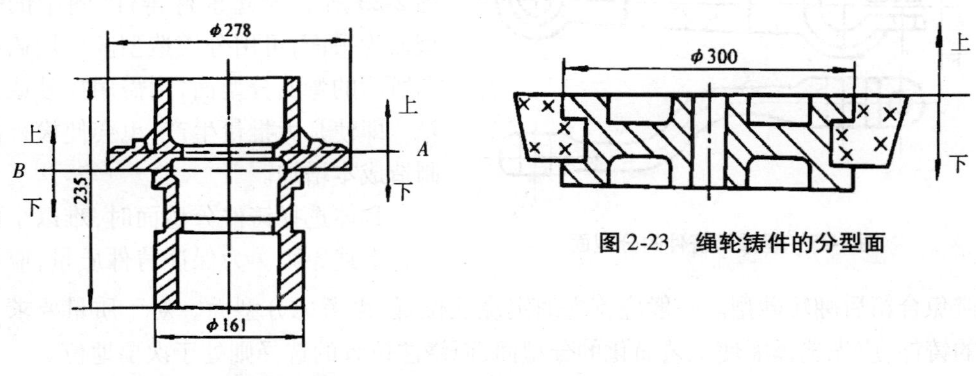

图2-22　轮毂的分型面

图2-23　绳轮铸件的分型面

③应尽量减少分型面的数量,最好只有一个分型面,这样可简化操作过程,提高铸件精度(因多一个分型面,铸型就增加一些误差)。图2-23所示为绳轮铸件的分型面,在大批量生产时,采用图中所示的环状型芯,可将原来两个分型面(三箱造型)减为一个分型面,使之变成工艺简便的两箱造型,便于用机器造型生产。

④应尽量减少型芯和活块的数量,以简化制模、造型、合箱等工序。

⑤为便于造型、下芯、合箱及检验型腔尺寸,应尽量使型腔和主要型芯处于下箱。但下箱的型腔也不宜过深,并力求避免使用吊芯和大的吊砂。图2-24所示的两个分型面方案,虽然都便于在下芯时检查铸件壁厚,但方案(b)可使型腔及型芯的大部分都位于下箱。上箱型腔浅,形状简单,这可降低上箱高度,有利于起模和翻箱操作。

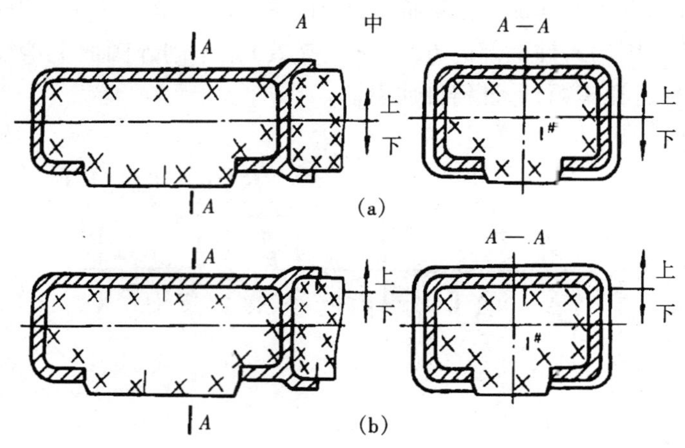

图 2-24 机床支柱的分型面

(a)不合理;(b)合理

⑥为保证从铸型中取出模样而不损坏铸型,分型面应选在铸件的最大截面处。

⑦应尽量选用平直面作分型面,少用曲面,以简化模具制造和造型工艺。图 2-25 所示为起重臂铸件,图中的分型面为平面,可用分模造型。如用俯视图所示的弯曲分型面,则需用挖砂或假箱。即使是大批量生产,也会使模板的制造成本增加。

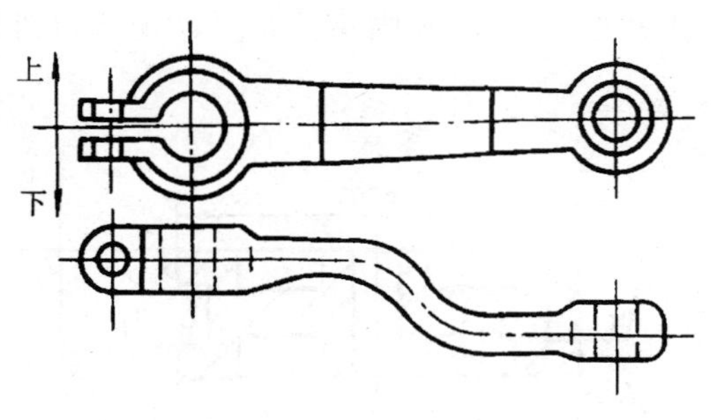

图 2-25 起重臂铸件的分型面

具体选择铸件分型面时,难以全面符合上述原则。为保证铸件质量,应尽量避免合箱后翻转砂型。一般应首先确定浇注位置,再考虑分型面。对于质量要求不高的铸件,应先选择能使工艺简化的分型面,而浇注位置的选择则处于次要地位。

3. 铸造工艺参数的确定

(1)机械加工余量

为保证零件加工尺寸和精度,在铸造工艺设计时预先增加而在机械加工时切去的金属层厚度,称为加工余量。

加工余量的大小取决于铸件的材料、铸造方法、铸件尺寸与复杂程度、生产批量、加工面在铸型中的位置、加工质量要求等。灰铸铁件表面较平整,加工余量小;铸钢件因浇注温度高,表面粗糙,变形大,加工余量应比铸铁件大;有色金属件表面光洁,且材料昂贵,加工余量比铸铁小;手工造型、单件生产、铸件尺寸较大、形状复杂、加工质量要求较高及在铸型中朝上的加工面,加工余量应大些;大批量生产,因使用机器造型,工艺装备完善,故加工余量小些。对于铸铁件上的直径小于 30 mm 和铸钢件上直径小于 60 mm 的孔,在单件小批量生产时可不铸出,待机械加工时钻孔。否则,会使造型工艺复杂，还会因孔的偏斜给机械加工带来困难，经济上也不合算。

(2)收缩率

因收缩的影响，铸件冷却后，其尺寸要比模样的尺寸小。为保护铸件要求的尺寸，必须加大模样的尺寸。合金的线收缩率与合金的种类及铸件的尺寸、结构形状的复杂程度等因素有关。

通常灰铸铁的线收缩率为0.7% ~1.0%，铸钢为1.6% ~2.0%，有色金属为1.0% ~1.5%。

(3)起模斜度

为使模样(或型芯)易从铸型(或芯盒)中取出，在制造模样或芯盒时，凡平行于拔模方向的壁需给出一定的斜度，此斜度称为起模斜度。木模外壁起模斜度 α 一般为 30′ ~3°，如图 2-26 所示。平行壁愈高，其斜度愈小；内壁的斜度 β 比外壁金属模的斜度小；机器造型的斜度比手工造型小，具体数值可查有关手册。

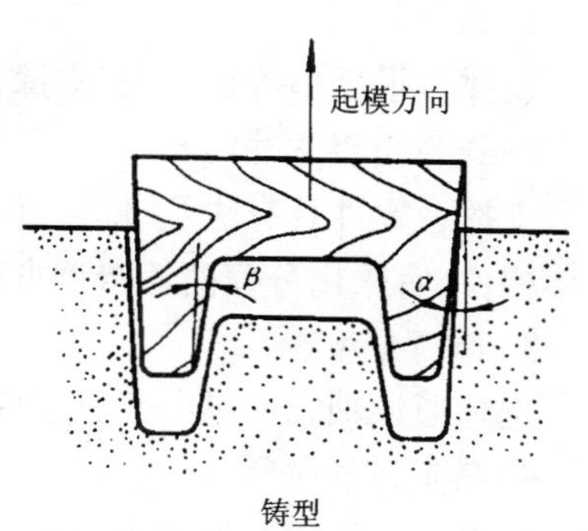

图 2-26 起模斜度

(4)芯头

在铸型中芯头可使型芯定位准确，安放牢固，排气顺利。芯头有垂直芯头和水平芯头之分。对垂直芯头(图 2-27(a))，芯头高度 H 主要取决于芯头直径 d。为增加芯头的稳定性和可靠性，下芯头的斜度小(α 为 5° ~10°)、高度 H 大；为易于合箱，上芯头的斜度大(α 为 6° ~15°)、高度 H 小。水平芯头(图 2-27(b))的长度 L 主要取决于芯头的直径 d 和型芯的长度。为便于下芯及合箱，铸型上的芯座端部也应有一定的角度(α)。为便于铸型的装配，芯头与铸型芯座之间应留 1 ~4 mm 的间隙 s。

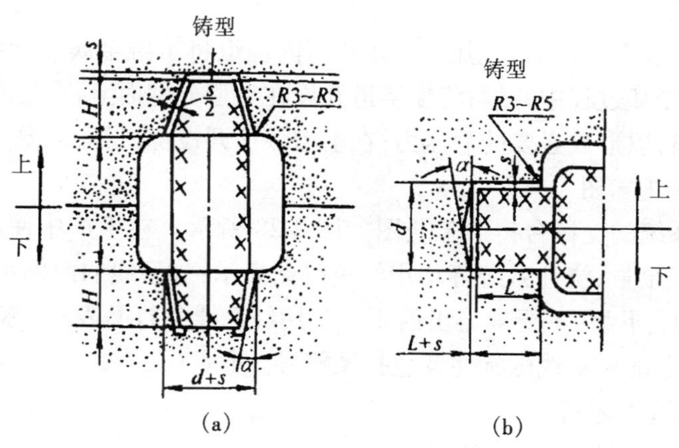

图 2-27 芯头的构造

(a)垂直芯头；(b)水平芯头

4. 铸造工艺图的绘制

铸件图是指反映铸件实际形状、尺寸和技术要求的图样,是铸造生产、铸件检验与验收的主要依据。根据铸造工艺图可以方便地绘出铸件图。

铸件图是铸造生产的产品图,对于零件的切削加工过程则是毛坯图。根据毛坯图安排切削加工工艺,最终制成机械零件。

(1)支撑台零件(承受中等静载,生产 50 件)铸造工艺图

支撑台零件铸造工艺图绘制步骤如下。

1)选材

支撑台承受中等载荷,起支撑作用,处于压应力状态,宜选 HT150 铸铁材料。

2)选择造型方法

支撑台零件具有法兰、锥度、内腔等,结构形状复杂,宜铸造成形。支撑台是一个回转体构件,宜采用分模两箱造型方法。生产批量小,宜采用砂型铸造手工造型方法。

3)选择分型面

选择通过轴线的纵向为分型面,工艺简便。

4)确定浇注位置

水平浇注使两端加工表面侧立,有利于保证铸件质量。

5)确定主要工艺参数

采用干、湿型砂型铸出的灰铸铁的尺寸公差等级为 CT13 ~ T15,与加工余量等级 MA 的配套关系是(CT13 ~ CT15)/H。若取 CT14/H,基本尺寸为 200 mm(大于 160 mm 且小于 250 mm,双侧切削加工),查表可知,支撑台两侧面的加工余量为 7.5 mm,铸件尺寸公差数值为 14 mm。中小型铸件通常取起模斜度 3°,铸造圆角的圆角半径 R 为 5 mm。支撑台具有锥形孔,宜设计成整体砂芯。芯头、芯座的尺寸及装配间隙应根据有关资料确定。

6)浇注系统

将内浇道开设在下型的分型面上,并分两内浇道将熔融金属分配给两端法兰处浇入,有利于法兰冷却过程中补缩;将横浇道开设在上型分型面上,有集渣排气的作用;在上型开设直浇道,以形成必要的静压力;在上型顶面开设浇口杯,以便于浇注。

7)绘制铸造工艺图

省略浇注系统的支撑台铸造工艺图如图 2-28 所示。在生产中使用的铸造工艺图中,分型面、加工余量、浇注系统等均用红色线条表示;分型线的两侧用红色标出“上”、“下”字样表示上、下型,不要求铸出的 8 个孔用红色线条打叉表示;芯头的边界用蓝色线条表示,在砂芯的轮廓线内标注蓝色打叉符号。

(2)拨叉铸造工艺图

拨叉铸造工艺图如图 2-29 所示。

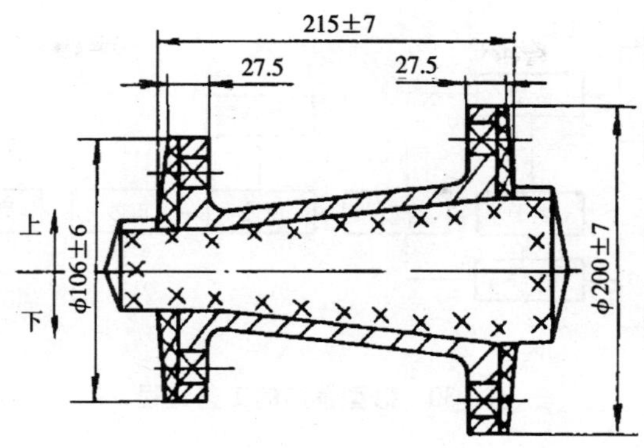

图 2-28　支撑台铸造工艺图

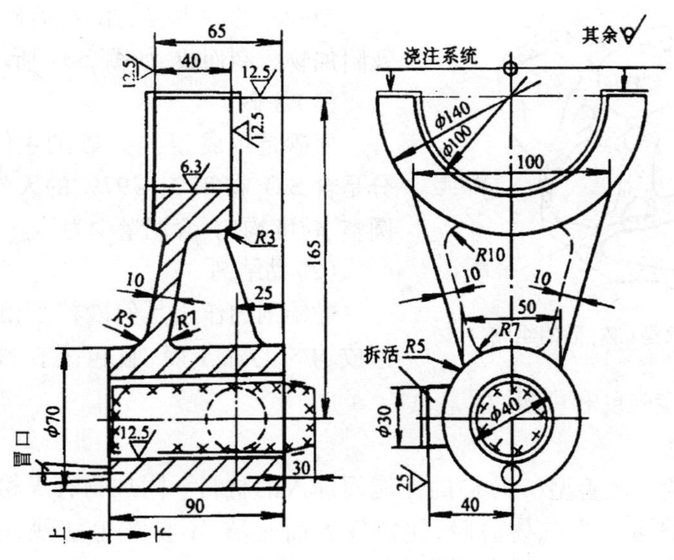

图 2-29　拨叉铸造工艺图

任务 3　掌握砂型铸造操作技能与实训

（学生可根据图 2-28 或图 2-29 所示零件的铸造工艺图在教师指导下亲自动手操作训练；也可以自己选择零件，绘制铸造工艺图，并亲自实施。）

砂型铸造的工艺过程如图 2-30 所示，主要包括制造模样和芯盒、配置型砂和芯砂、造型和造芯、烘干、合型、金属的熔炼以及浇注、落砂、清理、检验等。

2.3.1　造型材料的性能、组成及制备

1. 造型材料（型砂和芯砂）的性能及组成

制造铸型（砂型和砂芯）的材料称为造型材料，主要是型砂和芯砂。型（芯）砂对铸

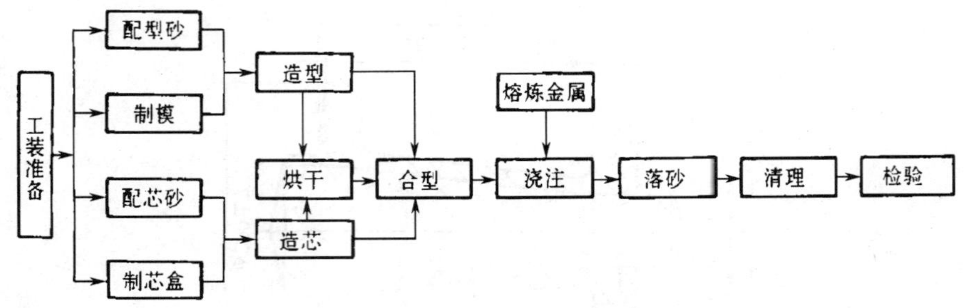

图 2-30　砂型铸造的工艺过程

件质量影响很大，因此应具备足够的强度、良好的可塑性、高的耐火性和一定的透气性、退让性等。

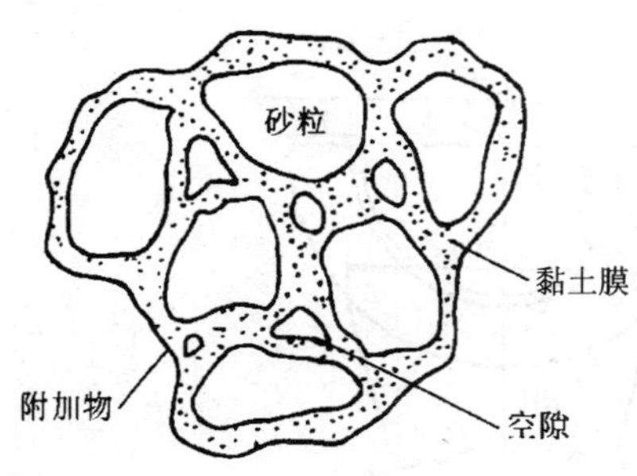

图 2-31　型（芯）砂的组成

型砂和芯砂主要是由石英砂、黏结剂、水以及附加物配制而成，如图 2-31 所示。

（1）原砂

原砂是组成型（芯）砂的主体材料，主要成分是含 SiO_2 在 85% ~97% 的天然硅砂，以颗粒圆整、粒度均匀、含泥量少为佳。

（2）黏结剂

黏结剂的作用是使砂粒互相结合在一起而形成均匀的黏土膜，且包裹在砂粒表面，使型（芯）砂具有一定强度和可塑性。

（3）附加物

附加物是为了改善型（芯）砂的性能而加入的材料。附加物有煤粉和锯末等。煤粉在浇注后燃烧可产生气体薄膜，使铸件表面光洁，不易产生粘砂。锯末可提高型（芯）砂的透气性和退让性，使铸件不产生气孔和裂纹，也便于清砂。

（4）水

水使黏结剂和原砂混合后包裹在砂粒表面形成均匀黏土膜，可提高强度和透气性。当水分过多时，易使型（芯）砂湿度过大，强度低，易粘模；水分过少，型（芯）砂干而脆，造型（芯）起模困难。

（5）涂料

型腔表面耐火性不足会造成铸件表面粘砂等缺陷，可采用在铸型型腔表面涂刷上涂料来避免粘砂。铸铁件可用石墨粉加黏土水剂，铸钢件可用石英粉加黏土水剂涂刷。

2. 型（芯）砂的制备

型（芯）砂制备质量好坏，除了与造型材料的性质有关外，还与其成分的配比和配制方法有很大关系。型（芯）砂的制备分二个步骤。

第一步是原料的制备，它包括新砂、旧砂、黏结剂和辅助材料等，按要求配比加入混砂机混砂，混砂机如图 2-32 所示。常见型砂的配比和性能如表 2-2 所示。

旧砂是指落砂后的型砂。旧砂由于在高温下金属液的作用,使型腔表面的型砂被"烫焦"。砂粒烫碎,黏土丧失黏结力,使其强度、透气性下降,性能变差,一般不直接使用,必须加入一定量的新材料,重新配制后才使用。为了合理使用型砂,将型砂分为面砂和背砂。面砂是指和铸件接触的那一层型砂,由于强度和耐火性要求较高,需要专门配制。背砂是指填充在面砂与砂箱之间的型砂。型砂一般可采用旧砂。旧砂在使用前必须经磁选和过筛,以去除金属块和砂团。

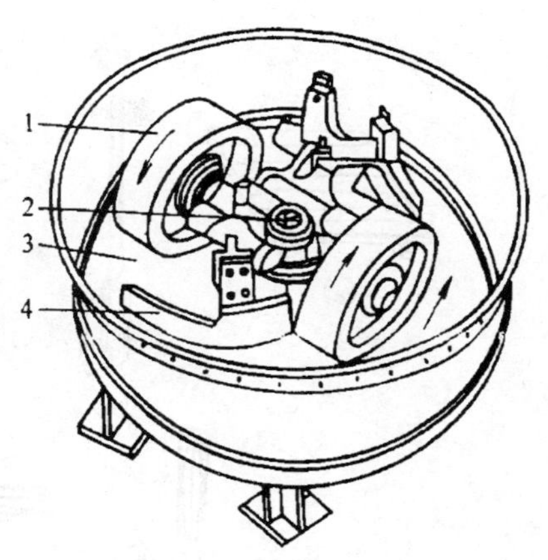

图 2-32 碾轮式混砂机

1—碾轮 2—中心轴 3—碾盘 4—刮板

表 2-2 常用型砂配比和性能

种类	配比(质量分数)(%)						性能	
	新砂	旧砂	膨润土	黏土	其他	水分	湿强度 (N·cm^2)	干强度 (N·cm^2)
手工造型	40~50	50~60	4~5		煤粉 4~5	4.5~5.5	7~10	
普通机器造型	10~20	80~90	1~1.5		煤粉 4~5	4~5	5~7	
铸铁用干型砂	30	70	2	4~5		7~8	4.5~6	干剪≥15

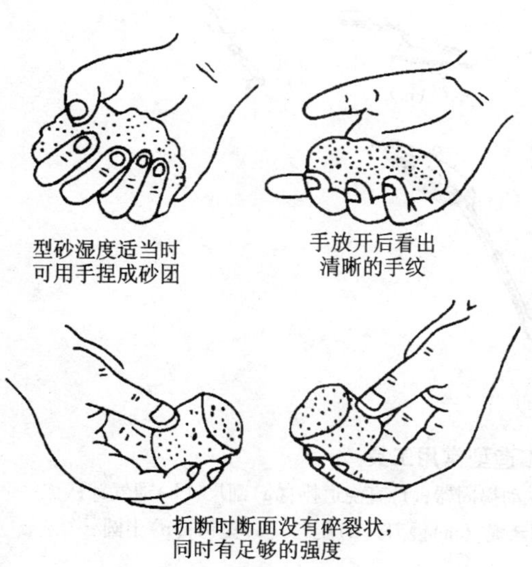

图 2-33 手捏法检验型砂

型(芯)砂制备过程是按比例将新砂、旧砂、黏土、煤粉等加入混砂机中,先干混 2~3 min,再加水混 5~12 min,通过检验合格后就可出砂。产量大时可用型砂性能试验仪进行检验,单件小批量可采用经验判断型(芯)砂性能,即用手捏砂团来进行检验,如图 2-33 所示。

2.3.2 造型

造型是砂型铸造主要的工艺方法。造型可分为手工造型和机器造型两大类。

1. 手工造型

(1)造型准备工作

1)手工造型工具和辅具

手工造型常用工具如图 2-34 所示。它们的用途如下:

造型平板(底板、垫板)——硬木或金属板,用于造型时放置木模和砂箱;

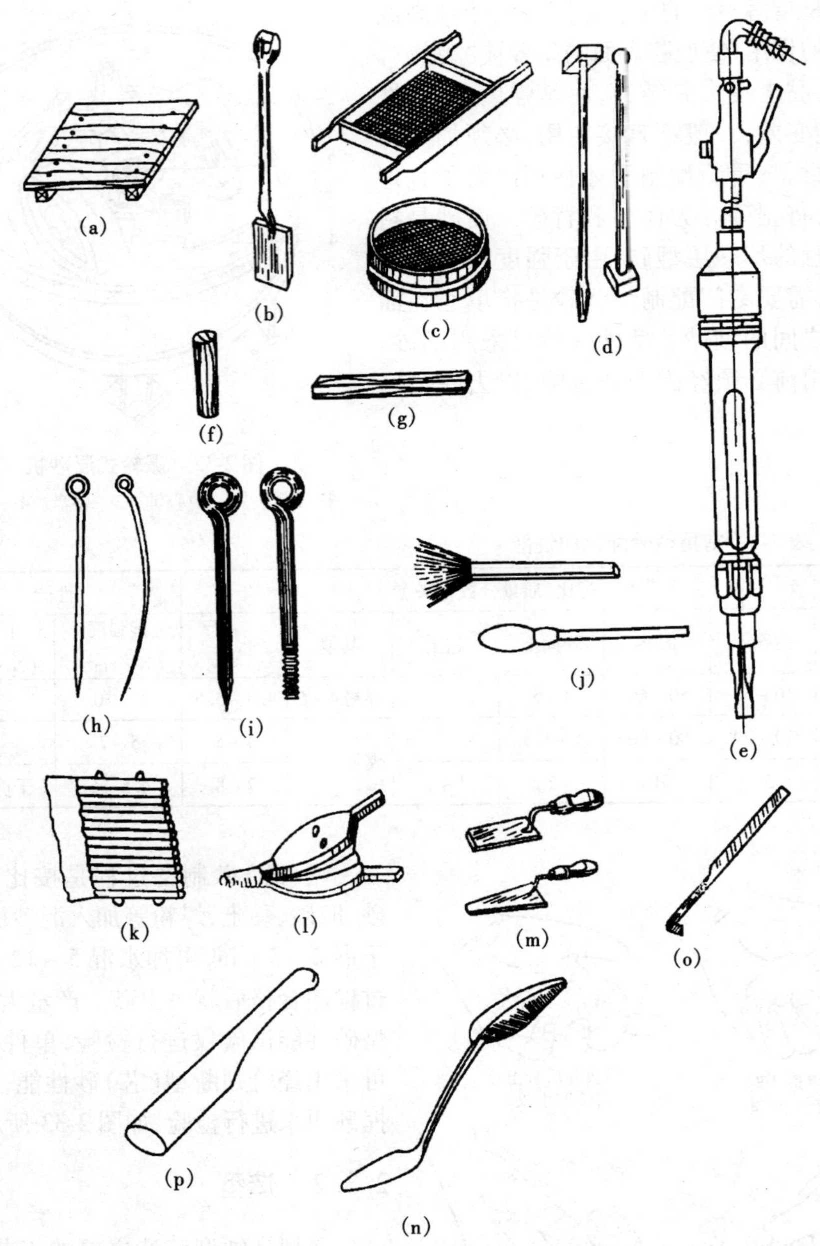

图 2-34　手工造型常用工具

(a)底板;(b)铁铲;(c)筛子;(d)砂舂;(e)风动捣固器;(f)直浇道棒;(g)刮尺;(h)通气针;(i)起模针(钉);(j)掸笔;(k)排笔;(l)皮老虎;(m)镘刀;(n)压勺;(o)提钩;(p)半圆

铁铲——用于拌匀和松散型砂,往砂箱内填砂,挖掘地坑等;

筛子——大筛子用于型砂的筛分和松散,小筛子用于筛面砂;

舂砂锤——用尖头锤舂紧砂箱内型砂,用平头锤打实砂箱顶面型砂;

风动捣固器(风冲子)——用于舂实较大的砂型和砂芯,以减轻劳动强度和提高生产效率；

直浇道棒——有锥度的圆棒，用于砂型中直浇道成形；

刮尺（刮板）——木条或铁条，用于紧砂后刮平砂箱顶面；

通气针（气眼针）——直径约 2 ~ 8 mm 的铁丝或钢条，用于往砂型中扎出通气孔；

起模针（钉）——具有尖锥或螺纹端头的钢棒，用于从型砂中取出模样；

掸笔——用于蘸水润湿模样边缘的型砂以利于起模，或对小砂型（芯）表面刷涂料；

排笔——用于对较大砂型及砂芯表面刷涂料或清扫砂型上的灰砂；

皮老虎——用于吹去散落在型腔内的散砂和模样表面上的分型砂；

镘刀——有平头、圆头、尖头及成形镘刀，用于修整砂型平面和开挖沟槽；

压勺——金属制品，用于修整砂型型腔的曲面，双头铜勺又称秋叶；

提钩（砂钩）——用于修整砂型型腔的底面和侧面，钩出散落在型腔中的散砂；

半圆——用于修整砂型型腔的圆柱形内壁和底面。

2）准备模样

砂型铸造中用模样来形成铸型型腔。模样的形状、尺寸必须与铸件相应才能造出所需的型腔，而且设计和制造模样时必须考虑适当的加工余量、铸件收缩率、起模斜度、铸造圆角等工艺参数。此外，当铸件需用型芯来形成孔洞或空腔结构时，模样的对应部位应该是实心的，并向外增设突出的型芯座模块，使型芯能够在砂型中依靠芯座定位和固定，支座的铸造工艺如图 2-35 所示，且分图（b）中未标注的铸造圆角为 *R*5，铸造收缩率为 1%。

由于铸件生产批量、结构和铸造方法不同，模样材料也有多种，生产中常用的有木模、金属模、塑料模、泡沫塑料汽化模等。单件小批量生产最常用的是松木或杉木、柚木模。一般为多块木料用胶或钉、销等连接紧固。木模有整体式和可拆分式，模样可拆分的几部分用活销定位。小型铸件的木模为实体，中、大型铸件的木模一般制成空心框架式，而简单回转体铸件常采用刮板模。木模的芯座、活块部位应着色或有其他标记以便识别。一般要求木模表面有油漆保护以防吸水和使表面光洁。

对大量或经常生产的铸件常用金属制造模样。一般采用轻合金（铝合金），也有铸铁或铜合金模。金属模样除了耐磨、使用寿命长以外，其尺寸精度和表面粗糙度也好于木模。

塑料模既轻又不会吸湿变形而且耐用，所以越来越多地得到应用。通常塑料模是用环氧树脂经浇注或层敷而制成，有实体模、薄壳框架模和复合模等几种结构形式，可根据铸件结构和尺寸合理选择。泡沫塑料汽化模是用聚苯乙烯泡沫塑料制造的，造型后不需要起模，高温金属液直接浇入模样内，模样燃烧汽化，金属液充满原先模样占据的空间，冷却后得到铸件。这种汽化模也有实体和空心两种结构，应根据具体铸件和生产方式合理选用。

3）准备砂箱、芯盒、芯骨和烘芯板

a. 砂箱

除地坑造型外其他砂型铸造一般都要用砂箱来造型。砂箱为框架构件，其作用是在造型、搬运和浇注时支撑砂型，防止砂型变形或损坏。一般砂箱为铸铁或铸铝件，手

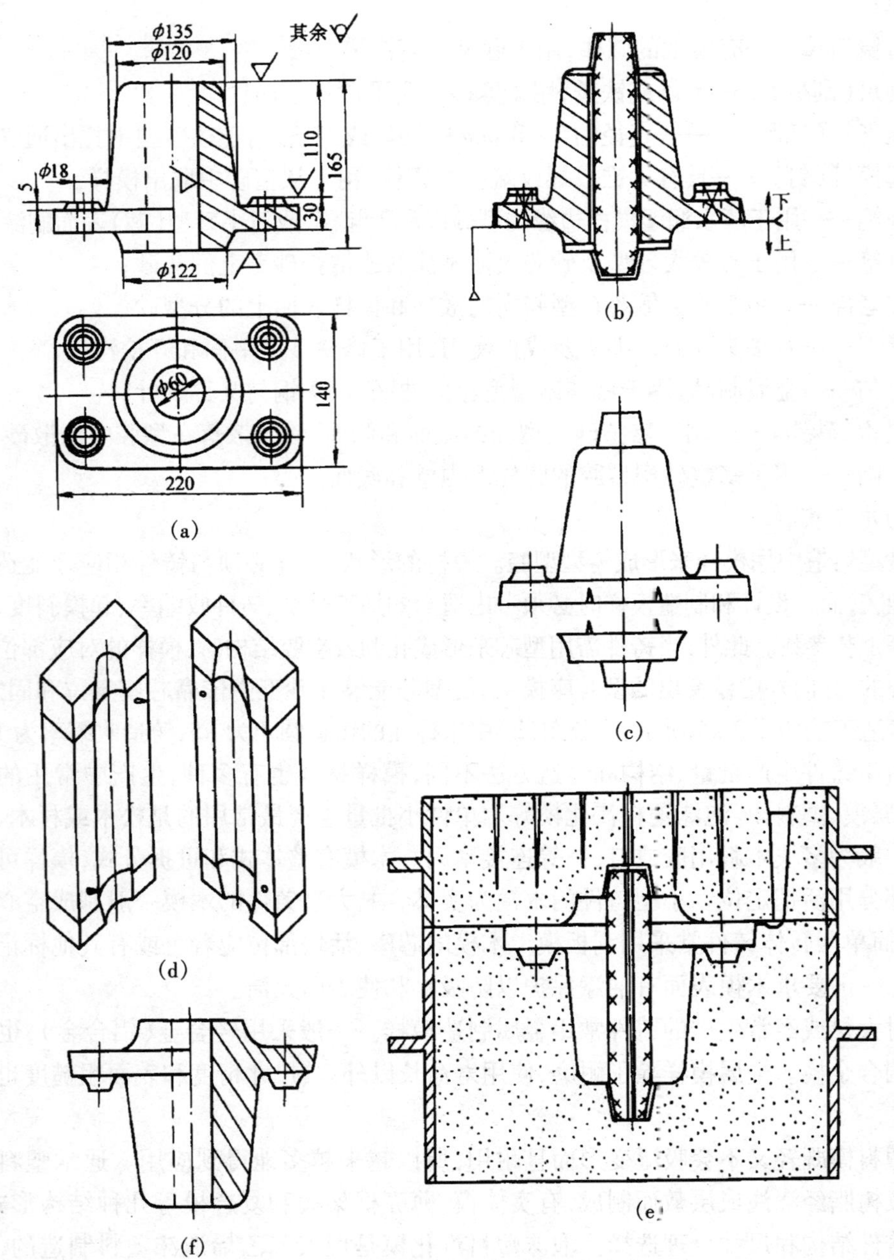

图 2-35　支座的铸造工艺

(a)零件图;(b)铸造工艺图;(c)模样图;(d)芯盒图;(e)合型图;(f)铸件图

工造型也可使用木制砂箱。简单小铸件用的砂箱为内空方框,外侧有抓耳;较大铸件用的砂箱框架内顶部或底部设有箱带(箱档)以增加砂箱强度,增大与砂箱的接触面积,防止造型和搬运中垮箱,砂箱外侧有抓手或吊耳以供抬箱或起吊用。上下砂箱用槽与销块或圆销定位。几种砂箱如图 2-36 所示。

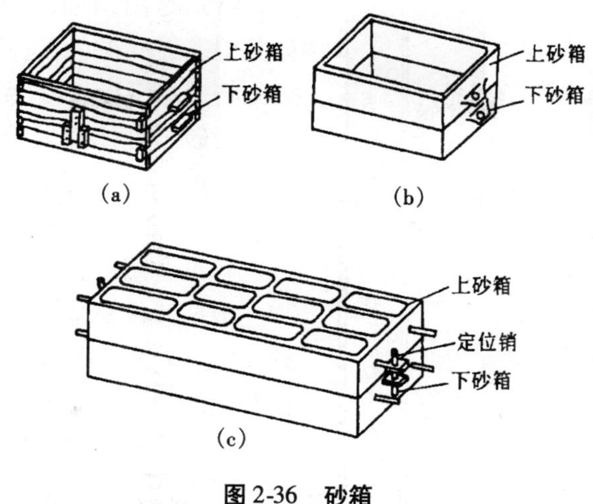

图 2-36　砂箱

(a)木砂箱;(b)简单小砂箱;(c)有箱带的砂箱

b. 芯盒

除大型芯可能选用刮板造芯外,一般用芯盒制作型芯。型芯盒的内腔形状应与铸件内腔相适应。此外,芯盒内还应有型芯头空腔,使制出的型芯带有能在砂型型芯座中定位和固定的芯头,如图 2-37 所示。

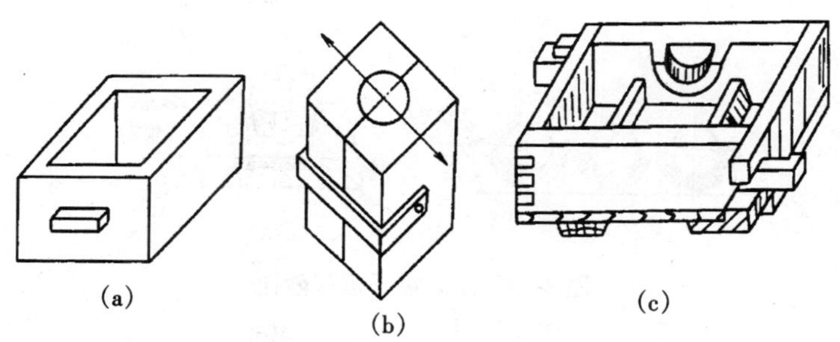

图 2-37　芯盒

(a)整体式;(b)对开式;(c)拆分式

视生产量的大小,芯盒也可用木材或金属制造,有整体式、对开式和拆分式等多种结构形式的型芯盒,如图 2-37 所示。对开式和拆分式芯盒各部分之间需要定位,此外还要有夹紧装置。整体式芯盒适用于形状简单的型芯,对开式芯盒适用于制作圆柱或形状对称的型芯,而拆分式芯盒适用于形状复杂的型芯。

c. 芯骨

为防止型芯在制造和使用中塌垮破坏,需要在型芯中放置芯骨以增加型芯的强度。小型芯可用铁丝或铁钉作芯骨,大型芯和复杂型芯需用铸铁芯骨或钢管芯骨,如图 2-38 所示。

d. 烘芯板

因为烘干后的型芯强度高、透气性好、发气量少,因此烘干型芯有利于保证铸件质

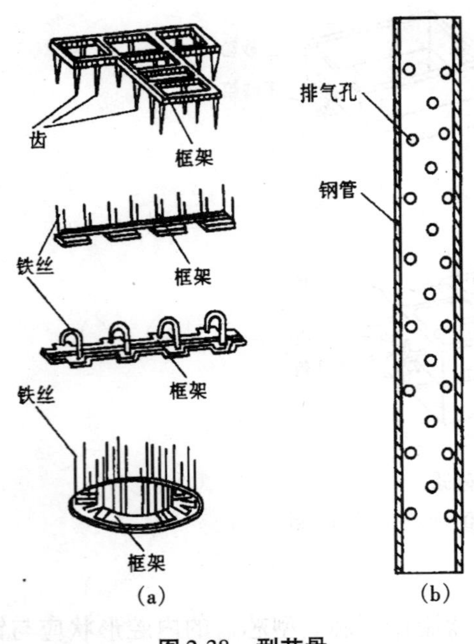

图 2-38　型芯骨

(a)铸铁芯骨；(b)钢管芯骨

量。特别是用桐油、树脂等作黏结剂的芯砂其湿态强度很低，造芯后必须马上烘干，否则将蠕塌变形，以致无法使用和存放。

当砂芯有比较大的平面时，可以放在平板上烘干，或做出成型砂托来放置待烘干的砂芯，如图 2-39 所示。

4)准备型(芯)砂、分型砂和涂料

根据铸件材质、结构和大小以及是干砂型(芯)浇注还是湿型(芯)浇注等条件选用合适的型(芯)砂和涂料。

(2)手工造型方法

手工造型方法根据铸件的尺寸和形状分为整模造型、分模造型、活块造型、挖砂造型和假箱造型、三箱造型等。手工造型生产强度大，效率低，质量不稳定，仅适用于单件小批量生产。

1)整模造型

整模造型是用一个整体模样进行造型的方法，它的特点是只有一个分型面，分型面为平面。造型时，模样可在一个砂箱内，起模时可一次从砂箱中起出，如图 2-40 所示。

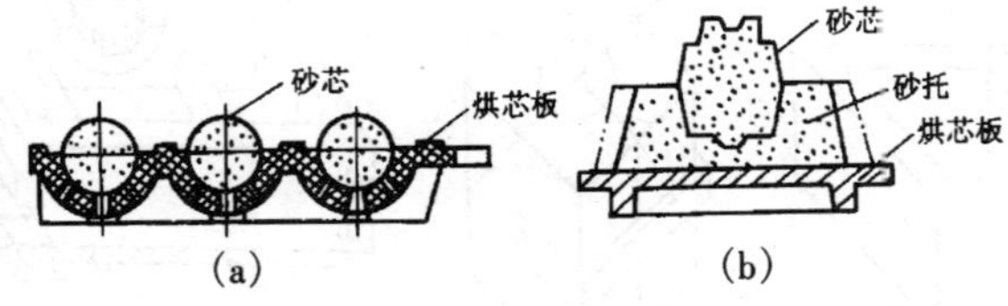

图 2-39　型芯烘干板和砂托

(a)成型烘干板；(b)成型砂托

2)分模造型

将木模沿外形的最大截面分成两半(不一定对称)并用销钉定位，这种模样称为分模。分模造型特点是：将模样分为两部分，分别制造上型和下型，其操作过程同整模造型相同，如图 2-41 所示。模样的分模面，常作为砂型的分型面。

3)活块造型

将模型上难以起模的凸起部分，做成活动的活块模型。这种模型在制造时，先取出模样的主体，然后再从侧面将活块取出，其过程如图 2-42 所示。它的特点是：模样的主体可以是整体或分开，由于操作难度大，要求操作水平高，只适用于单件小批生产。

4)挖砂造型

当铸件最大截面不在端部，模样又不便分模而只能采用整体时，需采用挖砂造型，

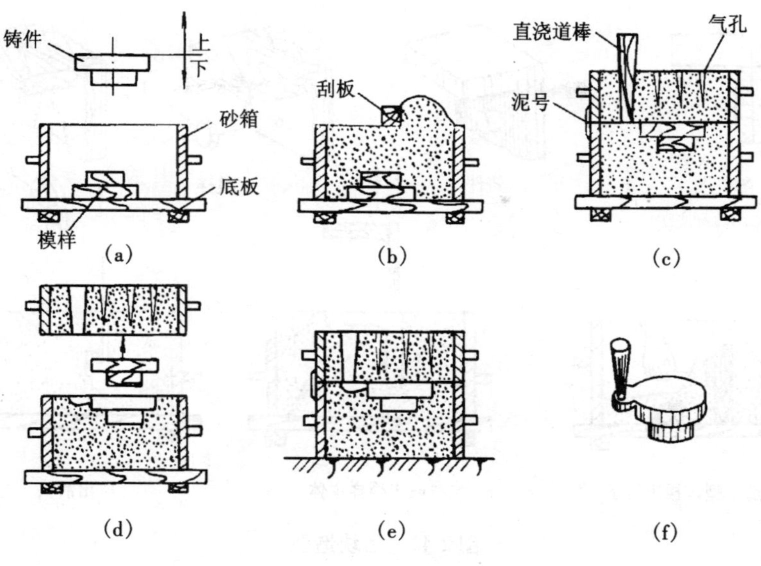

图 2-40　整模造型

(a)放好模样和砂箱;(b)造下型;(c)造上型;(d)翻箱,起模,挖浇道;(e)合型待浇注;(f)带浇注系统的铸件

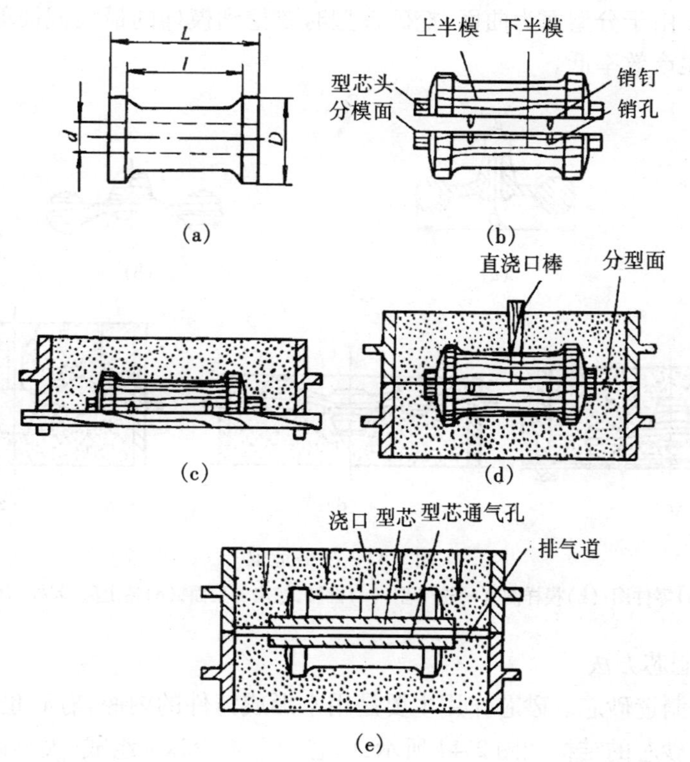

图 2-41　分模造型

(a)铸件;(b)模样分成两半;(c)用下半模造下砂型;(d)用上半模造上砂型;(e)起模,放型芯,合型

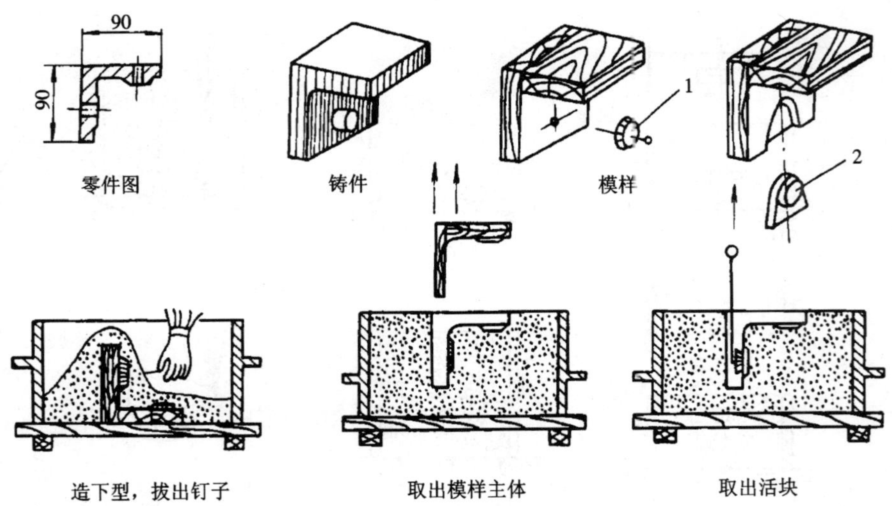

图 2-42　活块造型

1—用钉子连接的活块　2—用燕尾连接的活块

如图 2-43 所示。其特点是整体最大截面为曲面,如皮带轮。模样经分模后太薄不便分模,如端盖等。由于分型面为曲面,挖砂造型时要挖到模样的最大截面处,因此要求操作水平较高,生产效率低。

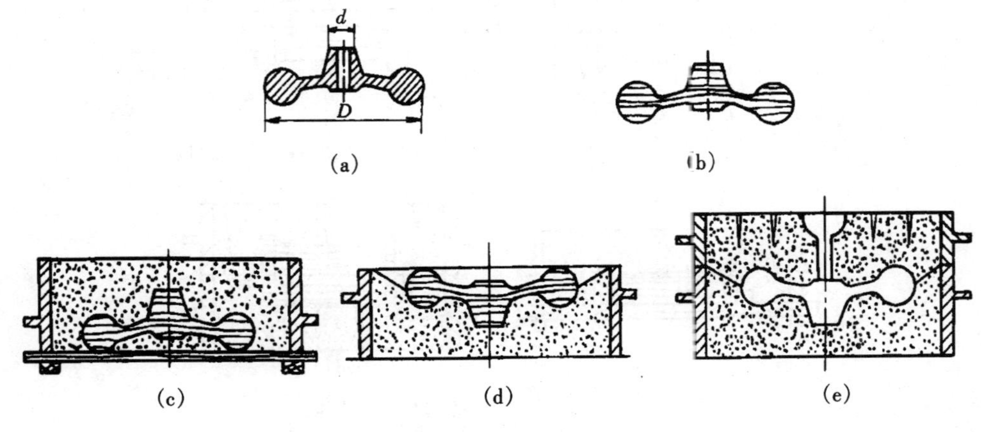

图 2-43　挖砂造型

(a)零件图;(b)模样图;(c)造下型;(d)翻转,挖出分型面;(e)造上型,起模,合型

(3)手工制芯方法

造芯就是制造砂芯。砂芯作用主要是用来形成铸件的内腔,有时也用于形成复杂铸件的外形。砂芯的结构如图 2-44 所示,由芯子主体和芯头组成,大型砂芯要加芯骨,以提高强度。芯子主体形成铸件的孔腔,芯头起定位、支撑和排气作用。为方便下芯和合型,芯头和芯座应有一定斜度,并留有适当间隙。型芯部分或大部分被高温金属液态所包围,因此砂芯应具有一定耐火性和足够的强度、良好的透气性以及良好的退让性,

并便于从铸件毛坯中清理出来。

1)芯骨和通气孔

为了增强砂芯的强度和透气性,在砂芯内部设置芯骨和通气孔。小芯骨可用铁丝钢钉,中芯骨用铸铁浇注成与砂芯相应形状,芯骨表面应刷上黏土浆。

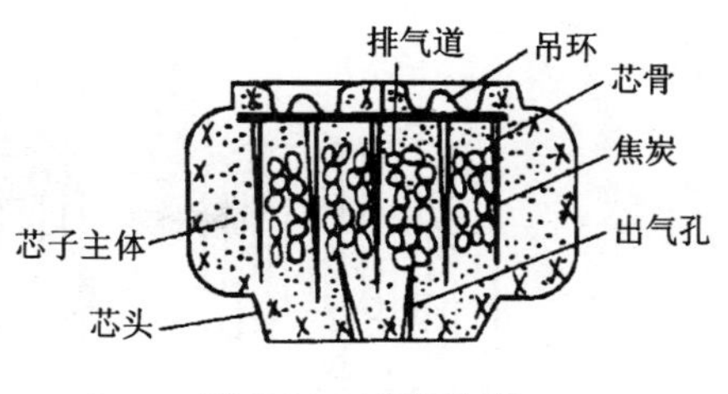

图 2-44　砂芯结构

为了提高砂芯的透气性和退让性,应在砂芯中设置通气孔,如图 2-45 所示,并同砂型的排气道联通,以利于排气。小孔可用气孔针扎制(如图 2-45(a));形状复杂不便于制出的气孔可在内部安放蜡线(如图 2-45(b));大砂芯内部可用焦炭或炉渣设置排气孔(如图 2-45(c))。

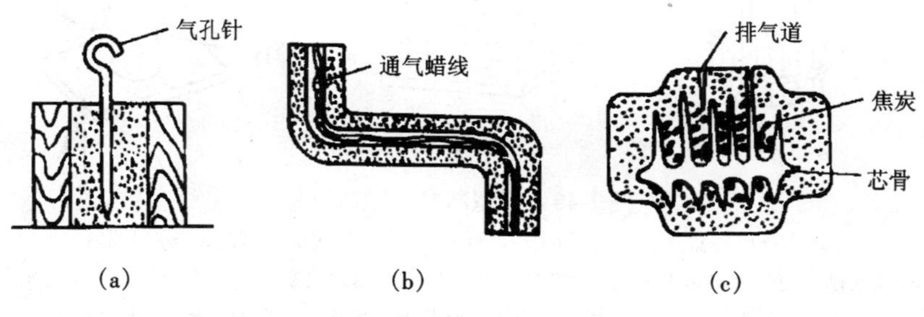

图 2-45　砂芯排气

2)砂芯的制造

芯砂可以用黏土、石英砂制作,黏土量要比型砂量高,新砂比例要大,并加入木屑以增加退让性和透气性,常用配方如表 2-3 所示。

表 2-3　常用芯砂配方(质量分数)

名称	旧砂	新砂	黏土	合脂	膨润土	桐油	纸浆	水
黏土芯砂	70% ~80%	20% ~30%	3% ~14%		0% ~4%			7% ~10%
合脂砂				2% ~5.5%	1.5% ~5%			1% ~3%
桐油砂						3% ~4%	2% ~3%	0.5% ~3%

用型芯盒造砂芯的过程如图 2-46 所示。

3)砂芯烘干和固定

砂芯和砂型不同,必须全部烘干以提高强度和透气性,减少发气量来保证砂芯质量要求。

砂芯在砂型中的定位和固定主要依靠芯头。芯头是指芯子主体以外的伸出部分,它与砂型上的芯座相配合起定位和固定作用,而不形成铸件本身轮廓。因此芯头应有合适的形状和足够的尺寸,以免砂芯在浇注时漂浮、偏斜和移动。

常见的芯头固定方式有垂直式、水平式和特殊式(悬臂芯、吊芯等),如图 2-47 所

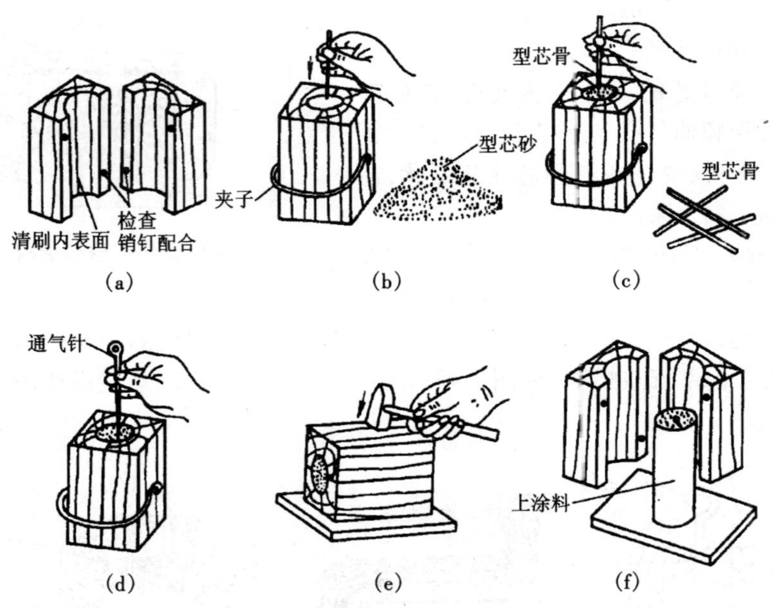

图 2-46　用型芯盒造砂芯过程

(a)检查型芯盒是否配对;(b)夹紧两半型芯盒,分次加入型芯砂,分层捣紧;
(c)插入刷有泥浆水的型芯骨,其位置要适中;(d)继续填砂捣紧,刮平,用通气针扎出通气孔;
(e)松开夹子,轻敲型芯盒,使砂芯从型芯盒内壁松开;(f)取出砂芯,上涂料

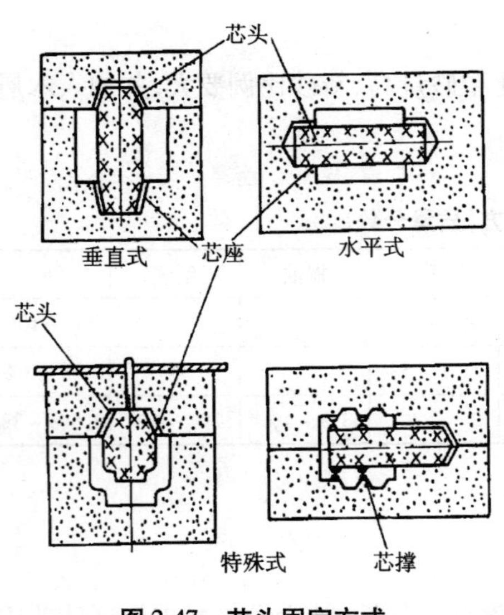

图 2-47　芯头固定方式

示。

如果铸件形状复杂,单靠芯头还不能使砂芯固定时,可采用低碳钢或铸铁等金属制成芯撑加以固定,如图 2-48 所示,在浇注后芯撑被熔合在铸件内。

(4)浇注系统

浇注系统是指引导金属液体进入型腔的通道。若浇注系统安排不合理,就可能产生气孔、砂眼、夹渣、铁豆、浇注不足和缩孔、裂纹等缺陷,因此正确开设浇注系统十分重要。

1)组成和作用

典型的浇注系统由浇口杯(盆)、直浇道、横浇道和内浇道四部分组成,如图 2-49 所示。

a. 浇口杯

浇口杯是位于直浇道顶端,用来承接并导入金属液的容器,呈漏斗形,如果呈盆形就称浇口盆。它有三个作用:①承受浇注时金属液体的冲击,避免铁液直接冲击直浇道

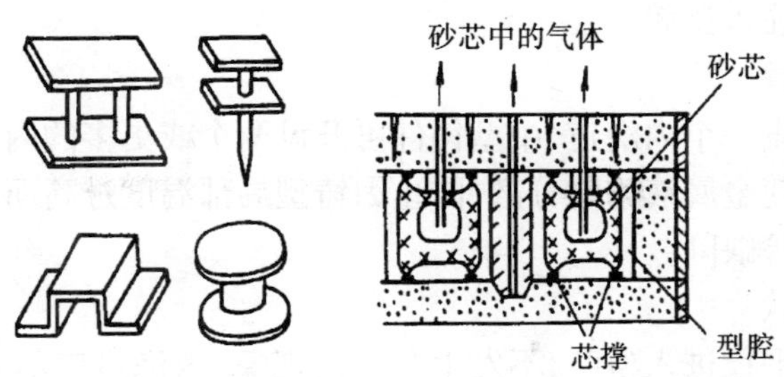

图 2-48　芯撑的形状及其应用

而将型砂冲坏；②阻挡铁液中熔渣流入直浇道；③利用它有较大容积，以便使金属液体能比较平稳地流入直浇道，并使熔渣等杂质上浮。

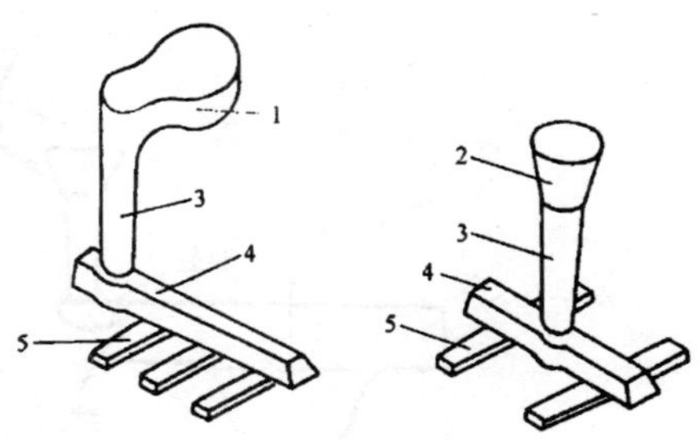

图 2-49　典型的浇注系统

1—浇口盆　2—浇口杯　3—直浇道

4—横浇道　5—内浇道

b. 直浇道

直浇道是指从浇口杯流向横浇道的垂直通道。为了使造型时容易拔出浇口棒，其截面常做成上大下小的圆锥形。直浇道越高，底部的压力越大，流速越快，利用其高度可产生一定的静压力，从而使金属产生充型能力。

c. 横浇道

横浇道是指浇注系统中的水平通道，它的作用是分配金属液流入内浇道，并起挡渣作用。其截面通常为梯形，位于内浇道的上面，以便熔渣上浮而不致流入型腔内。

d. 内浇道

内浇道是指浇注系统中引导金属液流入型腔的通道，它的作用是控制金属液的充型速度和方向，并调节铸型各部分温度和控制铸件凝固顺序。

2）内浇道的选择原则

内浇道的位置、方向、数量和形状大小对铸件质量有很大的影响。

a. 内浇道位置

内浇道一般不要开在铸件重要部位，如要求精度高的主要加工面和定位基准面，因为靠近内浇道附近的砂型温度较高，此处冷却速度慢，晶粒粗大，力学性能较差，并且容易产生缩孔、缩松及粘砂等缺陷。

凝固的内浇道多开在铸件的薄壁处，使铸件各部分同时凝固和收缩，有利于防止和减少铸造内应力，防止铸件变形和裂纹。铸造轮廓尺寸较大的铸件要求设置较多的内浇道，并开在厚壁处，使金属液能很快均匀地充满型腔并从薄壁到厚壁定向凝固和收缩，以防止产生缩孔。

b. 内浇道的方向

在浇道内金属液的流入方向，不应正面冲击铸型、砂芯和薄弱的突出部分，而应使金属液顺着型腔壁注入型腔。

c. 内浇道的数量

小型铸件可开设一个内浇道,中型铸件可开设两个或更多的内浇道,目的是提高金属液的充型能力和使金属液均匀分散,防止因铸型局部温度过高而产生铸件晶粒粗大、力学性能低和缩孔等缺陷。

d. 内浇道的形状

为保证金属液平稳进入型腔,不发生互撞流现象,内浇道应尽量缩短,以免使金属液冷却过快。内浇道横截面的形状为扁梯形、月牙形或三角形。在纵截面上,内浇道与铸型连接处应带有缩颈,以防止在敲断内浇道时伤及铸件,如图 2-50 所示。

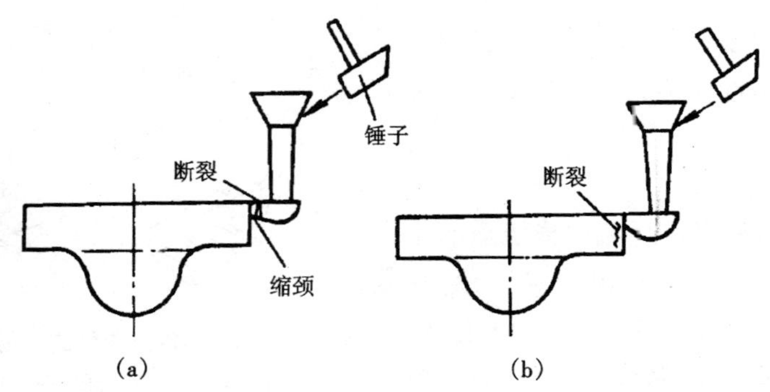

图 2-50　内浇道形状应带缩颈

(a)正确;(b)错误

3)冒口和冷铁

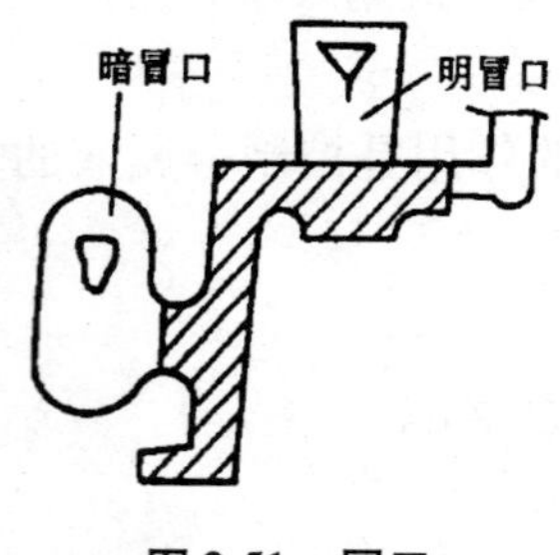

图 2-51　冒口

a. 冒口

昌口是金属液浇入铸型后为防止产生缺陷而采取的措施,有明冒口与暗冒口之分,如图 2-51 所示。其作用如下。

①补缩。当金属液浇入铸型后,在冷却凝固过程中要产生体积收缩,如果没有金属液补充,在铸件最后凝固的部位将产生缩孔。

②排气。在浇注时型腔内大量气体可通过冒口顺利地向外排出。

③集渣。由于冒口设在铸件的顶部,当熔渣上浮时聚集于冒口中。

④调节温度。通过冒口可调节温度,改变凝固顺序。

⑤铸满的标志。当浇注时看到有金属液冒出时可以推断型腔已被浇注满。

b. 冷铁

冷铁是用来控制铸件凝固激冷作用的金属,常用铸铁或铸钢制成。冷铁设置可分为外冷铁和内冷铁。外冷铁是放于砂型中,形状与砂型相同,浇注时不与铸件熔合,如图 2-52 所示。内冷铁置型腔中,浇注后与金属液熔合在一起而留在铸件中。

冷铁的作用是控制铸件的局部冷却速度、细化晶粒、防止铸件产生缩孔。

(5)砂型和芯的烘干及合型

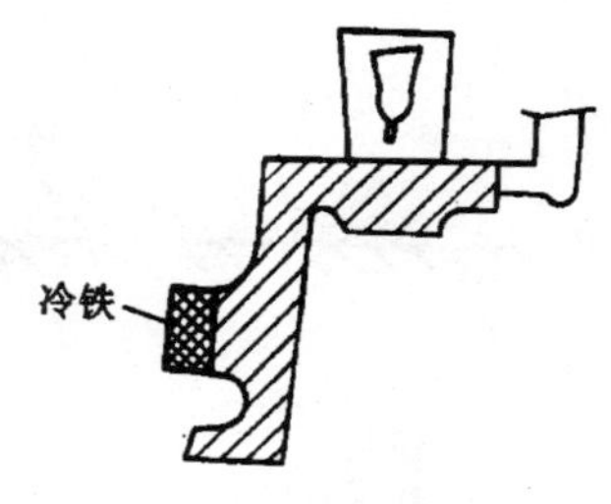

图 2-52　冷铁

砂型和芯进行烘干的目的是为了去除水分，降低砂型和芯的发气量，并提高其透气性和强度。

一般砂型和芯的烘干是在烘干炉内进行的。铸铁件和有色金属件铸型的干燥温度为 360～400 ℃；铸钢件铸型为 400～450 ℃。烘干时间根据砂型和芯的大小由 1 小时到几十小时不等。尺寸越大，时间越长。

合型是指将铸型的各个单元，如上型、下型、芯、浇口盆等组成一个完整铸型的操作过程，是造型的最后一道工序，它直接影响着铸件的质量。合型时，首先应检查砂型和芯是否完好、干净，然后，将芯安装在芯座上。在确认芯位置正确后，盖上上型，并将上下型扣紧或在上型上面压上压铁，以免浇注时出现抬箱、跑火、错型等问题，如图 2-53 所示。

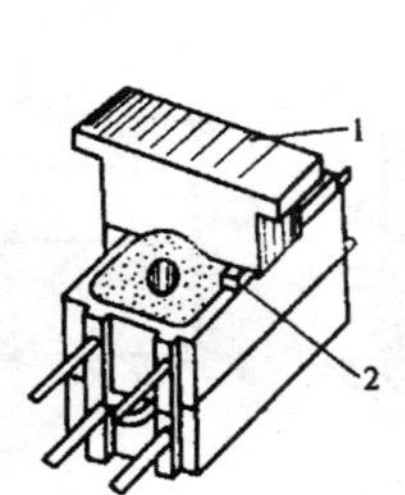

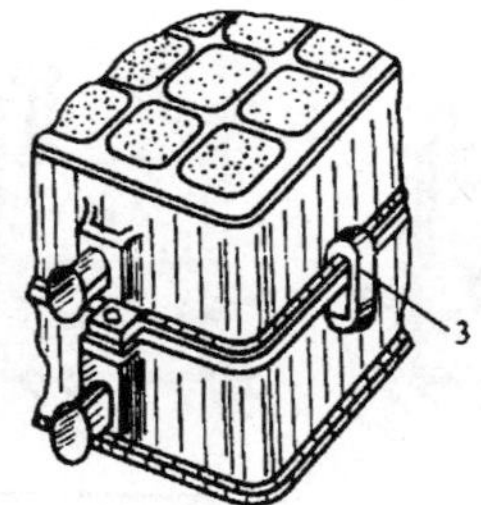

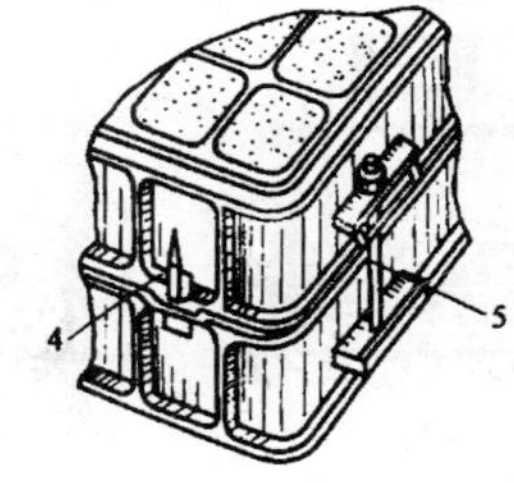

图 2-53　合型后的紧固方法

1—压铁　2—垫块　3—楔形卡子　4—楔片　5—螺栓

(6)整模手工造型操作实例

轴盖铸件整模造型操作过程如图 2-54 所示。

1)放置模样和砂箱

将整体木模放置在造型底板上合适的地方(注意起模方向，模样的最大截面朝下)，把下砂箱套住模样(砂箱机加工过的合箱面朝下)，注意要留出浇口位置(图 2-54 之 1 和 2)。模样至砂箱内壁及顶部之间须留有一定的距离(吃砂量)，其值不应小于表 2-4 中的数值，以防浇注时发生抬箱(跑火)现象。但吃砂量也不应过大，以免增加造型工作量和型砂用量。

2)填砂和舂砂

在放好的模样上先撒少许干粉以防粘膜，然后筛上一层面砂，再填背砂(图 2-54 之 2、3、4)。第一次填砂时要将木模按住，并用手将木模周围的型砂塞紧，使木模在舂砂时不会移动，既避免舂在木模上把木模砸坏，也避免木模周围型砂没有舂紧(舂头应与模样保持 20～40 mm 的距离)。型砂须分多次填入砂箱，一次加砂过多或过少都舂不紧。对小砂箱每次加砂约为 50～70 mm 厚；对一般中等规格砂箱手工舂砂，适宜的填砂层厚约 100 mm；若用风动捣固器舂砂，适宜的填砂层厚约为 200 mm。舂砂应按一定

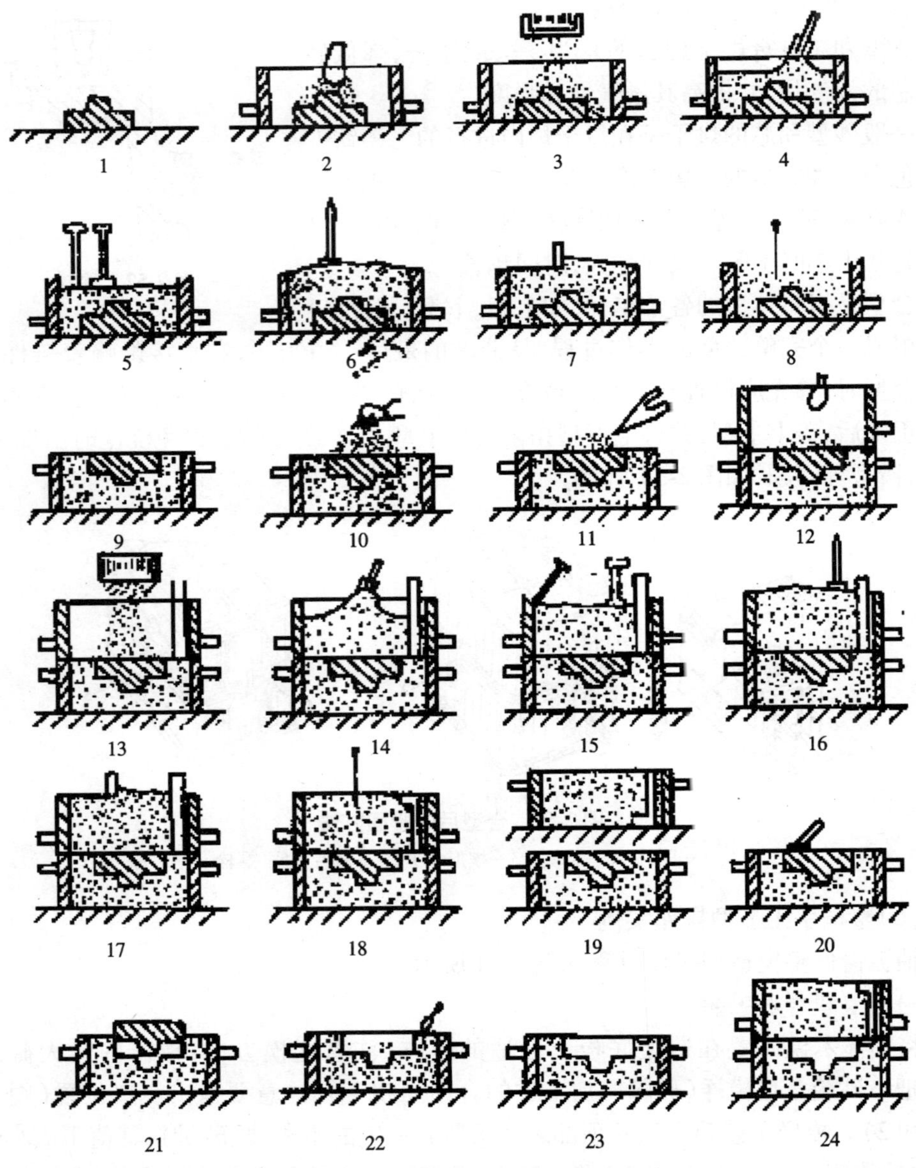

图 2-54 轴盖铸件整模造型操作过程

的线路进行,以使各处型砂都被舂到(图 2-54 之 5、6)。舂砂用力要适当,用力太大会使型砂过紧,铸型的透气性差;用力太小型砂紧实度不够,容易塌型。砂型上下各处应有不同的紧实度;靠近模样的砂层紧实度大一些以承受金属液压力,远离模样的砂层可以松一些以利透气;靠近砂箱内壁应舂紧一些以免塌型。

表 2-4　模样和浇口与砂箱内壁的距离　（mm）

砂箱大小	模样外侧至砂箱内壁的距离	浇口外侧至砂箱内壁的距离
<500×500	30	40
500×500～1 000×1 000	50	50
>1 000×1 000	100	80

3）刮平

用刮尺刮去（不可用镘刀抹平）紧砂后箱顶面多余的型砂，使其与砂箱四边等高平齐（图 2-54 之 7）。

4）撒分型砂

把造好的下箱上下翻转，在分型面上用手均匀地撒下一薄层分型砂（将手抬至一定高度，砂从五指尖合拢的中心撒落，边撒边落，边撒边移动），然后用皮老虎吹去分型模样表面的分型砂（图 2-54 之 9、10、11）。撒分型砂的目的是为了避免上、下型粘连。

5）造上型

把上砂箱套在下型上（机加工过的合型面朝下），在下型露出模样的表面上撒少许干粉，在适当位置放置直浇道棒，如同造下型那样填面砂、背砂，舂紧后刮平（图 2-54 之 12～17）。

6）扎通气孔

拔出直浇道棒，用通气针从上箱顶面往砂箱中对应木模的区域均匀扎若干通气孔，扎到距木模 5～10 mm 深度即可，不可扎到木模（图 2-54 之 18）。通气孔的数目一般为每平方米面积上 4～5 个。为增加下型的透气性，从型的底面也应扎若干通气孔（图 2-54 之 8）。

7）开浇口盆

开浇口盆是指用镘刀在直浇道顶部开挖浇口盆。太浅的浇口盆容易引起浇注金属液四处飞溅，一般应把浇口盆挖成盆形或约 60°的圆锥形，大端直径 60～80 mm。修光浇口面，并把与直浇道相连处修成圆滑过渡，使浇注容易对准且有利于引导金属液平稳流入砂型（图 2-54 之 18）。

8）起模

起横是指抬起上箱并翻转放置于平面上（图 2-54 之 19）。起模前先用掸笔蘸少许水润湿木模周围的型砂以利于起模（图 2-54 之 20）。注意不要使水笔在型砂上停留，避免此处太湿而使铸件产生气孔等缺陷。润湿铸型后将起模钉轻轻钉入木模重心位置，并轻轻地前后左右敲打起模针下部使木模松动，然后小心提起起模针并带出模样（图 2-54 之 21）。

9）开横浇道和内浇道

起模后，根据铸件大小和材质，用镘刀开挖适当截面形状和尺寸的横浇道和内浇道。横浇道要与直浇道和内浇道连通，使浇进的金属液能经直浇道、横浇道和内浇道流进铸型（图 2-54 之 22）。

10）修型

起模和开挖浇口后，型腔若有损坏，应使用修型工具将其修复。修型基本操作如图 2-25 之 23 所示。修平面时，手握镘刀柄，食指压在刀面上，使镘刀沿运动方向略微翘起，以免刮起型砂；对于型腔边缘较大的损坏部位，可用木板辅助镘刀进行修复；对型腔转角处的缺口，先用镘刀将缺口表面划松，然后用镘刀粘上型砂，将其压抹到缺口上，再用镘刀底面向下抹出铅垂面；型腔底面的损坏处要用砂钩底面粘上型砂填补并抹平，窄缝窄槽的铅垂面要用砂钩的柄背来修复；曲面、圆角等部位则要用秋叶、半圆等工具来光顺。

11）合型

合型是指将下型安放在疏松的砂地上以利于排气。对较大的砂型，最好在砂地表面开出通气沟槽。把上型合到下型上，注意直浇道与横浇道或内浇道的连接（图 2-54 之 24）。

如果铸型经烘干、合箱后上下分型面之间的间隙较大，致使浇注时金属液外流，需要用胶泥抹封分型面，或沿下分型面四周放置石棉绳，使上型压实石棉绳而封住分型面。

用机械夹紧上、下型或在上型顶面加压铁，如图 2-53 所示。压箱铁要放得对称，以免上箱一角被压紧而对角翘起，引起浇注时发生路火现象；压铁应放置在箱带或箱边上，以防压坏砂型；此外，注意压铁的位置不要妨碍浇注工作。

2. 机器造型

机器造型是用机械来代替人力进行填砂、紧实型砂和起模的造型方法，生产效率高，毛坯表面较光洁，尺寸精度高，但是设备和工艺装备费用较高，因而只适用于成批和大量生产。常用的震实式造型机如图 2-55 所示，通过填砂、震实、压实和起模等步骤完成造型工序。机器造型通常必须使用模板进行造型。通过模板与砂箱机械的分离而实现起模。模板不易更换，一般使用两台造型机分别造上型和下型，所以，机器造型只能实现两箱造型，根据紧砂和起模的方式不同，有各种不同类型的机器造型。

（1）压实紧实法

用较低比压压实砂型，型砂坚实度沿砂箱高度方向分布不均，越往下越小。这种方法所用设备结构简单，生产效率高，适用于成批生产高度小于 200 mm 高压紧实法。

用较高比压压实砂型，砂型紧实度高，铸件精度高，表面粗糙度低，生产效率高，易于实现机械化、自动化。但设备结构复杂，成本高，适于大批量生产中小型铸件。

（2）整机震实法

依靠整机震实砂型，设备结构简单，成本低，生产效率低，适于成批生产中小型铸件。

（3）震压震实法

经多次震击后，再加压、紧实砂型，生产效率较高，能量消耗少，设备磨损少，砂型紧实度较均匀，广泛用于成批生产中小型铸件。

（4）微震紧实法

在加压、紧实型砂的同时，砂箱和模板作高频率、小震幅的震动，生产效率较高，紧

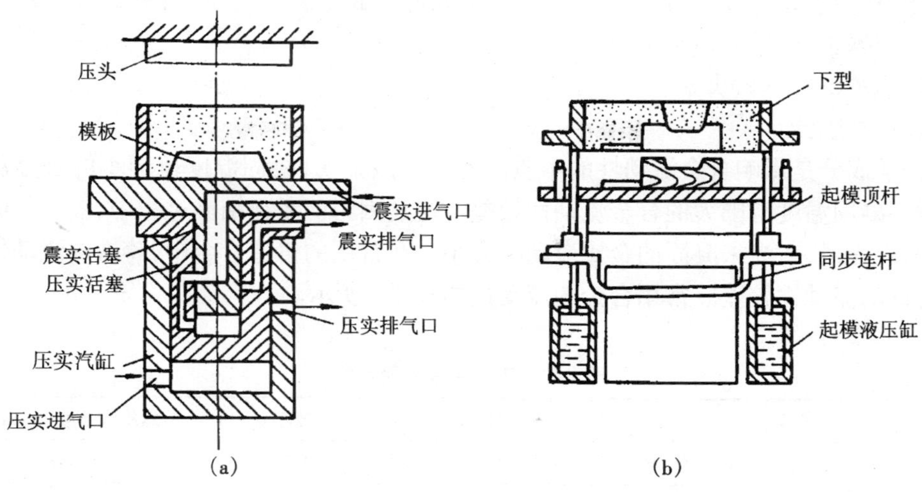

图 2-55　震实式造型机

(a)原理示意图;(b)顶杆式起模

实度较均匀,广泛用于成批生产中小型铸件。

(5)抛砂紧实法

利用机械的力量,使高速旋转的型砂成团抛入砂箱,从而同时完成了填砂和紧实两工序。生产效率高,能量消耗少,型砂紧实度均匀,适应性广。

(6)射压紧实法

采用压缩空气将型砂高速射入砂箱,同时完成了填砂和紧实两工序,生产效率高,紧实度均匀,易于实现自动化,但设备复杂,适于大批量生产形状简单的中小型铸件。

除了以上介绍的机器造型外,当前还出现了一些新的机器造型方法,如采用真空冲击和燃气冲击的气流冲击造型法和适用于21世纪清洁生产发展方向的冷冻造型法等。

2.3.3　熔炼与浇铸

铸件的质量不仅与造型材料和工艺有关,而且与铸造合金的铸造性能、熔炼以及浇铸过程密切相关。

1. 金属的铸造性能

金属在铸造成形过程中,获得外形准确、内部健全铸件的能力,称为金属的铸造性能。金属的铸造性能的优劣影响着金属铸造成形的难易程度。金属的铸造性能主要包括流动性、收缩性、偏析、氧化性和吸气性等,这里只介绍前两项。

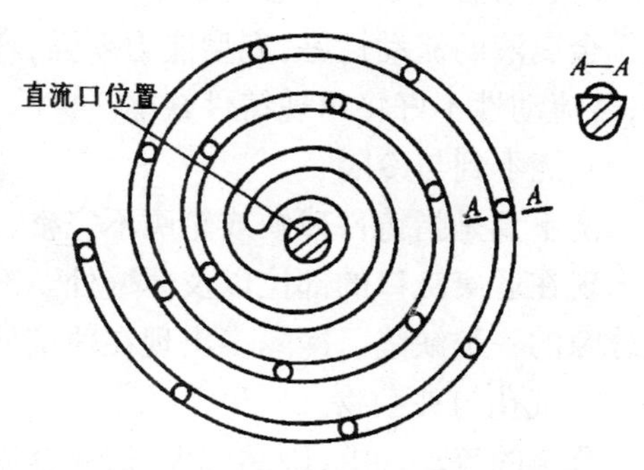

图 2-56　螺旋形式样模型

(1)流动性

流动性是指熔融金属的流动能力,是影响金属液充型能力的主要因素之一。在实际生产中，为了评定金属的流动性，通常将金属浇注成螺旋形式样，如图2-56所示。浇注的式样越长，则其流动性越好。

1）影响流动性的因素

a. 化学成分

化学成分是影响合金流动性的本质因素。实践证明，凝固温度范围小的合金流动性较好，凝固温度范围大的合金流动性较差。这是因为前者在结晶过程中，液相与固相的界面较光滑，对尚未凝固的金属流动阻力小。在常用的铸造合金中，铸铁的流动性较好，铸钢的流动性较差。常用合金的流动性如表2-5所示。

表2-5　常用合金的流动性

合金		铸型种类	浇注温度 t(℃)	螺旋线长度 l(mm)
灰铸铁	$\omega_{C+Si}=6.2\%$	砂型	1 300	1 500
	$\omega_{C+Si}=5.9\%$	砂型	1 300	1 300
	$\omega_{C+Si}=5.2\%$	砂型	1 300	1 000
	ω_{C+Si}土 $=4.2\%$	砂型	1 300	600
铸钢($\omega_C=0.4\%$)		砂型	1 600	100
			1 640	200
镁合金(Mg-Al-Zn)		砂型	700	400～600
铝硅合金(硅铝明)		金属型	680～720	700～800
锡青铜($\omega_{Sn}=9\%\sim11\%$、$\omega_{Zn}=2\%\sim4\%$)		砂型	1 040	420
硅黄铜($\omega_{Si}=1.5\%\sim4.5\%$)		砂型	1 100	1 000

b. 工艺条件

较高的浇注温度能使金属保持液态的时间延长，并且能降低金属液的黏度，从而提高流动性。浇注时浇注压力越大，流速就越大，也可以达到提高流动性的目的。铸型对液态金属的流动性也有一定的影响，金属在干砂型中的流动性优于湿砂型，在湿砂型中的流动性优于金属型。

2）流动性对铸件质量的影响

金属液的流动性好，充型能力就强，容易获得尺寸准确、外形完整和轮廓清晰的铸件；若流动性不好将出现铸件缺陷。

a. 浇不到与冷隔

浇不到是指铸件残缺或轮廓不完整，或可能铸件完整，但边角圆且光亮，这种缺陷常出现在远离浇口的部位以及薄壁处。冷隔是指在铸件上穿透或不穿透，边沿成圆角状缝隙的一类缺陷。冷隔多出现在薄壁处、金属流汇合处和激冷部位等。

b. 气孔与夹杂物

合金的流动性差，则黏度大，熔融金属中的气体和夹杂物不便上浮和排除，容易形成气孔、夹杂物之类的铸件缺陷。气孔是指内表面比较光滑，一般为圆形、椭圆形的孔洞类铸件缺陷,通常不露出铸件表面。夹杂物是指在铸件内或表面上存在的与基体金属成分不同的质点类缺陷,常见的有砂、渣、氧化物、硫化物等。

(2)金属的收缩性

收缩性是指液态金属在凝固并冷却到室温过程中,产生的体积和尺寸减小的特性。金属的收缩性可分为液态收缩、凝固收缩和固态收缩三个阶段。液态收缩是指金属在液态时由于温度降低而产生的体积收缩;凝固收缩是指熔融金属在凝固阶段所产生的体积收缩;固态收缩是指金属在固态由于温度降低而产生的体积收缩。液态收缩和凝固收缩是铸件产生缩孔的根本原因,固态收缩是产生变形和裂纹的根本原因。

1)影响收缩性的因素

a. 化学成分

化学成分是影响收缩性的根本原因,常见合金的收缩率如表2-6所示。

表2-6　几种常见合金的收缩率

合金种类	灰铸铁	球墨铸铁	铝合金	铜合金
线收缩率(%)	0.9~1.3	2.0~2.4	0.9~1.5	1.4~2.3
体收缩率	体收缩率约等于线收缩率的3倍			

可以看出,灰铸铁的收缩率最小。这是因为合金在冷却过程中结晶出密度较小的石墨相时,产生的体积膨胀抵消了部分收缩。

b. 工艺条件

合金的浇注温度超高,液态收缩越大,为减少收缩,浇注温度不宜过高。合金在铸型中冷却时的收缩会受到铸型甚至铸件本身的影响,使实际收缩量小于自由收缩量,铸型的强度越高,铸件的结构越复杂,则对自由收缩的影响越大。

2)收缩性对铸件质量的影响

a. 缩孔和缩松

缩孔是指铸件在凝固过程中,由于补缩不良产生的孔洞。缩孔的形成过程如图2-57所示。熔融金属填满型腔后沿内壁形成一层硬壳,在进一步冷却的过程中,由于硬壳内金属液态收缩和凝固收缩的结果导致液面下降,随着温度的降低,凝固硬壳不断加厚,最后凝固的金属由于得不到液态金属的补缩,凝固结束时,在铸件上部形成缩孔。

缩松是指铸件断面上出现的分散而细小的缩孔。缩松的形成过程如图2-58所示。铸件有缩松的部位,在气密性试验时可能渗漏。

缩孔和缩松降低了铸件的力学性能。因此,应合理设计铸件的结构,尽量避免铸件上的局部金属积聚,让缩孔转移到冒口中去。冒口是指铸型内储存供补缩铸件用熔融金属的空腔,防止铸件内产生缩孔的根本措施是顺序凝固,即使铸件按规定的方向,从一部分到另一部分逐渐凝固,通常向着冒口的方向凝固,图2-59为通过设置冷铁、冒口而实现顺序凝固的示意图。冷铁本身不起补缩作用,只能增加铸件局部冷却速度。

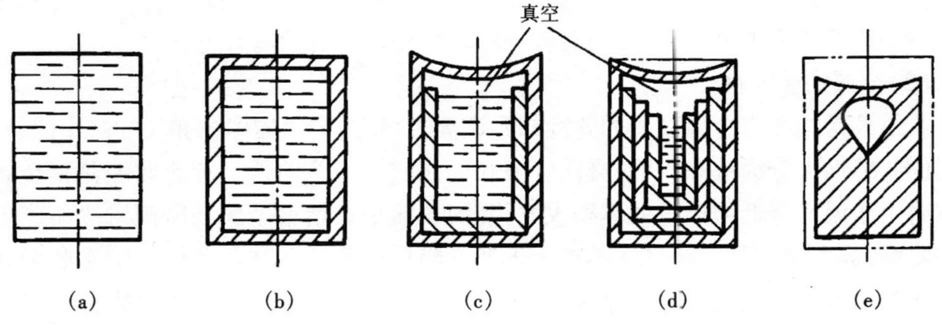

图 2-57 缩孔的形成过程

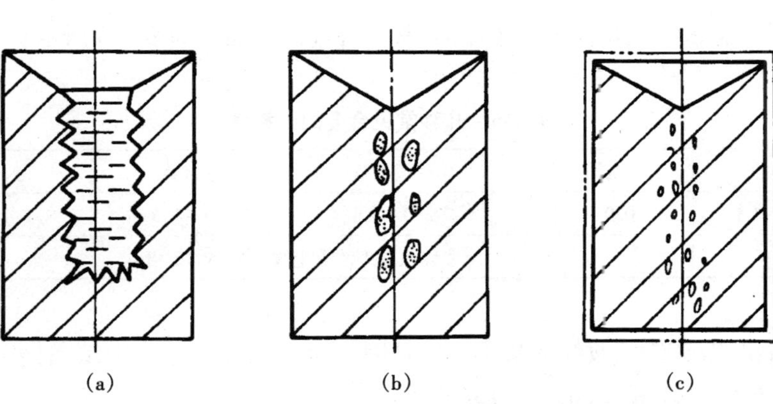

图 2-58 缩松的形成过程

(a)锯齿形凝固前沿;(b)形成液体小区;(c)形成缩松

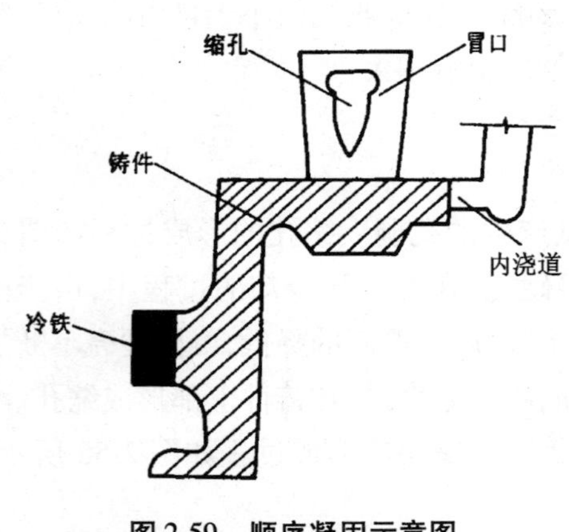

图 2-59 顺序凝固示意图

b. 变形和裂纹

铸件在固态收缩的过程中,由于各部分冷却速度不同,将引起不均衡收缩,不均衡收缩产生的应力称为铸造热应力。铸造热应力是铸件产生变形和裂纹的主要原因,为防止变形和裂纹的产生,可采用同时凝固的原则。将浇口设在铸件上较薄的部位,而在较厚的部位设置冷铁,使铸件冷却过程中各部分的温差较小,铸造热应力较小,从而减少了产生变形和裂纹的倾向。

2. 金属的熔炼

获得合格的、高质量的液态金属是铸造成形技术中非常重要的方面。所谓合格的、高质量的液态金属通常包括三个方面的要求:①具有所需要的温度;②杂质含量低;③具有所要求的化学成分。为此,对于不同的铸造合金,由于熔点与炉气的反应情况及氧化情况的不同,必须采取不同的熔炼设备和熔炼方法。

(1)铸铁合金的熔炼

熔炼铸铁合金的设备有冲天炉、反射炉、电弧炉、工频炉等,其中冲天炉应用最广。对于一些高合金含量的铸铁,为了防止合金元素在冲天炉熔炼过程中的大量氧化,必须采用感应炉或电弧炉熔炼。

冲天炉的熔炼过程,是通过焦炭的燃烧放出热量使固体的金属炉料熔化并过热后成为液态金属的。在熔炼过程中,焦炭燃烧后产生的灰分、金属炉料带入的杂质与氧化物以及炉衬受到高温气体的侵蚀而产生的物质,必须通过添加部分溶剂以形成熔渣并降低熔点而从炉内排出。因此,在冲天炉熔炼过程中,除了向炉内添加焦炭及待熔化的金属炉料外,还须添加适量的溶剂,如石灰石或萤石等。

在冲天炉的熔炼过程中,高温的炉气不断上升,炉料不断下降,在两者的逆向运动中产生如下过程:底焦燃烧;金属炉料被预热、熔化和过热;熔化的金属液与炉气及焦炭接触而发生冶金反应,使金属液成分发生变化。因此,金属在炉内并非简单地熔化,实质上会产生一系列复杂的高温冶金反应,因此其实质为冶炼过程。

在冲天炉熔炼过程中炉气及温度的变化如图 2-60 所示。来自鼓风机的空气经风口进入炉内与风口以上的底焦发生完全燃烧反应,产生 CO_2 并放出大量的热。在风口以上随着空气中的 O_2 与焦炭的燃烧反应进行,使 CO_2 逐渐增加,O_2 逐渐减少,直至消失。从风口到炉气中 O_2 完全消失的区域称为氧化带。氧化带顶面炉温最高的区域为 1 600 ~ 1 700 ℃。

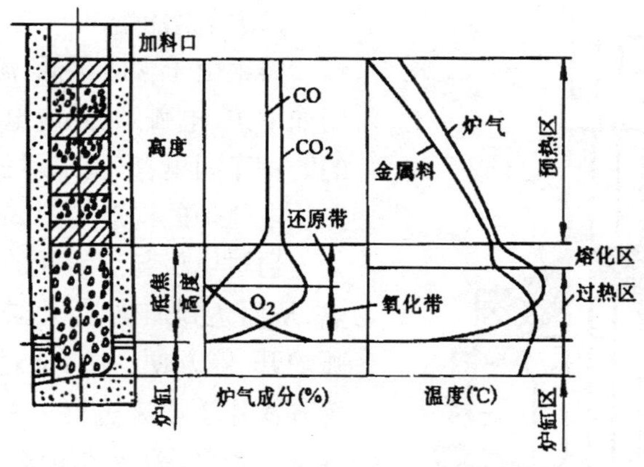

图 2-60　冲天炉内炉气及温度的变化

含有大量 CO_2 的高温炉气在继续上升过程中与焦炭发生还原反应,生成 CO,并吸收大量的热,因而使炉气中的 CO_2 减少、CO 增多,炉温下降。当炉温到达 1 000℃左右的区域时,CO_2 的还原反应不再进行。从氧化带最上层到还原反应停止的区域称为还原带,还原带最上层直到加料口为预热带,因此处炉温已较低,又无 O_2,故仅通过对流传热对炉料起预热作用,而炉气成分则基本不变。风口以下为炉缸区,因无炉气流动,焦炭不燃烧。

从上述炉气及温度沿冲天炉高度方向的变化规律可见,焦炭的燃烧反应主要是在风口以上的底焦层中进行,层焦在未进入到底焦高度内之前几乎未燃。层焦的作用在于补充底焦的消耗,以维持底焦的高度不变。

铁料自装料口装入后,迎着上升的高温炉气,随着熔化过程的进行而逐渐下降,并被逐渐加热到熔化温度。当温度达到 1 200 ~ 1 300℃时,开始融化成铁水滴。铁水滴在下落过程中通过过热区,被高温炉气和炽热的焦碳进一步过热,最后通过缸区流入前炉储存待用。

炉料中的石灰石在 700℃左右分解成石灰,这种碱性氧化物与焦碳燃烧后的灰分和被侵蚀的炉衬材料等酸性氧化物结合成低熔点、密度较小的液态炉渣,通过出渣口排出炉外。

从上述冲天炉的熔炼过程中可见,炉料(铁液)与炽热的焦碳及高温炉气直接接触,因此炉料(铁液)中的化学成分会通过一些冶金反应而产生变化,如易氧化元素硅和锰将产生部分氧化,形成氧化物进入炉渣;铁液中的碳会产生氧化而变成 CO 或 CO_2 气体;而同时当铁液直接与焦炭接触时,焦碳中的碳及硫又会通过扩散而进入铁液中。因此,在熔炼过程中,铁液中的某些元素会产生增、减。只有掌握了它们的变化,在配料时加以考虑才能获得预期化学成分的铁液。此外,从上述熔炼过程中可见,由于炉料(铁液)在高温下与氧化性的炉气(CO_2、O_2)直接接触,因此,用冲天炉来熔炼具有较高合金元素含量的铁液(如高铬铸铁)将使得这些元素严重氧化,不仅浪费了合金元素,而且也得不到预期成分的铁液。熔炼高合金铸铁宜使用电弧炉或感应电炉。

(2)铸钢的熔炼

铸钢由于含碳量低、熔点高,因此必须采用如平炉、电弧炉、感应电炉来熔炼。在一般的铸钢车间里,广泛采用三相电弧炉来炼钢。三相电弧炉的构造如图 2-61 所示。

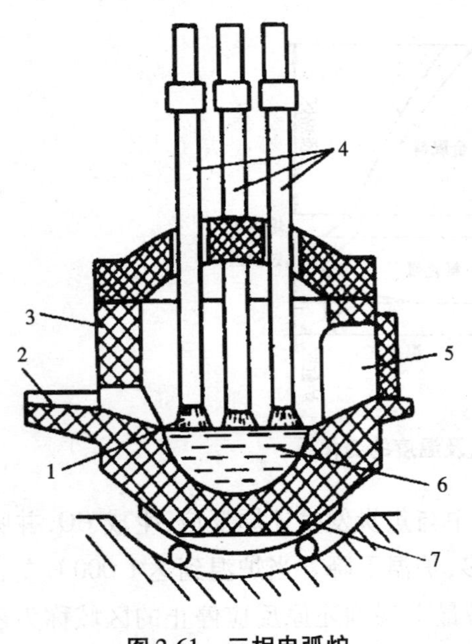

图 2-61 三相电弧炉

1—电弧 2—出钢口 3—炉墙 4—电极 5—加料口 6—钢液

通过电极与炉料间的电弧来产生大量的热,从而达到加热、熔化炉料的目的。三相电弧炉开、停方便,并可通过氧化、还原以及精炼等操作手段来去除一些有害元素,因此可炼的钢种多,钢液的质量高,同时对炉料的要求较低。

近年来感应电炉的应用在铸钢(铁)车间得到迅速发展,用来熔化各种钢液和高合金铸铁。感应电炉通过电磁感应来加热和熔化炉料,感应电炉的构造如图 2-62 所示。感应电炉的熔化操作较简单,被熔化的金属液没有和加热源(如燃烧的焦碳、电弧等)接触的机会，因此，合金元素的氧化、烧损较少。此外，由于炉子的容量较小（几千克到几吨），组织生产较灵活。但是，感应电炉由于无法对金属液进行精炼处理，因而熔炼出的金属液冶金质量较电弧炉略差。因此，对冶金质量要求较高的各种高级合金钢最好用电弧炉来冶炼。

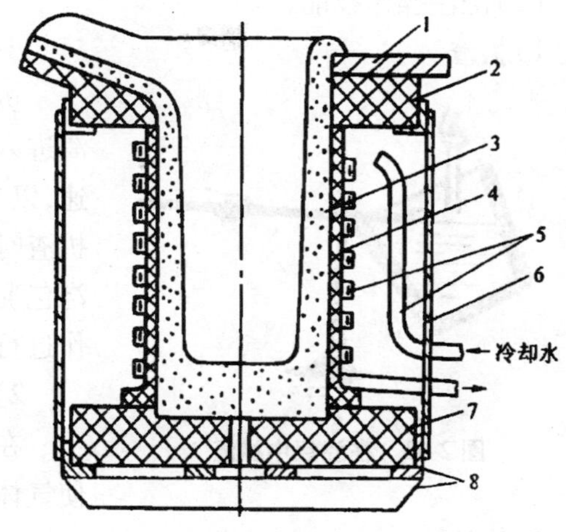

图 2-62　感应电炉炉体部分构造

1—水泥石棉盖　2—耐火砖上框　3—捣制坩埚　4—玻璃丝绝缘布　5—感应器　6—水泥石棉防护板　7—耐火砖底座　8—不锈钢制（不感磁）边框

（3）非铁合金的熔炼

非铁合金熔炼中突出的问题是元素容易氧化，合金容易吸收空气中的某些气体（如氢等）。从获得含气量和氧化夹杂物少，化学成分合格的高质量合金液，同时能源的消耗低，污染少的要求出发，对非铁合金熔炼设备的要求如下。

①有利于金属炉料的快速熔化和升温，熔炼时间短，元素烧损和吸气小，合金液纯净。

②燃料、电能消耗低，热效率和生产效率高，炉衬或坩埚的寿命长。

③操作简便，炉温便于调节和控制，劳动卫生条件好。

因此，在非铁合金熔炼时，通常将待熔化的炉料放在一种称之为坩埚的容器中，在坩埚外用各种加热方式如烧煤、燃气或电来加热炉料，使之熔化并过热。这样可使熔化的合金液与炉气或空气接触较少，以避免氧化及吸气。此外感应电炉也常用来熔炼非铁合金溶液。

除了正确地选用熔炼设备以保证熔炼质量外，正确的熔炼工艺也是十分重要的。在非铁合金的熔炼过程中，要采取有效的覆盖措施，在合金液表面形成覆盖层，以避免合金液吸气及氧化；在出炉前对合金液进行有效的精炼及除气，操作时所用操作工具的除湿、表面喷涂涂料，以及待熔化炉料在坩埚内的放置顺序等，都将直接影响到合金的质量，因此应引起足够的重视。

3. 浇铸

浇注是保证铸件质量的主要环节之一，据统计，铸造生产中，由于浇注原因而报废的铸件约占报废件总数的 20% ~30%。因此在浇注过程中，必须严格控制浇注温度和浇注速度。

（1）浇注时的注意事项

①浇注是高温操作，必须注意安全，必须穿着规定的工作服和工作皮鞋。

②浇注前，必须清理浇注时行走的通道，预防意外跌撞。

③必须烘干、烘透浇包，检查合箱是否紧固。

④浇包中金属液不能盛装太满，吊包液面应低于包口 100 mm 左右，抬包和端包液面应低于包口 60 mm 左右。

(2)浇注操作技能

1)扒渣

图 2-63　在浇包中扒渣

扒渣即清除金属液表面熔渣的过程,以免熔渣进入型腔,产生夹渣等缺陷。扒渣操作要迅速,以免扒渣时间过长而导致金属液温度下降。扒渣时,应从浇包的后面或侧面扒出,不可经过浇包嘴,以免将包嘴上的涂料损坏,影响浇注工作进行。正确的扒渣操作如图 2-63 所示。

2)引火

在砂型出气冒口和出气孔处,引火燃烧,促使气体快速排出,减少铸件气孔等缺陷。

3)浇注

将浇包口或底注口靠近浇杯口,在开始浇注时和将近结束时都应以细流状注入。在整个浇注过程中,应使浇口杯保持充满状态,以免熔渣卷入型腔,如图 2-64 所示。

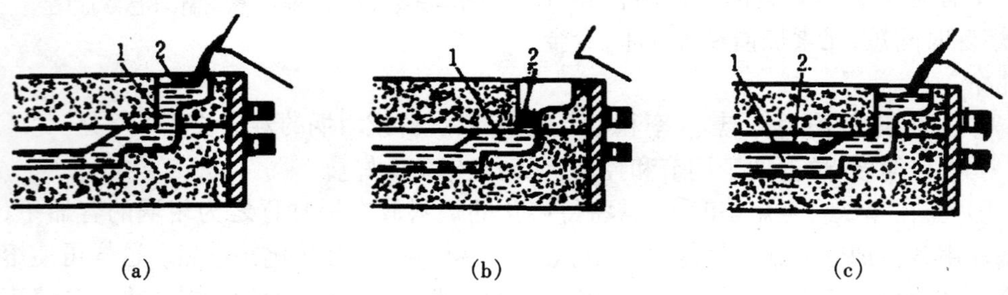

图 2-64　浇口杯的状态

(a)浇口杯充满金属液;(b)浇注中断;(c)中断后再浇注

1—金属液　2—熔渣

4)注意事项

在浇注过程中若发现跑火现象,应立即采取抢救措施,同时,还要保持细流浇注,不能中断。

5)保温

在浇满的浇冒口上面,加盖干砂、稻草灰或其他保温材料,既可阻止光辐射,又可保温。

6)防变形及裂纹

当铸件凝固后,进入固态收缩阶段时,应及时卸去压铁,使铸件自由收缩,防止铸件产生变形或裂纹等缺陷。

4. 铸件的落砂、清理和检验

(1)铸件的落砂与清理

1)落砂

将铸件从砂型中取出的工序称为落砂,落砂的方法有手工落砂和机械落砂两种。

落砂时要注意开型时间,铸件在砂型中要冷却到一定温度后才能进行落砂。若落砂过早,由于铸件温度过高,会因冷却速度过快而产生白口化,使铸件形成表面硬化而难以进行切削加工和使铸件发生变形及裂纹;若落砂过晚,会影响生产效率,使铸件内部晶粒粗大,增大了收缩应力。单件小批量可用手工落砂,批量生产可用机械落砂。

2)清理

清理是指铸件落砂后清除表面粘砂,切除多余金属和进行修整。

清除砂芯是用手工或震动方法清除铸件内腔的砂芯和芯骨,芯骨要保护好,以备下次使用。

切除浇铸系统时可采用手锤敲掉冒口,铸钢可用气割切除;有色金属铸件采用锯削方法切除。

铸件表面飞边毛刺及去除浇铸系统后残留痕迹,可采用砂轮机、手凿、风铲等工具进行清理和修整。铸件表面上的粘砂可采用滚筒或抛丸等方法来进行清理,如图2-65、图2-66所示。

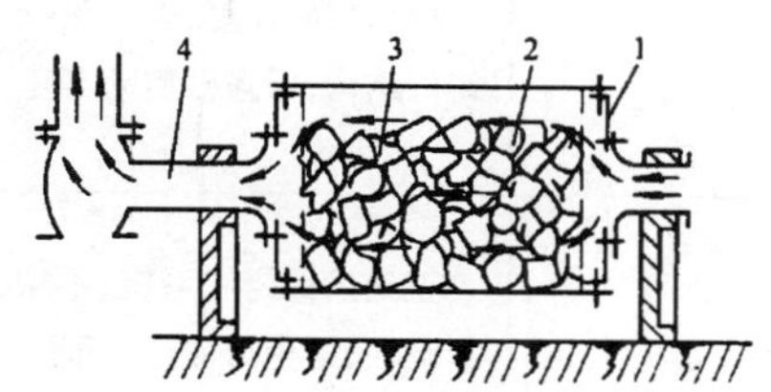

图2-65 清理滚筒示意图

1—滚筒 2—铸件 3—星形铁 4—抽风装置

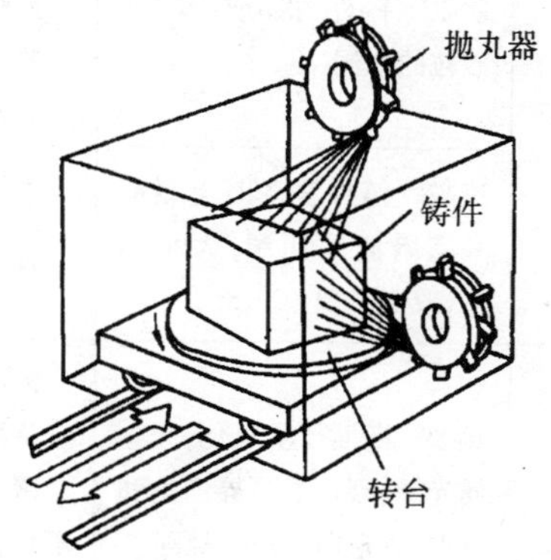

图2-66 抛丸转台示意图

(2)铸件的缺陷与检验

铸造生产工序多,很容易使铸件产生各种缺陷。通常落砂、清理完的铸件要进行质量检验,合格的产品入库,某些有缺陷的产品经修补后仍可使用的成为次品,严重的缺陷则使铸件成为废品。为保证铸件的质量,应首先正确判断铸件的缺陷类别,并进行分析,找出原因,以采取改进措施。

1)铸件缺陷

铸件常见缺陷的产生原因及其防止方法如表2-7所示。

表 2-7　铸件常见缺陷的产生原因及其防止方法

种类	缺陷名称	产生原因	防止方法
孔眼类	气孔　表面比较光滑，主要为梨形、圆形、椭圆形的孔洞	型砂含水过多或起模、修型时刷水太多； 型砂紧实度过大或透气性差； 型芯排气孔堵塞或型芯未烘干； 金属液溶气太多； 浇注系统不合理或铸件结构不合理，不利于排气等	提高铸型的型芯的透气性，正确进行浇注
孔眼类	缩孔和缩松　缩孔：形状极不规则，孔壁粗糙的孔洞，多出现在铸件最后凝固的部位。缩松：铸件断面上出现的分散而细小的缩孔	浇注系统或冒口设置不当，补缩不良； 铸件结构不合理； 浇注温度过高，收缩太大； 熔融金属的成分不对	合理设置浇冒口系统；合理设计铸件结构，调整合金化学成分
孔眼类	砂眼　铸件内部或表面带砂粒的孔洞	型砂或芯砂强度低； 型腔内散砂未吹尽； 铸型被破坏； 铸件结构不合理	提高型砂强度；合理设计铸件结构；增强砂型紧实度
孔眼类	渣眼　铸件浇注时上表面充满熔渣的孔洞，大小不一，成群出现	金属液除渣不尽； 浇注时挡渣不良等	正确设计浇注系统；不中断浇注，避免熔渣进入型腔
裂纹类	热裂　断面严重氧化，无金属光泽，裂口沿晶界产生和发展，外形曲折而不规则	铸件设计不合理； 浇注系统冒口设置不合理； 壁的厚薄相差太大、合金含硫过高、收缩不均； 型砂退让性差，金属液过热度大等	合理设计铸件结构；增加型砂和芯砂的退让性
裂纹类	冷裂　长条形且宽度均匀的裂纹，裂口常穿过晶粒延伸到整个断面	应力过大； 含磷过高； 铸件设计不合理等	合理设计铸件结构；增加型砂和芯砂的退让性
表面类	粘砂　铸件表面粘附着一层砂粒和金属的机械混合物	型砂耐火度不好，砂粒太粗； 浇注温度太高，型腔未刷涂料或刷得太薄； 型砂紧实度不够等	选用合适的型砂
表面类	夹砂　铸件表面产生的疤片状金属突起物	砂型烧烤过度； 砂型局部温度太高，黏土过多； 强度和透气性不好等	浇注时避免设置大的平面
	浇不到和冷隔　浇不到：铸件残缺或轮廓不完整，或虽完整但边角圆且光亮。冷隔：铸件上穿透或不穿透，边缘成圆角状的缝隙	浇注温度过低； 浇注速度太慢或浇注时断流； 浇到截面太小或位置不当； 铸件设计不合理	提高浇注温度和速度，合理设计壁厚，保证足够的金属液

续表

种类	缺陷名称	产生原因	防止方法
其他缺陷	错型 铸件的一部分与另一部分在分型面处相互错开	合型时上下型未对准； 造型时上下模样未对准	尽量采用整模造型
	偏芯、型芯位置偏移，引起铸件内腔和局部形状位置偏错	型芯变形或放置时偏位、不牢； 浇到位置不合适，金属液冲偏了型芯	尽可能采用整模造型

2）铸件检验

通过铸件缺陷分析可知，影响铸件质量的因素贯穿铸造全过程，因此，在整个铸造过程中，都必须进行质量检验。铸件的检验一般分为中间技术检验和出厂前的产品质量检验。型砂、芯砂、模样、芯的质量检验，铁水浇注温度的检测和炉前试验，都属于保证铸件质量的中间技术检验。铸件质量检验是指根据用户要求和图样技术条件要求等有关规定，用目测、量具、仪表或其他手段检验铸件是否达到合格的操作过程。其目的是找出铸件质量低于要求的原因和违反工艺规程的各种情况；制定提高产品质量的措施；调整有关工序的执行方式和顺序；仔细检验铸造装备和铸造生产的全部工艺过程等。

铸件质量检验应根据铸件的精度等级和技术要求以铸件图样为准进行检验。铸件按其质量可分为三类：合格品（符合技术要求）、返修品（虽有缺陷，但经修补矫正后可达到技术要求）、废品（无法修补）。铸件质量检验包括外观质量、内在质量和使用质量。

a. 铸件外观质量检验

它是指铸件表面状况和达到用户要求的程度，包括表面粗糙度、表面缺陷、尺寸公差、形状和重量偏差等。一般用观察或仪器等检验，常用的方法有荧光检验、着色检验、煤油浸润检验和磁粉检验等。

b. 铸件内在质量检验

它是指不能用肉眼检查出来的铸件内部情况和达到用户要求的程度，包括化学成分、力学性能、金相组织以及存在于铸件内部的一些缺陷。一般用化学分析、金相检验、无损探伤、材料试验等方法检验。

金相检验是使用显微镜对铸件断口进行观察的一种方法。

无损检验是指不损坏铸件，检验其表层和内部缺陷的方法。主要有射线探伤、超声波探伤、磁粉探伤、渗透探伤等。

c. 铸件使用质量检验

使用质量检验是指铸件能满足使用要求的性能。例如，铸件的被加工性能、焊接性能等。

4. 铸造成形与实训项目训练质量标准

项目训练的成绩评定为铸件作品质量评定、铸造成形与实训项目总结报告和铸造成形与实训指导检查记录三项综合评定。

(1)铸件作品检测质量标准

铸件作品质量检测标准见表2-8,在操作过程中学生应对照该标准认真操作,细心修整,层层自检,环环把关。

表2-8　铸件作品质量检验标准

班级________学号________日期________教师________总得分________

<table>
<tr><th>序号</th><th>项目与技术要求</th><th>配分</th><th>扣分标准</th><th>自检结果</th><th>实测结果</th><th>得分</th></tr>
<tr><td rowspan="5">1</td><td rowspan="5">铸件外观质量:
无气孔、砂眼、渣眼、粘砂、夹砂</td><td rowspan="5">25</td><td>气孔扣5分</td><td></td><td></td><td></td></tr>
<tr><td>砂眼扣5分</td><td></td><td></td><td></td></tr>
<tr><td>渣眼扣5分</td><td></td><td></td><td></td></tr>
<tr><td>粘砂扣5分</td><td></td><td></td><td></td></tr>
<tr><td>夹砂扣5分</td><td></td><td></td><td></td></tr>
<tr><td rowspan="3">2</td><td rowspan="3">铸件外形尺寸:
无浇不到、冷隔、错箱、偏芯</td><td rowspan="3">30</td><td>浇不到、冷隔扣10分</td><td></td><td></td><td></td></tr>
<tr><td>错型扣10分</td><td></td><td></td><td></td></tr>
<tr><td>偏芯扣10分</td><td></td><td></td><td></td></tr>
<tr><td rowspan="2">3</td><td rowspan="2">铸件内部质量:
无裂纹、缩孔、缩松</td><td rowspan="2">30</td><td>热裂、冷裂扣15分</td><td></td><td></td><td></td></tr>
<tr><td>缩孔、缩松扣15分</td><td></td><td></td><td></td></tr>
<tr><td>4</td><td>安全技术与文明生产</td><td>15</td><td>1.违反有关规定扣1~5分
2.实训场地整洁、工具放置整齐合理不扣分;稍差扣1分,很差扣5分</td><td></td><td></td><td></td></tr>
</table>

(2)铸造成形与实训项目总结报告

项目总结报告是在铸件作品完成后对该次项目实训的总结、体会及建议,是对相关理论的巩固与提高。项目报告各项要求见表2-9。

表2-9　铸造成形与实训项目总结报告质量评价标准

班级________学号________日期________教师________总得分________

序号	项目要求	配分	自检结果	实测结果	得分
1	封面	10			
2	图样绘制正确,技术要求全面	15			
3	报告内容正确全面,书写认真,格式规范	50			
4	实习体会深刻	15			
5	提出合理建议、改进措施或创新观点	10			

(3)铸造成形与实训指导检查记录表

铸造成形与实训指导检查记录表记录各班学生实训期间每天的出勤、操作技能的掌握、工量具的使用等情况,便于指导教师的检查和指导,见表2-10。

表2-10　铸造成形与实训指导检查记录表

________学期　第________周

<table>
<tr><td>时　间</td><td></td><td>星　期</td><td></td><td>指导教师</td><td></td></tr>
<tr><td>班　级</td><td></td><td>人　数</td><td></td><td>班　长</td><td></td></tr>
<tr><td>年　级</td><td></td><td>专　业</td><td></td><td>班主任</td><td></td></tr>
<tr><td>实习内容</td><td colspan="5"></td></tr>
<tr><td rowspan="8">检查记录</td><td rowspan="7">学生情况</td><td>姓　名</td><td colspan="3">原　因</td></tr>
<tr><td></td><td colspan="3"></td></tr>
<tr><td></td><td colspan="3"></td></tr>
<tr><td></td><td colspan="3"></td></tr>
<tr><td></td><td colspan="3"></td></tr>
<tr><td></td><td colspan="3"></td></tr>
<tr><td></td><td colspan="3"></td></tr>
<tr><td>实习情况</td><td colspan="4"></td></tr>
</table>

任务4　了解特种铸造(现场教学或实地参观)

特种铸造是指与砂型铸造不同的其他铸造方法。随着现代铸造技术的发展,特种铸造在铸造生产中已占有相当重要的地位。常用的特种铸造方法有金属型铸造、压力铸造、离心铸造、熔模铸造和实型铸造等。

2.4.1　金属型铸造

金属型铸造是指在重力作用下将金属液浇注入金属铸型获得铸件的方法。

1. 金属型的结构

金属型是指用金属材料制成的铸型。根据分型面位置的不同,金属型可分为垂直分型式、水平分型式和复合分型式等,图2-67为垂直分型式金属型。它由定型和动型两个半型组成,分型面位于垂直位置。浇注时先使两个半型合紧,凝固后利用简单的机

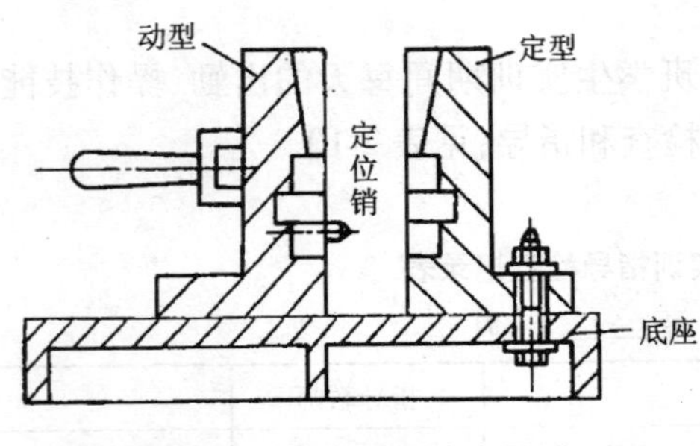

图 2-67　垂直分型式金属型

构使两个半型分离，取出铸件。

2. 金属型的特点及应用

金属型铸造实现了“一型多铸”（几百次至几万次），节省了造型材料和工时，提高了生产效率，改善了劳动条件。由于金属型本身的精度比较高，再加上其冷却快，从而使金属型铸件的精度高，力学性能好。但是金属型制造成本高，不适于小批量生产，同时，熔融金属在金属型中的流动性较差，易产生浇不到、冷隔等缺陷。金属型铸造主要适用于大批量生产形状简单的有色金属铸件和灰铸铁件，如内燃机活塞、汽缸体、轴瓦、衬套等。

2.4.2　压力铸造

压力铸造是指熔融金属在高压下高速充型，并在压力下凝固的铸造方法。常用压射比压为 5 ~ 150 MPa，充型速度为 0.5 ~ 50 m/s，充型时间为 0.01 ~ 0.2 s。

1. 压力铸造过程

压力铸造使用的设备是压铸机，如图 2-68(a)所示，压铸机由动型、定型以及压室等组成。可移动的压铸型部分叫动型。安装在压铸机固定板上且固定不动的压铸型部分叫定型，其中有浇注系统与压室相通。压铸型用耐热的合金工具钢制成，加工质量要求很高，需经严格的热处理。

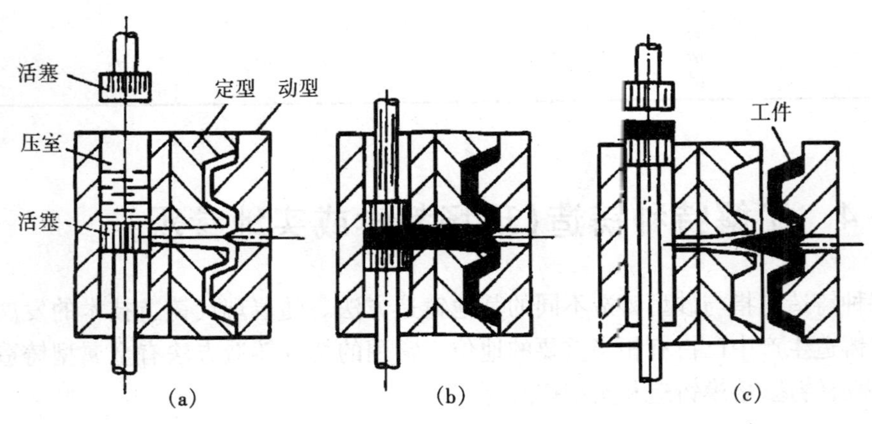

图 2-68　压铸机与压力铸造

压铸的工艺过程是：首先是动型与定型合紧，向型腔喷射涂料，然后用活塞将压室中的熔融金属压射到型腔，如图 2-68(b)所示，待金属凝固后打开铸型并顶出铸件，如图 2-68(c)所示。

压铸机是压铸生产中的专用设备，分为热压室式和冷压室式两类。

2. 压力铸造的特点及应用

压力铸造以金属型铸造为基础,又增加了高压下高速充型的功能,从根本上解决了金属的流动性问题。压力铸造可以直接铸出零件上的各种孔眼、螺纹、齿形等,压铸件由于是在压力下结晶,因此,铸件的组织更细腻,其力学性能比砂型铸造提高 20% 到 40% 。压铸件的精度和表面质量较高,精度可达 IT12 ~ IT10,粗糙度 R_a 为 0. 8 ~3. 2 μm。压力铸造可铸出形状复杂的薄壁件和镶嵌件,生产效率高,易实现自动化,压铸机每小时可压铸几百个零件。但是,由于液态金属的充型速度快,排气困难,常常在铸件的表皮下形成许多小孔。这些皮下小孔充满高压气体,受热时因气体膨胀而导致铸件表皮产生突起的缺陷,甚至使整个铸件变形。因此,压力铸造不能进行热处理。

此外,压力铸造不适合高熔点合金的生产,如钢、铸铁等。因设备投资较大,主要适于大批量生产。目前,压力铸造主要用于有色金属薄壁小铸件的大批量生产,例如铝、镁、锌等有色金属铸件。压铸件在仪器、仪表、汽车、兵器等领域得到了广泛应用。

2. 4. 3 离心铸造

离心铸造是指将金属液浇入绕着水平、倾斜或立轴回转的铸型,在离心力的作用下,凝固成铸件的铸造方法。离心铸造是在离心铸造机上进行的,其铸件轴线与铸型回转轴线重合。这类铸件多是简单的圆筒形,铸造时不用砂芯就可形成圆筒的内孔。

1. 离心铸造过程

离心铸造过程如图 2-69 所示。离心铸造机根据轴线位置的不同分为立式、卧式、倾斜式三种,当铸型绕垂直轴回转时,金属液因重力作用,使铸件内垂直表面成抛物线状,即壁上薄下厚。铸型转速越慢,铸件高度越大,则其壁厚差越大,因此,不宜铸造轴向长度较大的铸件。在这类铸造机上固定铸型和浇注都较方便。卧式离心铸造机的铸型沿水平轴旋转,铸型中液态金属的自由表面成圆柱形,铸件的壁厚也很均匀,因此,应用较广,主要用于铸造较长的壁厚均匀的中空铸件。

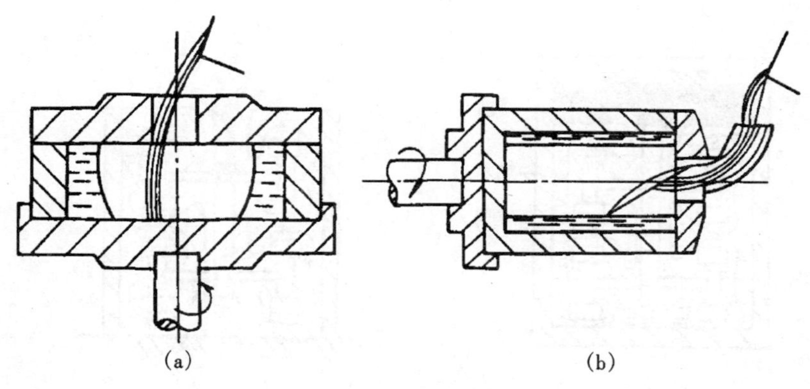

图 2-69 离心铸造

(a)垂直轴线;(b)水平轴线

2. 离心铸造的特点及应用

离心铸造时，在离心力的作用下，金属液充型能力得到提高，可浇注流动性较差的铸件，且金属的结晶从外向内顺序进行，因而能获得组织致密的铸件。与砂型铸造相比，离心铸件的力学性能可提高 10% ~20%。铸造圆形空心铸件时，不用型芯，还可铸造双金属铸件，如钢套内镶铜。

离心铸件尺寸公差等级可达 IT14 ~ IT12，表面粗糙度 R_a 为 6.3 ~ 12.5 μm。离心铸造导致铸件内表面粗糙不平，质量较差，尺寸也不准确。

离心铸造主要用于制造铸钢、铸铁、非铁金属材料等管状零件的毛坯。

2.4.4 熔模铸造

熔模铸造是指用易熔材料（如蜡料）制成模样，在模样上涂覆若干层耐火材料制成型壳，熔出模样后经高温焙烧，即可浇注的铸造方法。由于模样常采用蜡质材料制作，故又称失蜡铸造。

1. 熔模铸造过程

熔模铸造过程如图 2-70 所示。

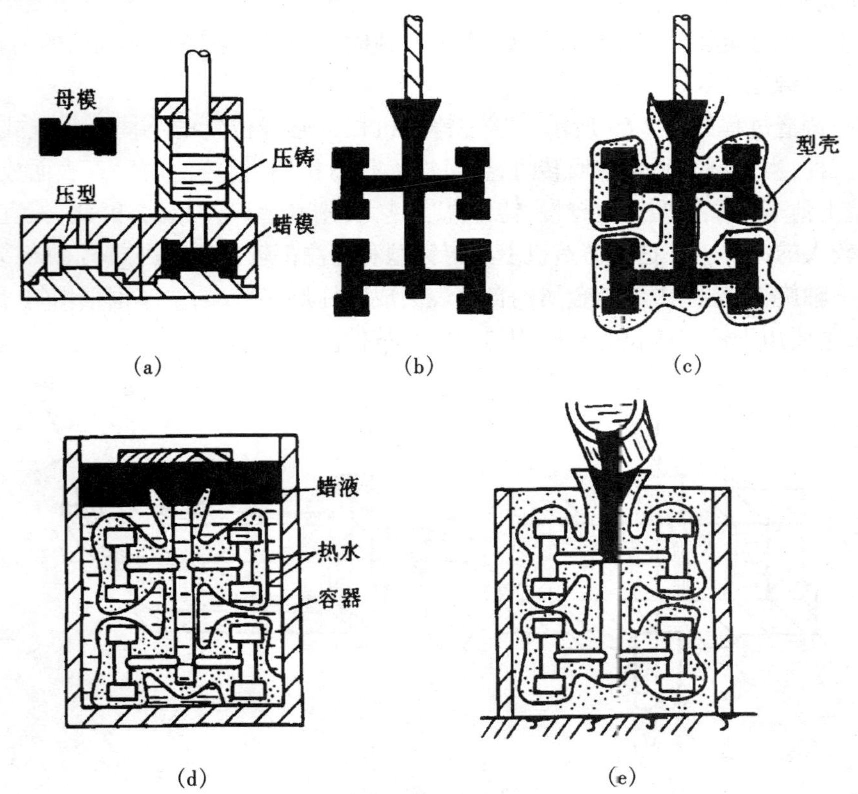

图 2-70 熔模铸造

(1)制造压型

压型是用于压制模样的型。为了保证蜡模的质量，压型要有很高的尺寸精度和小的表面粗糙度值。当铸件精度不高或生产批量不大时，可用易熔合金、环氧树脂、石膏直接向母模上浇注而成；当铸件精度高或大批量生产时，压型一般用钢、铜合金、铝合金经切削加工制成。

(2)压制蜡模

将熔融的蜡料压入压型，冷凝后取出，经修整检验后，得到单个蜡模。蜡模实际上是一种压力铸造零件。

(3)组合蜡模

为提高生产效率，可将单个蜡模熔焊在预先制好的蜡质公用浇注系统上，形成蜡模组。通常一个蜡模组上可熔焊 2 ~ 100 个蜡模。

(4)制造型壳

在蜡模外浸挂涂料(一般铸件用石英粉和水玻璃配制)后，将其放入硬化剂(通常为氯化铵溶液)中固化。浸入氯化铵溶液中的型壳，利用氯化铵与水玻璃发生化学反应生成的硅酸溶胶将砂粒粘牢并硬化。如此重复涂挂 3 ~ 7 次(小铸件 5 ~ 6 层，大铸件 6 ~ 9 层。前两层用较细的砂，后几层的砂较粗)，至涂料结成 5 ~ 18 mm 的硬壳为止，这种有足够强度的硬壳铸型称为型壳。

(5)脱蜡

把型壳放入 85 ~ 95 ℃热水中，使蜡模熔化，并浮到热水面上流出，收取蜡料供重复使用。蜡模流出后的型壳即为铸型。

(6)浇注、落砂和清理

为提高型壳的强度，防止浇注时型壳变形或破裂，常将型壳放入砂箱中，在其周围用砂填紧后浇注。

铸件冷凝后毁掉铸型，去掉浇注系统，清理毛刺并彻底清洗铸件。

2. 熔模铸造的特点及应用

熔模铸造可以生产形状复杂、轮廓清晰、薄壁且无分型面、质量较高的铸件，一般的小孔凸台均可直接铸出。其实现了少、无切削加工，节省了金属材料。因此熔模铸造也被称为精密铸造。熔模铸造能铸造各种合金铸件，特别适于高熔点、难切削和用其他的加工方法难以成形的合金，如耐热合金、磁钢、不锈钢等。它的生产批量也不受限制，可实现机械化流水生产。

但是，由于蜡模容易变形、型壳强度不高等原因，不易生产比较大的铸件，同时，它的工艺过程复杂，生产周期较长，生产成本较高。

熔模铸造的应用正在日益扩大，主要用于生产汽轮机、涡轮发动机的叶片或叶轮、切削刀具、运输工具以及机床上的小型零件。

2.4.5 实型铸造

实型铸造又称为汽化模铸造或消失模铸造。其原理是采用聚苯乙烯泡沫塑料模样代替普通模样，造型后模样不取出就浇入金属液，在液态金属热的作用下，模样汽化、燃烧而消失，金属液取代了模样所占的位置，冷却凝固后即可获得所需要的铸件。实型铸造工艺过程如图 2-71 所示。

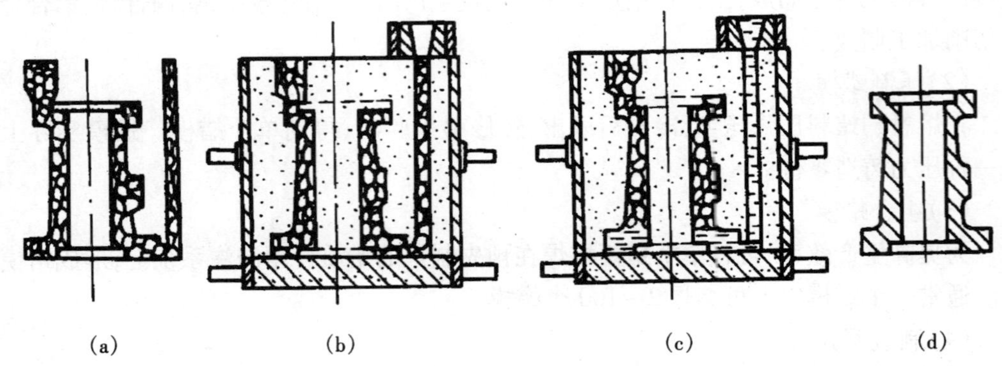

图 2-71　实型铸造工艺过程

(a)泡沫塑料模；(b)造型；(c)浇注；(d)铸件(无飞边、毛刺)

与砂型铸造相比，实型铸造的特点为：工序简单、生产周期短、效率高；由于造型后不起模、不分型，所以不必起模和修型，铸件尺寸精度高；劳动强度低，零件设计自由度大。但是采用这种铸造方法，模样只能用一次，而且易变形，同时模样汽化、蒸发产生的气体会污染环境。实型铸造于 1962 年开始应用，应用范围比较广泛，主要用于形状结构复杂、难以起模或制作活块和外形芯较多的铸件。

任务 5　了解液态成形技术的发展(现场教学或实地参观)

随着科学技术的飞速发展，及新能源、新材料、自动化技术、信息技术与计算机技术等高新技术成果的应用，铸造技术在许多方面取得了快速发展。目前，铸造技术正朝着优质、高效、节能、低耗、自动化和污染小的方向发展，而且一些新的科技成果正逐步走出实验室，与传统工艺结合而创造出新的铸造方法。

2.5.1　造型技术的新发展

1. 气体冲压造型

这是近年来飞速发展的低噪音造型方法，它包括空气冲击造型和燃气冲击造型两类。其主要工艺过程是，将型砂填入砂箱和辅助框内，然后在短时间内快速释放阀门而给气，对松散的型砂进行脉冲冲击紧实成形，气体压力逐步增大到 3×10^5 Pa，可一次紧实成形，无须辅助紧实。气体冲击造型具有砂型紧实度高、均匀合理、能生产复杂的铸件、噪音小、设备结构简单和节约能源等优点，主要用于交通运输、纺织机械所用铸件以及水管的造型。

2. 静压造型

目前，静压造型主要用于汽车和拖拉机的汽缸等复杂件的生产。其主要工艺过程是将填满型砂的砂箱放在装有通气塞的模板上，然后通入压缩空气，使之穿过通气塞排出，同时型砂被压实在模板上。最后，用压实板在型砂上部进一步压实，使其上下紧实度均匀，起模后即成为铸型。

静压造型的特点是：不需要刮去大量的余砂，维修简单，消除了震压造型机的噪声污染，型砂紧实效果好，铸件尺寸精度高。

3. 真空密封造型(V 法造型)

V 法造型近年来在艺术铸件、大型标牌、浴缸等领域得到了极大的发展，它是一种全新的物理造型方法。它的基本工艺过程是，首先在特制的砂箱内填入无水、无黏结剂的干型砂后，然后，用塑料薄膜将砂箱密封并抽成真空，借助铸型内外的压力差使型砂紧实成形。V 法造型适于生产面积大、壁薄、形状不太复杂，以及表面粗糙度低、轮廓清晰的铸件。

2.5.2 快速成形技术(RPT)

要将一种新产品成功地投入到现代激烈竞争的市场中，对于铸造商而言，必须将快速与柔性制造工艺相结合。快速成形技术集成了现代数控技术、CAD/CAM 技术、激光技术和新型的材料成果于一体，突破了传统的加工模式，大大提高了产品的生产效率。快速成形技术在铸造业主要用于生产铸造模具和各种铸型。利用快速成形技术可以制得快速原型，快速成形件还可以直接或间接制得 EDM 电极，快速原型也可以直接作为铸造用模型。

目前，正在应用与开发的快速成形技术有激光立体光刻成形技术、激光粉末选区烧结成形技术、熔丝沉积成形工艺等。每种技术原理相同，只是技术不同。

1. 激光立体光刻成形技术(SLA)

采用 SLA 成形方法生产金属零件的最佳技术路线是：SLA 原型(零件型)→熔模铸造、消失模铸造→铸件，主要用于生产中等复杂程度的中小型铸件。

2. 激光粉末选区烧结成形技术(SLS)

其最佳技术路线是：SLS 原型(陶瓷型)→铸件；SLS 原型(零件型)→熔模铸造、消失模铸造→铸件，主要用于中小型复杂铸件的生产。

3. 熔丝沉积成形工艺(FDM)

其最佳技术路线是：FDM 原型(零件型)→熔模铸造→铸件，用 FDM 直接生成低熔点金属零件。这种方法比较适合生产中等复杂程度的中小型铸件。

2.5.3 计算机在铸造中的应用

随着计算机的发展和广泛应用，把计算机应用于铸造生产中已取得了越来越好的效果。铸造生产中计算机可应用的领域很广，例如，在铸造工艺设计方面，计算机可模拟液态金属的流动性、收缩性；可绘制铸件图、铸造工艺图、木模图；还可进行铸造工艺参数的计算和测控等。

铸造工艺计算机辅助设计系统利用计算机协助生产工艺设计者分析铸造方法、优化铸造工艺、估算铸造成本、确定设计方案并绘制铸造图等,把计算机的快速性、准确性与设计人员的思维、综合分析能力结合起来,从而极大地提高了产品的设计质量和速度,使产品更具有竞争力。铸造工艺CAD系统总流程如图2-72所示,与传统的铸造工艺设计方法相比,用计算机设计铸造工艺有以下特点。

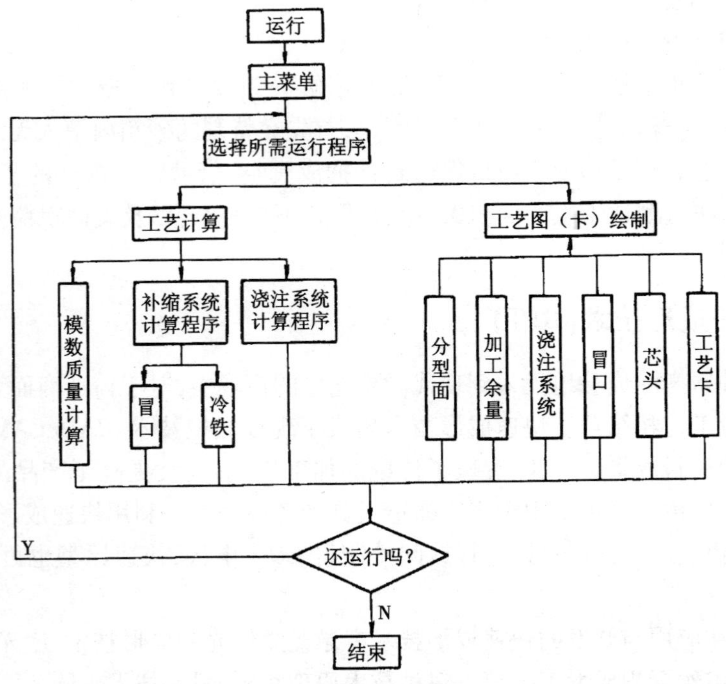

图2-72　铸造工艺CAD系统流程图

①计算准确快速,减少了人为的误差。

②可同时对几个铸造方案进行比较、分析,选出最佳方案。

③能自动打印、记录计算机结果,并能绘制铸造工艺图等技术文件。

项目三　锻压成形与实训

任务1　了解钢材生产

钢材主要是指钢铁生产企业经过冶炼—铸锭—轧钢等生产工序之后所形成的，可供用户直接使用或进一步加工的原材料。锻压成形所用的材料除少数直接使用铸钢锭外，一般情况下均使用钢材。钢材主要有板材、型材和管材等。

3.1.1　板材

经轧制后的钢板按厚度分为薄钢板（≤4 mm）和厚钢板（>4 mm）两类。板材的用途很广，许多产品零件都可以用板材直接加工制成，用板材制造零件可使设备质量减轻。

3.1.2　型材

常见型材的主要有圆钢、方钢、六角钢、角钢、槽钢、工字钢等，其断面如图3-1所示。

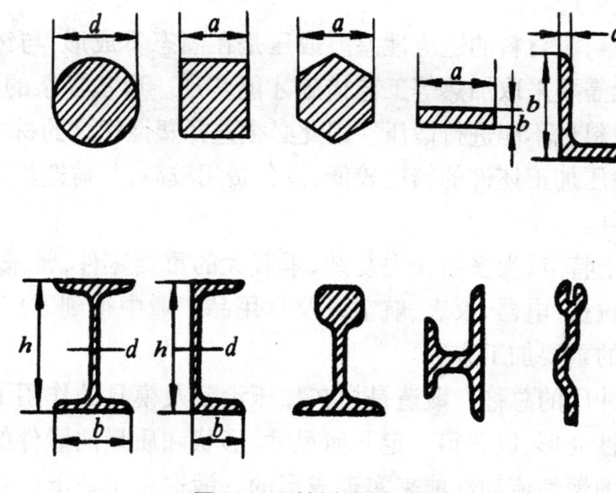

图3-1　型材断面示意图

型材用途很多，如圆钢可直接切削成机械零件或锻造成零件毛坯；工字钢、槽钢、角钢可用于焊接机械和工程结构（如建筑、桥梁、车辆等）。

3.1.3　管材

管材分为焊接钢管和无缝钢管两大类。焊接钢管是用钢板卷成管形后再经焊接而成;无缝钢管是用实心钢坯经穿孔机穿孔后轧制而成。

钢管主要用于输送水、气、油等流体,但在制造枪筒、炮筒及某些空心轴类零件时,也常用到无缝钢管。

另外,还可以通过冷拔或挤压等加工方法,生产不能用轧制方法获得的直径小于 6 mm 的线材、异型钢、薄壁管和各种断面形状的型材。

任务 2　了解锻压生产(现场教学)

锻压是指对坯料施加压力,使其产生塑性变形,改变尺寸、形状及改善性能,用以制造机械零件、工件或毛坯的成形加工方法。

锻压与其他加工方法相比,具有以下特点。

①改善金属组织,提高力学性能。这是因为通过锻压可压合坯料疏松,提高金属致密度;能使金属坯料中的晶粒细化并使其均匀分布;能形成合理的锻造流线。

②锻压件的形状和尺寸接近于零件。锻压与直接切削钢材的成形方法相比,不但节省了金属材料的消耗,而且也节省了切削加工工时。

③生产效率显著提高。锻压成形,特别是模锻成形的生产效率,比切削加工成形高得多。

④在生产中有较强的适应性。从锻件重量上讲,可锻小至不到 1g 的小锻件,大至几十吨的大锻件;从形状上来说,可简单、可复杂;从生产批量上来说,既可单件小批量生产,也可成批大量生产。

⑤锻压成形困难,对材料的适应性差。锻压是在固态下成形,与铸造相比,金属的流动受到限制,一般需要采取加热等工艺措施才能实现。形状复杂的工件难以锻造成形,塑性差的金属材料也不能进行锻压。因此必须选择塑性优良的材料才能进行锻压。

另外,一般的锻压加工坯件的精度较低,设备费用较高,与铸造相比,难以生产有复杂外形和内腔的零件。

由于锻压的以上特点,大多数受力复杂、承载大的重要零件,常采用锻件毛坯。锻压在机器、汽车、拖拉机、电器、仪表、航空以及日用品工业中得到了广泛的应用。锻压加工是机械制造中的重要加工方法。

锻压是锻造与冲压的总称。锻造是指在加压设备及模具的作用下,使坯料铸锭产生局部或全部的塑性变形,以获得一定几何尺寸、形状和质量的锻件的加工方法,其实质是利用固态金属的塑性流动性能来实现成形的。锻造在工业上应用很广,可分为自由锻、模锻等类型。冲压是使板料经分离或成形而得到制件的工艺。

任务3 掌握自由锻

3.3.1 自由锻的分类及应用(现场教学)

1. 自由锻的分类

只用简单的通用性工具,或在锻造设备的上下砧间直接使坯料变形而获得所需的几何形状及内部质量的锻件,这种方法称为自由锻。自由锻造时,金属只有部分表面受到工具限制,其余则为自由表面。

自由锻按其设备不同,又分为手工自由锻和机器自由锻。

(1)手工自由锻(简称手锻)

手工自由锻是指用手锻工具,依靠人力在铁砧上进行操作的锻造方法。一般只用于小批量生产简陋的小零件,或用于修理零件。

(2)机器锻造(简称机锻)

机器锻造是在锻造设备上进行操作的锻造方法。它是自由锻的基本方法。

2. 自由锻的应用

自由锻工艺灵活且能够锻出不同形状的锻件,更改锻件品种时,生产准备时间较短。自由锻时,坯料只有部分表面与上、下砧接触而产生塑性变形,其余部分则为自由表面,因此自由锻所需变形力较小,要求锻造设备的吨位比较小。但是,自由锻方法生产效率低,锻件精度也不高,不能锻造形状复杂的锻件,多用于单件小批生产中的形状简单、精度要求不高的锻件。

3.3.2 自由锻工艺设计(理论教学+现场)

1. 自由锻件结构工艺性

锻件的结构工艺性,是指所设计的零件在满足使用性能要求的前提下锻造成形的可行性和经济性,即锻造成形的难易程度,也称为零件结构的锻造工艺性。锻件的材料不同或锻造的工艺不同,对锻件的结构工艺性的要求也不同。下面主要介绍自由锻锻件的结构工艺性。

(1)锻件材料对结构的要求

金属材料不同,锻造性能就不同,对结构的要求也不同。例如,$\omega_c \leqslant 0.65\%$的碳素钢塑性好,变形抗力小,锻造温度范围宽,可以锻出形状比较复杂的锻件;高合金钢塑性差,变形抗力大,锻造温度范围窄,若采用普通的锻造工艺,锻件的形状应力求简单,其截面尺寸的变化应较平缓,从而保证锻件质量。

(2)锻造工艺对结构的要求

①形状应尽量简单、对称、平直,从而既减少锻造难度,又没增加过大的余量和余块。如图3-2所示,锻造困难的锥形、楔形等倾斜结构改进为容易锻造的圆柱形、方形结构。

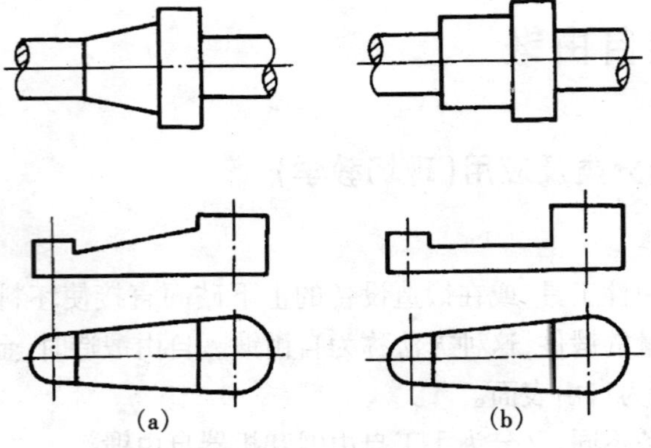

图 3-2　避免倾斜结构

(a)倾斜;(b)不倾斜

②避免圆柱面与圆柱面、圆柱面与平面等曲面相交,因为这些相贯结构都是一些复杂的曲线,难以锻出,如图 3-3 所示。

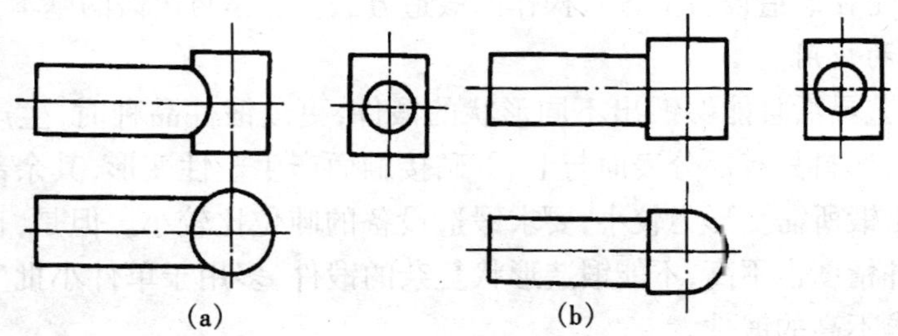

图 3-3　避免曲面交接

(a)圆柱面与圆柱面交接;(b)圆柱面与平面交接

③锻件上不能有加强筋。为了提高产品承载能力,一般可用铸造的方法生产出带筋的铸件,但采用自由锻方法在平砧上却不可能打出筋。合理的办法是增大或加厚零件来提高其承载力,如图 3-4 所示。

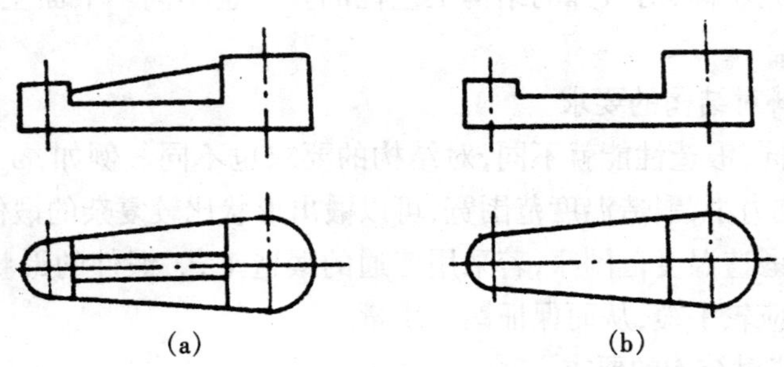

图 3-4　避免筋结构

(a)有加强筋;(b)无加强筋

④用凹坑取代凸台。一般情况下,凸台难以用自由锻方法锻出,而凹坑可通过加上余块后得到,如图 3-5 所示。

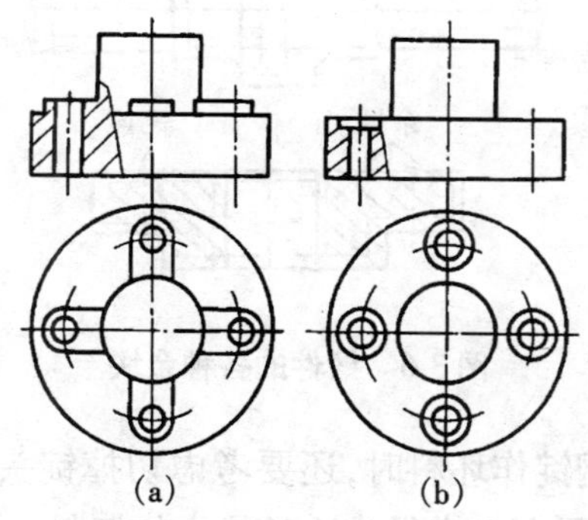

图 3-5 避免凸台结构

(a)有凸台;(b)有凹坑

2. 自由锻工艺规程的制定

自由锻工艺规程主要包括以下内容。

(1)制定锻件图

自由锻是根据锻件图进行加工的。锻件图是以零件图为基础并考虑以下几个因素绘制而成的。

1)锻件余量

自由锻所获得的锻件由于精度和表面质量都较差,一般需要进一步切削加工,为此必须留有加工余量。余量的大小与零件形状、尺寸等因素有关。零件越大,形状越复杂,则余量越大。锻件余量的大小应根据生产的具体情况来查表确定。

2)锻件公差

锻件公差是锻件名义尺寸的允许偏差。公差值的大小根据锻件形状、尺寸并考虑生产的具体情况(如操作技术水平、设备和工具等条件)而确定。

3)余块

为了简化锻造工艺,在某些难以锻造的地方,如过窄的凹档、过小的台阶、小孔及某些复杂的部分,为了便于锻造而增加一部分金属称为余块,也称为敷料。图 3-6 中的台阶、键槽、小的凹档以及轴颈处都要附加余块。

(2)坯料的质量及尺寸

根据锻件图的形状及尺寸,就可确定锻件原坯料的质量或总体积。

坯料质量可按下式计算:

$$m_{坯料} = m_{锻件} + m_{烧损} + m_{料头}$$

式中:$m_{坯料}$为坯料质量;$m_{锻件}$为锻件质量;$m_{烧损}$为加热时坯料表面氧化而烧损的质量,根据经验数据,一般第一次加热取被加热金属质量的 2% ~3%,以后各次加热取 0.5% ~2.0%;$m_{料头}$为在锻造过程中冲掉或被切掉的那部分金属质量,如冲孔时被冲掉的芯料,修切端部时被切掉的料头等。

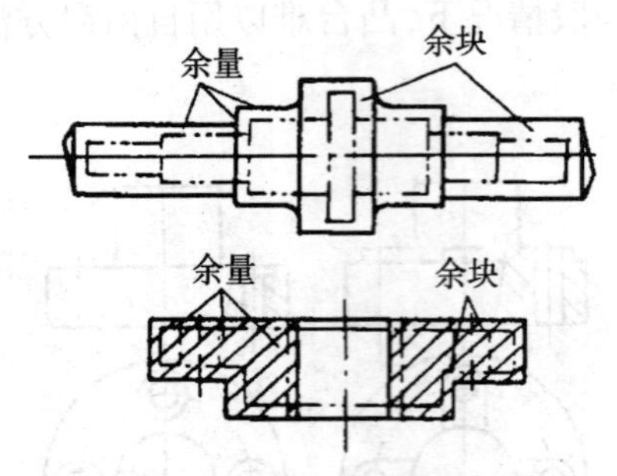

图 3-6　锻件的各种余块

当锻造大型锻件采用钢锭作坯料时,还要考虑切掉锭头部和尾部的质量。坯料质量确定后,一般选用比锻件图上大直径或边长最大的坯料,这是为了使金属在锻造过程中考虑坯料必需的变形程度,以利于保证锻件质量。对于以碳素钢锭为坯料并用拔长方法锻制的锻件,锻造比不小于 2.5 ~3;如果用轧材作坯料,则锻造比可取 1.3 ~1.5。

根据计算所得的坯料质量和截面大小,即可确定坯料长度或选择适当尺寸的钢锭。

(3)锻造温度范围的确定

各种金属材料锻造时所允许的最高加热温度称为该材料的始锻温度。坯料在锻造过程中,随着锻件热量的散失,锻件温度会不断下降,塑性逐渐变差。当温度降到一定数值后,锻件变形困难,易于锻裂,此时,应马上停止锻造,重新加热。各种金属材料必须停止锻造的温度称为该材料的终锻温度。

终锻温度与始锻温度之间的温度区间称为锻造温度范围。

各类钢的锻造温度范围如表 3-1 所示。

表 3-1　各类钢的锻造温度范围

钢的类型	始锻温度(℃)	终锻温度(℃)
非合金结构钢	1 280	700
优质非合金结构钢	1 200	800
合金结构钢	1 150 ~1 200	800 ~850
非合金工具钢	1 100	770
合金工具钢	1 050 ~1 150	800 ~850
耐热钢	1 100 ~1 150	850

(4)锻造工序和设备

选择自由锻造的工序,可根据各基本工序的变形特点及锻件的形状尺寸来决定。工序选定后,再确定所用的工夹具、加热设备、锻造温度及加热次数。

锻造能力和锻造设备的确定,可以根据锻件质量及形状或坯料质量,并查阅《锻工手册》来确定。

最后,确定锻件工时定额及劳动组织等。然后将上列资料汇总成为锻造工艺规程,如表 3-2 与表 3-3 所示。

表 3-2　热凿的手锻工艺规程

锻件图	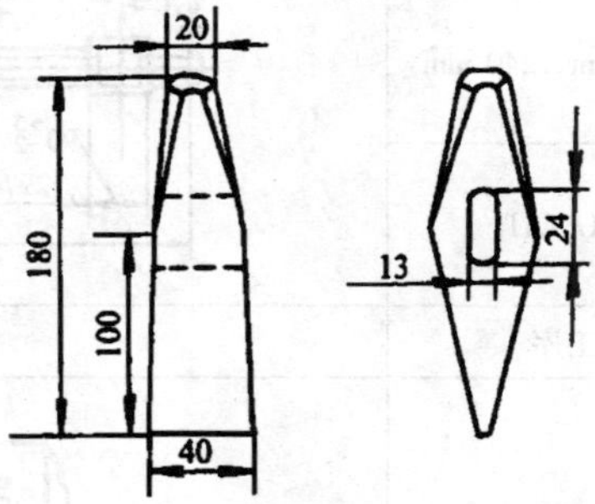	
序号	变形简图	操作要点
1	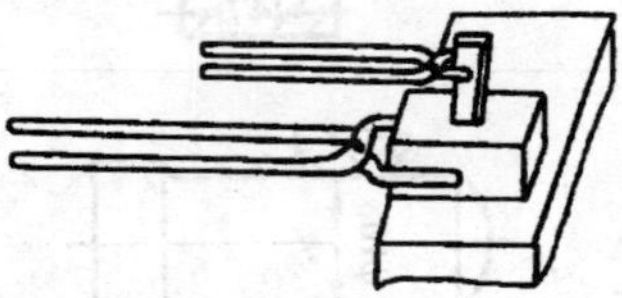	冲孔
2	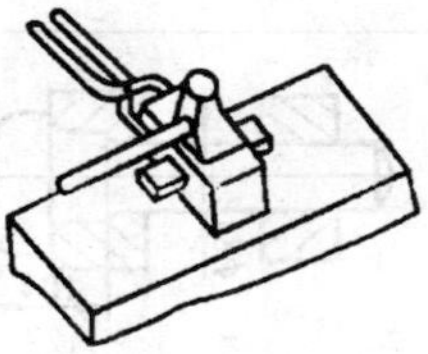	用平锤修整平面
3	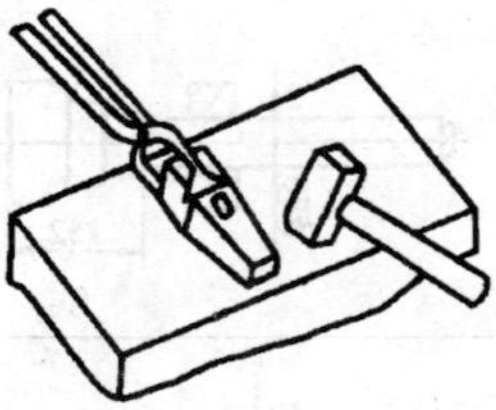	顶部锻成八角锥形
4		锻出凿子斜度
5		用平方锤修整平面及斜度,锻至要求的尺寸

表 3-3　阶梯轴锻造工艺规程

锻件名称	半轴	锻件图
坯料质量	25 kg	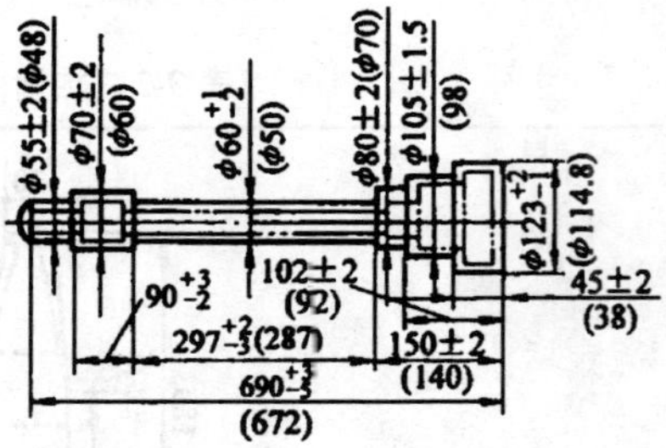
坯料尺寸	φ130 mm × 240 mm	
材料	18CrMnTi	

加热火次	工序	图例
1	锻出头部	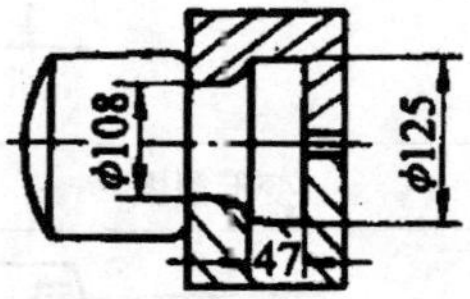
2	拔长	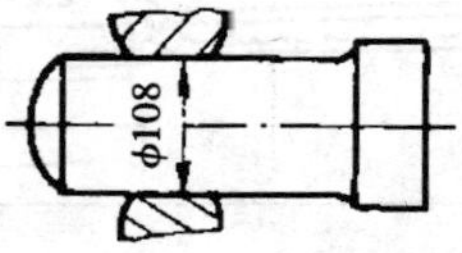
3	拔长及修整台阶	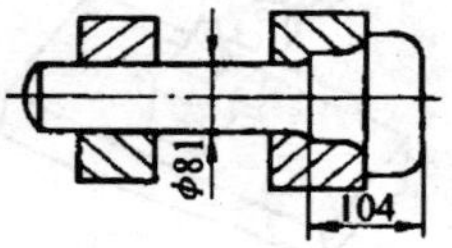
4	拔长并留出台阶	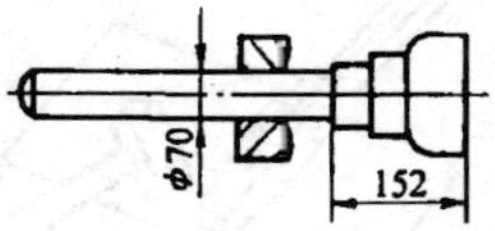
5	锻出凹档及拔出端部并修整	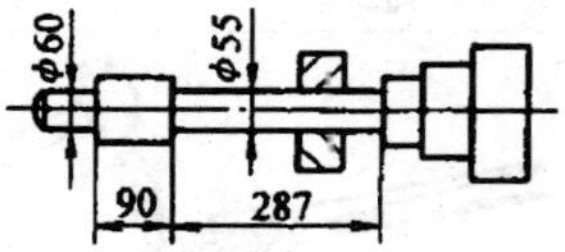

3.3.3　自由锻操作技能与实训

（学生可根据表 3-2 或表 3-3 中的零件锻件图，在教师指导下亲自动手操作训练，也可以自己选择零件，绘制锻件图，制定锻造规程，并亲自实施。）

1. 自由锻设备

(1)锻造设备

根据对坯料作用力的性质不同,自由锻所用设备有手锻工具、自由锻锤和自由锻水压机等。

自由锻锤是一种冲击作用式动力锻造设备,锻锤产生冲击力使金属变形,吨位的大小用其落下部分的质量来表示。落下部分产生的能量并非全部消耗在坯料的变形上,而是有一部分消耗在锻造工具的弹性变形上和金属砧座的振动中。金属在锤上的一次变形时间为千分之几秒。

自由锻锤主要有空气锤和蒸气—空气锤两种。空气锤主要用于生产小型的锻件。蒸气—空气锤是自由锻锤的一种主要形式,其构造如图 3-7 所示,用压力为 0.7 ~ 0.9 MPa 的蒸气或压缩空气来实现驱动,可以不同能量锻打各种不同的锻件。

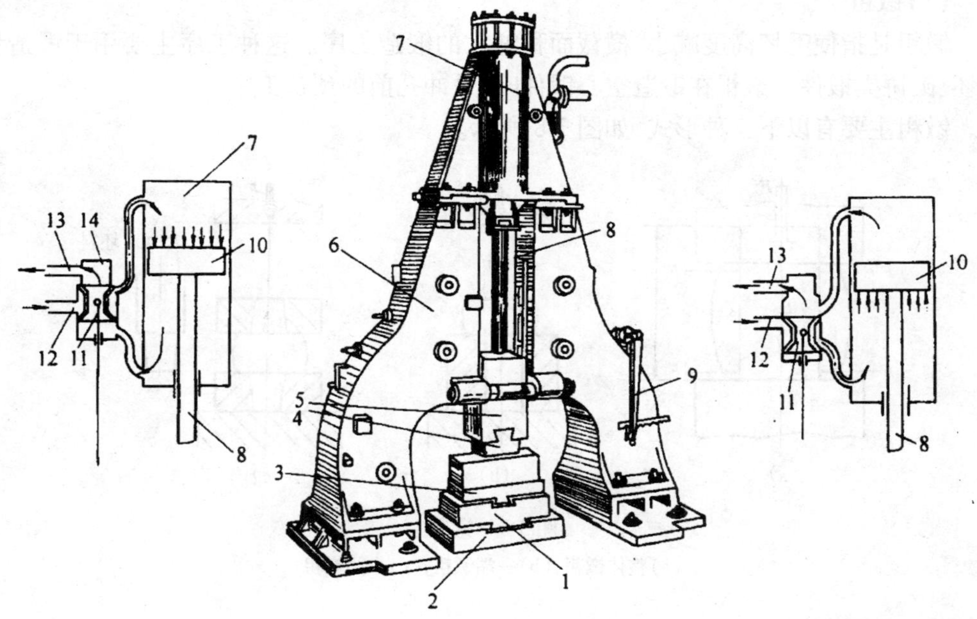

图 3-7　双拱式蒸气—空气锤

1—砧垫　2—底座　3—下砧　4—上砧　5—锤头　6—机架　7—工作汽缸　8—锤杆　9—操纵手柄　10—活塞　11—滑阀　12—进气管　13—排气管　14—滑阀汽缸

自由锻水压机是一种液压机,主要由固定系统和活动系统两部分组成。它作用在坯料上的静压力时间比自由锻锤作用在坯料上的冲击力时间长,更容易将坯料锻透,从而更好地改善锻件的内部质量。水压机是锻造大型锻件的主要设备,所锻钢锭的质量可达 3×10^5 kg,是巨型锻件唯一的成形设备。锻造设备应根据实际生产情况进行选择。

(2)加热设备

用于锻造的材料,应具有良好的塑性,保证在锻造过程中产生较大的塑性变形而不被破坏。常用的金属材料中,铸铁塑性很差,不能锻造;非合金钢、低合金钢等材料塑性良好,可以锻造。但即使是塑性良好的金属材料,如果在常温下锻造成形,也只能得到有限的变形量,而且变形抗力较大,难以达到预期的成形目的。而只有通过锻前加热,才能够有效地提高材料的塑性,降低变形抗力,以改善材料的可锻性和获得良好的锻后组织。因此一般都需要首先加热锻件至某一温度。

锻造加热时所用的设备很多,根据热源的不同,通常可分为火焰加热炉和电加热炉。火焰加热炉又可根据所用燃料的不同,分为煤炉、油炉和煤气炉。有时也可见到简单易行的明火炉,这种炉子通常是为了与手工锻造相配合,而直接使用烟煤、焦碳等固体燃料对坯料直接加热。

2. 自由锻的基本工序

自由锻造时,锻件的形状和尺寸是通过一系列的基本变形工序使坯料逐步变形锻造而成的。自由锻的基本变形工序有镦粗、拔长、冲孔、弯曲、切割、锻接、扭转、错移等。

(1)镦粗

镦粗是指使毛坯高度减小,横截面积增大的锻造工序。这种工序主要用于锻造齿轮坯、圆饼类锻件。镦粗在锻造空心锻件时,是冲孔前的预备工序。

镦粗主要有以下三种形式,如图3-8所示。

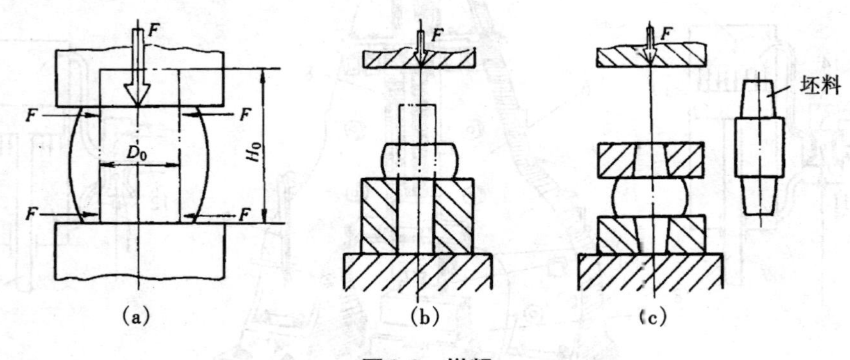

图3-8 镦粗

(a)整体镦粗;(b)一端镦粗;(c)中间镦粗

1)整体镦粗

整体镦粗是将加热后的坯料竖直放在砧面上,在上砧的锤击下,使坯料产生高度减小,横截面积增大的塑性变形。镦粗时,由于坯料的两个端面与上、下砧铁间产生的摩擦阻力有阻止金属流动的作用,因此圆柱形坯料镦粗后呈鼓形。当坯料高度 H_0 与直径 D_0 之比大于2.5时,不仅难以锻透,而且容易锻弯。

2)一端镦粗

一端镦粗是将坯料加热后,一端放在漏盘或胎模内,限制这一部分的塑性变形,然后锤击坯料的另一端,使之镦粗成形。

3)中间镦粗

中间镦粗是坯料镦粗前,需先将坯料两端拔细,然后使坯料直立在两个漏盘中间进行锤击,使坯料中间部分镦粗。这种方法适用于锻造中间截面大、两端截面小的锻件。

(2)拔长

拔长是使毛坯横截面积减少,长度增加的锻造工序。这种工序主要用来生产轴类或轴心线较长的锻件,如光轴、台阶轴、曲轴、连轩、拉杆等。常见的拔长方法有三种,如图 3-9 所示。

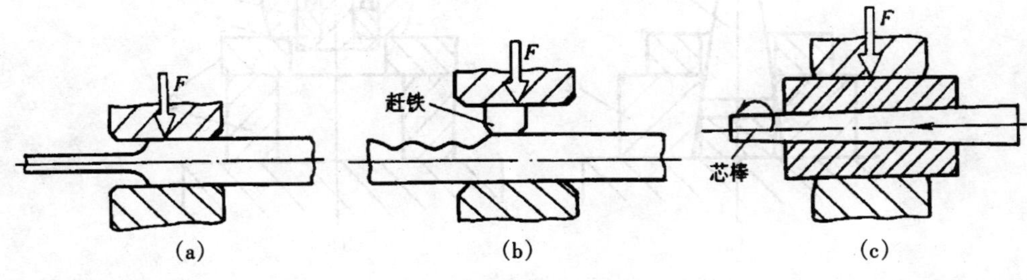

图 3-9　拔长

(a)平砧拔长;(b)赶铁拔长;(c)芯棒拔长

1)平砧拔长

当拔长量不大时,通常采用平砧拔长。图 3-9(a)是平砧拔长示意图。坯料由右向左送进,为了使锻件表面平整,每次送进量应小于砧宽。

2)赶铁拔长

当拔长量较大时,则常采用赶铁拔长,如图 3-9(b)所示。一定直径的坯料由右向左送进,为了使锻件表面平整,每次送进量应小于赶铁宽,赶铁作用在锻件单位面积上的力要比抵铁大,因此,锻件表面不平整。

3)芯棒拔长

通常适用于空心套类工作,如图 3-9(c)所示。锻造时,先把芯棒插入冲好孔的坯料中,然后当作实心坯料进行拔长。为了便于取出芯轴,芯轴的工作部分应有 1∶100 左右的斜度,这种方法可使空心坯料长度增加,壁厚减小,而内径不变。

(3)冲孔

冲孔是指在坯料上冲出透孔或不透孔的锻造工序。冲孔的方法有两种,即实心冲头冲孔和空心冲头冲孔,如图 3-10 所示。当孔径小于 400 mm 时,常采用实心冲头冲孔。对于厚度小的坯料常采用实心冲头单面冲透孔;对于厚度大的坯料可用实心冲头先从一面冲不透孔,再从反面对准位置冲透。当孔径大于 400 mm 时,常采用空心冲头冲孔。

(4)弯曲

弯曲是指采用一定的工模具将毛坯弯成所规定的外形的锻造工序。与其他工序联合使用,可以得到各种弯曲形状的锻件,如角尺、弯板、吊钩等,如图 3-11 所示。常用的弯曲方法有以下两种。

1)锻锤压紧弯曲

锻锤压紧弯曲如图 3-11(a)所示,坯料一端被上、下砧压紧,用大锤锤击或吊车拉另一端,使其弯曲变形。

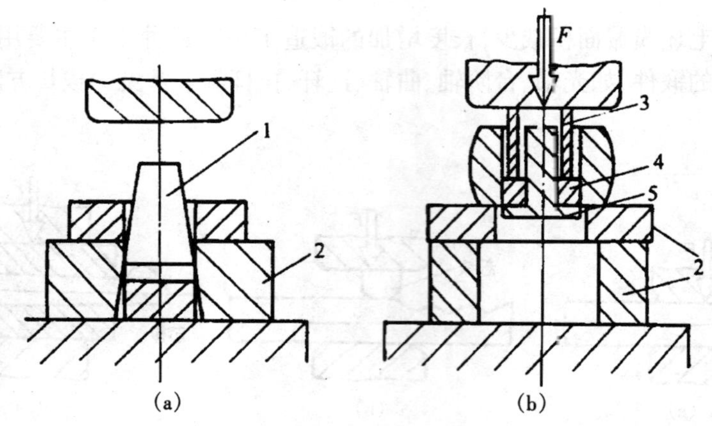

图 3-10　冲孔

(a)实心冲头冲孔;(b)空心冲头冲孔

2)垫模弯曲

垫模弯曲如图 3-11(b)所示。在垫模中弯曲可得到形状和尺寸都较准确的小型锻件。

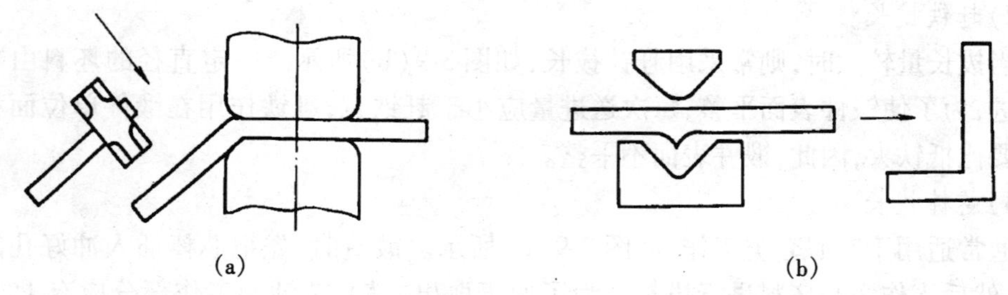

图 3-11　弯曲

(a)锻锤压紧弯曲;(b)垫模弯曲

(5)切割

切割是将坯料分成两部分的锻造工序,如图 3-12 所示,常用来切除锻件的料头、钢锭的冒口等。对于厚度不大的锻件常用剁刀进行单面切割;对于厚度较大的锻件需先从一面将剁刀垂直切入锻件,至快断开时,将锻件翻转,再用剁刀切断。局部切割可用作拔长的辅助工序,提高拔长效率,但会损伤锻造流线,降低锻件的力学性能。

(6)锻接

锻接是将坯料在炉内加热至高温后用锤快击,使两者在固相状态下结合的方法。锻接时,首先要准备好咬接接口或搭接接口,然后在炉中加热至足够的温度,取出后摔掉氧化皮,放在砧铁上快击实现连接,如图 3-13 所示。锻接接头强度可达被连接材料的 70% ~80% 。

(7)错移

错移是指将坯料的一部分相对另一部分平移错开,但仍保持轴线平行的锻造工序,

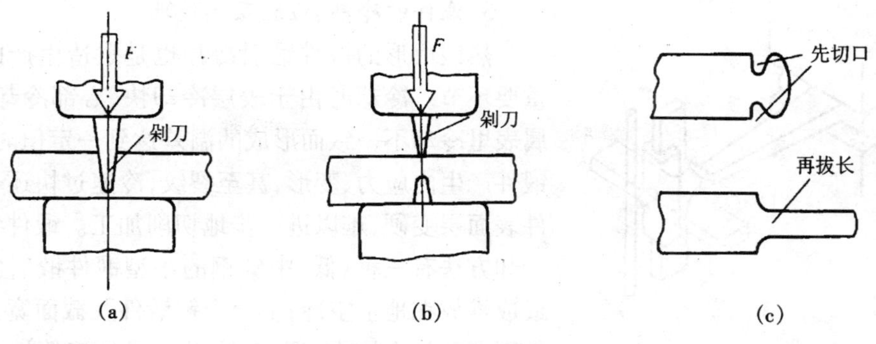

图 3-12　切割

(a)单面切割;(b)双面切割;(c)局部切割后拔长

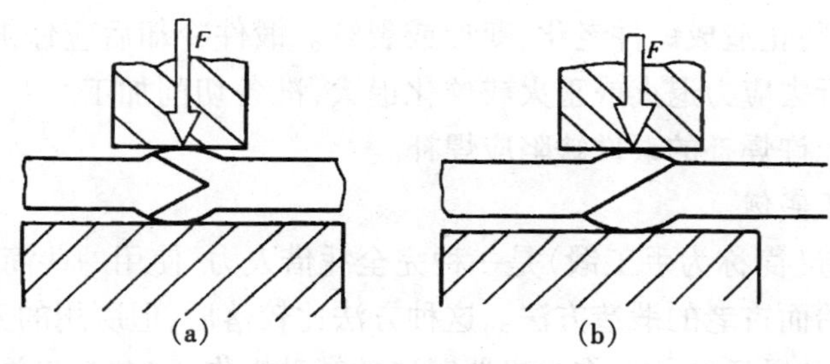

图 3-13　锻接

(a)咬接;(b)搭接

如图 3-14 所示,常用来锻造曲轴类锻件。错移时,先在错移部分切两小口,然后在切口两侧施以大小相等,方向相反且垂直轴线的冲击力或挤压力,实现错开。

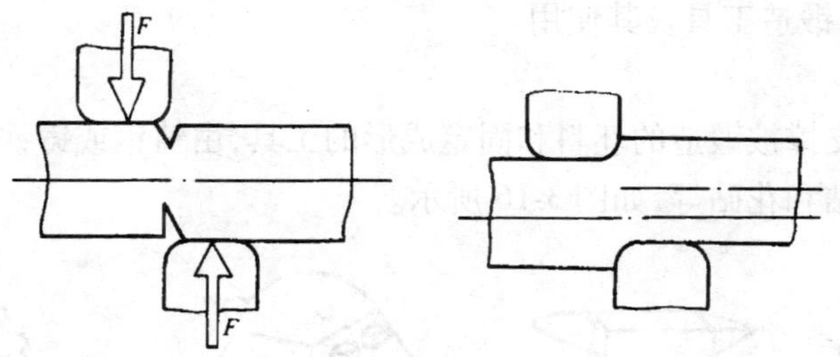

图 3-14　错移

(8)扭转

扭转是将坯料的一部分相对于另一部分绕其共同轴线旋转一定角度的锻造工序,该工序多用于锻造麻花钻、多拐曲轴和地脚螺栓等,如图 3-15 所示。由于扭转过程中金属变形很大,受力复杂,因此,扭转部分应加热至足够高温度,并缓冷。根据情况,多数时候还要进行退火。对于一些扭转角度不大的小型坯料,可用锤击法。

对于一般锻件而言,需要采用几道工序才能锻造出来,而基本工序的安排次序又是各种各样的。

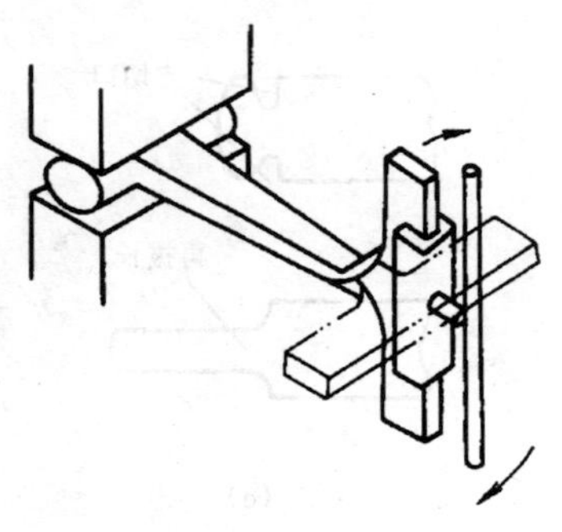

图 3-15 扭转

3. 锻件的冷却、检验及热处理

热锻成形的锻件锻后冷却也是锻造生产的一个重要环节。冷却时由于表层冷却快,心部冷却慢,金属表里冷却不一致而形成的温差达到一定值时,会使锻件产生内应力、变形,甚至裂纹,冷速过快还会使锻件表面层变硬,难以进一步地切削加工。锻件常用的冷却方法有三种:低、中碳钢的小型锻件锻后常单个或成堆放在地上空冷;低合金钢锻件及截面宽大的锻件则需要放入坑中,埋在砂、石灰或炉渣等填料中缓慢冷却;高合金钢锻件及大型锻件的冷速更要缓慢,通常要随炉冷却。总之,锻件中碳及合金元素含量越高,锻件体积越大,形状越复杂,冷却速度越要缓慢,防止造成锻件老化、变形或裂纹。锻件冷却后应仔细进行质量检验,合格的锻件应进行去应力退火或正火或球化退火,准备切削加工。变形较大的锻件应矫正。技术条件允许焊补的锻件缺陷应焊补。

4. 手工锻工艺实例

手工自由锻造(简称为手工锻)是一种完全凭借人力、使用一些简易工具进行的锻造。它是一种原始而古老的锻造方法。这种方法比较落后,但所用的工具、设备比较简单,且工作场地机动灵活,所以,作为机器锻造的辅助操作,或在一些单位进行某些小批修理性生产中,仍然占有一定的地位。它也是锻压工初学者必不可少的基本技能训练之一。

(1)热凿锻件手工自由锻造的工艺规程

热凿锻件手工自由锻造的工艺规程如表 3-2 所示。

(2)手工自由锻造工具及其使用

1)铁砧

铁砧是用于支撑被锻造的坯料和固定成形的工具,由铸钢或铸铁制成,形式有羊角砧、双角砧、球面砧和花砧等,如图 3-16 所示。

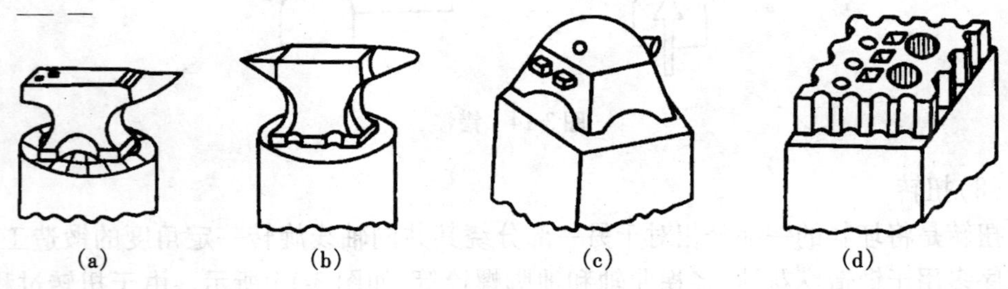

图 3-16 铁砧

(a)羊角砧;(b)双角砧;(c)球面砧;(d)花砧

2)钳子

钳子主要用来夹持锻件,有多种多样的形状,夹持锻件时应根据锻件截面的形状和大小来选用。手工锻造用的钳子，其杆部长度一般为 500 ~ 800 mm。钳子一般用 Q235A 或 40 钢锻成，材料太硬会使钳子缺乏弹性，使用时振动较剧烈；过软则容易发生变形而失去必要的夹持力。图 3-17 所示为手工锻常用的钳子。图 3-18 为用钳子夹持锻件的方法。

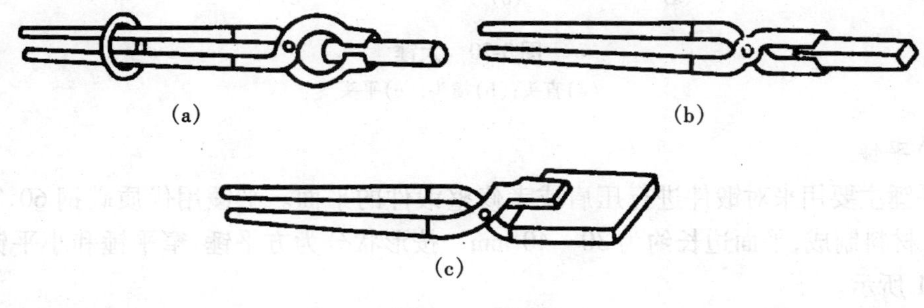

图 3-17　钳子

(a)圆口钳；(b)方口钳；(c)扁口钳

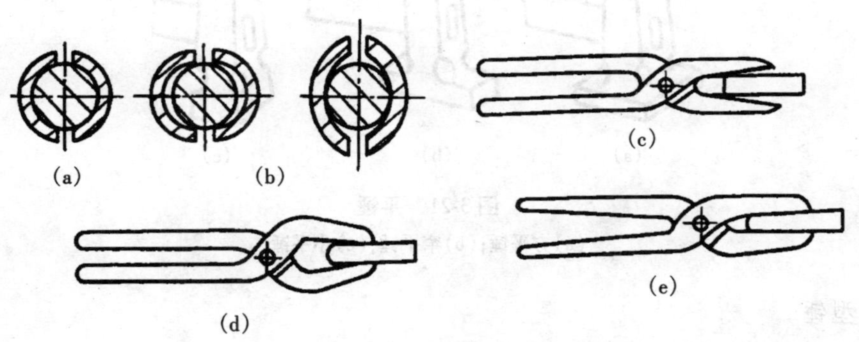

图 3-18　用手钳夹持工件的方法

(a)、(e)正确；(b)、(c)、(d)不正确

3)手锤

手锤有圆头、直头和横头三种，用手指示大锤打击的落点与轻重，以圆头最常用。锤子多用优质非合金钢 60、70 或非合金工具钢 T7、T8 等制成，质量一般为 1 ~ 2 kg，如图 3-19 所示。

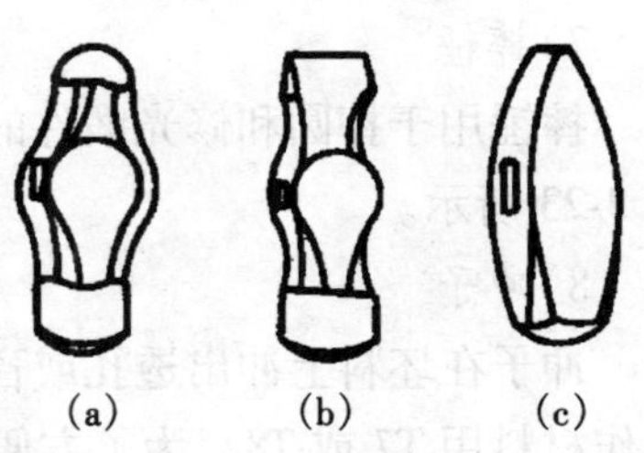

图 3-19　手锤

(a)圆头；(b)直头；(c)横头

手工锻操作时，掌钳工左手握钳，用于夹持、移动和翻转工件；右手握手锤，用于指挥打锤工的锻打落点与轻重，同时也作小变形量的锻打。

4)大锤

大锤是由打锤工使用、使金属直接发生变形的打击工具，分为直头、横头和平头三种。大锤制作材料与手锤相同，其质量一般为 4 ~ 7 kg，如图 3-20 所示。

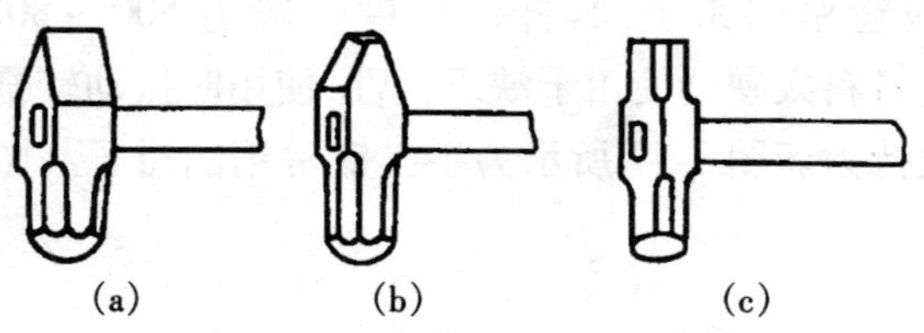

图 3-20　大锤

(a)直头;(b)横头;(c)平头

5)平锤

平锤主要用来对锻件进行压肩或者修整锻件的平面。平锤用优质碳钢 60、70 或 T7、T8 材料制成,平面边长约为 30 ~ 40 mm。按形状分为方平锤、窄平锤和小平锤,如图 3-21 所示。

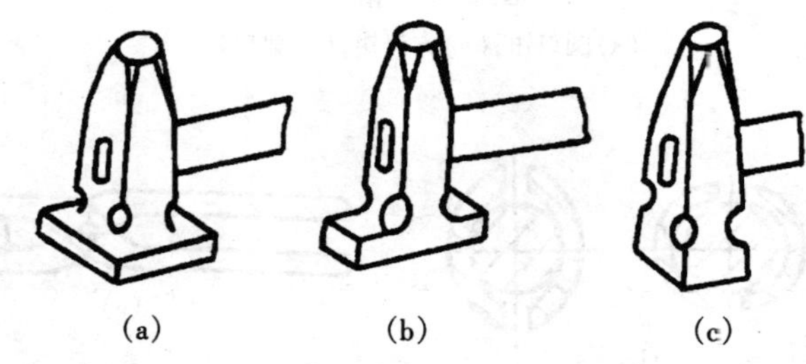

图 3-21　平锤

(a)方平锤;(b)窄平锤;(c)小平锤

6)型锤

型锤主要用来卡领、压槽,有时也用于加快增宽或拔长,其制作材料与平锤相同。型锤分为上、下两个部分,上型锤有木柄,供握持用;下型锤带有方形尾部,用以插入砧面上的孔,以便使之固定,如图 3-22 所示。

7)摔锤

摔锤用于摔圆和修光锻件的表面,分为上、下两个部分,其制作材料与平锤相同,如图 3-23 所示。

8)冲子

冲子在坯料上冲出透孔或盲孔时使用,按截面形状分为圆形、方形或扁形冲子等,制作材料用 T7 或 T8。为了方便冲子从孔内取出,冲子应做成锥形,如图 3-24 所示。

9)剁子

剁子主要用来切割坯料和锻件,或者坯料上切割出缺口,为下一道工序做好准备。手工锻用的普通剁子有热剁子和冷剁子两种,两者的刃部形状不同。冷剁子粗短,刃口厚而钝,其刃部倒角为 45° ~ 60°(如图 3-25(b));热剁子细长,刃口薄而锐利,刃部倒角约为 30°(如图 3-25(c));有时候直接将刃部做成 1.5 ~ 2 mm 宽的平口刃,如图 3-25(d)所示。此外,还有用来剁圆头的圆弧剁和切除边角用的单面剁(图 3-25(e)和

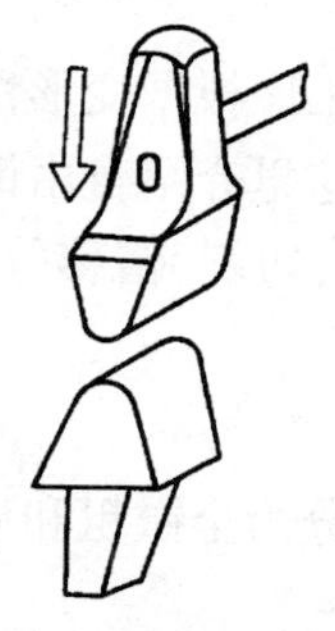
图 3-22　型锤

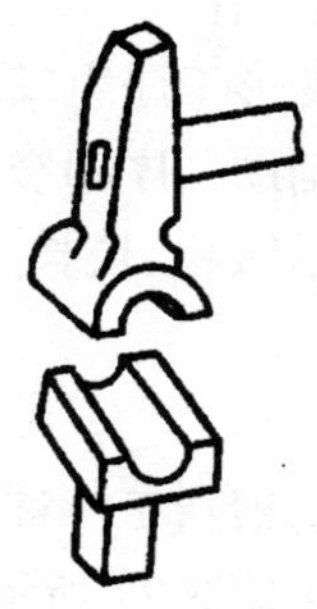
图 3-23　摔锤

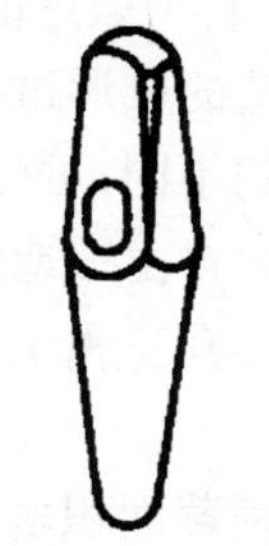
图 3-24　圆冲子

(f))。剁子的制作材料为 T7 和 T8。

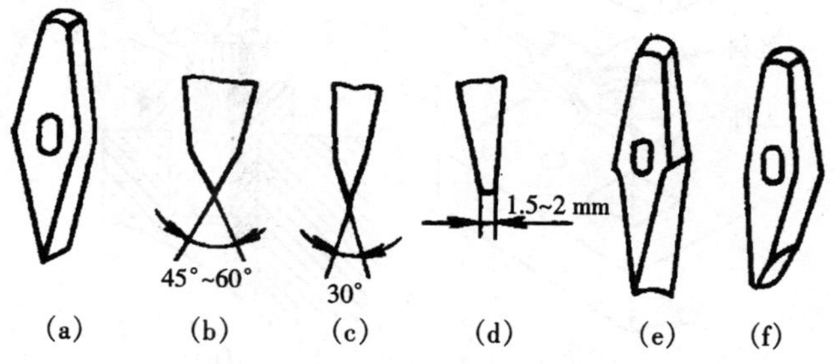

图 3-25　剁子
(a)普通剁子;(b)冷剁子刃部形状;(c)热剁子刃部形状
(d)平口刃热剁子;(e)圆弧剁;(f)单面剁

10)钢直尺和卡钳

钢直尺和卡钳用来测量锻件或坯料的有关尺寸。

钢直尺可选用 150、300、600 和 1 000 mm 等规格。

卡钳有内外卡钳、外卡钳和双卡钳三种。内卡钳用来测量锻件的内孔尺寸,外卡钳用来测量外形尺寸,双卡钳用于同时测量内孔和外形尺寸,如图 3-26 所示。

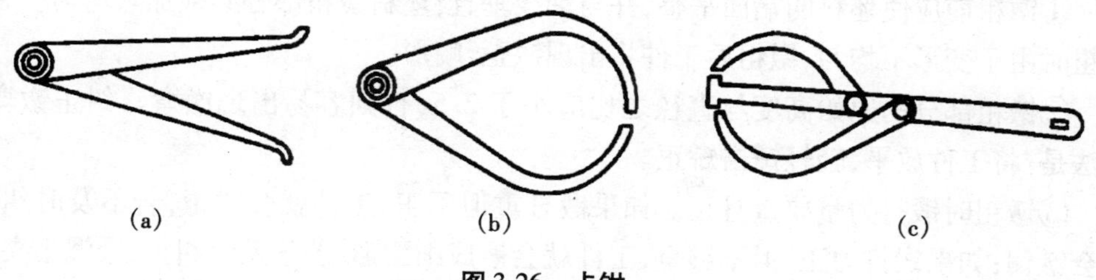

图 3-26　卡钳
(a)内卡钳;(b)外卡钳;(c)双卡钳

11)样板

样板是用薄钢板按照锻件或零件图样制成的一种间接测量工具,其形状由具体锻件的形状而定。在锻造过程中,样板用来控制锻件的形状、尺寸,还可用来检验锻件。

(3)手工自由锻造的基本工序及其操作

自由锻造的成形过程是由一系列变形工序组成的。自由锻造的工序根据变形性质和变形程度的不同,可分为基本工序、辅助工序和修整工序三大类。这里介绍自由锻造的基本工序。自由锻造的基本工序包括镦粗、拔长、冲孔、扭转、弯曲、切割、错移等,以镦粗、拔长、冲孔三种工序用得最多。

1)镦粗

使坯料横截面积增大而高度减小的锻造工序称为镦粗。镦粗可分为全镦粗和局部镦粗两种形式。手工锻造的镦粗方法如图 3-27 所示。

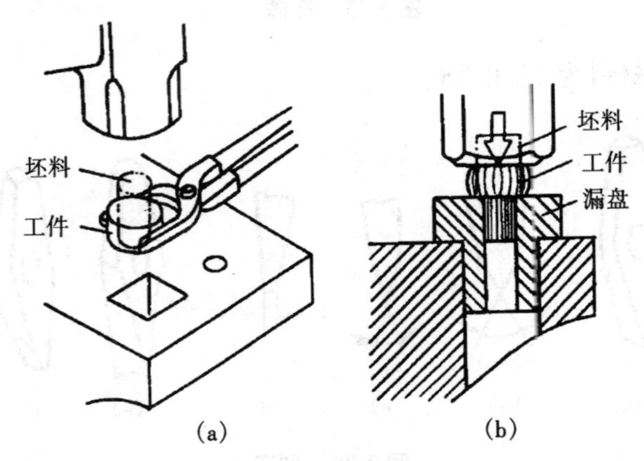

图 3-27 镦粗

(a)全镦粗;(b)局部镦粗

镦粗常用来锻造齿轮坯、凸缘、圆盘等高度小、截面大的锻件。在锻造环、套筒等空心类锻件时,镦粗作为冲孔前的预备工序,以减小冲孔深度;也作为提高锻件力学性能的预备工序。对受力大的重要零件,其毛坯在锻造时应有足够的镦粗量(又称锻造比),有时需要通过镦粗、拔长、再镦粗才能达到应有的锻造比。

镦粗时的操作方法及注意事项如下。

①镦粗前应使坯料的端面平整,并与轴线垂直;坯料镦粗部分必须加热均匀。否则镦粗时由于变形不均匀,镦粗后工件将出现镦歪、畸形。

②镦粗部分的原始高度与直径之比应小于 2.5,否则容易出现镦弯。纠正镦弯的方法是:将工件放平,轻轻锤击矫正。

③镦粗时锻打力量要重且正。如果锻打重但不正,工件就会镦歪,若不及时纠正,就会镦偏;如果锻打力正,但不够重,工件就会锻成细腰形,若不及时纠正,会锻出夹层。图 3-28 为镦粗时不同的用力情况。工件镦歪后纠正方法如图 3-29 所示。

2)拔长

使坯料的横截面积减小而长度增加的锻造工序称为拔长。拔长用于锻造轴类和杆类零件。锻造空心轴、套筒等零件时,坯料应先镦粗、冲孔,再套上心轴进行拔长,如图 3-30 所示。

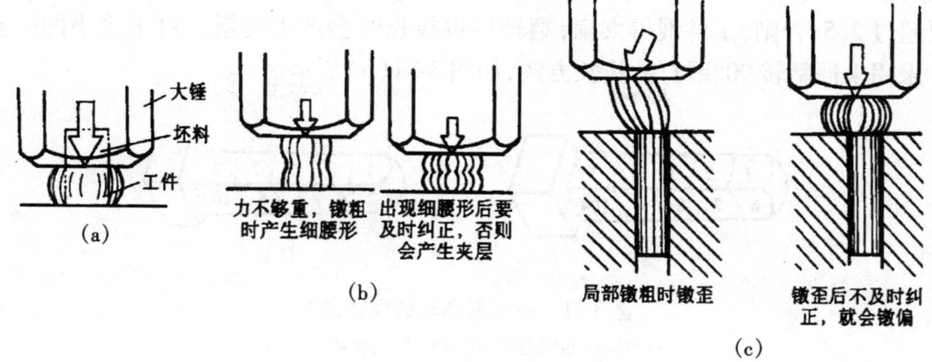

图 3-28　镦粗时的用力

(a)力要重且正;(b)力正,但不够重;(c)力重,但不正

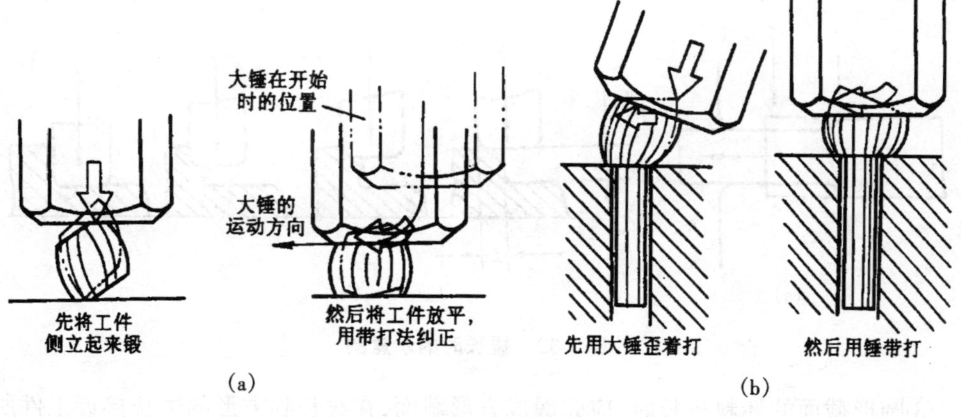

图 3-29　镦粗的纠正

(a)全镦粗;(b)局部镦粗

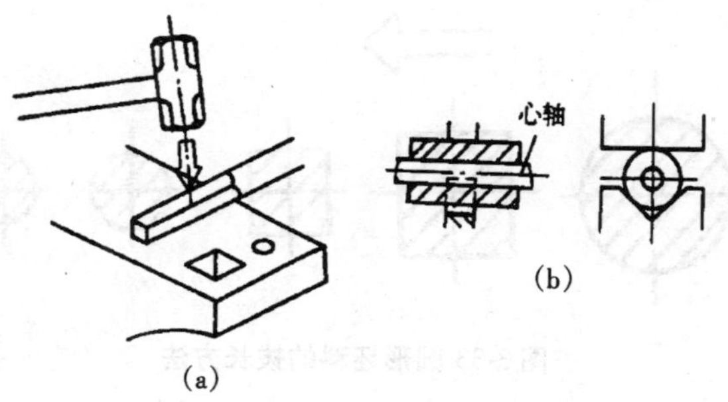

图 3-30　拔长

(a)拔长;(b)心轴拔长

拔长时的操作方法及注意事项如下。

①拔长过程中应作 90°翻转。重量较大的锻件常采用先打完一面,再翻转 90°打另

一面的拔长方法，如图3-31(a)所示。采用这种方法，应当注意工件的宽度与厚度之比不要超过2.5，否则，工件锻得太扁，翻转后再拔长时会产生夹层。对于较小的一般钢件常采用来回翻转90°锻打的拔长方法，如图3-31(b)所示。

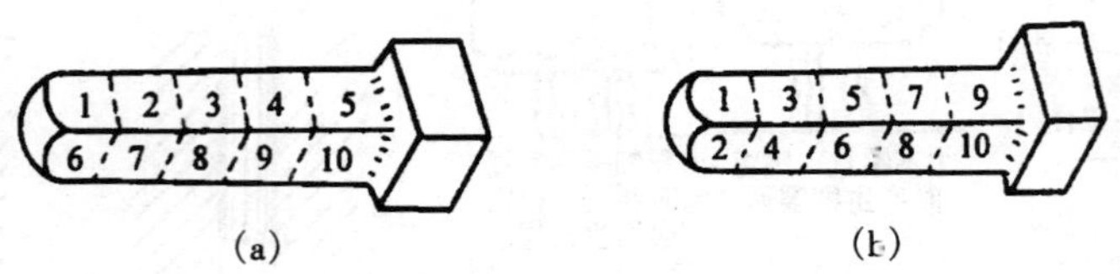

图3-31 拔长时坯料的翻转方法

(a)打完一面后翻转90°；(b)来回翻转90°锻打

②拔长时，送进量不能太大，一般送进量 $L=(0.4\sim0.75)B$(砧宽)。由最小阻力定律可知，若 L 太大，拔长效率反而不高。另外，其单边压下量 $\Delta h/2$ 应小于 L，否则易形成夹层，如图3-32所示。

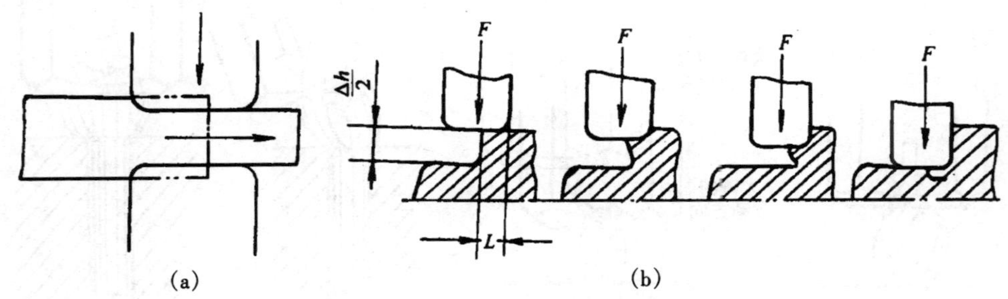

图3-32 拔长时的示意图

③圆形截面的坯料拔长时，应先锻成方形截面，在拔长到方形的边长接近工件所要求的直径时，再将方形锻成八角形，最后倒棱滚打成圆形。这样拔长效率较高且能避免引起中心裂纹，如图3-33所示。

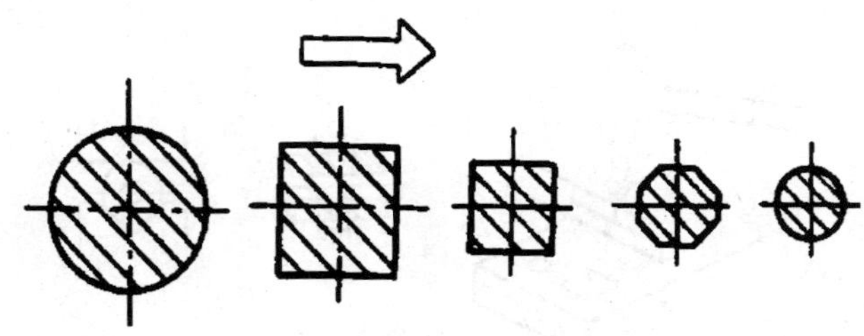

图3-33 圆形坯料的拔长方法

④拔长时工件要放平，并使侧面与砧面垂直，锻打要准，力的方向要垂直，避免产生菱形，拔长时的用力如图3-34所示。

⑤拔长后，因表面不平整，必须进行修光。平面修光用平锤，圆柱面修光用摔锤，如图3-35所示。

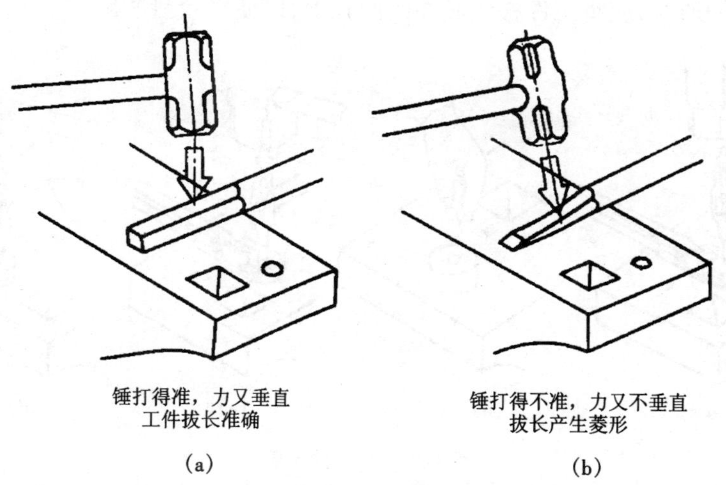

(a)　　(b)

图 3-34　拔长时的用力

(a)正确;(b)错误

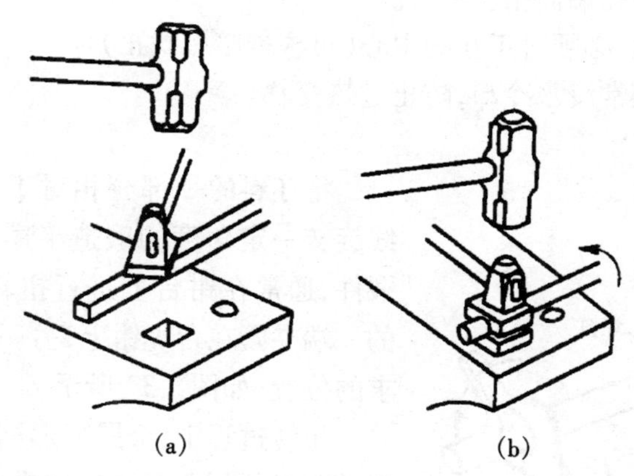

(a)　　(b)

图 3-35　拔长后的修光

(a)平面的修整;(b)圆柱面的修整

3)冲孔

在坯料上锻出通孔或不通孔的锻造工序称为冲孔。冲孔前一般需要先将坯料镦粗,以便减小冲孔深度并使端面平整。锻件冲孔时,由于局部变形量很大,为了提高塑性,应将坯料加热得到允许的最高温度,而且必须均匀热透,以防止冲裂和损坏冲子。

a. 冲通孔的步骤

①先试冲,即在孔的位置上轻轻冲出孔的痕迹,保证冲出的孔位置准确。如果位置不准确,可以修正,如图 3-36(a)所示。

②冲出浅坑,并在坑内撒些煤末,便于冲子从深坑中拔出,如图 3-36(b)所示。再将孔冲到工件厚度约 2/3 的深度,如图 3-36(c)所示,拔出冲子。

③将工件翻转,从反面冲通,如图 3-36(d)所示。这样可以避免在孔的周围冲出毛

刺，当孔快要冲通时，应将工件移到砧面的圆孔上，以便将余料冲出。

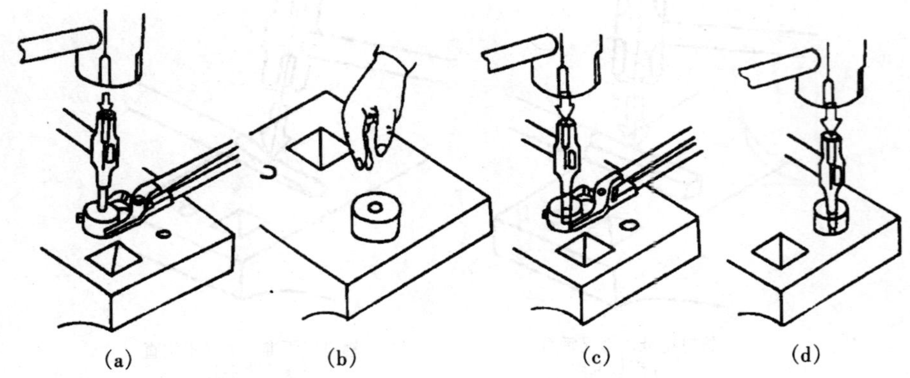

图 3-36　冲孔的步骤

(a)放冲子，试冲；(b)冲浅坑，撒煤粉；(c)冲至工件厚度的 2/3 深；(d)翻转工件，在铁砧圆孔上冲透

b. 冲孔注意事项

①冲子必须与冲孔端面相互垂直。

②翻转后冲孔时，必须对正孔的中心(可根据暗影找正)。

③冲子头部要经常浸水冷却，防止过热变软。

4)扭转

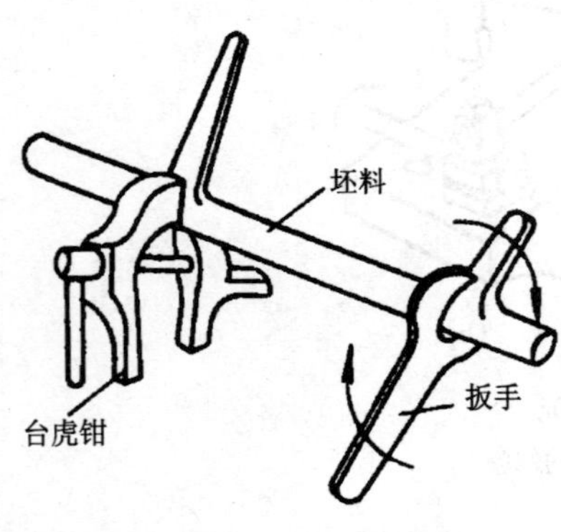

图 3-37　在台虎钳上用扳手扭转坯料

将坯料的一部分相对于另一部分绕其共轴线旋转一定角度的锻造工序叫做扭转。对于小锻件，通常在钳台上进行扭转。扭转时，把坯料的一端夹紧在台虎钳上，另一端用扳手转动到要求的位置，如图 3-37 所示。

扭转过程中，金属变形剧烈，容易产生裂纹。扭转前必须将金属坯料加热到始锻温度，受扭转部分表面必须光滑，不允许有伤痕、裂纹等缺陷。扭转后，锻件应当缓慢(在炉渣或干沙中)冷却。

5)弯曲

将金属坯料弯成一定形状的锻造工序称为弯曲。弯曲主要用于锻造吊钩、链环等锻件。弯曲时一般需要将坯料欲弯曲的部分加热。

坯料弯曲时，弯曲部分的截面形状会走样，且截面积会减小，如图 3-38(a)、(b)所示。此外，由于弯曲区外层金属受拉，易产生裂纹；内层金属则受压会形成皱纹，如图 3-38(c)所示。故在弯曲之前应将弯曲部分进行局部镦粗，并修出凸肩，以避免上述缺陷，如图 3-39 所示。

弯曲的方法很多，最简单的弯曲方法是在铁砧的边角上进行。几种在铁砧上弯曲的方法如图 3-40 所示。

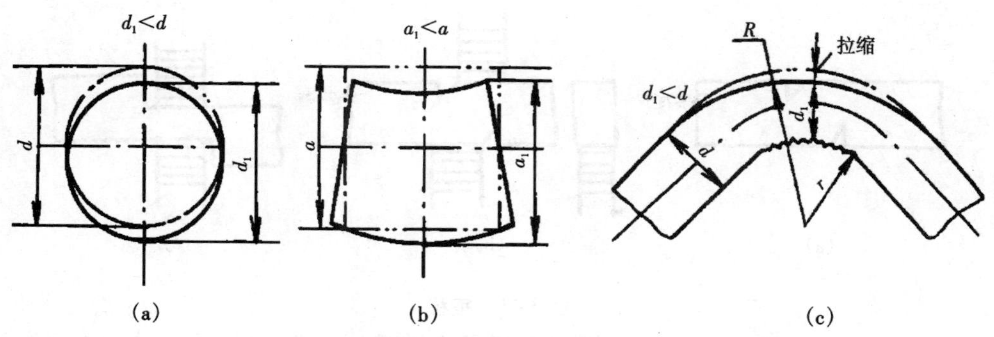

(a)　　(b)　　(c)

图 3-38　弯曲时坯料的变形

(a)圆截面的改变;(b)方截面的改变;(c)拉缩和皱纹

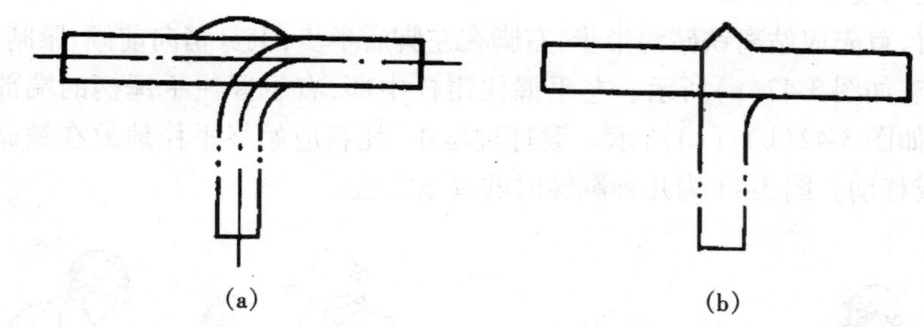

(a)　　(b)

图 3-39　弯曲前的凸肩

(a)圆料凸肩;(b)方料凸肩

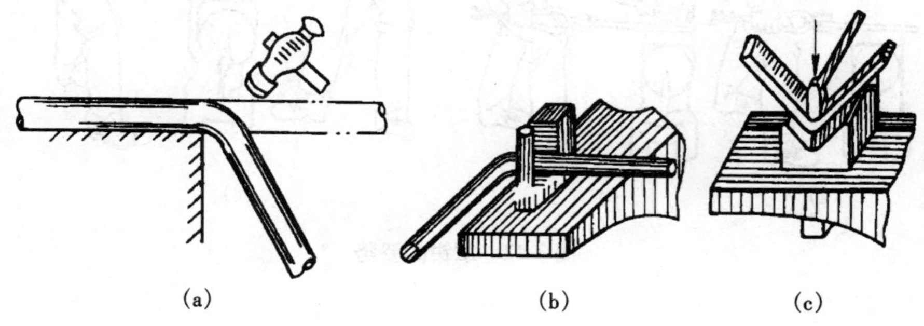

(a)　　(b)　　(c)

图 3-40　几种在铁砧上弯曲的方法

(a)利用铁砧边角弯曲;(b)用叉架弯曲;(c)用垫铁弯曲

6)切割

将坯料切断、劈开,或切除工件料头的锻造工序称做切割。切断时,将工件放在砧面上,用錾子錾入一定深度,然后将工件的錾口移到铁砧的边缘錾断。

7)错移

将坯料的一部分相对于另一部分平移错开的锻造工序叫做错移。错移时,先在错移部位压肩,然后加垫板及支撑,锻打错开,最后修整,如图 3-41 所示。

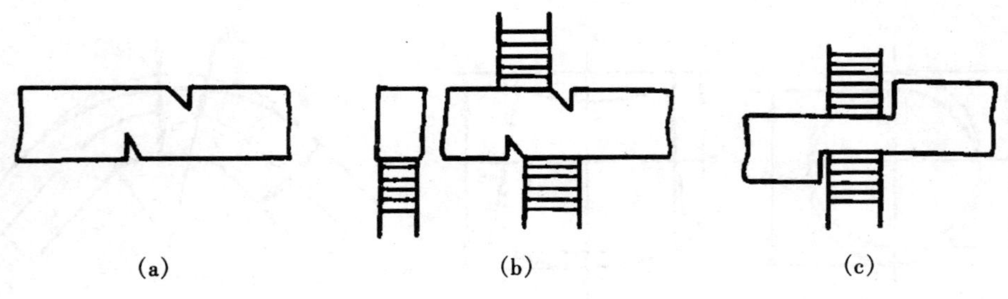

图 3-41 错移

(a)压肩;(b)锻打;(c)修整

(4)掌钳与手锤的打法

1)掌钳的姿势与方法

掌钳时,首先应站离铁砧约半步,右脚在左脚后半步,上身稍向前倾,眼睛注视工作物的锻打点,如图 3-42(a)所示。左手握住钳杆中部,右手握住手锤柄的端部,指示大锤的打击,如图 3-42(b)、(c)所示。锻打过程中,坯料应始终平稳地放在铁砧上,并不断地翻转或移动。图 3-43 为几种翻转时的握钳方法。

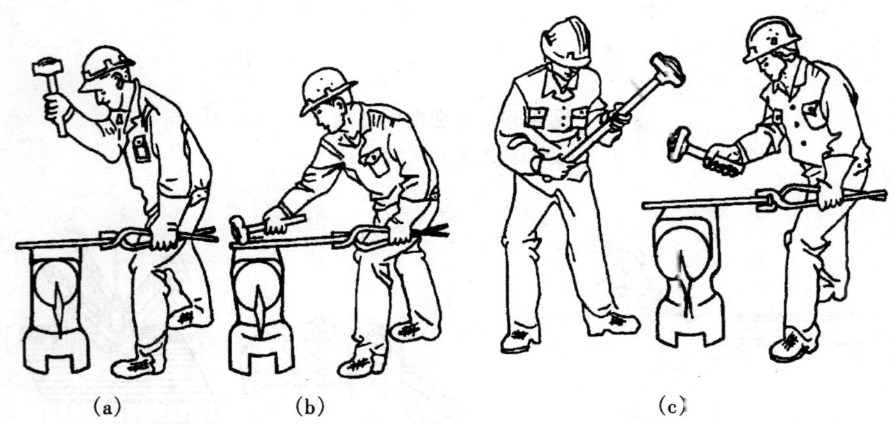

图 3-42 掌钳的姿势

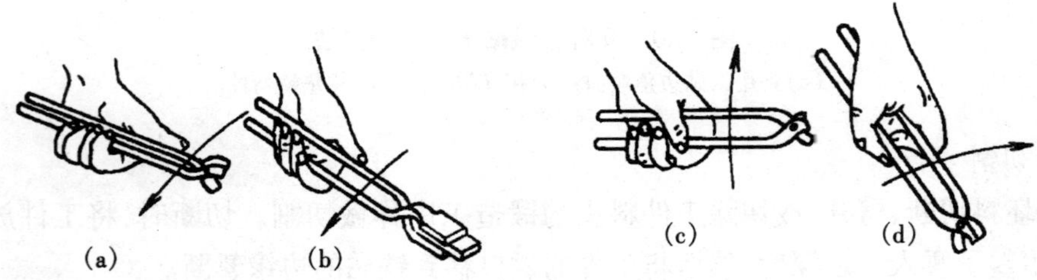

图 3-43 翻转时的几种握钳方法

(a)向内侧翻转 90°;(b)向内侧翻转 180°;(c)向外侧翻转 90°;(d)向外侧翻转 180°

2)手锤的打法

锤子的打击方法有手挥法、肘挥法和臂挥法三种，如图 3-44 所示。

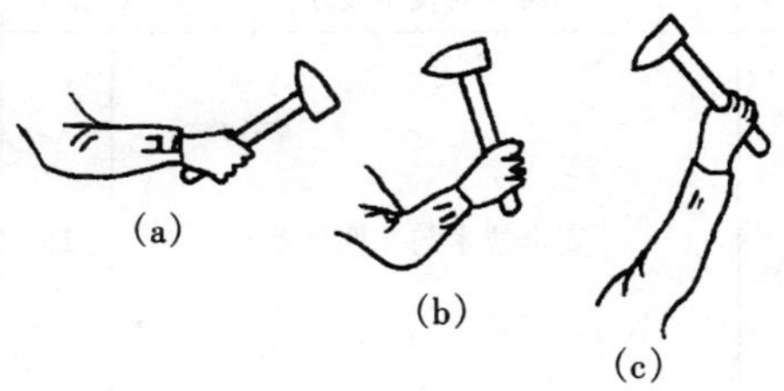

图 3-44　手锤的打法

(a)手挥法；(b)肘挥法；(c)臂挥法

①手挥法。靠手腕的运动，锤击力度较小，用手指挥大锤的打击点和打击轻重，如图 3-44(a)所示。

②肘挥法。手腕和肘部协同作用，同时用力，锤击力度较大。该种方法运用较多，如图 3-44(b)所示。

③臂挥法。手腕、肘部和臂部一起运动，如图 3-44(c)所示。该种大锤方法锤击力大，但是比较费力，不易掌握，用于掌钳者独立操作，或配合大锤快速锻打坯料而加大变形量，起到"趁热打铁"的作用。

5. 锻造成形与实训项目训练质量标准

项目训练的成绩评定为锻件作品质量评定、锻造成形与实训项目总结报告和锻造成形与实训指导检查记录三项综合评定。

(1)锻件作品检测质量标准

锻件作品质量检测标准见表 3-4，在操作过程中学生应对照该标准边加工，边测量，不断自检，不断修整，不断完善。

表 3-4　锻件作品检测质量标准

班级________学号________日期________教师________总得分________

序号	项目与技术要求		配分	扣分标准	自检结果	实测结果	得分
1	锻造外形尺寸(mm)	ϕ32 ±2	6	超差 2 mm 扣 0.5 分			
		ϕ49 ±2	6	超差 2 mm 扣 0.5 分			
		ϕ37 ±2	6	超差 2 mm 扣 0.5 分			
		270 ±5	6	超差 2 mm 扣 0.5 分			
		42 ±3	6	超差 2 mm 扣 0.5 分			
		83 ±3	6	超差 2 mm 扣 0.5 分			
		圆柱度不大于 2	6	超差 2 mm 扣 0.5 分			
		圆度不大于 1	6	超差 2 mm 扣 0.5 分			
2	锻造外观质量	锻件表面无裂缝、夹渣等	8				
		锻件表面无折叠等缺陷	8				
	目测温度	要求始锻温度误差不超过 ±30 ℃	6	超差 ±10 ℃扣 2 分			
	火次	要求不超过两次火	15	超一次扣 10 分			

续表

序号	项目与技术要求	配分	扣分标准	自检结果	实测结果	得分
3	安全技术与文明生产	15	1. 违反有关规定扣1~5分 2. 实训场地整洁、工具放置整齐合理不扣分;稍差扣1分,很差扣5分			
		100				

(2)锻造成形与实训项目总结报告

项目总结报告是在工件加工完毕后对该次项目实训的总结、体会及建议,是对相关理论的巩固与提高。项目报告各项要求见表3-5。

表3-5 锻造成形与实训项目总结报告质量评价标准

班级________ 学号________ 日期________ 教师________ 总得分________

序号	项目要求	配分	自检结果	实测结果	得分
1	封面	10			
2	图样绘制正确,技术要求全面	15			
3	报告内容正确全面,书写认真,格式规范	50			
4	实习体会深刻	15			
5	提出合理建议、改进措施或创新观点	10			

(3)锻造成形与实训指导检查记录表

锻造成形与实训指导检查记录表记录各班学生实训期间每天的出勤、操作技能的掌握、加工进度、工量具的使用等情况,便于指导教师的检查和指导,见表3-6。

表3-6 锻造成形与实训指导检查记录表

________学期 第________周

时间		星期		指导教师	
班级		人数		班长	
年级		专业		班主任	

续表

<table>
<tr><td>实习内容</td><td colspan="3"></td></tr>
<tr><td rowspan="8">检查记录</td><td rowspan="7">学生情况</td><td>姓 名</td><td>原 因</td></tr>
<tr><td></td><td></td></tr>
<tr><td></td><td></td></tr>
<tr><td></td><td></td></tr>
<tr><td></td><td></td></tr>
<tr><td></td><td></td></tr>
<tr><td></td><td></td></tr>
<tr><td>实习情况</td><td colspan="2"></td></tr>
</table>

任务 4　了解模锻（现场教学或实地参观）

3.4.1　模锻简介

模锻是利用模具使毛坯变形而获得锻件的锻造方法。在变形过程中，由于模膛对金属坯料流动的限制，因此锻造终了时能得到和模膛形状相符的锻件。模锻是成批大量生产锻件的主要锻造方法。其特点是：在锻压机器动力作用下，毛坯在锻模型槽中被迫流动成形，从而获得比自由锻质量更高的锻件。模锻所用的设备比较多，常用的有模锻锤、曲柄压力机、平锻机、螺旋压力机、水压机等。虽然模锻的设备种类很多，但是模锻的实质是一样的。

模锻可按锻压设备的不同分成以下两大类。

①使用自由锻设备——胎模锻造、型砧锻造、自由锻锤固定模锻造。

②使用模锻设备——模锻锤模锻、曲柄压力机模锻、摩擦压力机模锻、平锻机模锻、高速锤模锻、模锻液压机模锻等。其中模锻锤这种设备最老，通常把这种模锻称做锤上模锻。

3.4.2　锤上模锻

锤上模锻用的锻模如图 3-45 所示。它由带有燕尾的上模和下模两部分组成。下模用紧固楔铁固定在模垫上，上模通过楔铁紧固在锤头上，与锤头一起作上下往复运动。上下模间的空腔即为模膛。

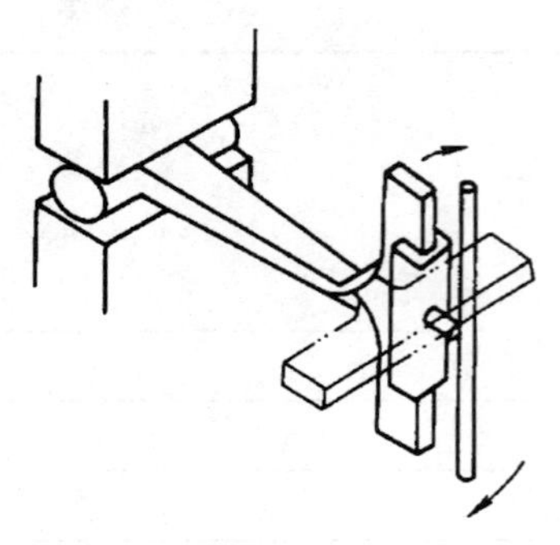

图 3-45　锤上模锻

锤上模锻是将模具固定在模锻锤上，使毛坯变形而获得锻件的方法。其特点是将锻模分别紧固在锤头与砧座上，金属坯料在模膛中被迫流动成形。由于模锻锤的结构特点，保证了锻打时模膛的正确对准，因而锻件精度高。虽然锤上模锻已具有老化特征，但直到现今，其在国内外的锻造行业中仍然占有非常重要的地位。这是因为锻锤与其他设备相比，具有工艺适应性广、生产效率高，设备造价低的优点。锤上模锻有多种不同的方式，按模间间隙方向与模具运动方向可分为开式模锻和闭式模锻。

1. 开式模锻（又称飞边模锻）

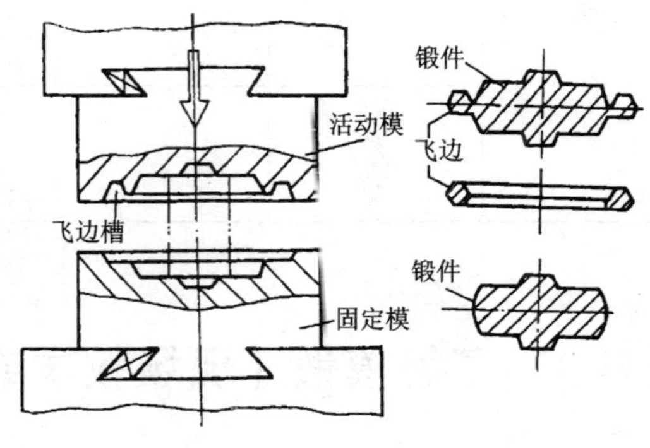

图 3-46　开式模锻

开式模锻是指两模间间隙的方向与模具运动的方向相垂直，在模锻过程中间隙不断减小的模锻方式，如图 3-46 所示。将加热好的坯料直接放在固定模模膛内，然后活动模落下，两模间隙不断减小，变形开始时部分金属流入模膛与飞边槽之间狭窄通道（飞边桥口部）。由于加工硬化，飞边桥口部分的阻力是逐渐增大的，这种阻力是保证金属充满模腔所必需的，因此开式模锻也叫有飞边模锻。变形结束时，多余金属仍会因变形力加大而挤出模腔流入飞边槽成为飞边。因此，开式模锻时，坯料的质量应大于锻件的质量。锻件成形后，使用专用模具将锻件上的飞边切去。

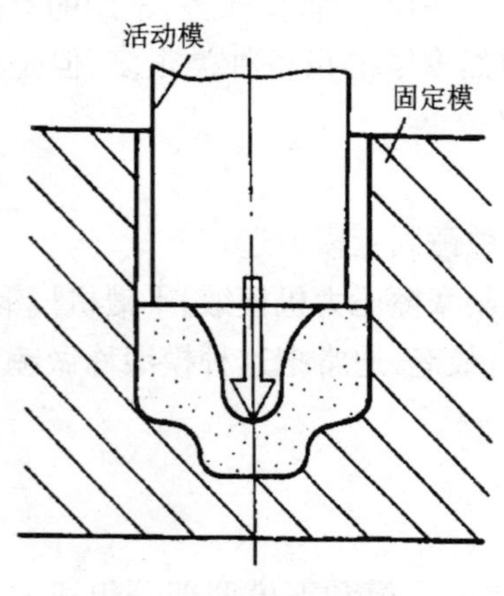

图 3-47　闭式模锻

2. 闭式模锻

闭式模锻是指两模间间隙的方向与模具运动方向相平行，在模锻过程中间隙大小不变化的模锻方式，如图 3-47 所示。由于闭式模锻时不设置飞边槽，所以也叫无飞边模锻。在坯料的变形过程中，模膛始终处在封闭状态，固定模与活动模之间的间隙不变，而且很小，不会形成飞边。由此可见，闭式模锻必须严格遵守锻件与坯料体积相等原则。否则，若坯料不足，模膛的边角处得不到补充；若坯料有余，则锻件高度将大于要求尺寸。

闭式模锻最大的优点是没有飞边损耗，金属坯料所处的受力状态有利于塑性变形。但闭式模锻对锻件坯料体积计算要求十分精确，锻模寿命短，设备吨位要求高，因此，闭式模锻的应用不如开式模锻广泛。闭式模锻主要适于模锻低塑性合金材料。

3. 锤上模锻特点及应用

①生产效率较高。自由锻时金属的变形不易控制，而模锻却能较快获得所需形状。

②模锻件尺寸精确，加工余量小，可节省大量金属材料和切削加工工时。

③可以锻造出形状比较复杂的锻件。

④操作简单，劳动强度低。

⑤模锻件质量受到一般模锻设备能力的限制，多在 150 kg 以下；锻模制造周期长，成本高，模锻设备的投资费用比自由锻大。

由于以上特点，锤上模锻主要用于大批量生产锻造形状比较复杂、精度要求较高的中、小型锻件。随着现代化大生产的发展，模锻生产越来越广泛地应用在国防工业和机械制造之中。

任务5　了解冲压生产(现场教学或操作训练)

冲压工艺在工业生产中有着十分广泛的应用，冲压是使板料经分离或成形而得到制件的工艺。由于加工对象主要是塑性较好的低碳非合金钢、塑性高的合金钢、铜合金、铝合金等薄板料、条带料，所以也叫板料冲压。因其通常在室温下进行，故又称板料冷冲压。

3.5.1　冲压成形概述

冲压与锻造一样都属于塑性加工，因此冲压的板材必须具有优良的塑性，常用的材料有低碳钢，塑性优良的合金钢以及铜、铝等有色金属。冲压使用的坯料通常都是轧制板料、成卷的条料及带料，其厚度一般不超过 10 mm。因此冲压件的质量小，生产效率高，精度高，表面质量好，操作简单，易于实现机械化和自动化。

采用冲压方法可加工质量不到 1 g、尺寸不到 1 mm 的小零件，如手表的秒针；还可加工质量达数万克、尺寸达数米的大零件，如汽车、拖拉机的外壳等。因此可以说，板料冲压广泛应用于汽车、航空航天、电器、仪表等工业中。

3.5.2　冲压设备

冲压常用的设备有剪床和冲床。

1. 剪床

剪床用于把板料切成需要宽度的条料，以供冲压工序使用，图 3-48 是斜刃剪床的外形及传动机构，电机 1 通过皮带轮使轴 2 转动，再通过齿轮传动及离合器 3 使曲轴 4 转动，然后使带有刀片的滑块 5 上下运动，完成剪切工作。6 为工作台，7 是滑块制动器。生产中常用的剪床还有平刃剪、圆盘剪等。

2. 冲床

冲床是冲压加工的基本设备，种类较多，主要有单柱冲床、双柱冲床和双动冲床等。

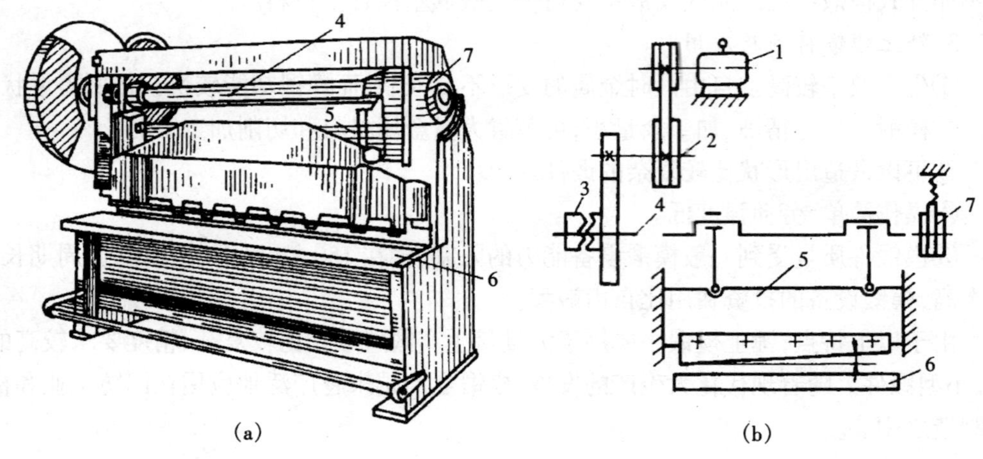

图 3-48 剪床

(a)外形图;(b)传动图

1—电动机 2—轴 3—离合器 4—曲轴 5—滑块 6—工作台 7—滑块制动器

图 3-49 为常用的小型单柱冲床外形及传动示意图。接通电源后,电动机 5 通过减速机构带动飞轮 4 旋转,踩下踏板 6 使离合器 3 闭合,通过曲轴 2 和连杆 8 使原处于最高极限位置的滑块 7 沿导轨向下运动,进行冲压,放松踏板,使离合器脱开,则制动闸 1 立刻停止曲轴运动,滑块便停留在待工作位置,完成一个单次冲压。如果不放松踏板,则可进行连续冲压。

3.5.3 冲压模具

冲模是冲压生产中必不可少的模具,它直接影响着冲压件的质量及冲压生产的效率。冲模的种类很多,按模具动作特点,一般可分为简单冲模、连续冲模等。

简单冲模如图 3-50 所示,其特点是在冲床的一次冲程中只完成一道工序。这种冲模结构简单,容易制造,成本较低,适用于单件小批生产。

连续冲模如图 3-51 所示,其特点是在一个模具的不同位置上,安装着两个以上的凸模和凹模,因此,在模具的一次冲程中,可以在模具的不同部位上完成两道以上的冲压工序。这种冲模结构较复杂,制造较困难,成本较高,精度不够高,但生产效率很高,一般适于大批量生产。

关于制造冲模时怎样选择材料,关键是结合冲模的工作特点。由于冲模是在频繁的冲击载荷作用下工作的,所以在选材时应保证冲模的强度和韧性。尤其是工作部分除了要有足够的强度和韧性,还要有高硬度、高耐磨性和淬火变形小等特性。

3.5.4 板料冲压的基本工序

通常可把生产中冲压工序分为两大类。一大类是分离工序,即使坯料的一部分与另一部分相互分离的工序,主要包括冲裁、剪切、修整等。另一大类是变形工序,即使坯

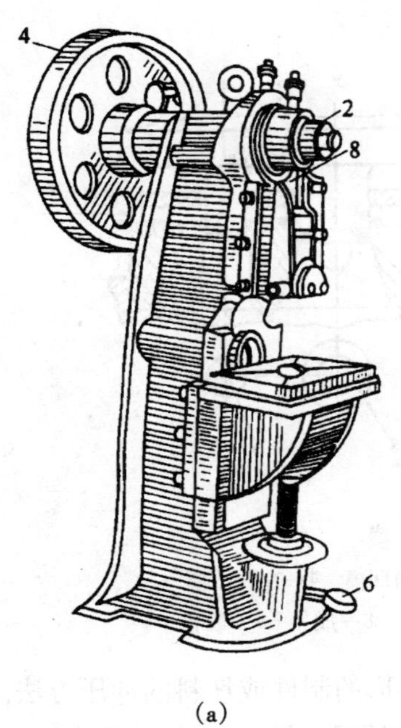

(a)

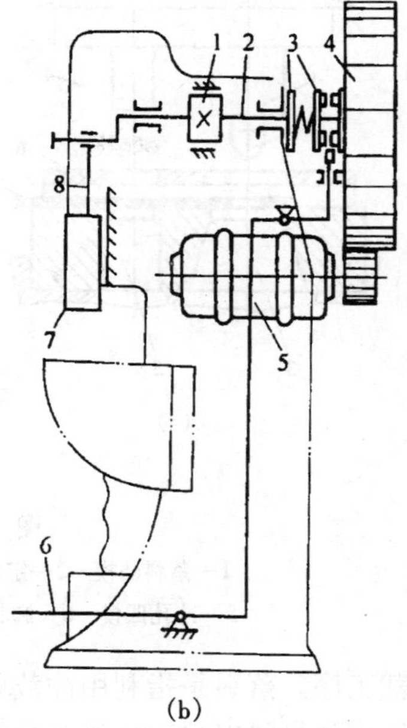

(b)

图 3-49　单柱冲床

(a)外形图;(b)传动图

1—制动闸　2—曲轴　3—离合器　4—飞轮　5—电动机　6—踏板　7—滑块　8—连杆

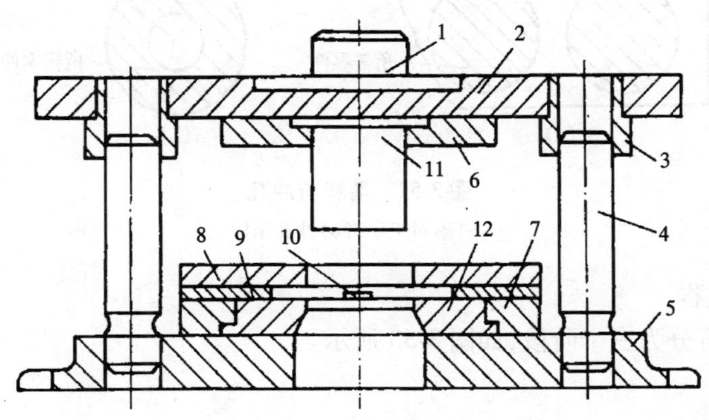

图 3-50　简单冲模

1—模柄　2—上模板　3—套筒　4—导柱　5—下模板

6、7—压板　8—卸料板　9—导板　10—定位销　11—凸模　12—凹模

料的一部分相对于另一部分产生位移而不破裂的工序,主要包括弯曲、拉深、翻边和成形等。

1. 分离工序

(1)冲裁

利用冲模将板料以封闭的轮廓与坯料分离的一种冲压方法称为冲裁。落料和冲孔

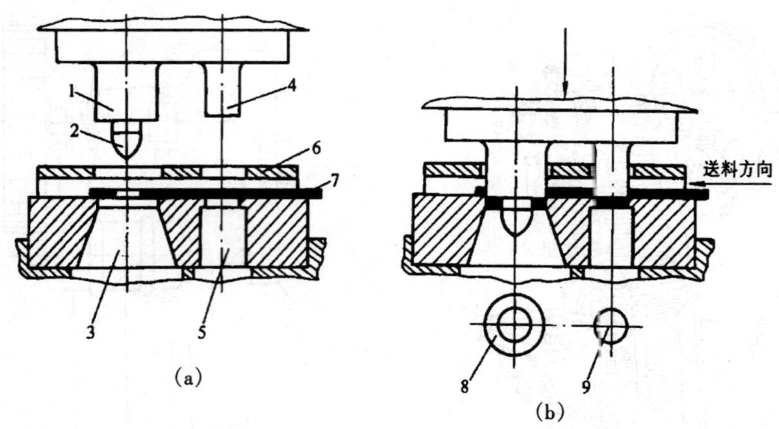

图 3-51　连续冲模

1—落料凸模　2—定位销　3—落料凹模　4—冲孔凸模
5—冲孔凹模　6—卸料板　7—坏料　8—成品　9—废料

都属于冲裁工序。落料是指利用冲裁取得一定外形的制件或坯料的冲压方法。冲孔是指将冲压坯内的材料以封闭的轮廓分离开来,得到带孔制件的一种冲压方法,其冲落部分为废料,如图 3-52 所示。

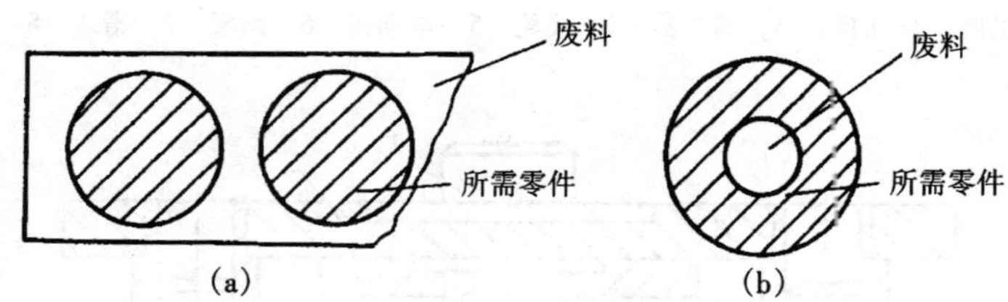

图 3-52　落料与冲孔

(a)落料工序;(b)冲孔工序

(2)冲裁过程

冲裁过程可分为三个阶段,如图 3-53 所示。

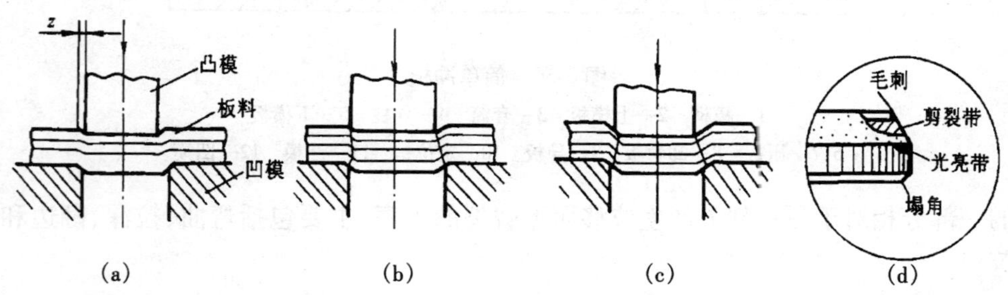

图 3-53　金属板料的分离过程

(a)弹性变形;(b)塑性变形;(c)分离;(d)落下部分的放大图

1)弹性变形阶段

凸模与凹模都具有锋利的刃口,二者之间有一定的间隙。凸模接触板料,凸模继续向下运动的初始阶段使凸凹模刃口附近的材料产生弹性压缩、拉深与弯曲等变形,如图3-53(a)所示。

2)塑性变形阶段

凸模继续下压,材料中的应力值达到屈服极限,则产生塑性变形。变形达到一定程度时,凸凹模刃口处的材料硬化加剧,出现微裂纹,如图3-53(b)所示。

3)断裂分离阶段

凸模继续下压,板料上的上、下裂纹汇合,冲裁件实现与坯料的断裂分离,如图3-53(c)所示。

如图3-53(d),当凸凹模间隙合适时冲裁件的断面明显分为4个部分:塌角、光亮带、剪裂带及毛刺。塌角是由凸模压入板料时刃口附近板料被牵连拉入变形而形成的。光亮带是在变形开始阶段由刃口切入并挤压形成,较光洁。剪裂带则是在变形后期由裂纹扩展形成,较粗糙。

塌角、剪裂带及毛刺等部分导致断口表面质量下降。这4部分在断面上所占的比例随材料的力学性能、厚度和凸凹模间隙等的不同而变化。比如塑性差的材料剪裂带占的比例比较大。

(3)凸凹模间隙

凸凹模间隙对冲裁件的断面质量、模具寿命、冲裁力等都有重要影响。

间隙过小,上下裂纹就不能很好重合,导致毛刺增大,甚至出现二次裂带,影响断面质量;同时还会使磨擦增大,加快刃口的钝化,减少模具的寿命;此外,还会增加冲裁力、卸料力和推件力。

间隙过大,拉应力会增大,塑性变形阶段结束较早,断口光亮带窄,剪裂宽,毛刺大。

间隙合适,上下裂纹自然汇合,断面较平整,毛刺不大,光亮带较宽,断面质量好。

因此,合理选择间隙对冲裁生产至关重要。选用时主要考虑冲裁件断面质量和模具寿命这两个因素。当冲裁件断面质量要求较高时,应选取较小的间隙值;当冲裁件断面质量要求不高时,应尽可能加大间隙,减小模具间摩擦,从而提高模具寿命。

(4)冲裁件的排样

在冲裁前,为了充分利用材料,要合理地在板料上布置零件。通常把冲裁件在板料或带料上的布置方法,称为排样或排料。排样合理,可使板料得到最大限度的利用。排样的方法很多,图3-54列出了几种排样法。

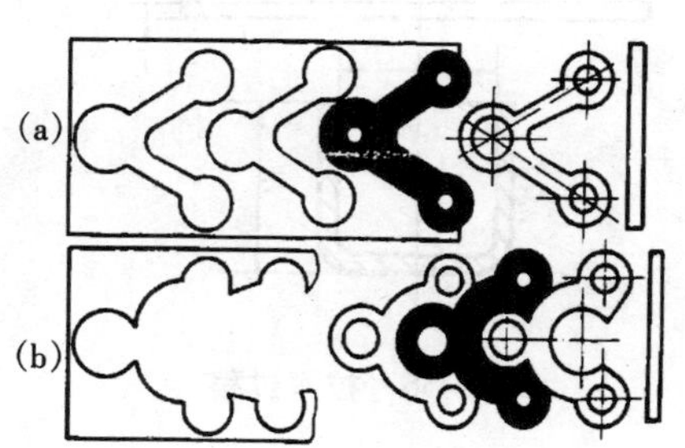

图3-54 冲裁件的排样方法

(5)剪切

剪切是指将材料沿不封闭的曲线分离的一种冲压方法,通常是在剪床上进行的。剪切所用剪床有以下三种。

①平口剪床，它的刀口是相互平行的，如图 3-55(a)所示。

②斜口剪床，它的上刀口是倾斜的，倾斜角一般为 6°~8°，如图 3-55(b)所示。

③圆盘剪床，它是利用两片反向转动的刀片，而将板料剪开的剪床，如图 3-55(c)所示。

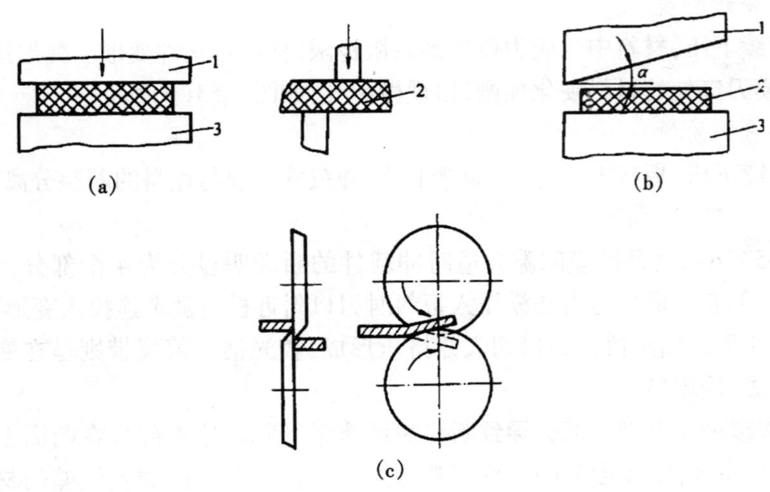

图 3-55　剪床分类

(a)平口剪床刀口；(b)斜口剪床刀口；(c)圆盘剪床

1—上刀口　2—板料　3—下刀口

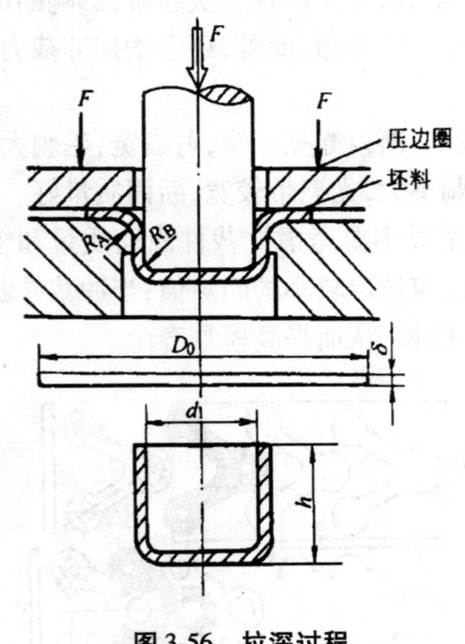

图 3-56　拉深过程

(6)修整

修整是使落料或冲孔后的产品获得精确轮廓的工序，即利用修整模从冲裁件的内外轮廓上修切下一层薄薄的切屑，以获得规整的棱边、光洁的断面和较高的尺寸精度。修整的目的与切削加工相似，主要是去除塌角、剪裂带及毛刺。通常，当冲裁件的质量要求较高时，才增加修整工序。

2. 变形工序

(1)拉深

拉深是指变形区在一拉一压的应力状态作用下，使板料(浅的空心坯)成形为空心件(深的空心件)而厚度基本不变的方法，也叫拉延，如图 3-56 所示。直径为 D_0 的板料放在凹模上，并用压边圈压好，以防拉深时坯料的变形区皱褶，凸模向下运动时，将板料经凹模向下压，与凸模底部接触的板料在拉深过程中基本不变形，最后成为拉深件的底，其余部分则成为拉深件的侧壁。板料一次拉深深度不能太大,否则,可能会产生裂纹。从板料变形到最后成品,一般需经几次拉深工序。

(2)弯曲

将板料、型材或管材在弯矩作用下弯成一定曲率和角度的制件的成形方法称为弯曲,如图 3-57 所示。

3. 翻边

将毛坯的平面部分或曲面部分的边缘,沿一定的曲线翻起竖立直边的成形方法,称为翻边,如图 3-58 所示。

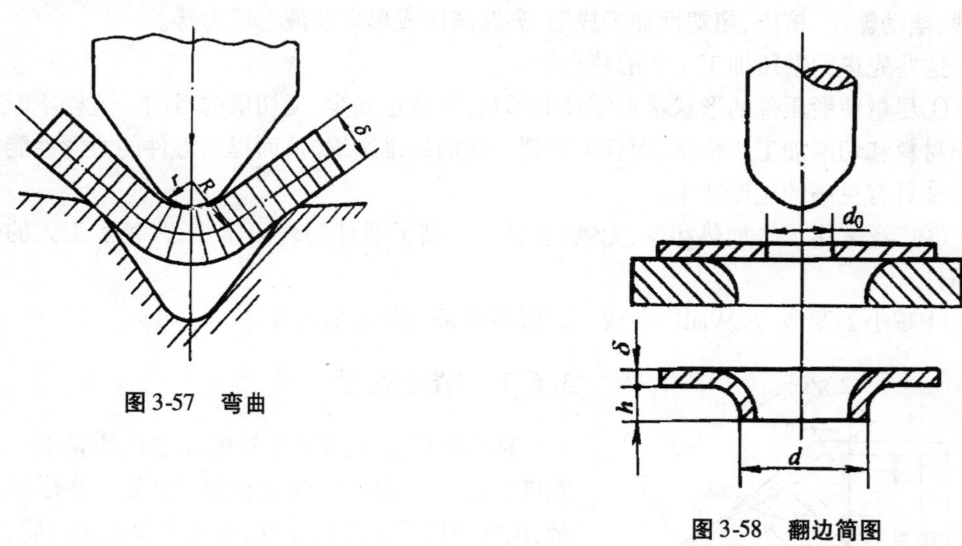

图 3-57 弯曲

图 3-58 翻边简图

4. 成形

成形是利用局部变形,使坯料或半成品改变形状的工序,包括压印、缩口和胀形等,如图 3-59 所示。

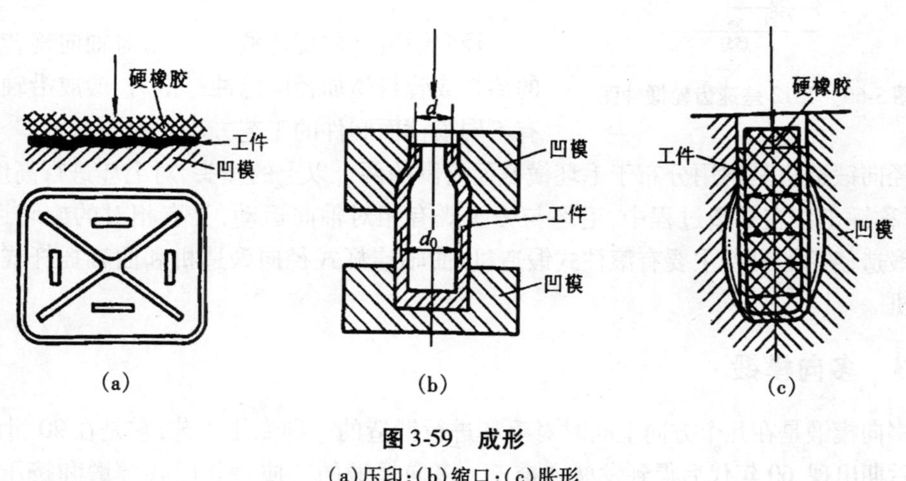

图 3-59 成形

(a)压印;(b)缩口;(c)胀形

任务6　了解锻压新技术、新工艺(现场教学或实地参观)

随着现代工业的不断发展,对锻压加工生产提出了越来越高的要求,不仅要求生产各种毛坯,而且要求直接生产更多的零件并能满足一些特殊工作要求。一般说来,锻压新技术、新工艺的发展,都是指优质、高效、低消耗地进行生产。近年来,在锻压加工生产方面出现了许多先进的工艺方法,并得到迅速发展,例如:精密模锻、径向锻造、多向模锻、摆动辗压、挤压、超塑性加工成形、高速高能成形以及液态成形等。

这些先进的锻压加工工艺的特点如下。

①尽量使锻压件的形状接近零件的形状,以便达到少、无切屑的目的。这样不但节省原材料和切削加工工作量,而且可得到合理的纤维组织,从而提高零件的力学性能。

②具有更高的生产效率。

③广泛采用了电加热和少、无氧化加热,提高了锻件的表面质量,改善了工人的劳动条件。

④减小了变形力,从而可在较小的锻压设备上制造出大锻件。

3.6.1　精密模锻

精密模锻是提高锻件精度和表面质量的一种先进工艺。它能利用模锻设备,锻造一些形状复杂、尺寸精度要求高的零件,如精密模锻伞齿轮,其齿形部分可直接锻出而不必再经切削加工。图3-60是TS12差速齿轮锻件图。

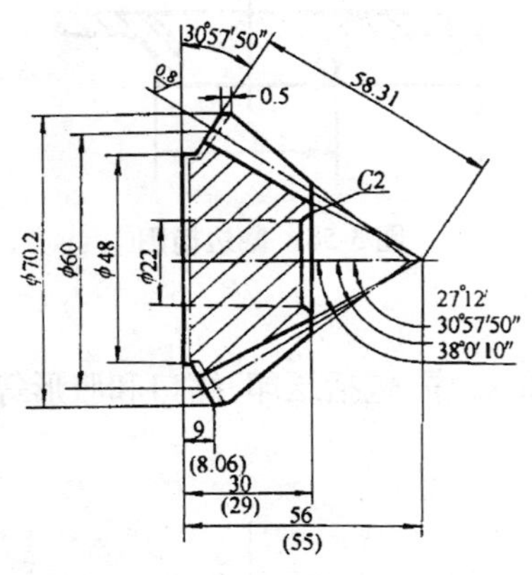

图3-60　TS12差速齿轮锻件图

3.6.2　径向锻造

径向锻造又称旋转锻造,是指对轴向旋转送进的棒料或管料施加径向脉冲打击力,锻成沿轴向具有不同横截面制件的工艺方法。

径向锻造机是利用分布于毛坯横截面周围的两个以上的锤头,对毛坯进行高度、同步、对称锤击。在锻造过程中,毛坯与锤头既有相对轴向运动,又有相对的旋转运动。径向锻造使用的设备主要有滚柱式锻造机、曲轴连杆式径向锻造机和曲轴摇杆式旋转锻造机。

3.6.3　多向模锻

多向模锻是在几个方向上同时对毛坯进行锻造的一种专用工艺,它是在20世纪40年代后期出现,60年代后得到发展和推广。多向模锻的实质就是闭式模锻和挤压的联合锻造。多向模锻的加热必须采用少、无氧化加热,而且只需一次加热,便可使锻件成形。其锻模是可分式的组合模具,具有多个分模面,其分模形式通常有垂直分模、水平分模和水平垂直联合分模。为了保证多向模锻组合凹模或冲头运动的准确性、导向性，模具上必须设置导向装置。多向模锻突破了模锻锤、水压机、曲柄压力机的局限，改变了大型、复杂锻件余块大、余量大、公差大等一系列缺点，实现毛坯精化，提高了内部质量。

3.6.4 挤压

挤压是模锻加工中的一种少、无切屑加工工艺。它是利用锻压设备的简单往复运动，坯料在三向不均匀压应力作用下，从模具的孔口或缝隙挤出，使之横截面积减小长度增加，成为所需制品的加工方法。

根据挤压时金属流动方向和凸模运动方向的关系，挤压可分为以下4种。

①正挤压，是指坯料从模孔中流出部分的运动方向与凸模运动方向相同的挤压方式。该法可挤压各种截面形状的实心件和空心件。

②反挤压，是指坯料的一部分沿着凸模与凹模之间的间隙流出，其流动方向与凸模运动方向相反的挤压方式。该法可挤压不同截面形状的空心件。

③复合挤压，是指同时兼有正挤、反挤时金属流动特征的挤压。

④径向挤压，是指挤压时，金属流动方向与凸模运动方向相垂直。

3.6.5 超塑性加工成形

超塑性是指金属材料在特定条件下，在低载荷作用下，其拉伸变形的伸长率超过100%的现象，其中最大伸长率可达1 000－2 000%。

超塑性状态下的金属在拉伸变形过程中不产生缩颈现象，变形应力可降为常态下金属的变形应力的几分之一至几十分之一。所以该种金属极易成形，可采用多种工艺方法制出各种复杂零件。

目前常用的超塑性材料主要是锌铝合金、铝基合金、铜合金、钛合金及高温合金。经过超塑性加工成形的制件，其内部组织仍呈超细晶粒状态，则室温下强度较高，高温下蠕变性能较差。影响超塑性的因素很多，主要有变形温度、变形速度、组织结构及晶粒度等。

3.6.6 高速高能成形

高速高能成形是指在极短的时间内，将化学能、电能、电磁能和机械能传递给被加工的金属材料，使之迅速成形的方法。它的形式很多：利用炸药的爆炸成形、利用放电的放电成形、利用电磁力的电磁成形和利用压缩气体的高速锤成形等。

高速高能成形的速度高，可加工其他加工方法难加工的金属材料，而且加工精度高、时间短，设备费用也较低。

3.6.7 液态成形

液态成形是一种界于铸造和模锻之间的加工方法。它是把定量的金属直接浇入金属模内,然后在一定时间内以一定压力作用于液态或半液态金属上,并在此压力下结晶和塑性流动,直至最后成形。用于液态模锻的金属种类很多,常见的有碳钢、不锈钢、灰口铸铁、铝合金、铜合金等。

项目四　焊接成形与实训

任务1　了解焊接生产

焊接是借助于两物体原子间的联系及质点的扩散作用而实现连接的，是将工件（构件）连接起来的一种工艺方法。生产中的连接分类如下。

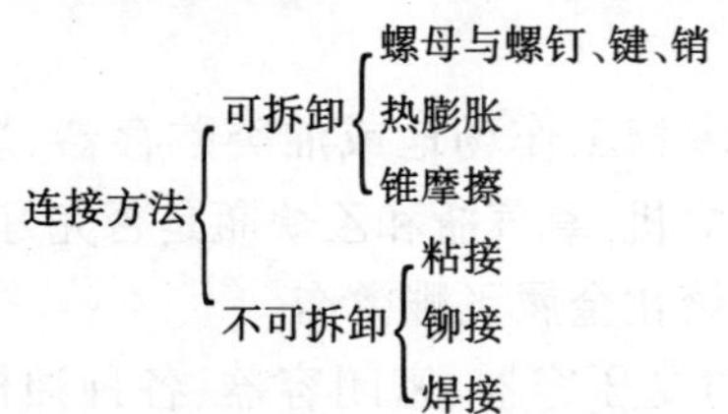

可拆卸连接用于零件的装配和定位加工等，不可拆卸连接用于金属结构与零件的装配焊接，以保证结构的强度、定位的精度与装配精度，且工艺简单，加工成本低。

平焊焊缝倾角0°～5°、焊缝转角0°～10°的焊接位置称为平焊位置（简称平焊）。平焊是一种最有利于焊接操作的空间位置。平焊时熔滴容易过渡，溶渣与熔化金属不易流失，也易于控制焊缝形状。平焊时可以使用较粗的焊条和较大的焊接电流来提高生产效率。

4.1.1　焊接的分类与应用

1. 分类

焊接方法分类种类甚多，通常情况下，按其焊接过程的特点分为熔焊、压焊和钎焊三大类。每大类按不同的方法细分为若干小类，如图4-1所示。

2. 焊接的应用

焊接的应用有制造金属结构、制造金属零件或毛坯及连接电器导线等。

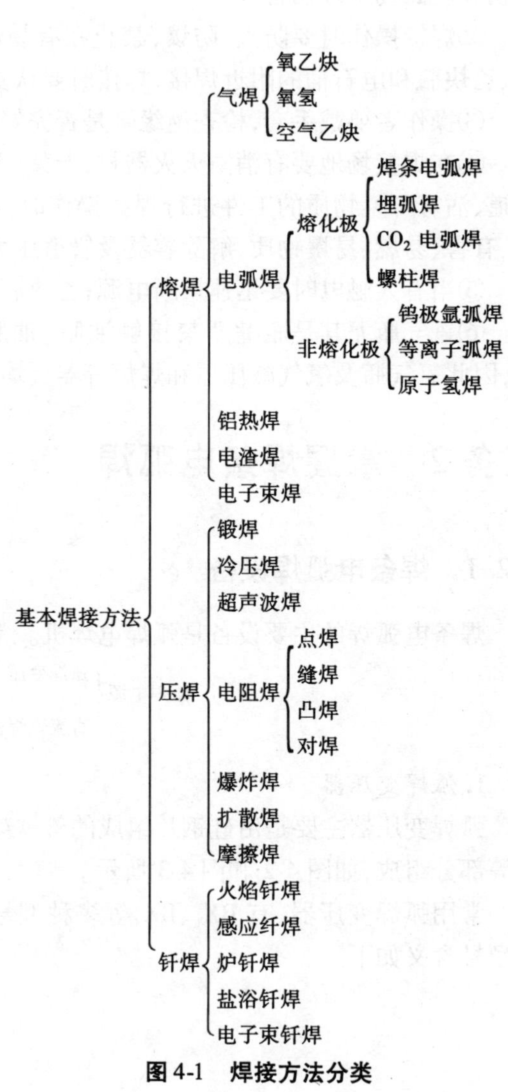

图4-1　焊接方法分类

4.1.2 焊接的特点

焊接具有如下特点。

①焊接操作简单,操作空间位置大。

②熔渣与熔化金属不易流失,焊缝形状易于控制。

③平焊是手弧焊焊接的基础,所以在焊接时应尽可能使接缝处于平焊位置。

4.1.3 焊接安全文明生产

焊接生产时必须注意以下事项。

①触电是焊接操作的主要危险因素,焊接操作主要防止三种类型的伤害,即电击、电伤和电磁场生理伤害。

②焊接操作时要防火、防爆,禁止在有易燃、易爆物工作场地或油类贮存器、煤气管、乙炔瓶和电石桶的附近焊接,焊接时要认真检查焊机、氧气瓶和乙炔瓶是否完好。

③操作者要戴手套,检查绝缘鞋是否完好,防止熔化金属飞溅烫伤。

④在焊接场地要有消防灭火器材,严禁烟火。对受压容器、密闭容器、各种油桶和管道、沾有可燃物质的工件进行焊接操作时,必须事先进行检查,并经过冲洗,请除有毒、有害、易燃、易爆物质,解除容器及管道压力,消除容器密闭状态后,再进行焊接。

⑤当有人触电时要迅速切断电源;乙炔瓶在贮运和使用中,必须直立,不能放倒。

⑥氧气瓶尤其是瓶嘴严禁接触油脂(油脂遇压缩纯氧会自燃,容易引起火灾、爆炸,因此氧气瓶及氧气减压器和焊炬等器具均严禁沾油),要尽量远离易燃物。

任务2 掌握焊条电弧焊

4.2.1 焊条电弧焊设备

焊条电弧焊的主要设备是弧焊电焊机。常用焊接设备按电流性质分类如下。

弧焊电源
- 弧焊变压器
- 直流弧焊机
  - 弧焊整流器
  - 弧焊发电机

1. 弧焊变压器

弧焊变压器主要是由硅钢片组成的磁铁架上缠绕的一次线圈、二次线圈和活动铁芯等部分组成,如图4-2和图4-3所示。

常用弧焊变压器,有BX_1、BX_3等多种型号,其中BX_1-300为动铁式弧焊变压器,其型号含义如下。

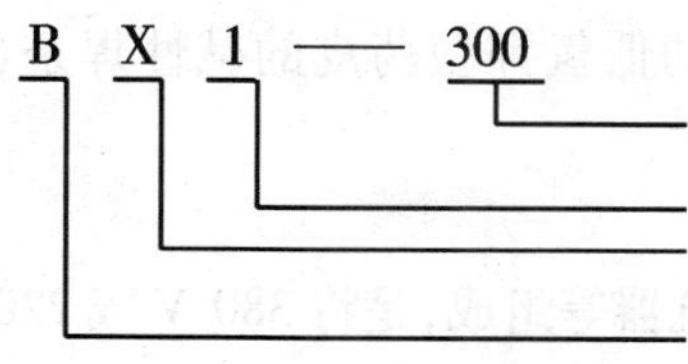

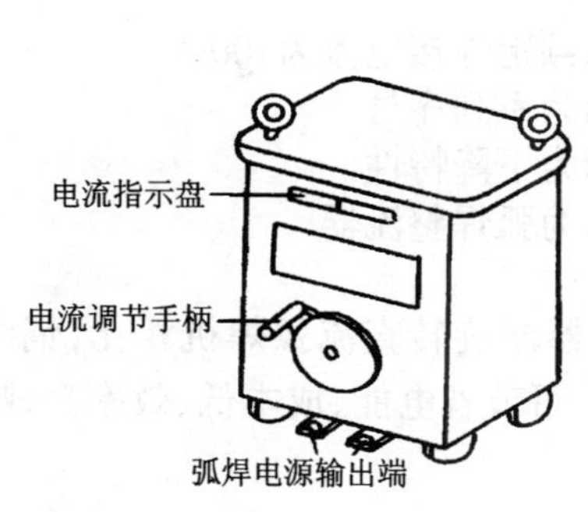

图 4-2　BX_1 －300 弧焊变压器图

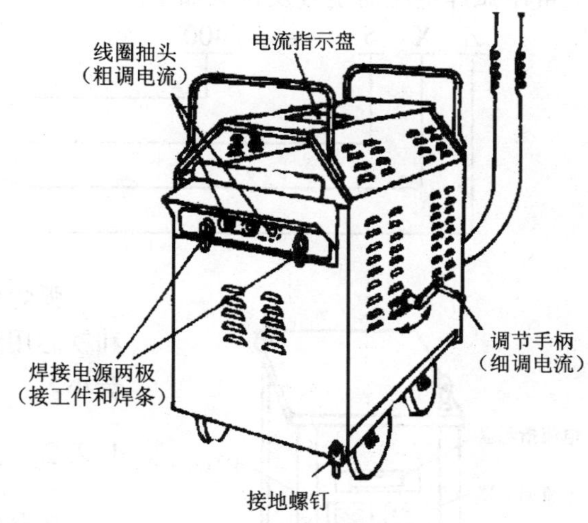

图 4-3　BX_1 －250 弧焊变压器图

下降外特性是指电源输出电压随输出电流增大而下降。

弧焊变压器的主要性能参数如下。

①初级电压。弧焊变压器初级线圈两端的电压称为初级电压。

②空载电压。弧焊电源当合上电闸后没有负载(即没有焊接电流)时的输出两端的电压称为空载电压,交流手弧焊机的空载电压在 50 ~ 90 V 之间。这样的空载电压既能保证电弧稳定燃烧,对操作者也较为安全。

③工作电压。弧焊电源在焊接时输出两端的电压,称为工作电压,也可看作是电弧两端的电压(称电弧电压)。手弧焊电弧电压一般在 20 ~ 30 V 之间。

④负载持续率,在规定的工作周期中,弧焊电源有负载的时间所占的百分率,称为负载持续率。曾称为暂载率,手弧焊机工作周期规定为 5 min,设计弧焊电源时规定的一种常用的负载持续率称为额定负载持续率。

⑤额定焊接电流。弧焊电源在额定负载持续率时允许用的最大焊接电流称为额定焊接电流,简称额定电流。

⑥电流调节范围。弧焊电源提供的可调节的焊接电流范围称电流调节范围。一般分粗调和细调两步,得到焊接电流所需要的值。粗调是改变线圈抽头的接法以调整电流范围。细调是转动调节手柄,调节活动铁芯或移动线圈的位置。顺时针转动,焊接电流减小;逆时针转动,焊接电流增大。

弧焊变压器结构简单,制造成本低,使用维修方便,但稳弧性较差,可用于稳弧性好的酸性焊条(即非低氢型焊条)和稳弧性较好的低氢钾型药皮的碱性焊条(即低氢焊条)。

2. 直流弧焊整流器

弧焊整流器是由变压器、整流器和滤波电抗器等组成,是将 380 V 或 220 V 的交流电经降压、整流等转变为电弧焊所需的直流电,如图 4-4 所示。

常用弧焊整流器型号及含义如下。

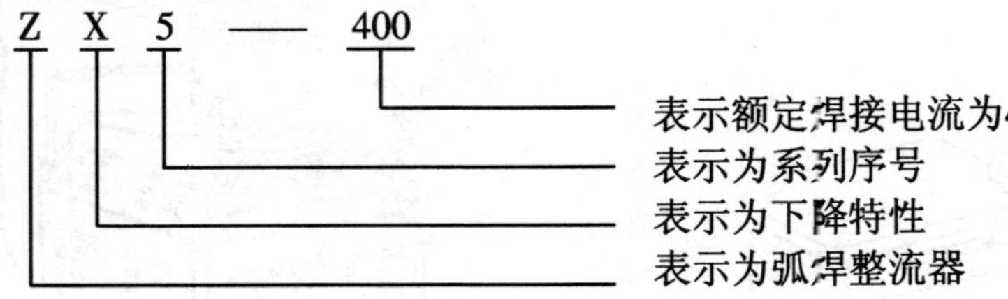

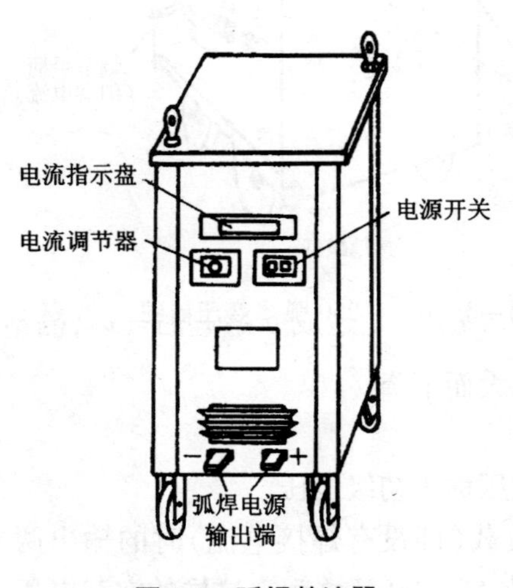

图 4-4 弧焊整流器

弧焊整流器同旋转直流弧焊机相比,铜线和铁芯用量少,可节省电能、成本低、效率高、噪音小。

4.2.2 焊条

涂有药皮的供弧焊电焊机用的熔化电极称焊条。它是由焊芯和药皮组成,如图 4-5 所示。焊条端部有一段没有药皮的夹持端,被焊钳夹住后可以传导电流(药皮不导电)。焊条末端药皮被磨成锥形,便于焊接时引弧,上端药皮表面处印有该焊条的型号或牌号,以便识别。焊条对焊缝质量有很大的影响。

1. 焊条分类

根据所焊材料的不同,焊条可分为低碳钢

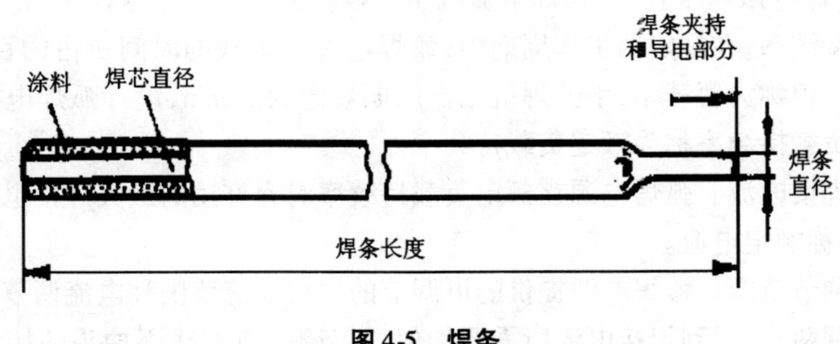

图 4-5 焊条

及低合金结构钢焊条、钼和铬钼耐热钢焊条、不锈钢焊条、堆焊焊条、低温铸铁焊条、镍和镍合金焊条、铜及铜合金焊条以及铝及铝合金焊条。

2. 焊芯

焊芯是产生电弧的电极,又是焊缝的填充金属。碳素结构钢和低合金结构钢焊接用的焊条,其焊芯材料为低碳钢,常用牌号为 H08A,其含义如下。

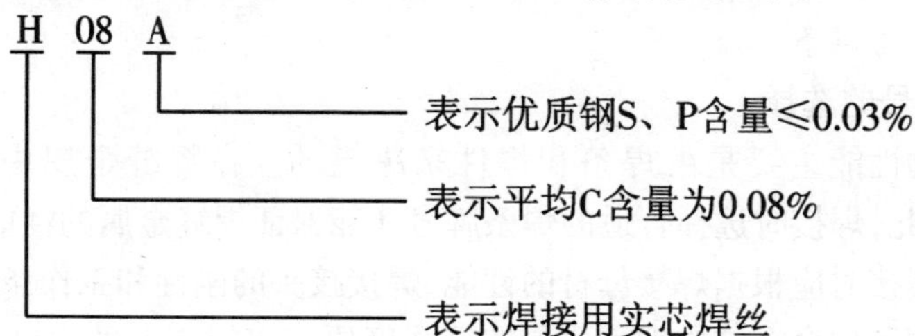

焊芯直径为 1~12 mm,其中常用的有 Φ2,3,4,5,6 mm 几种。焊芯长度在 250~450 mm 之间,直径小的长度也短些。

3. 药皮

药皮作用是帮助引弧和使电弧稳定燃烧以改善焊条的工艺性能。它是由多种矿石粉和铁合金粉所组成。

稳弧剂由碳酸钾、碳酸钠、长石、大理石、钛白粉、钠水玻璃、钾水玻璃等组成。其作用是改善引弧性,提高电弧燃烧的稳定性。造成一定量的气体,隔绝空气以保护焊接熔滴与熔池。

造气剂由淀粉、木屑、纤维素、大理石等组成,其作用是造成一定量的气体,隔绝空气,保护焊接熔滴与熔池。

造渣剂由大理石、萤石、长石、锰矿、钛铁矿、黄土、白泥、金红石等组成,其作用是在高温下与杂质化合成为熔渣,以保护焊缝。

脱氧剂由锰铁、硅铁、钛铁、铝铁、石墨等组成,其作用是降低电弧气氛和熔渣的氧化性,脱除金属中的氧。锰元素还起脱硫作用。

合金剂由锰铁、硅铁、钒铁、铬铁、钼铁、钨铁组成。其作用补偿在焊接过程中被烧损的合金元素,用以改善焊缝力学性能。

稀释剂由萤石、钛铁矿等组成。其作用是调整熔渣的黏度,增强熔渣的流动性。

黏结剂由钾水玻璃、钠水玻璃组成,其作用是将上述涂料物质均匀牢固地粘在焊芯上。

根据药皮不同焊条可分为酸性焊条和碱性焊条两大类,药皮熔渣中酸性氧化物比碱性氧化物多的焊条称酸性焊条,焊条牌号中末尾数字为 1—5 时属于酸性焊条。钛钙型为碱性焊条,碱性焊条也称低氢型焊条。焊条牌号中末尾数字为 6 或 7 时属于碱性焊条。酸性焊条交、直流电源均可用,而碱性焊条有的只能用直流焊接电源。

4.2.3 焊接参数选择

焊接时,为保证焊接质量而定的各个物理量,如焊条种类、牌号和直径,焊接电流的种类、极性和大小,电弧电压,焊接速度,焊道层次等,被称为焊接参数。

焊条电弧焊的焊接参数通常包括焊条的选择、焊接电流、电弧电压、焊接速度、焊接层数等。焊接参数的选择直接影响焊缝形状、尺寸、焊接质量和焊接生产效率,因此选择合适的焊接参数是焊接生产中一个不可忽视的问题。

1. 焊条牌号与焊条直径选择

(1)焊条牌号的选择

焊缝金属的性能主要是由焊条和焊件来决定的。在焊缝金属中填充金属约占50% ~70%,因此,焊接时选择合适的焊条牌号才能保证焊缝金属的性能。在板—板对接平位手弧焊焊接时应根据焊接母材的性能、焊接接头的刚性和工作条件来选择焊条,如焊接一般碳钢和低合金结构钢主要是按等强度原则选择焊条的强度级别,一般结构选择酸性焊条,重要结构选择碱性焊条。板—板对接平位手弧焊焊接时根据要求应选择 E5015 焊条。

(2)焊条直径的选择

这是保证焊接质量的重要因素。焊条直径过大,易造成未焊透或焊缝形成不良的缺陷;焊条直径过小,则会使生产效率降低。因此,必须正确选择焊条直径。焊条直径的选择与下列因素有关。

1)焊件厚度

厚度大的焊件选用大直径焊条;反之,较薄构件的焊接,则应选用小直径的焊条。表 4-1 列出了焊条直径选择的参考数据。

表 4-1　焊条直径的选择

焊件厚度(mm)	2	3	4 ~5	6 ~12	>13
焊条直径(mm)	2	3.2	3.2 ~4	4 ~5	4 ~6

2)焊接位置

在板厚相同的条件下,平焊位置的焊接所选用的焊条直径应大一些,但一般不超过 4 mm。否则,熔池过大,铁水易下淌,焊缝成形较差。

3)焊接层数

在进行开坡口多层焊时,如果第一层选用较大直径的焊条来焊接,那么焊条不能深入坡口根部,造成根部焊不透的现象,而且清根过深,会增加焊接工作量。因此,第一层焊道应选用小直径焊条,以后各层可以根据焊件厚度,选用较大直径的焊条。

4)接头形式

平焊接头应根据板厚选用相应直径的焊条。

2. 焊接电源种类和极性的选择

通常根据焊条的种类来决定焊接电源的种类,除低氢钠型焊条必须采用直流反接电源外,低氢钾型焊条可采用直流或交流,所有酸性焊条通常都采用交流电源焊接,但也可以用直流电源,焊厚板时用直流正接,焊薄板时用直流反接。

3. 焊接电流的选择

焊接时,流经焊接回路的电流称为焊接电流,焊接电流的大小是影响焊接生产效率和焊接质量的重要因素之一,也可以说是唯一独立参数,因为焊工在操作过程中需要调节的只有焊接电流,而焊接速度和焊接电压都是由焊工控制的。

选择焊接电流时,应根据焊条类型、焊条直径、焊件厚度、接头形式、焊接位置和层数等因素综合考虑。焊接电流过小会造成电弧不稳、未焊透、夹渣及焊缝成形不良等缺陷;焊接电流过大易产生咬边、焊穿的缺陷,同时易使焊接变形和金属飞溅,也会使焊接接头的组织由于过热而发生变化。所以,焊接时要合理地选择焊接电流。

(1)根据焊条直径选择

焊条电弧焊焊接碳钢时,焊接电流可按下述经验公式来选择。

$$I=(35\sim55)d$$

式中:I 为焊接电流(A);d 为焊条直径(mm)。

(2)根据焊条类型选择

在相同的情况下,碱性焊条使用的焊接电流一般可比酸性焊条小 10% 左右,否则焊缝中易产生气孔。

(3)根据焊接位置选择

在相同焊条直径的条件下,平焊时的焊接电流可大些,其他位置的焊接电流比平焊时小 10% ~20% 。

(4)根据焊道层次选择

通常焊接打底焊道时,特别是焊接单面焊双面成形的焊道时,使用的焊接电流比较小,这样便于操作和保证背面焊道的质量;焊填充焊道时,为提高效率,保证熔合良好,通常使用较大的焊接电流;而焊盖面焊道时,为防止咬边和获得较美观的焊道,使用的焊接电流稍小些。

对接平位手弧焊焊接时,应根据试焊的结果来选择合适焊接电流。通常应根据焊条直径推荐的电流范围选定一个焊接电流,在试板上试焊,并在焊接过程中观察熔池的变化、熔渣和铁水的分离情况、飞溅大小、焊条是否发红、焊缝成形是否良好、脱渣性是否良好等来选择焊接电流。当焊接电流合适时,施焊起来很容易引弧,电弧稳定,熔池温度较高,熔渣比较稀,很容易从铁水中分离出去;能观察到颜色比较暗的液体从熔池中翻出,并向熔池后面集中;熔池较亮,表面稍下凹,但很平稳地向前移动,焊接过程中飞溅很小,能听到均匀的劈啪声。焊后,焊缝两侧圆滑地过渡到母材,鱼鳞纹较细,焊渣也容易清除。

当选择的焊接电流太小时,则很难引弧,焊条容易粘在焊件上;焊道余高很高,鱼鳞纹粗,焊缝两侧熔合不好;当焊接电流过小时,根本形不成焊道,熔化的焊条金属粘在工件上像一条蚯蚓,十分难看。

当选择的焊接电流太大时,焊接时飞溅和烟尘很大,焊条药皮成块状脱落,焊条发红,电弧吹力大;熔池有一个很深的凹坑,表面很亮;非常容易烧穿、产生咬边。由于焊接电源的负载过重,可听到很明显的哼哼声,焊缝外观很难看,鱼鳞纹很粗。

总之，在保证不焊穿和成形良好的条件下，应尽量采用较大的焊接电流，并适当提高焊接速度，以获得较高的效率。

4. 电弧电压的选择

电弧电压主要影响焊缝的宽窄，电弧电压越高，焊缝越宽。焊条电弧焊时，焊缝宽度主要靠焊条的横向摆动幅度来控制，因此电弧电压的影响不明显。

焊条电弧焊的电弧电压主要由电弧长度来决定。由电弧静特性可知：电弧长度越长，电弧电压越高；电弧长度越短，电弧电压越低。在焊接过程中，电弧不宜过长，电弧过长会出现下列几种不良现象。

①电弧燃烧不稳定，对熔池易摆动，保护效果差，电弧热能分散，飞溅增多，造成金属和电能的浪费。

②熔池浅，容易产生咬边、未焊透、焊缝表面高低不平和焊波不均匀等缺陷。

③对熔化金属的保护变差，空气中的氧和氮等有害气体容易侵入焊接区，使焊缝中产生气孔的可能性增加，同时降低焊缝金属的力学性能。

焊条电弧焊应尽量使用短弧施焊，以利熔滴过渡，并防止熔化金属下滴，长度为焊条直径的0.5～1.0倍的电弧，一般被称为短弧，也可用计算公式求出弧长如下。

$$L_a = (0.5 \sim 1.0)d$$

式中：L_a 为电弧长度（mm）；d 为焊条直径（mm）。

5. 焊接速度的选择

单位时间内完成的焊缝长度称为焊接速度。焊接过程中，焊接速度应该均匀适当，既要保证焊透又要保证不焊穿，同时还要使焊缝宽度和余高符合图纸要求。

当焊接速度过快时，熔化温度不够，易造成未熔合、焊缝成形不良等缺陷。当焊接速度过慢时，使高温停留时间过长，热影响区宽度增加，焊接接头的晶粒变粗，力学性能下降，变形量也增大。

当焊接较薄的构件时，容易发生烧穿现象等缺陷。

在平位手弧焊焊接时，应在保证焊缝质量的基础上，采用较大的焊条直径和焊接电流，同时根据具体情况适当加快焊接速度，以保证在焊缝成形良好的条件下，提高效率。

6. 焊缝层数的选择

在焊件厚度较大时，往往需要多层焊。对强度等级较低的低碳钢进行多层焊时，每层焊缝的厚度最好不大于4～5 mm，这样才能保证焊缝质量。

焊接层数主要根据钢板厚度、焊条直径、坡口形式和装配间隙等因素确定，具体可作如下估算。

$$n = \delta / md$$

式中：n 为焊接层数；δ 为焊件厚度（mm）；m 为经验系数，一般取0.8～1.2；d 为焊条直径（mm）。

在平位手弧焊焊接时，应在保证焊缝质量的基础上，焊接打底焊道时，特别是焊接单面焊的，使用比较小的焊接电流，这样便于操作焊道的质量。在焊接第二层前应把上面的熔渣清理干净。焊缝的厚度最好不大于3～4 mm，这样才能保证焊缝质量。

总之，对于上述各项焊接参数，在选择时不能单纯考虑某一参数对焊接焊头的影响，因为仅对一个参数进行分析是不全面的。因此，焊接参数的大小应全面综合考虑。

4.2.4 焊接电弧

电弧是两带电导体之间持久而强烈的气体放电现象。

1. 电弧的构造与温度分布

电弧由三部分构成，即阴极区（一般为焊条端面的白亮斑点）、阳极区（工件上对应焊条端部的熔池中的薄亮区）和弧柱区（为两电极间空气隙），如图 4-6 所示。

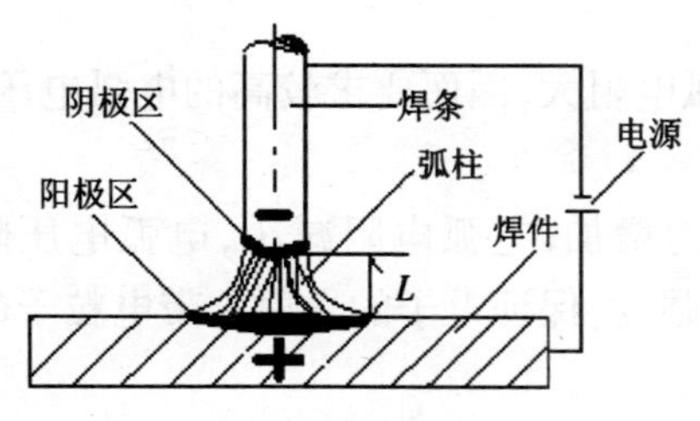

图 4-6 电弧的构造图

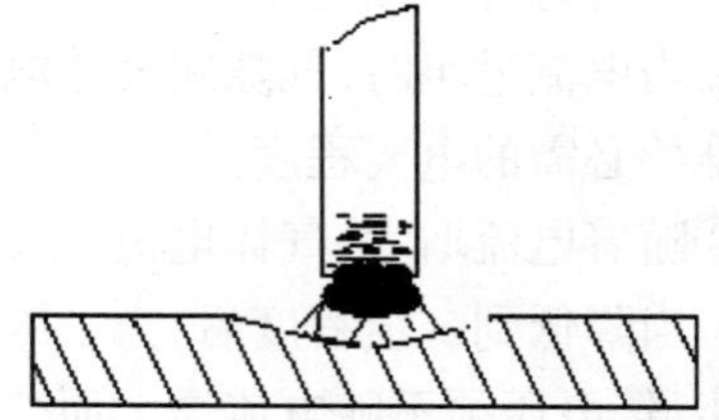

图 4-7 焊条与焊件瞬时接触造成短路

2. 电弧的形成

(1)引弧短路

引弧时焊条与焊件瞬时接触而造成短路，由于接触部分的电阻和通过电流的密度增大使两极间的接触点产生大量的热，很快使焊条端部和焊件接触部位达到熔化状态，个别接触点被电阻热 $Q = I^2 Rt$ 所加热，极小的气隙的电场强度很高，然后将焊条提起，如图 4-7 所示。

(2)端部熔化

焊条端部开始熔化时，先在焊条端部形成"熔滴"。由于表面张力的作用，在开始的瞬间熔滴仍然保留在焊条的端头上，如图 4-8 所示。

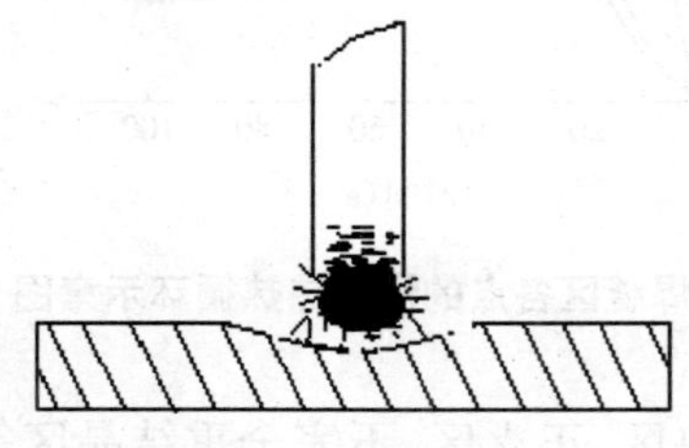

图 4-8 焊条端部熔化

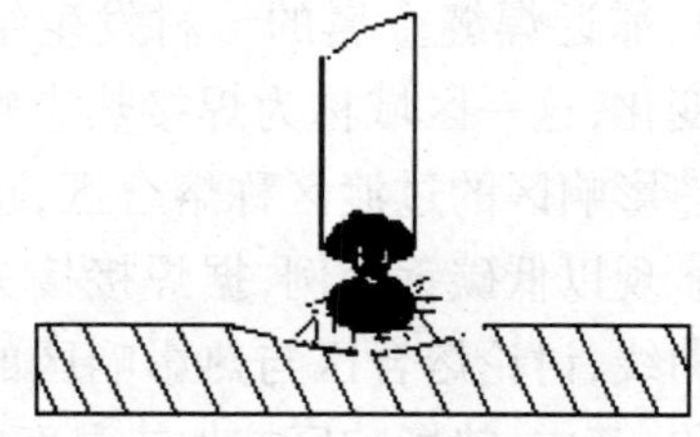

图 4-9 熔化金属细颈

(3)液体金属过梁(金属小桥)

因熔化金属数量增多，尤其是在电弧电磁吹力和药皮的分解气流吹力的外力作用下，熔滴向熔池表面靠近，当熔滴与熔池接触时，就会形成"液体金属过梁"，即金属小桥，如图 4-9 所示。

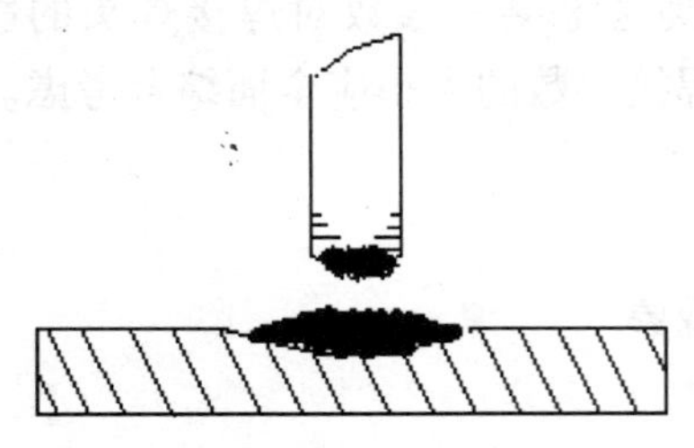

图 4-10 液体金属与焊条分离

(4)飞溅

在液体金属过梁的作用下,使焊条与工件间瞬间造成短路,由于短路的作用电弧电压下降,焊接短路电流急剧增大致使“过梁”强烈地受热、沸腾,最后形成爆破(飞溅)使细小的熔滴滴入熔池,少部分飞溅于熔池外,如图 4-10 所示。

3. 电弧稳定燃烧的条件

电弧稳定燃烧应具备以下条件。

①应有符合焊接电弧电特性要求的电源。

②当电流过小时,气隙间气体电离不充分,电弧电阻大,因而要求较高的电弧电压,方能维持必需的电离程度。

③随着电流增大,气体电离程度增加,导电能力增加,电弧电阻减小,电弧电压降低。但当降低到一定程度后,为了维持必要的电场强度,保证电子的发射与带电粒子的运动能量,电压须不随电流增大而变化。

④做好清理工作,选用合适药皮的焊条。

⑤防止偏吹。

4.2.5 焊接接头的组织和性能的变化

1. 焊件上温度的变化与分布

焊缝区金属经受由常温状态开始被加热到较高的温度,然后再逐渐冷却到常温这样一个热循环,如图 4-11 所示。

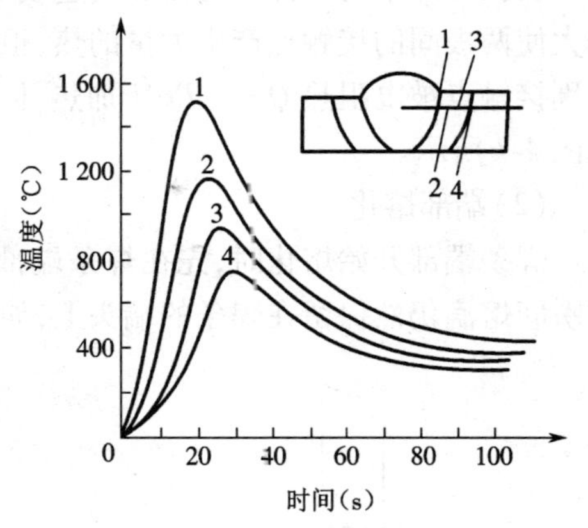

图 4-11 焊缝区各点的焊接热热循环示意图

2. 焊接接头处熔合区和热影响区组织和性能的变化

焊接过程中焊缝金属熔化(以低碳钢为例),靠近焊缝金属的母材发生组织和性能的变化,这一区域称为焊接热影响区。焊缝与热影响区的过渡区称熔合区,也称半熔化区。现以低碳钢为例,据焊接接头的温度分布曲线,讨论熔合区与热影响区的组织性能变化,其中,热影响区按加热温度的不同,可划分为过热区、正火区、不完全重结晶区等区域,如图 4-12 所示。

(1)熔合区

温度处于液相线与固相线之间,是焊缝金属到母材金属的过渡区域,宽度只有 0.1 ~0.4 mm。焊接时,该区内液态金属与未熔化的母材金属共存,冷却后,其组织为部分铸态组织和部分过热组织,化学成分和组织极不均匀,是焊接接头中力学性能最差的薄弱部位。

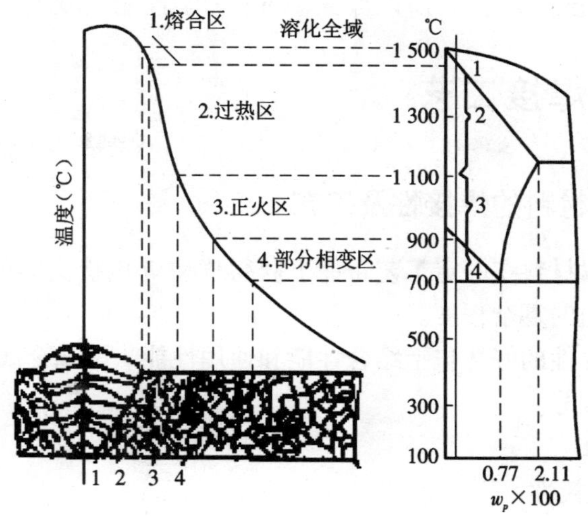

图 4-12 低碳钢焊接接头的熔合区和热影响区

(2)过热区

温度在固相线至 1 100 ℃之间,宽度约 1 ~3 mm。焊接时,该区域内奥氏体晶粒严重长大,冷却后得到晶粒粗大的过热组织,塑性和韧度明显下降。

(3)正火区

温度在 1 100 ℃ ~Ac_3 之间,宽度约 1.2 ~4.0 mm。焊后空冷使该区内的金属相当于进行了正火处理,故其组织为均匀而细小的铁素体和珠光体,力学性能优于母材。

(4)不完全重结晶区

也称部分正火区,加热温度在 Ac_3 ~Ac_1 之间。焊接时,只有部分组织转变为奥氏体;冷却后获得细小的铁素体和珠光体,其余部分仍为原始组织,因此晶粒大小不均匀,力学性能也较差。

(5)再结晶区

温度在 Ac_1 ~450 ℃之间。只有焊接前经过冷塑性变形(如冷轧、冷冲压等)的母材金属,才会在焊接过程中出现再结晶现象。该区域金属的力学性能变化不大,只是塑性有所增加。如果焊前未经冷塑性变形,则热影响区中就没有再结晶区。

一般焊接热影响区宽度愈小,焊接接头的力学性能愈好。影响热影响区宽度的因素有加热的最高温度、相变温度以上的停留时间等。如果焊件大小、厚度、材料、接头形式一定时,焊接方法的影响也是很大的。

3. 焊接接头的组织和性能

焊接接头由焊缝金属、熔合区和焊接热影响区组成。

焊缝金属是由母材和焊条(丝)熔化形成的熔池冷却结晶而成的。焊缝金属在结晶时,是以熔池和母材金属的交界处的半熔化金属晶粒为晶核,沿着垂直于散热面方向反向生长为柱状晶,最后这些柱状晶在焊缝中心相接触而停止生长。由于焊缝组织是铸态组织,故晶粒粗大、成分偏析,组织不致密。但由于焊丝本身的杂质含量低及合金化作用，焊缝化学成分优于母材，所以焊缝金属的力学性能一般不低于母材。

任务3 熟悉焊接工艺

4.3.1 常用金属材料的焊接性及工艺

焊接性就是金属材料在一定工艺条件下获得优质焊接接头的能力，或指获得优质接头所采取工艺措施的复杂程度。

金属材料的焊接性的好坏包括结合性能和使用性能。影响金属材料焊接性的主要因素是母材的化学成分。

1. 碳钢的焊接性

(1)低碳钢的焊接性

低碳钢的塑性好，一般没有淬硬倾向，对焊接热过程不敏感，焊接性良好。一般不需要采取特殊工艺措施，也不需要进行焊前(后)热处理。但有两种情况例外：

①在焊接厚度大于50 mm的焊件需焊后去应力退火；

②在低温条件下焊接较大刚度结构钢时，需焊前预热。

Q235、10、15、20等低碳钢是应用最广泛的焊接结构材料，由于其含碳量低于0.25%，塑性很好，淬硬倾向小，不易产生裂纹，所以焊接性最好。焊接时，任何焊接方法和最普通的焊接工艺均可获得优质的焊接接头。但由于施焊条件、结构形式不同，焊接时还需注意以下问题。

①在低温环境下焊接厚度大、刚性大的结构时，应该进行预热，否则容易产生裂纹。

②重要结构焊后要进行去应力退火以消除焊接应力。

低碳钢对焊接方法几乎没有限制，应用最多的是手工电弧焊、埋弧焊、气体保护电弧焊和电阻焊。采用电弧焊时，焊接材料的选择参见表4-2。

表4-2 低碳钢焊接材料的选择

焊接方法	焊接材料	应用情况
手工电弧焊	J421、J422、J423等	一般结构
	J426、J427、J506、J507等	承受动载荷、结构复杂或厚板重要结构
埋弧焊	H08配HJ430，H08A配HJ431	一般结构
	H08MnA配HJ431	重要结构
CO_2气体保护焊	H08Mn2SiA	一般结构

(2)中碳钢的焊接

随着含碳量的增加，淬硬倾向增大，焊接性变差。

1)中碳钢的焊接特点

①熔合区和热影响区易产生淬硬组织和冷裂纹。

②焊缝金属热裂倾向较大。

2）防止措施

①焊前预热，焊后缓冷。

②选用抗裂性好的碱性焊条。

③选用细焊条小电流、开坡口、多层焊工艺。

3）中碳钢焊接方法

含碳量在0.25%～0.60%之间的中碳钢，有一定的淬硬倾向，焊接接头容易产生低塑性的淬硬组织和冷裂纹，焊接性较差。中碳钢的焊接结构多为锻件和铸钢件，或进行中碳钢的补焊。

抗裂性好的低氢型焊条有J426、J427、J506、J507等。焊缝有等强度要求时，选择相当强度级别的焊条。对于补焊或不要求等强度的接头，可选择强度级别低、塑性好的焊条，以防止裂纹的产生。焊接时，应采取焊前预热、焊后缓冷等措施以减小淬硬倾向，减小焊接应力。接头处开坡口进行多层焊，采用细焊条小电流，可以减少母材金属的熔入量，降低裂纹倾向。

（3）高碳钢的焊接

高碳钢的含碳量大于0.60%，其焊接特点与中碳钢基本相同，但淬硬和裂纹倾向更大，焊接性更差。一般这类钢不用于制造焊接结构，大多是用手工电弧焊或气焊来补焊修理一些损坏件。焊接时，应注意焊前预热和焊后缓冷。

（4）低合金结构钢的焊接

低合金结构钢按其屈服强度可以分为9级：300、350、400、450、500、550、600、700、800 MPa。强度级别≤400 MPa的低合金结构钢，$W_{CE}<0.4\%$，焊接性良好，其焊接工艺和焊接材料的选择与低碳钢基本相同，一般不需采取特殊的工艺措施。只有焊件较厚、结构刚度较大和环境温度较低时，才进行焊前预热，以免产生裂纹。强度级别≥450 MPa的低合金结构钢，$W_{CE}>0.4\%$，存在淬硬和冷裂问题，其焊接性与中碳钢相当，焊接时需要采取一些工艺措施，如焊前预热（预热温度150 ℃左右）可以降低冷却速度，避免出现淬硬组织；适当调节焊接工艺参数，可以控制热影响区的冷却速度，保证焊接接头获得优良性能；焊后热处理能消除残余应力，避免冷裂。低合金结构钢含碳量较低，对硫、磷控制较严，手工电弧焊、埋弧焊、气体保护焊和电渣焊均可用于此类钢的焊接，且以手工电弧焊和埋弧焊较常用。选择焊接材料时，通常从等强度原则出发，为了提高抗裂性，尽量选用碱性焊条和碱性焊剂，对于不要求焊缝和母材等强度的焊件，亦可选择强度级别略低的焊接材料，以提高塑性，避免冷裂。

2. 奥氏体不锈钢的焊接

（1）奥氏体不锈钢焊接性

奥氏体不锈钢容易在焊接接头处发生晶间腐蚀，其原因是焊接时，在450～850 ℃温度范围停留一定时间的接头部位，在晶界处析出高铬碳化物（$Cr_{23}C_6$），这引起晶粒表层含铬量降低，形成贫铬区，从而在腐蚀介质的作用下，晶粒表层的贫铬区受到腐蚀而形成晶间腐蚀。这时被腐蚀的焊接接头表面无明显变化，受力时则会沿晶界断裂，几乎完全失去强度。为防止和减少焊接接头处的晶间腐蚀,应严格控制焊缝金属的含碳量,采用超低碳的焊接材料和母材。

奥氏体不锈钢焊接的另一个问题是热裂纹,产生的主要原因是焊缝中的树枝晶方向性强,有利于S、P等元素的低熔点共晶产物的形成和聚集。另外,此类钢的导热系数小(约为低碳钢的1/3),线胀系数大(比低碳钢大50%),所以焊接应力也大。防止的办法是选用含碳量很低的母材和焊接材料,采用含适量Mo、Si等铁素体形成元素的焊接材料,使焊缝形成奥氏体加铁素体的双相组织,减少偏析。

(2)不锈钢的焊接

不锈钢中都含有不少于12%的铬,还含有镍、锰、钼等合金元素,以保证其耐热性和耐腐蚀性。按组织状态,不锈钢可分为奥氏体不锈钢、铁素体不锈钢和马氏体不锈钢等,其中以奥氏体不锈钢的焊接性最好,广泛用于石油、化工、动力、航空、医药、仪表等部门的焊接结构中,常见牌号有1Cr18Ni9、0Cr18Ni9、Cr18Ni12Mo2Ti等。

一般熔焊方法均能用于奥氏体不锈钢的焊接,目前生产上常用的方法是手工电弧焊、氩弧焊和埋弧焊。在焊接工艺上,主要应注意以下问题。

①采用小电流、快速焊,可有效地防止晶间腐蚀和热裂纹等缺陷的产生。一般焊接电流应比焊接低碳钢时低20%。

②焊接电弧要短,且不作横向摆动,以减少加热范围。避免随处引弧,焊缝尽量一次焊完,以保证耐腐蚀性。

③多层焊时,应等前面一层冷至60 ℃以下,再焊后一层。双面焊时先焊非工作面,后焊与腐蚀介质接触的工作面。

④对于晶间腐蚀,在条件许可时,可采用强制冷却。必要时可进行稳定化处理,消除产生晶间腐蚀的可能性。

3. 铸铁的焊接

(1)铸铁的焊接性

铸铁的含碳量高,脆性大,焊接性很差,在焊接过程中易产生白口组织和裂纹。

1)白口组织

白口组织是由于在铸铁补焊时,碳、硅等促进石墨化元素大量烧损,且补焊区冷速快,在焊缝区石墨化过程来不及进行而产生的。白口铸铁硬而脆,切削加工性能很差。采用含碳、硅量高的铸铁焊接材料或镍基合金、铜镍合金、高钒钢等非铸铁焊接材料,或补焊时进行预热缓冷使石墨充分析出,或采用钎焊,均可避免出现白口组织,。

2)裂纹

裂纹通常发生在焊缝和热影响区,产生的原因是铸铁的抗拉强度低,塑性很差(400 ℃以下基本无塑性),而焊接应力较大,且接头存在白口组织时,由于白口组织的收缩率更大,裂纹倾向更加严重,甚至可使整条焊缝沿熔合线从母材上剥离下来。防止裂纹的主要措施有:采用纯镍或铜镍焊条、焊丝,以增加焊缝金属的塑性;加热减应区以减小焊缝上的拉应力;采取预热、缓冷、小电流、分散焊等措施减小焊件的温度差。

(2)铸铁的补焊

铸铁在制造和使用中容易出现各种缺陷和损坏。铸铁补焊是对有缺陷铸铁件进行修复的重要手段,在实际生产中具有很大的经济意义。

铸铁补焊采用的焊接方法参见表4-3。补焊方法主要根据对焊后的要求(如焊缝的强度、颜色、致密性、焊后是否进行机加工等)、铸件的结构情况(大小、壁厚、复杂程度、刚度等)及缺陷情况来选择。手工电弧焊和气焊是最常用的铸铁补焊方法。

表4-3　铸铁的补焊方法

补焊方法		焊接材料的选用	焊缝特点
手工电弧焊	热焊及半热焊	Z208、Z248	强度、硬度、颜色与母材相同或相近,可加工
	冷　焊	Z100、Z116、Z308、Z408、Z607、J507、J427、J422	强度、硬度、颜色与母材不同,加工性较差
气焊	热　焊	铸铁焊丝	强度、硬度、颜色与母材相同,可加工
	加热减应区法		
钎焊		黄铜焊丝	强度、硬度、颜色与母材不同,可加工
CO_2气体保护焊		H08Mn2Si	强度、硬度、颜色与母材不同,不易加工
电渣焊		铸铁屑	强度、硬度、颜色与母材相同,可加工,适用于大尺寸缺陷的补焊

手工电弧焊补焊采用的铸铁焊条牌号如表4-4所示。补焊要求不高时,也可采用J422等普通低碳钢焊条。

表4-4　常用铸铁焊条

类别	牌号	焊芯组成	药皮类型	焊缝金属	用　途
钢芯铸铁焊条	Z100	碳钢	氧化型	碳钢	一般灰铸铁件的非加工面
	Z116	碳钢(高钒药皮)	低氢型	高钒钢	强度较高的灰铸铁、球墨铸铁、可锻铸铁
	Z208	碳钢	石墨型	铸铁	一般灰铸铁件(刚度较大时,预热至400 ℃)
铸铁芯铸铁焊条	Z248	铸铁	石墨型	铸铁	灰铸铁件
镍基铸铁焊条	Z308	纯镍	石墨型	镍	重要灰铸铁件的加工面
	Z408	镍铁合金	石墨型	镍铁合金	球墨铸铁、重要灰铸铁件的加工面
	Z508	镍铜合金	石墨型	镍铜合金	强度要求不高的灰铸铁件的加工面
铜基铸铁焊条	Z607	紫铜	低氢型	铜铁混合	一般灰铸铁件的非加工面
	Z612	钢芯铜皮/铜包钢芯	钛钙型	铜铁混合	一般灰铸铁件的非加工面

(3)手工电弧焊补焊的方法

1)热焊及半热焊

焊前将焊件预热到一定温度(400 ℃以上),采用同质焊条,选择大电流连续补焊,焊后缓冷。其特点是焊接质量好,生产效率低,成本高,劳动条件差。

2)冷焊

采用非铸铁型焊条,焊前不预热,焊接时采用小电流、分散焊,减小焊件应力。焊缝的强度、颜色与母材不同,加工性能较差,但焊后变形小,劳动条件好,成本低。

4.非铁金属的焊接

(1)铜及铜合金的焊接

1)存在问题

铜及铜合重的焊接主要存在以下问题。

①难熔合。铜的导热系数大,焊接时散热快,要求焊接热源集中,且焊前必须预热,否则,易产生未焊透或未熔合等缺陷。

②裂纹倾向大。铜在高温下易氧化,形成的氧化亚铜(Cu_2O)与铜形成低熔共晶体($Cu_2O + Cu$)分布在晶界上,容易产生热裂纹。

③焊接应力和变形较大。这是因为铜的线胀系数大,收缩率也大,且焊接热影响区宽的缘故。

④容易产生气孔。气孔主要是由氢气引起的,液态铜能够溶解大量的氢,冷却凝固时,溶解度急剧下降,来不及逸出的氢气即在焊缝中形成氢气孔。

此外,焊接黄铜时,会产生锌蒸发(锌的沸点仅907 ℃),一方面使合金元素损失,造成焊缝的强度、耐蚀性降低,另一方面,锌蒸气有毒,对焊工的身体造成伤害。

2)焊接方法

常用的铜及铜合金的的焊接方法有氩弧焊、气焊和手工电弧焊,其中氩弧焊是焊接紫铜和青铜最理想的方法。黄铜焊接常采用气焊,因为气焊时可采用微氧化焰加热,使熔池表面生成高熔点的氧化锌薄膜,以防止锌的进一步蒸发.或选用含硅焊丝,可在熔池表面形成致密的氧化硅薄膜,既可以阻止锌的蒸发,又能对焊缝起到保护作用。

3)采取措施

对于铜及铜合金的焊接所存在的问题,可采用以下措施。

①为了防止Cu_2O的产生,可在焊接材料中加入脱氧剂,如采用磷青铜焊丝,即可利用磷进行脱氧。

②清除焊件、焊丝上的油、锈、水分,减少氢的来源,避免气孔的形成。

③厚板焊接时应以焊前预热来弥补热量的损失,改善应力的分布状况。焊后锤击焊缝,减小残余应力。焊后进行再结晶退火,以细化晶粒,破坏低熔共晶。

(2)铝及铝合金的焊接

铝具有密度小、耐腐蚀性好、很高的塑性和优良的导电性、导热性以及良好的焊接性等优点,因而铝及铝合金在航空、汽车、机械制造、电工及化学工业中得到了广泛应用。

1）存在问题

铝及铝合金的焊接主要存在以下问题。

①铝及铝合金表面极易生成一层致密的氧化膜（Al_2O_3），其熔点（2 050 ℃）远远高于纯铝的熔点（657 ℃），在焊接时阻碍金属的熔合，且由于密度大，容易形成夹杂。

②液态铝可以大量溶解氢，铝的高导热性又使金属迅速凝固，因此液态时吸收的氢气来不及析出，极易在焊缝中形成气孔。

③铝及铝合金的线膨胀系数和结晶收缩率很大，导热性很好，因而焊接应力很大，对于厚度大或刚性较大的结构，焊接接头容易产生裂纹。

④铝及铝合金高温时的强度和塑性极低，很容易产生变形，且高温液态无显著的颜色变化，操作时难以掌握加热温度，容易出现烧穿、焊瘤等缺陷。

2）焊接方法

常用的铝及铝合金的焊接方法有：氩弧焊、电阻焊、气焊，其中氩弧焊应用最广，电阻焊应用也较多，气焊在薄件生产中仍在采用。电阻焊焊接铝合金时，应采用大电流、短时间通电，焊前必须清除焊件表面的氧化膜。如果焊接质量要求不高或对于薄壁件，可采用气焊，焊前必须清除工件表面氧化膜，焊接时使用焊剂，并用焊丝不断破坏熔池表面的氧化膜，焊后应立即将焊剂清理干净，以防止焊剂对焊件的腐蚀。

3）采取措施

对于铝及铝合金的焊接所存在的问题，可采取以下措施。

①焊前清理、去除焊件表面的氧化膜、油污、水分，便于焊接时的熔合，防止气孔、夹渣等缺陷。清理方法有化学清理，或用钢丝刷或刮刀清除表面氧化膜及油污。

②对厚度超过 5 mm 的焊件，预热至 100 ~ 300 ℃，以减小焊接应力，避免裂纹，且有利于氢的逸出，防止气孔的产生。

③焊后清理残留在接头处的焊剂和焊渣，防止其与空气、水分作用，腐蚀焊件。可用 10% 的硝酸溶液浸洗，然后用清水冲洗、烘干。

4.3.2 合理布置焊缝

焊缝位置对焊接接头的质量、焊接应力和变形以及焊接生产效率均有较大影响，因此在布置焊缝时，应考虑以下几个方面。

1. 焊缝位置应便于施焊，有利于保证焊缝质量

焊缝可分为平焊缝、横焊缝、立焊缝和仰焊缝 4 种形式，如图 4-13 所示。其中施焊操作最方便、焊接质量最容易保证的是平焊缝，因此在布置焊缝时应尽量使焊缝能在水平位置进行焊接。

除焊缝空间位置外，还应考虑各种焊接方法所需要的施焊操作空间。图 4-14 所示为考虑手工电弧焊施焊空间时，对焊缝的布置要求。图 4-15 所示为考虑点焊或缝焊施焊空间（电极位置）时，对焊缝布置的要求。

另外，还应注意焊接过程中对熔化金属的保护情况。气体保护焊时，要考虑气体的保护作用，如图 4-16 所示。埋弧焊时，要考虑接头处有利于熔渣形成封闭空间，如图 4-

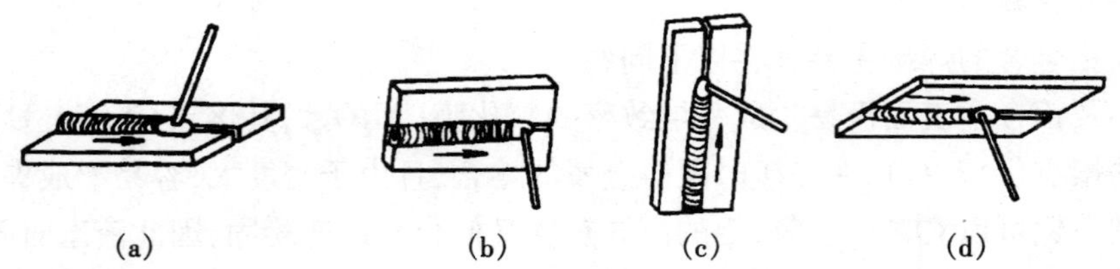

图 4-13 焊缝的空间位置

(a)平焊;(b)横焊;(c)立焊;(d)仰焊

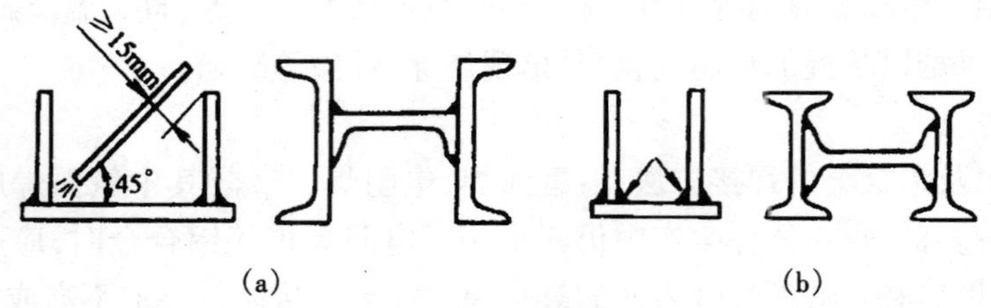

图 4-14　手工电弧焊时的焊缝布置

(a)合理;(b)不合理

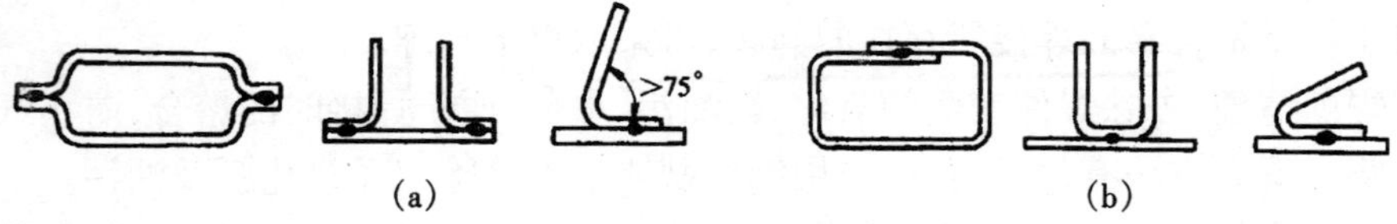

图 4-15　电阻点焊和缝焊时的焊缝布置

(a)合理;(b)不合理

17 所示。

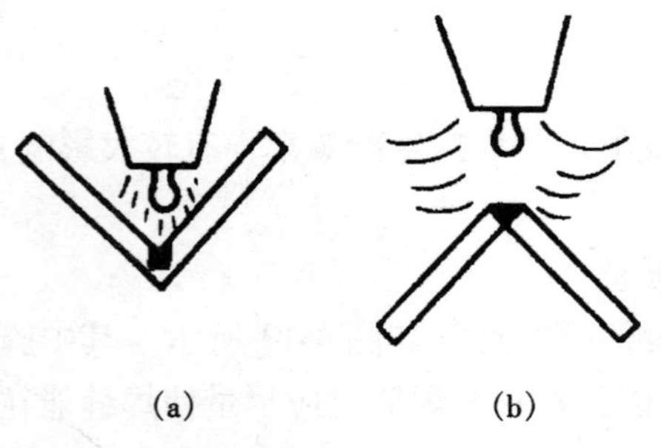

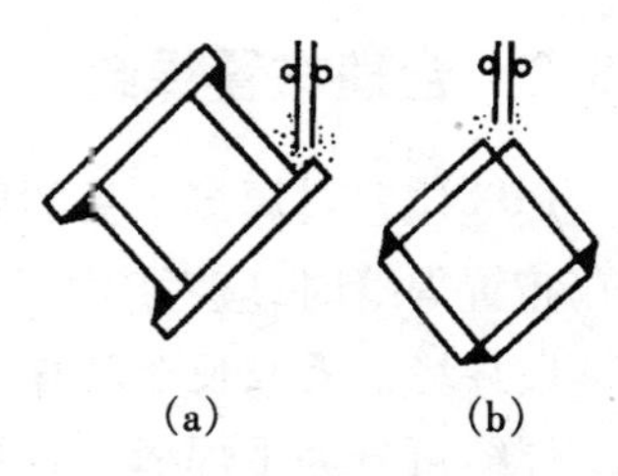

图 4-17　埋弧焊时的焊缝布置

(a)合理;(b)不合理

图 4-16　气体保护电弧焊时的焊缝布置

(a)合理;(b)不合理

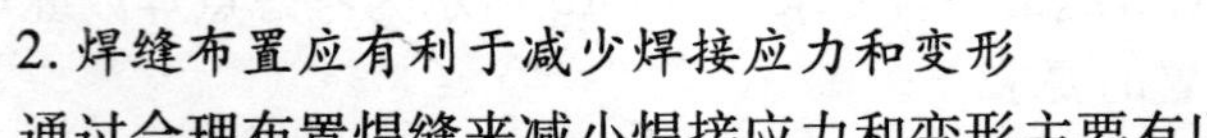

2. 焊缝布置应有利于减少焊接应力和变形

通过合理布置焊缝来减小焊接应力和变形主要有以下途径。

①尽量减少焊缝数量,采用型材、管材、冲压件、锻件和铸钢件等作为被焊材料,这

样不仅能减小焊接应力和变形，还能减少焊接材料消耗，提高生产效率。如图4-18所示箱体构件，如采用型材或冲压件（图4-18(b)）焊接，可较板材（图4-18(a)）减少两条焊缝。

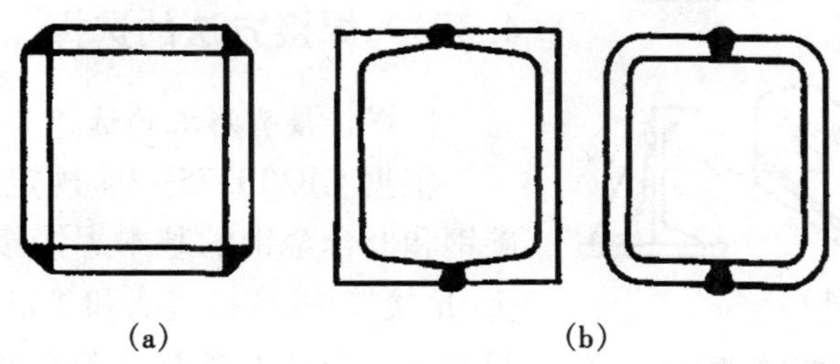

图4-18　减少焊缝数量

(a)板材；(b)型材或油压件

②尽可能分散布置焊缝。如图4-19所示，焊缝集中分布容易使接头过热，材料的力学性能降低。两条焊缝的间距一般要求大于3倍或5倍的板厚。

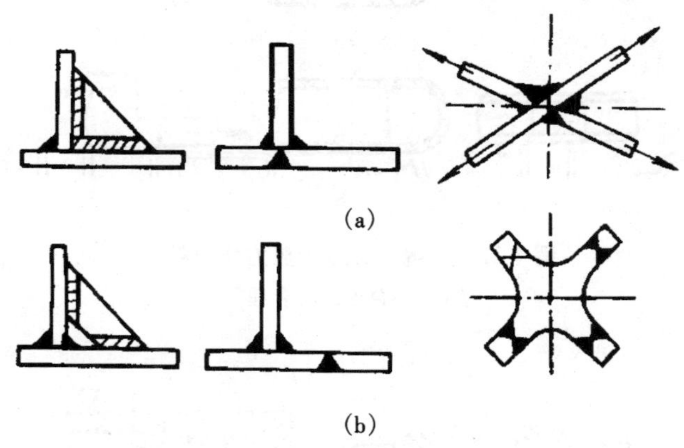

图4-19　分散布置焊缝

(a)不合理；(b)合理

③尽可能对称分布焊缝。如图4-20所示，焊缝的对称布置可以使各条焊缝的焊接变形相抵销，对减小梁柱结构的焊接变形有明显的效果。

3. 焊缝应尽量避开最大应力和应力集中部位

为防止焊接应力与外加应力相互叠加，造成过大的应力而开裂，焊缝应尽量避开最大应力和应力集中部位。不可避免时，应附加刚性支撑，以减小焊缝承受的应力，如图4-21所示。

4. 焊缝应尽量避开机械加工面

一般情况下，焊接工序应在机械加工工序之前完成，以防止焊接损坏机械加工表面。此时焊缝的布置也应尽量避开需要加工的表面，因为焊缝的机械加工性能不好，且焊接残余应力会影响加工精度。如果焊接结构上某一部位的加工精度要求较高，又必

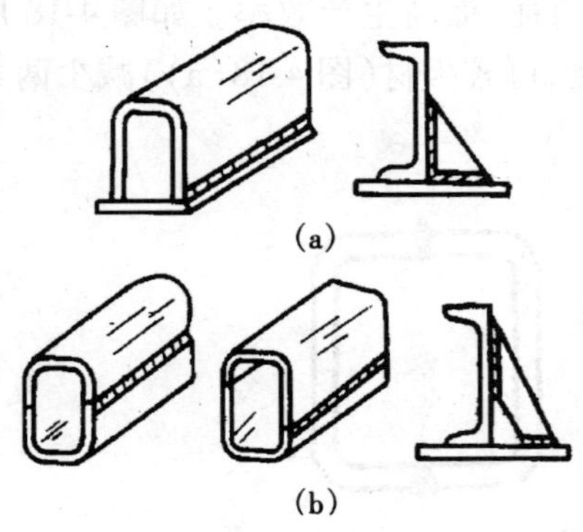

图 4-20 对称分布焊缝

(a)不合理;(b)合理

须在机械加工完成之后进行焊接工序时,应将焊缝布置在远离加工面处,以避免焊接应力和变形对已加工表面精度的影响,如图 4-22 所示。

4.3.3 焊接方法的选择

1. 焊接接头形式的选择

根据 GB/T3375—94 规定,手工电弧焊焊接碳钢和低合金钢的基本焊接接头形式有对接接头、角接接头、搭接接头和 T 形接头 4 种,如图 4-23 所示。其中对接接头是焊接结构中使用最多的一种形式,接头上应力分布比较均匀,焊接质量容易保证,但对焊前准备和装配质量要求相对较高。角接接头便于组装,能获得美观的外形,但其承载能力较差,通常只起连接作用,不能用来传递工作载荷。搭接接头便于组装,常用于对焊前准备和装配要求简单的结构,但焊缝受剪切力作用,应力分布不均,承载能力较低,且结构重量大,不经济。T 形接头也是一种应用非常广泛的接头形式,在船体结构中约有 70% 的焊缝采用 T 形接

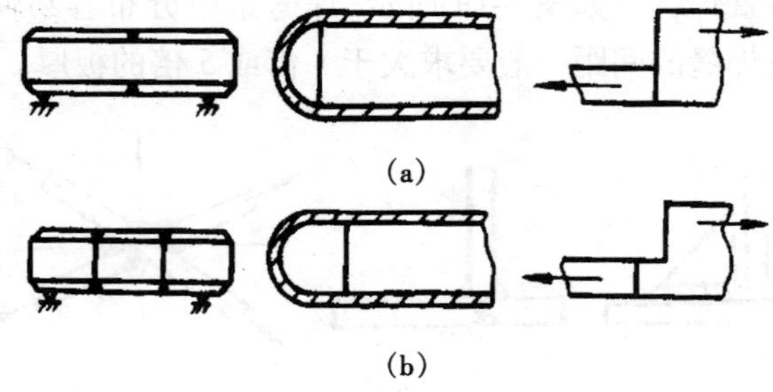

图 4-21 焊缝避开最大应力集中部位

(a)不合理;(b)合理

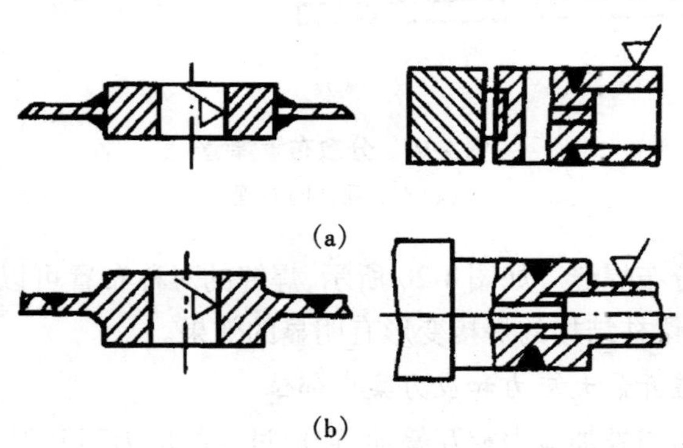

图 4-22 焊缝远离机械加工表面

(a)不合理;(b)合理

头，在机床焊接结构中的应用也十分广泛。

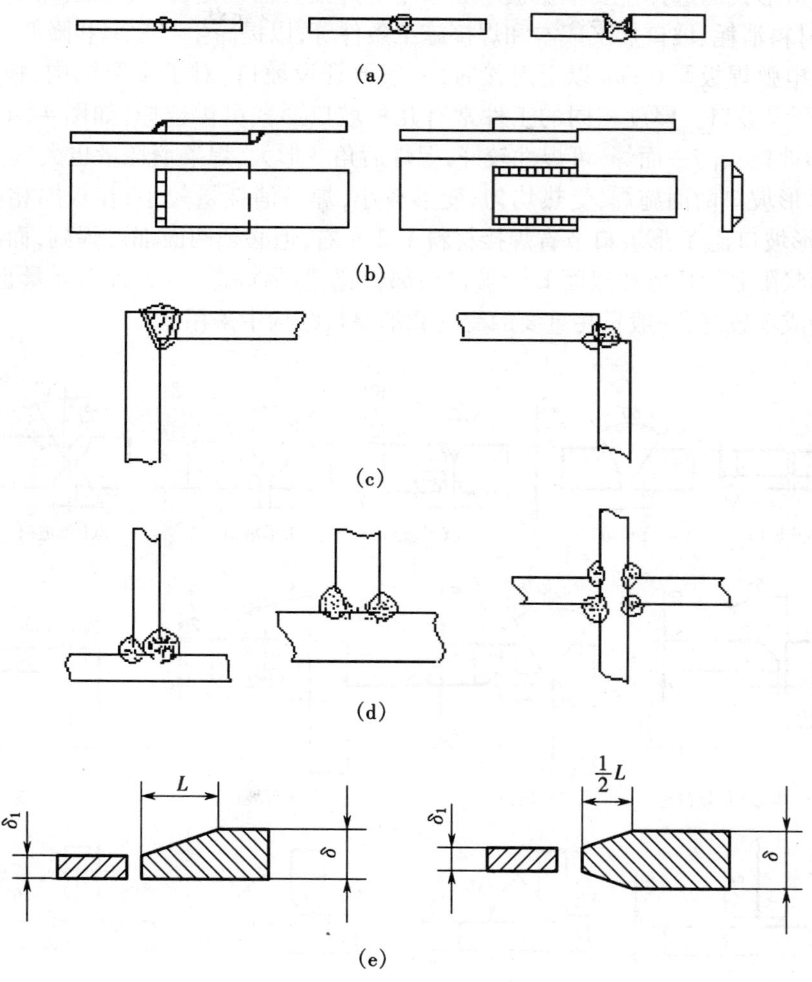

图 4-23　手弧焊接头形式

(a)对接接头；(b)角接接头；(c)丁字接头；(d)T形接头；(e)不同厚度焊件对接

对接不同厚度的焊件时，如果两侧焊件厚度相差太大，则连接后由于连接处的截面变化较大，将会引起严重的应力集中。所以对于重要的焊接结构焊件，如压力容器，应对厚板进行削薄，以保证能够焊透。根据有关技术标准规定：当薄板厚度≤10 mm，两板厚度差超过 3 mm；或当薄板厚度 <10 mm，两板厚度差大于薄板厚度的 30% 或超过 5 mm 时，对厚板边缘应进行削薄，削薄的长度应大于或等于板厚差的 3 倍，如图 4-23(e)所示。

在结构设计时，设计者应综合考虑结构形状、使用要求、焊件厚度、变形大小、焊接材料的消耗量、坡口加工的难易程度等因素，以确定接头形式和总体结构形式。

2. 焊接坡口形式的选择

为保证厚度较大的焊件能够焊透，常将焊件接头边缘加工成一定形状的坡口。坡口除保证焊透外,还能起到调节母材金属和填充金属比例的作用,由此可以调整焊缝的性能。坡口形式的选择主要根据板厚和采用的焊接方法确定,同时兼顾焊接工作量大小、焊接材料消耗、坡口加工成本和焊接施工条件等,以提高生产效率和降低成本。

手工电弧焊板厚6 mm以上对接时,一般要开设坡口。对于重要结构,板厚超过3 mm就要开设坡口。厚度相同的工件常有几种坡口形式可供选择,如图4-24所示。Y形和U形坡口只需一面焊,可焊性较好,但焊后角变形大,焊条消耗量也大些。双Y形和双面U形坡口两面施焊,受热均匀,变形较小,焊条消耗量较小,在板厚相同的情况下,双Y形坡口比Y形坡口节省焊接材料1/2左右,但必须两面都可焊到,而有时却受到结构形状限制。U形和双面U形坡口根部较宽,容易焊透,且焊条消耗量也较小,但坡口制备成本较高,一般只在重要的受动载的厚板结构中采用。

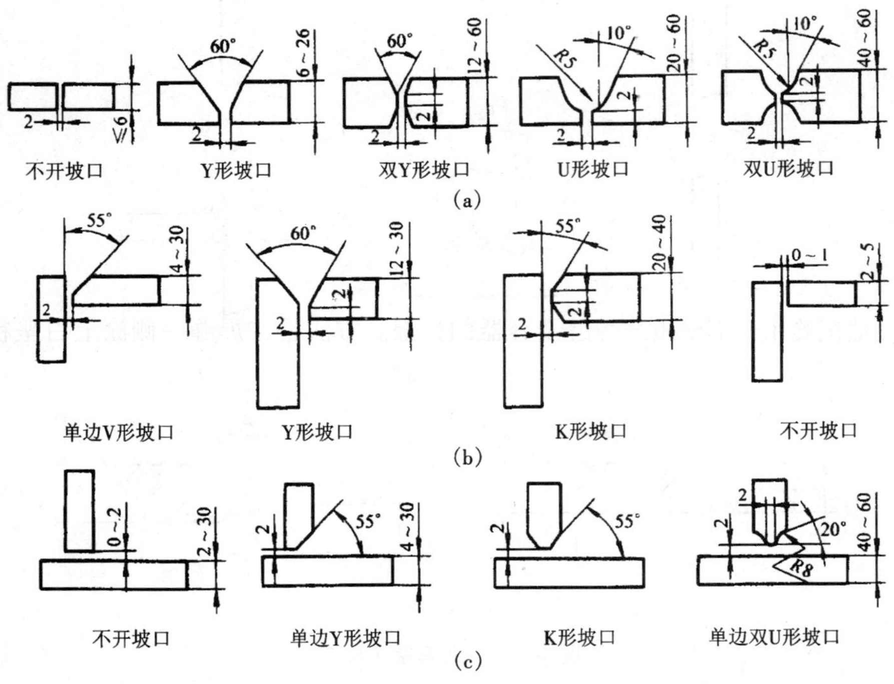

图4-24　常用的坡口形式

(a)对接接头;(b)角接接头;(c)丁字接头

4.3.4　焊接缺陷及质量检验

在焊接之前和焊接过程中,应对影响焊接质量的因素进行认真检查,以防止和减少焊接缺陷的产生。焊后应根据产品的技术要求,对焊接接头的缺陷情况和性能进行成品检验,以确保使用安全。

焊后成品检验可以分为破坏性检验和非破坏性检验两类。破坏性检验主要包括焊缝的化学成分分析、金相组织分析和力学性能试验,主要用于科研和新产品试生产;非破坏性检验的方法很多,由于不对产品产生损害,因而在焊接质量检验中占有很重要的地位。

常用的非破坏性检验方法如下。

1. 外观检验

用肉眼或借助样板、低倍放大镜(5 ~20 倍)检查焊缝成形、焊缝外形尺寸是否符合要求,焊缝表面是否存在缺陷,所有焊缝在焊后都要经过外观检验。

2. 致密性检验

对于贮存气体、液体、液化气体的各种容器、反应器和管路系统,都需要对焊缝和密封面进行致密性试验,常用方法如下。

(1)水压试验

水压试验用于检查承受较高压力的容器和管道。这种试验不仅用于检查有无穿透性缺陷,同时也检验焊缝强度。试验时,先将容器中灌满水,然后将水压提高至工作压力的 1.2 ~1.5 倍,并保持 5 min 以上,再降压至工作压力,并用圆头小锤沿焊缝轻轻敲击,检查焊缝的渗漏情况。

(2)气压试验

气压试验用于检查低压容器、管道和船舶舱室等的密封性。试验时将压缩空气注入容器或管道,在焊缝表面涂抹肥皂水,以检查渗漏位置。也可将容器或管道放入水槽,然后向焊件中通入压缩空气,观察是否有气泡冒出。

(3)煤油试验

煤油试验用于不受压的焊缝及容器的检漏。方法是在焊缝一侧涂上白垩粉水溶液,待干燥后,在另一侧涂刷煤油。若焊缝有穿透性缺陷,则会在涂有白垩粉的一侧出现明显的油斑,由此可确定缺陷的位置。如在 15 ~30 min 内未出现油斑,即可认为合格。

3. 磁粉检验

该法用于检验铁磁性材料的焊件表面或近表面处缺陷(裂纹、气孔、夹渣等)。方法是将焊件放置在磁场中磁化,使其内部通过分布均匀的磁场线,并在焊缝表面撒上细铁粉。若焊缝表面无缺陷,则铁粉均匀分布;若表面有缺陷,则一部分磁场线会绕过缺陷,暴露在空气中,形成漏磁场,则该处出现磁粉集聚现象。根据磁粉集聚的位置、形状和大小可相应判断出缺陷的情况。

4. 渗透探伤

该法只适用于检查工件表面难以用肉眼发现的缺陷,对于表层以下的缺陷无法检出。常用荧光检验和着色检验两种方法。

(1)荧光检验

该法是把荧光液(含 MgO 的矿物油)涂在焊缝表面,荧光液具有很强的渗透能力,能够渗入表面缺陷中,然后将焊缝表面擦净,在紫外线的照射下,残留在缺陷中的荧光液会显出黄绿色反光。根据反光情况,可以判断焊缝表面的缺陷状况。荧光检验一般用于非铁合金工件的表面探伤。

(2)着色检验

该法是将着色剂(含有苏丹红染料、煤油、松节油等)涂在焊缝表面,遇有表面裂纹,着色剂会渗透进去。经一定时间后,将焊缝表面擦净,喷上一层白色显像剂,保持15~30 min 后,若白色底层上显现红色条纹,即表示该处有缺陷存在。

5. 超声波探伤

该法用于探测材料内部缺陷。当超声波通过探头从焊件表面进入内部过程中遇到缺陷和焊件底面时,分别发生反射。反射波信号被接收后在荧光屏上出现脉冲波形,根据脉冲波形的高低、间隔、位置,可以判断出缺陷的有无、位置和大小,但不能确定缺陷的性质和形状。超声波探伤主要用于检查表面光滑、形状简单的厚大焊件,且常与射线探伤配合使用,即用超声波探伤确定有无缺陷,发现缺陷后用射线探伤确定其性质、形状和大小。

6. 射线探伤

该法利用 X 射线或 γ 射线照射焊缝,根据底片感光程度检查焊接缺陷。由于焊接缺陷的密度比金属小,故在有缺陷处底片感光度大,显影后底片上会出现黑色条纹或斑点,根据底片上黑斑的位置、形状和大小即可判断缺陷的位置、大小和种类。X 射线探伤宜用于厚度 50 mm 以下的焊件,γ 射线探伤宜用于厚度 50~150 mm 的焊件。

任务4　掌握焊接操作基本技能

4.4.1　焊接操作基本步骤实训一

1. 焊件准备

一手握住钢丝刷长柄,另一手揿住焊件,用力刷焊件表面,待焊处稍露出金属光泽后,用石笔和钢尺在焊件表面划好引弧线。每条直线长度为 30 mm,间距为 20 mm。

焊条电弧焊电源准备:焊条电弧焊电源的输出端接焊钳和焊件,若用低氢型碱性焊条焊接则采用直流反接法,即电源正极端接焊钳,负极端接焊件。焊条电弧焊电源的输出端的接头要紧固,空载电压为 50~80 V。

左手持面罩,右手握住焊钳长柄,身体呈下蹲姿势,上半身稍向前倾,但不能伏在大腿上,双脚跟着地。手臂放在双脚中间或搁靠脚旁,右臂能自由运条。焊件放在人体正前方,靠近身体一点。钳口与焊件成水平位置,焊钳的弯臂在拇指一侧,便于夹持焊条,手腕向右侧倾斜,焊钳位置应在视线右侧,不能影响观察熔池的视线。夹持焊条时,焊钳应夹在焊条末端焊芯上,若夹住焊条药皮上,将引不着电弧。焊钳与焊条保持基本垂直,便于夹持和更换焊条,并能看清熔池。

2. 短路引弧方法

短路引弧方法有直击引弧法和划擦引弧法。直击引弧法用于酸性焊条;划擦引弧法用于碱性焊条。

(1)直击引弧法

引弧准备:看准焊件上的引弧线条,将焊条端头对准引弧点,在其上方 10 mm 左右试击一下,然后左手持面罩,遮挡面部,准备引弧。将右手腕向下击,使焊条端部的焊芯与焊件轻微接触形成短路,迅速将焊条垂直提起焊芯直径高度而产生电弧,焊条不能提起太高或太低,如图 4-25 所示。

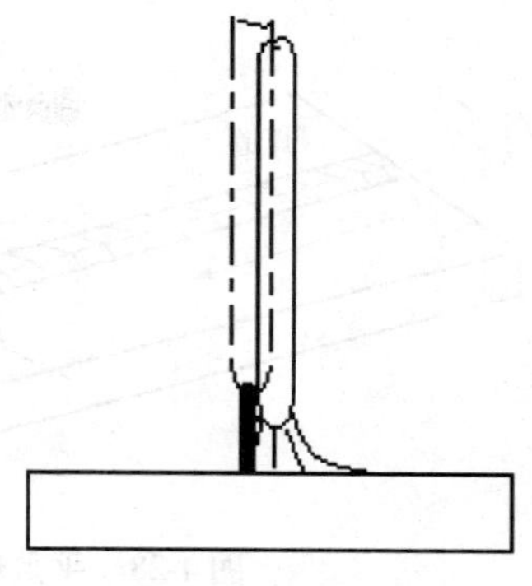

图 4-25　直击引弧法

为避免弧光刺伤眼睛,应该先遮挡好面部后再开始引弧,引弧时焊条垂直敲击焊件,一次引燃电弧。

(2)划擦引弧法

引弧时,握住焊钳的手腕向右侧倾斜,使焊条略斜对准引弧点上方 10 mm 左右的位置,戴好面罩,然后将手腕向下扭转一下(似划火柴),迅速将焊条垂直提起焊芯直径高度而产生电弧,如图 4-26 所示。

3. 提条法

该法使焊条端部的焊芯与焊件轻微接触,形成短路后迅速将焊条垂直提起,弧长不能超过焊芯直径高度,

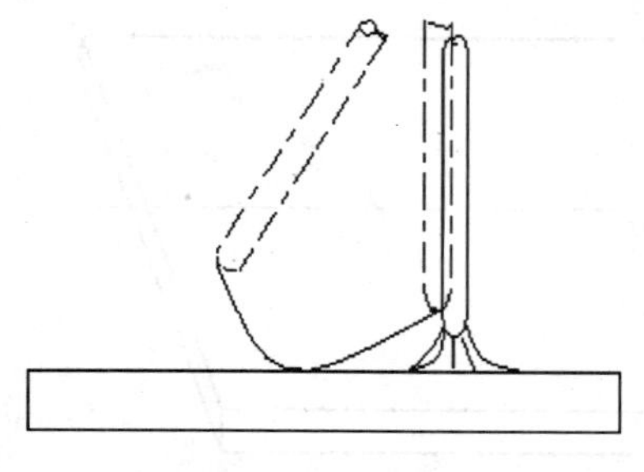

图 4-26　划擦引弧法

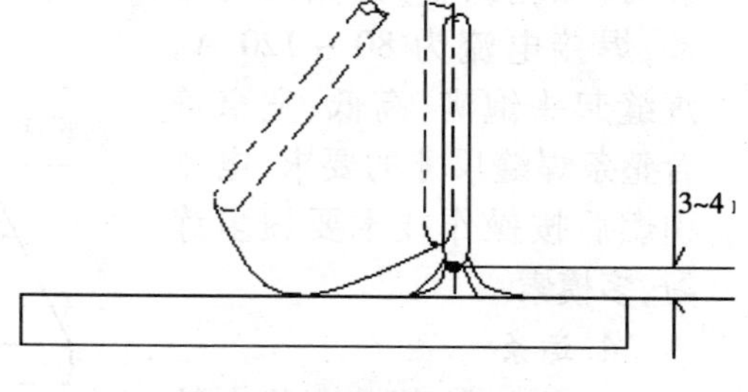

图 4-27　提条法

如图 4-27 所示。这种方法适用于焊接大断面短焊缝。

应保证一次引燃电弧。造成一次不能引燃电弧的原因是钢板表面残留有锈污及较厚的氧化皮或敲去焊条端部的套筒形药皮,使引弧困难。焊条不能提起太高,若太高则电弧引燃后又断弧,若太低则焊条容易粘住焊件。如果粘住焊件应立即歪断,不能进行拉动,否则会使焊条或焊件脱离。粘住焊件如不及时断开,容易损坏焊接设备。

4. 焊条下送

电弧引燃后,当看到焊条端头的熔滴过渡到熔池中时(即焊条熔化),电弧逐渐变长,此时,焊条应随着熔化而相应地下送,下送速度应该等于焊条熔化速度,并保持一定弧长。电弧长度不能超过焊芯直径高度,且应保持电弧稳定。

4.4.2　平敷焊操作步骤实训二

1. 焊前准备工作

用钢丝刷用力将焊件表面锈、污及较厚的氧化皮清除,待焊处稍露出金属光泽后,用石笔和钢尺在焊件表面划出直线或打样冲眼作标记。用钢尺测量,每条直线间距为 20 mm。

2. 操作姿势

平敷焊是在水平位置的焊件上堆敷焊道的一种操作方法。运条时,手腕稍向右侧倾斜,双脚蹲稳,右臂腾空,便于自由运条。焊钳垂直夹持,焊条与焊件的角度如图 4-28

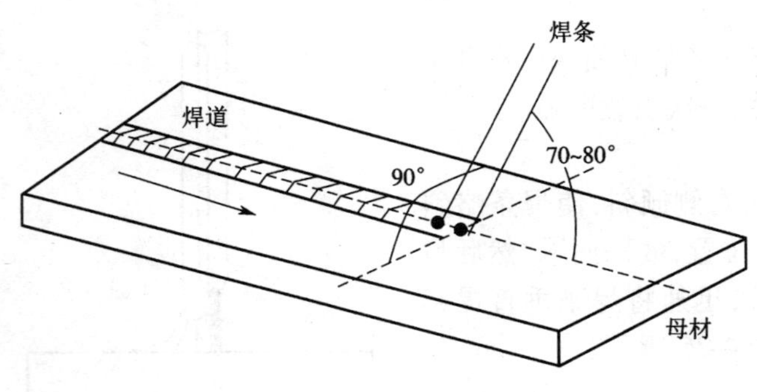

图 4-28　平敷焊操作示意图

所示。

3. 焊道起头

焊条在起始点前面 10 mm 左右，并在焊件线轨迹内引燃电弧，如图 4-29 所示。

电弧引燃后，稍拉长移至起始点，进行短时间的预热，然后压短电弧，待起始处形成熔池，且熔池形状、大小符合技术要求后，沿焊接方向（从左到右）开始均匀移动，焊接电流为 80 ~ 120 A。焊缝起头饱满，高低、宽窄符合整条焊缝尺寸的要求，电弧引燃后按操作技术要领多练习，多模索。

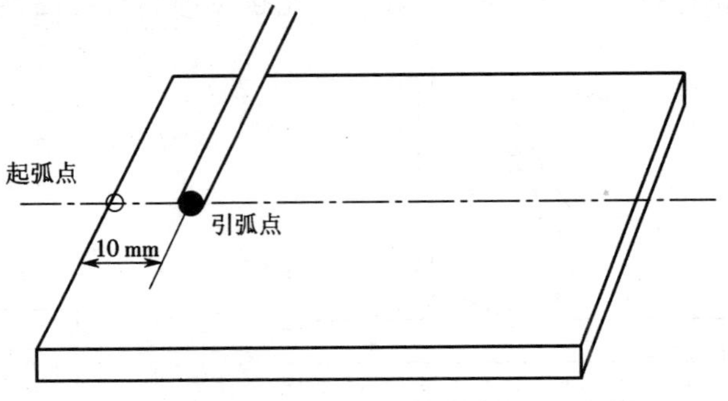

图 4-29　平敷焊起头示意图

4. 运条

运条一般有三个基本动作，即沿焊条中心线向熔池送进、沿焊接方向移动和沿焊缝横向摆动，如图 4-30 所示。

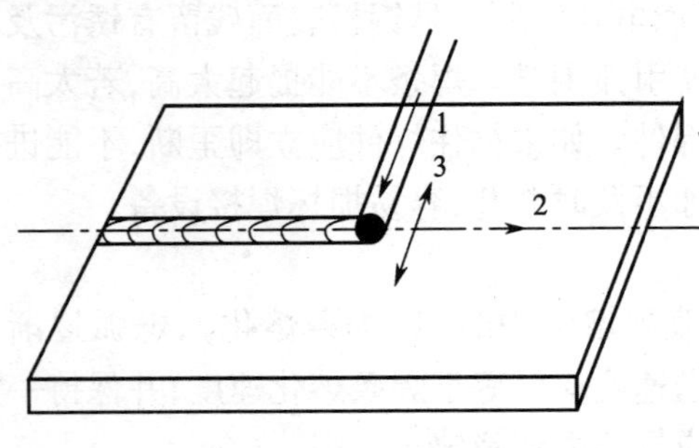

图 4-30　运条的基本动作

初练时，焊条可不作横向摆动。直线形运条时，焊条的送进速度应与焊条的熔化速度相等。焊条沿焊接方向直线移动的速度要均匀。采用直线往复运条时，焊条端部沿缝方向作来回直线摆动。电弧在熔池中往复运动时间要短，并稍作停留，且往复运动距离要短，手势要稳，视线应在熔池的后部位，以看清熔池轮廓线的形状、大小，并用眼睛余光控制好朝焊接方向移动的直线，如图 4-31 所示。

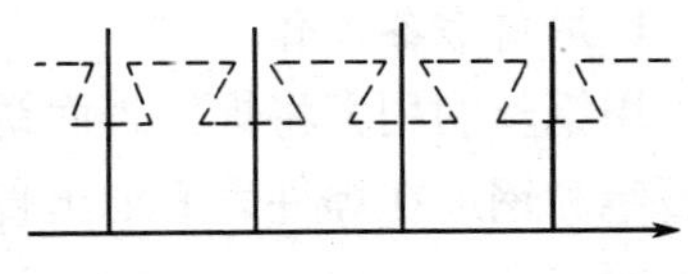
图 4-31　横向摆动直线形运条

采用锯齿形焊接时，要用石笔在焊件上画好线条，横向摆动到焊道两侧的直线端后稍作停留，横向摆动幅度、节奏要均匀一致，沿焊缝方向移动，如图 4-32 所示。

采用月牙形焊接时，要用石笔在焊件上画好线条，横向摆动到焊道两侧，横向摆动幅度、节奏要均匀一致。月牙形运条时，运条轨迹应沿焊缝方向略带弧度来回摆动,如图 4-33 所示。

图 4-32 横向摆动锯齿形运条

5. 焊道的接头连接

(1)头尾连接

焊条端头位于弧坑稍前处 10 mm 左右,并在线缝轨迹内引弧,引弧后略拉长电弧并移至原弧坑 2/3 处,压短电弧稍作停顿,使新形成的熔池形状、大小与原熔池相同时,再朝焊接方向移动。更换焊条速度要快,采用“热接头”方法是因为在熔池尚未冷却时进行接头,不仅能保证质量而且焊道成形美观,“头尾连接”如图 4-34 所示。

图 4-33 横向摆动月牙形运条

(2)大头连接、尾尾连接、尾头连接

在常用的头尾连接已熟练掌握的情况下,可进一步练习头头连接(如图 4-35 所示)、尾尾连接头(如图 4-36 所示)、尾头连接(如图 4-37 所示)的接头连接方式。

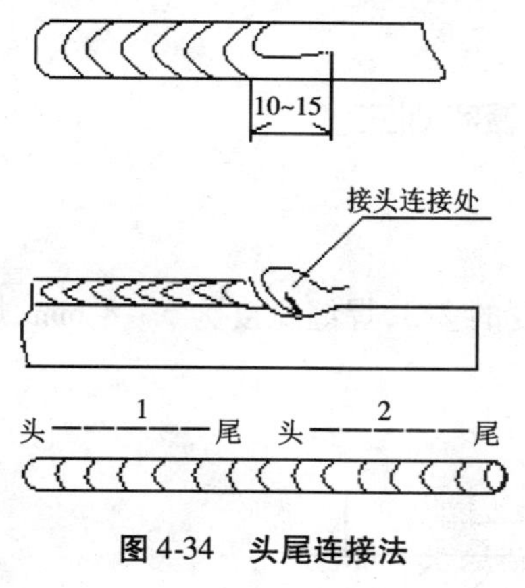

图 4-34 头尾连接法

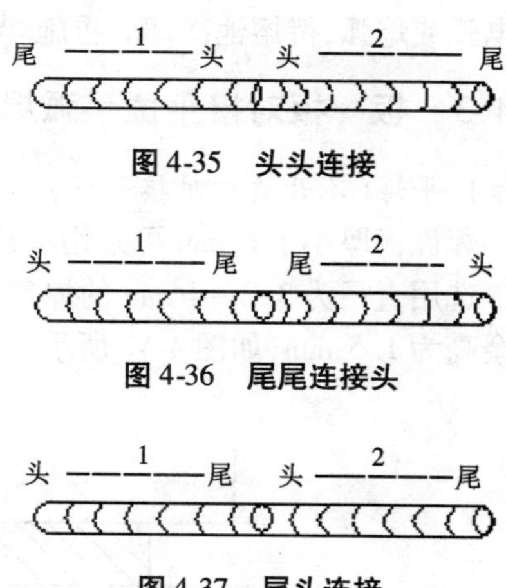

图 4-35 头头连接

图 4-36 尾尾连接头

图 4-37 尾头连接

(3)引弧后

要适当拉长电弧,借弧光看准后移位置,新形成的熔池不能偏离原弧坑位置,且更换焊条速度要快,接过头或停留时间过长,都会造成接头过高过宽。反之则接头过低,脱节或过窄。接头处要平滑过渡,尺寸符合要求,无过高、脱节或接偏等现象,为保证连接的全过程应进一步练习接头。

6. 焊道的收尾

当焊条移动至焊道末端离焊件边缘 2 ~ 3 mm 处时,即停止移动,压短电弧,此时未熄弧,适当改变焊条角度,如图 4-38 所示。同时移至焊道末端离焊件边缘 2 ~ 3 mm 处,朝焊接反方向拉断电弧或在收尾处作划圈收弧如图 4-39 所示,此法适宜碱性焊条及厚板焊接。

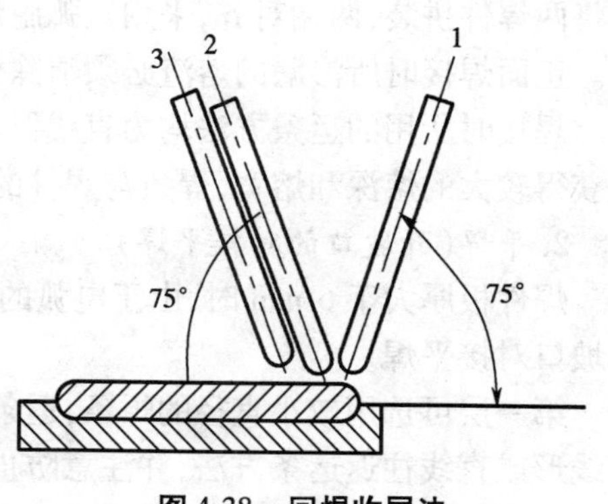

图 4-38 回焊收尾法

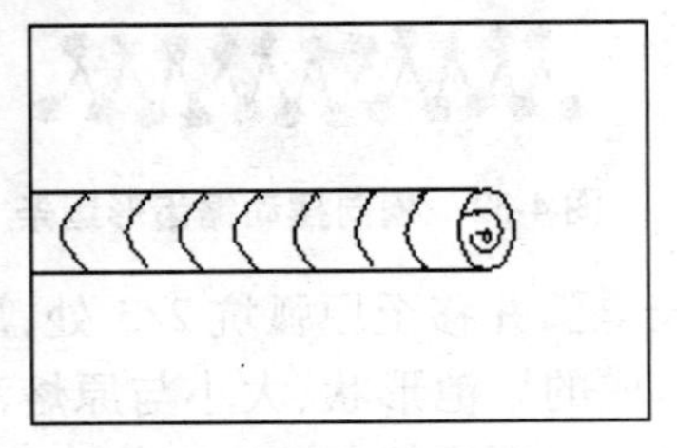

图 4-39　划圈收弧法

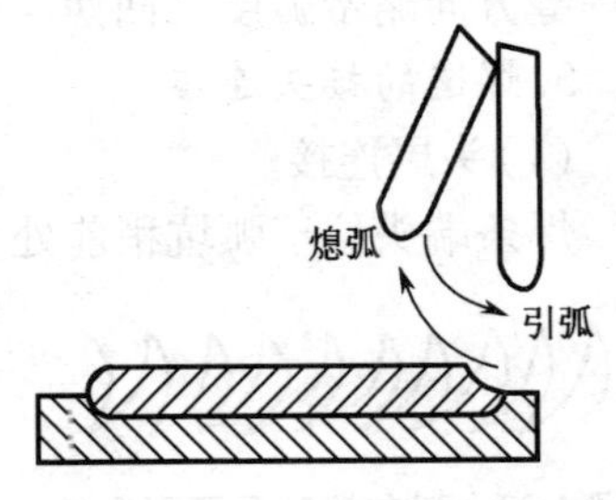

图 4-40　反复断弧收尾法

在收尾处作瞬时断续引弧、熄灭弧，如图 4-40 所示，适用于酸性焊条或用于大电流及薄板焊接焊道，收尾饱满，无气孔等缺陷。且收尾处高低宽窄与整条焊道尺寸一致，收尾速度不宜过快，在弧坑处停顿，回焊数圈后待填满弧坑再熄弧。收弧时要看清熔池金属在焊件边缘的尽头处冷凝结晶，方可熄弧。收尾处熔池金属温度过高时，应采取压短电弧或熄弧，待熔池冷却后再施焊。

4.4.3　板—板对接平位手弧焊焊接的操作步骤实训三

1. 平焊（不开破口对接平焊）

焊件板厚小于 6 mm 可采用不开破口对接平焊。

选用直径为 3.2 ~4 mm 的焊条，熔深为焊件厚度的 2/3，焊缝宽度为 5 ~8 mm，焊缝余高为 1.5 mm，如图 4-41 所示。

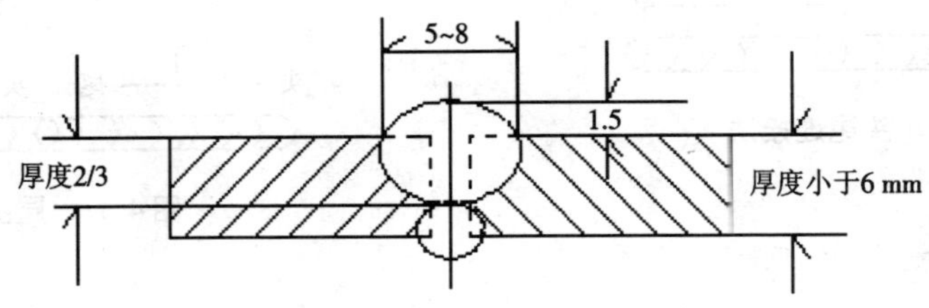

图 4-41　不开破口对接平焊

用钢丝刷用力将焊件表面锈、污及较厚的氧化皮清除，待焊处稍露出金属光泽后，先将两焊件拼装，两端对齐，采用短弧施焊，焊接反面时，除重要的构件外，一般不必清根。正面焊接时所渗漏的熔渣必须清除干净，焊接时电流可大些，以保证焊透。

焊接时所用的运条方法均为直线形，在焊接反面的焊缝时，运条速度应慢些，以保证获得较大的熔深和熔宽，焊条与焊件的表面角度如图 4-42 所示。

2. 平焊（开坡口的对接平焊）

焊件板厚大于 6 mm 时，由于电弧的热量难以熔透焊缝根部，为了保证焊透可采用开坡口对接平焊。

第一层可选用较小直径的焊条，运条方法视焊条与坡口间隙情况而定，一般可采用直线形或直线往返运条方法，并注意防止焊穿。第二层以后的各层在焊接前都必须将前一层焊道的熔渣清除干净，然后用粗直径的焊条配以较大的电流进行焊接，运条可采

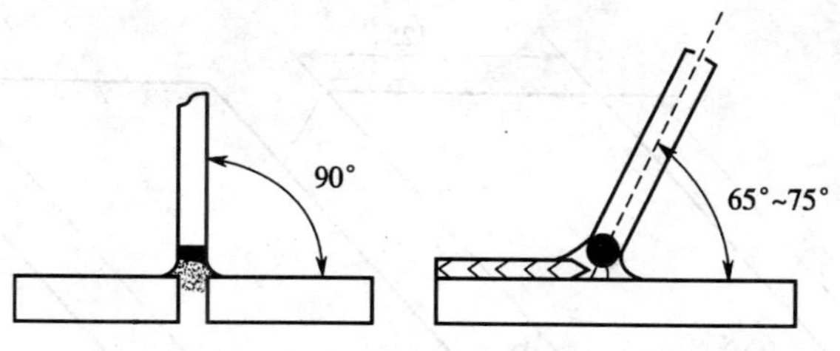

图 4-42　对接平焊时焊件与焊条的角度

用短弧锯齿形运条方法。多层焊如图 4-43 所示。

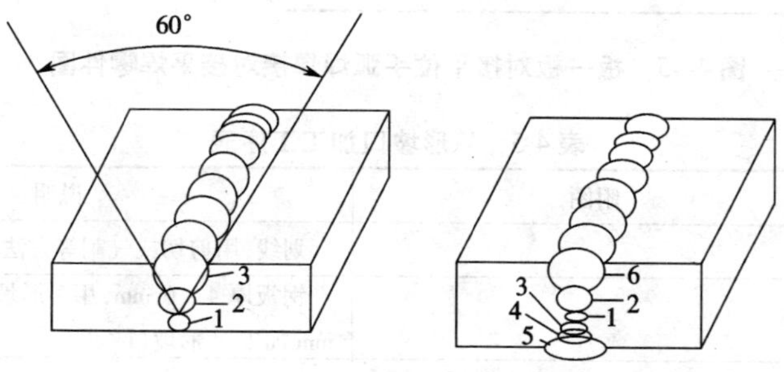

图 4-43　多层焊

每一层都不宜过厚，在坡口两边稍作停留，以防止产生熔合不良及夹杂等缺陷，每层的焊缝接头需要相互错开，焊缝宽度视坡口宽度的增大而增大，对于多层多道焊的焊接方法与多层焊相似，焊道的排列要均匀紧密，避免产生过深的焊谷而导致夹杂等缺陷，如图 4-44 所示。

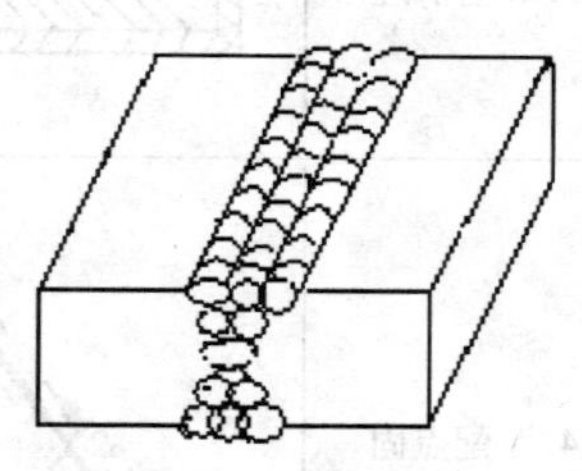

图 4-44　多层多道焊

第一层可选用较小直径的焊条，然后用粗直径的焊条配以较大的电流进行焊接。各层必须清根，避免产生夹杂、气孔等缺陷。

3. 板—板对接平位手弧焊焊零件

板—板对接平位手弧焊焊接对接平焊零件图如图 4-45 所示。技术要求如下。

①单面焊双面成形。

②焊条型号 E4305，直径自定。

③钝边、间隙自定，允许采用反变形。

④单向焊接。除盖面层处，焊缝接头允许磨削。

⑤焊缝两侧各 10 mm 内缺陷不计。

⑥焊件离地面高度自定。

4. 板—板对接平位手弧焊焊接 V 形坡口加工工序

板—板对接平位手弧焊焊接 V 形坡口的加工工序如表 4-5 所示。

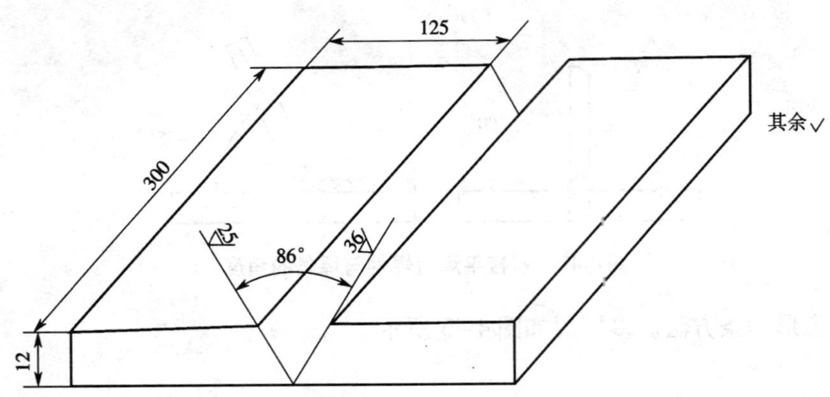

图 4-45　板—板对接平位手弧焊焊接对接平焊零件图

表 4-5　V 形坡口加工工序表

步骤	附图	说明
1. 备料		划线,用剪切或气割等方法下料,校正
2. 选择及加工坡口		钢板厚 4 ~ 6 mm,用 I 形坡口,不用加工,＞6 mm 加工 V 形坡口
3. 焊前清理	清理范围 29~30 mm	清除焊缝周围的铁锈和油污
4. 装配点固	间隙1—2 30 点焊 30 10~15 mm	将两板放平,对齐且留 1 ~ 2 mm 间隙,用焊条在图示位置点固后除渣,如果是厚板采用反变形法,长板可在中间每隔 300 mm 点固一次
5. 焊接	$>\frac{\delta}{2}$ δ	在焊接前选择焊接参数,焊接第一层可选用较小直径的焊条,特别是单面焊,使用的焊接电流比较小,这样便于保证焊道的质量。运条方法视焊条与坡口间隙情况而定,一般可采用直线形或直线往返运条方法,并防止焊穿。在焊接第二层前应把前一层焊缝的熔渣清理干净。然后用粗直径的焊条配以较大的电流进行焊接,运条可采用短弧锯齿形运条方法,每一层都不宜过厚,在坡口两边稍作停留,以防止产生熔合不良及夹杂等缺陷
6. 焊后清理,检查		除去工件表面飞溅物、熔渣;进行外观检查

5. 低合金钢板—板对接平位手弧焊焊接试件质量评分标准

低合金钢板—板对接平位手弧焊焊接试件质量评分标准如表 4-6 所示。

表 4-6　手弧焊焊接试件质量评分标准

应得分					实得分		
检查项目		标准配分	焊缝等级				项目得分
			Ⅰ	Ⅱ	Ⅲ	Ⅳ	
外观检查	未熔合、裂纹、焊瘤	标准	不允许(有以上缺陷之一者,该试件外观为 0 分)				
		配分					
	焊缝余高	标准(mm)	0~2	≤3	≤4	>4	
		配分	2	1.5	1	0	
	焊缝余高差	标准(mm)	≤1	>1 且<2	>2 且<3	>3	
		配分	2	1.5	1	0	
	焊缝宽度	标准(mm)	≤20	>20 且≤21	>21 且≤22	>22	
		配分	2	1.5	1	0	
	焊缝宽度差	标准(mm)	≤1.5	>1.5 且<2	>2 且<3	>3	
		配分	2	1.5	1	0	
	表面气孔	标准(mm)	0	ϕ≤2,≤2 个	ϕ≤2,>2 且≤4 个	ϕ≤2,>4 个或 ϕ>2	
		配分	2	1.5	1	0	
	夹渣	标准(mm)	0	深≤1.2,长≤10,≤2 个	深≤1.2,长≤10,≤3 个	深≤1.2,长≤10,>4 个	
		配分	2	1.5	1	0	
	咬边	标准(mm)	0	深≤0.5 且长≤1.5	深≤0.5,15<长≤30	深>0.5 或长>30	
		配分	3	2	1	0	
	未焊透	标准(mm)	0	深≤0.5 且长≤1.5	深≤0.5,15<长≤30	深>0.5 或长>30	
		配分	2	1.5	1	0	
	背面凹陷	标准(mm)	0	深≤0.5 且长≤1.5	深≤0.5,15<长≤30	深>0.5 或长>30	
		配分	2	1	0.5	0	
	错边量	标准(mm)	0	≤0.7	>0.7 且≤1.2	>1.2	
		配分	2	1.5	1	0	
	角变形量	标准(mm)	≤1	>1 且≤3	>3 且≤5	>5	
		配分	2	1	0.5	0	
	表面成形	标准	成形美观,焊波均匀	成形较好,焊波较均匀	成形尚可,焊缝平直	焊缝弯曲,宽窄不一,表面缺陷	
		配分	2	1	0.5	0	

应得分				实得分		
检查项目	标准配分	焊缝等级				项目得分
		Ⅰ	Ⅱ	Ⅲ	Ⅳ	
X 射线检验	标准	Ⅰ级无缺陷	Ⅰ级有缺陷	Ⅱ级	Ⅲ级	
	配分	20	15	10	0	
冷弯试验	钢种	弯曲角度	试验方法	合格	不合格	
	碳素钢	180°	面弯,背弯	各2.5	0	
	低合金钢	100°	面弯,背弯	各2.5	0	

6. 板—板对接平位手弧焊焊接实训考核成绩汇总表

板—板对接平位手弧焊焊接实训考核成绩汇总表如表 4-7 所示。

表 4-7　手弧焊焊接实训考核成绩汇总表

序号	考核项目	配分	扣分	得分	备注
1	低合金钢板—板对接平位手弧焊	60			
2	焊条手弧焊焊接实训报告	30			
3	安全文明实训	10			视现场酌情处理,扣 1 ~ 10 分
合计		100			

任务 5　了解其他焊接方法及焊接新技术

4.5.1　熔焊

1. 气焊

气焊是利用可燃气体在氧气中燃烧时所产生的热量,将母材焊接处熔化而实现连接的一种熔焊方法。可燃气体有乙炔、液化石油气等。以乙炔为例,其在氧气中燃烧时的火焰温度可达 3 200 ℃。氧乙炔火焰有以下三种。

①中性焰:氧气与乙炔体积混合比为 1 ~ 1.2,乙炔充分燃烧,适合焊接碳钢和非铁合金。

②碳性焰:氧气和乙炔体积混合比小于 1,乙炔过剩,适用于焊接高碳钢、铸铁和高速钢。

③氧化焰:氧气与乙炔体积混合比大于 1.2,氧气过剩,适用于黄铜和青铜的钎焊。

气焊火焰温度低,加热速度慢,加热区域宽,焊接热影响区宽,焊接变形大,且焊接过程中熔化金属受到的保护差,焊接质量不易保证,因而其应用已很少。但气焊又具有无需电源、设备简单、费用低、移动方便、通用性强等特点，因而在无电源场合和野外工作时有实用价值。目前，主要用于薄钢板(厚度 0.5 ~ 3 mm)、铜及铜合金的焊接和铸铁的补焊。

2. 氩弧焊

氩气弧焊是利用氩气保护焊接区的电弧焊方法。氩弧焊可分为非熔化极(又称钨极)和熔化极两种。非熔化极氩弧焊如图 4-46 所示。

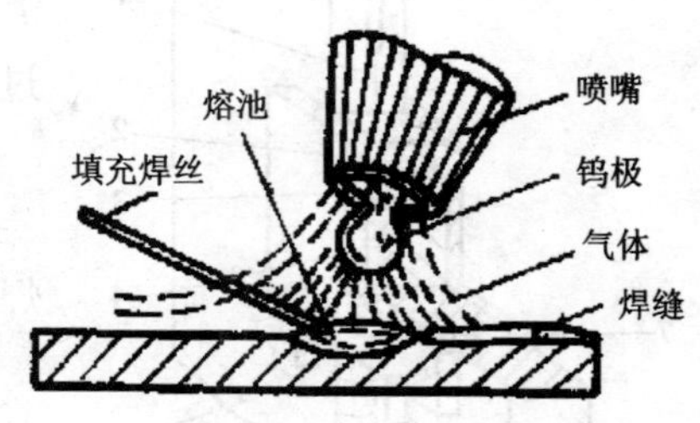

图 4-46　非熔化极氩弧焊示意图

氩气是惰性气体，它既隔绝了空气对焊缝金属的侵蚀，又不和焊缝起化学反应，也不熔于焊缝形成气孔，所以它对焊缝的保护极好，焊缝的质量也很高。

氩弧焊的特点是电弧热量集中，热影响区小，焊件变形小。电弧稳定性好，氩气导热系数小，且单原子气体高温时不分解吸热，因而电弧热量损失小，所以氩弧一旦引燃，电弧就很稳定。

3. 二氧化碳气体保护焊

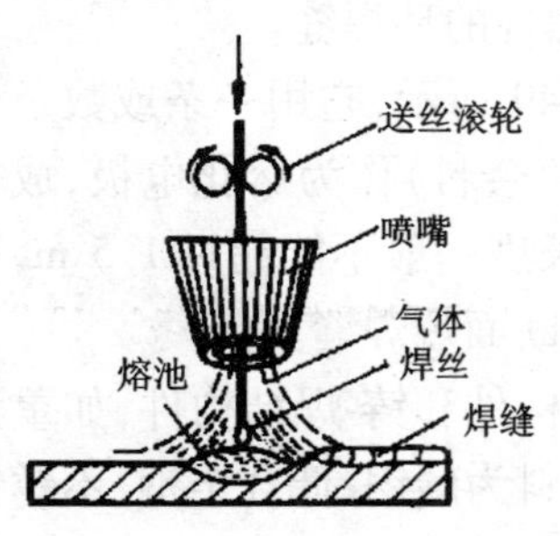

图 4-47　CO_2 焊接示意图

二氧化碳气体保护焊是利用 CO_2 作为保护气体的电弧焊，简称 CO_2 焊，其焊接过程和熔化极氩弧焊相似，如图 4-47 所示，主要由焊接电源、焊枪、送丝机构、供气系统和控制系统组成。

CO_2 是一种氧化性气体，它在电弧热作用下进行分解，温度越高，分解越强烈，分解的产物 CO 在焊接过程中不溶于液态金属，因此必须采用含锰、硅等合金元素的焊丝进行脱氧，并补充被烧损的合金元素以提高焊缝质量。二氧化碳气体保护焊，熔池深大，焊接速度快成本低，焊接质量好。

4. 电渣焊

电渣焊是利用电流通过液态熔渣产生的电阻热进行焊接的一种熔焊方法。

(1)电渣焊的焊接过程

如图 4-48 所示，电渣焊焊接接头处于垂直位置，两侧装有冷却成形装置，在焊接的起始端和结束端装有引弧板和引出板。焊接时，先将颗粒状焊剂装入接头空间至一定高度，然后焊丝在引弧板上引燃电弧，将焊剂熔化形成渣池。当渣池达到一定深度时，电弧被淹没而熄灭，电流通过渣池产生电阻热，进入电渣焊过程，渣池温度可达到1 700 ~2 000 ℃，可将焊丝和焊件边缘迅速熔化，形成熔池。随着熔池液面的升高，冷却滑块也向上移动，渣池则始终浮在熔池上面作为加热的前导，熔池底部结晶，形成焊缝。

(2)电渣焊的特点

在电渣焊的焊接过程中，除开始阶段有一电弧过程外，其余均为稳定的电渣过程，这与埋弧焊有本质区别。电渣焊的局限性如下。

①由于焊接熔池大，加热和冷却缓慢，在焊缝及热影响区容易过热形成粗大组织，

因此电渣焊通常焊后用正火处理以消除接头中的粗晶。

②电渣焊总是以立焊方式进行,不能平焊。电渣焊不适于厚度在 30 mm 以下的工件,焊缝也不宜过长。

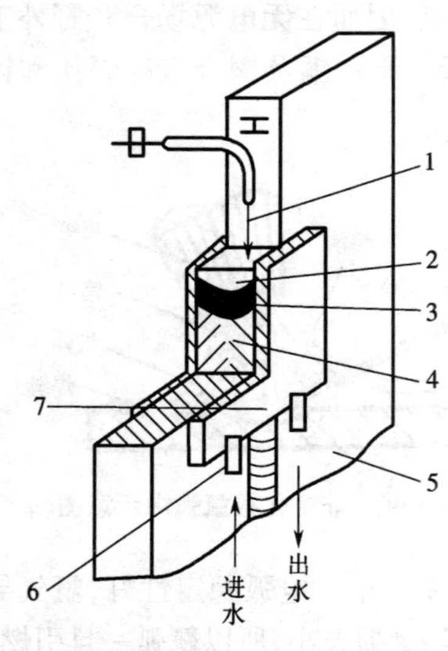

图 4-48　电渣焊示意图

1—焊丝　2—渣池　3—熔池　4—焊缝　5—焊件　6—冷却水管　7—冷却滑块

(3)电渣焊的分类及应用

电渣焊分为丝极电渣焊、板极电渣焊、熔嘴电渣焊和管极电渣焊等。

丝极电渣焊是最常用的电渣焊方法,它采用焊丝作电极,根据焊件厚度的不同,可采用一根或多根焊丝。单丝焊能够焊接的焊件厚度为 40 ~ 60 mm;当焊件厚度大于 60 mm 时,焊丝要作横向摆动;三丝摆动可以焊接 450 mm 厚的焊件。丝极电渣焊主要用于焊接厚度为 40 ~ 450 mm 的焊件及较长焊缝的焊件,也可用于大型焊件的环焊缝。

板极电渣焊如图 4-49 所示,它用一条或数条金属板(可利用焊件的边角余料)作为熔化电极,成本低,生产效率高,送进机构简单,但要求电源功率大。焊缝长度一般不能超过 1.5 m,否则过长的板极会给操作带来困难。这种方法适用于焊接大断面短焊缝。

板极电渣焊主要用于重型机械制造业中,制造锻-焊结构件和铸-焊结构件,如重型机床的机座、高压锅炉等,焊件厚度一般为 40 ~ 450 mm,材料为碳钢、低合金钢、不锈钢等。

5. 电子束焊

电子束焊利用经过聚焦的高速运动的电子束,在撞击焊件时,其动能转化为热能,从而使焊件连接处熔化形成焊缝,如图 4-50 所示。

电子束焊机的核心是电子枪,它是完成电子的产生、电子束的形成和会聚的装置,主要由灯丝、阴极、阳极、聚焦线圈等组成。灯丝通电升温并加热阴极,当阴极达到 2 400 K 左右时即发射电子,在阴极和阳极之间的高压电场作用下,电子被加速(约为 1/2 光速),穿过阳极孔射出,然后经聚焦线圈,会聚成直径为 0.8 ~ 3.2 mm 的电子束射向焊件,并在焊件表面将动能转化为热能,使焊件连接处迅速熔化,经冷却结晶后形成焊缝。根据焊接工作室(焊件放置处)的真空度不同,电子束焊的分类如下。

(1)高真空电子束焊

工作室与电子枪同在一室,真空度为 $10^{-2} \sim 10^{-1}$ Pa,适用于难熔、活性、高纯金属及小零件的精密焊接。

(2)低真空电子束焊

工作室与电子枪被分为两个真空室,工作室的真空度为 $10^{-1} \sim 15$ Pa,适用于较大型的结构件和对氧、氮不太敏感的难熔金属。

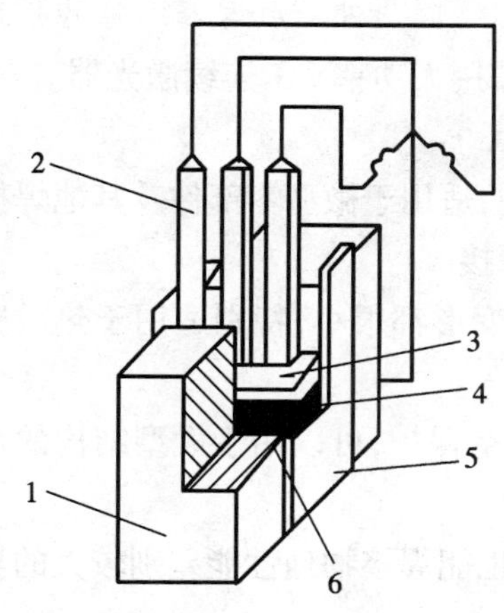

图 4-49　板极电渣焊示意图

1—焊件　2—板极　3—渣池　4—熔池　5—冷却滑块　6—焊缝

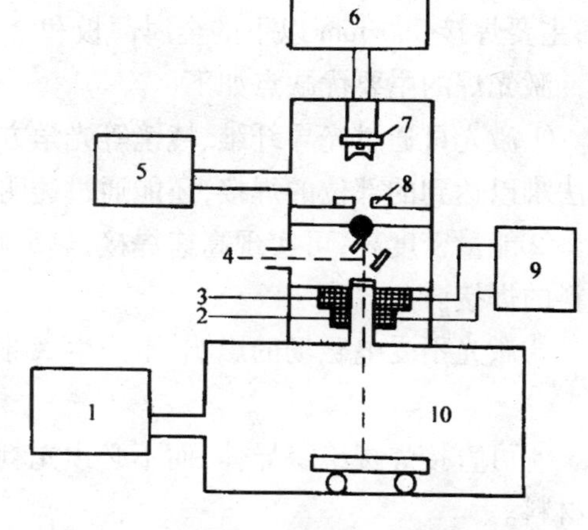

图 4-50　电子束焊示意图

1—直流高压电源　2—交流电源　3—灯丝　4—阴极　5—阳极　6—直流电源　7—聚焦装置　8—电子束　9—焊件　10—真空室　11—排气装置

(3)非真空电子束焊

需另加惰性气体保护罩或喷嘴，焊件与电子束流出口的距离应控制在 10 mm 左右，以减少电子束与气体分子碰撞造成的散射。非真空电子束焊适用于碳钢、低合金钢、不锈钢、难熔金属及铜、铝合金等的焊接，焊件尺寸不受限制。

电子束焊特别适合焊接一些难熔金属、活性或高纯度金属以及热敏感性强的金属。但设备复杂，成本高，焊件尺寸受真空室限制，装配精度要求高，且易激发 X 射线，焊接辅助时间长，生产效率低，这些弱点都限制了电子束焊的广泛应用。

6. 激光焊

激光焊利用激光的产生原理，即物质受激励后，产生的波长、频率、方向完全相同的光束。激光具有单色性好、方向性好、能量密度高的特点，且经透射或反射镜聚焦后，可获得直径小于 0.01 mm、功率密度高达 10^{13} W/cm^2 的能束，因而可以作为焊接、切割、钻孔及表面处理的热源。产生激光的物质有固体、半导体、液体、气体等，其中用于焊接、切割等工业加工的主要是钇铝石榴石(YAG)固体激光和 CO_2 气体激光。激光焊如图 4-51 所示，激光器产生激光束，通过聚焦系统聚焦在焊件上，光能转

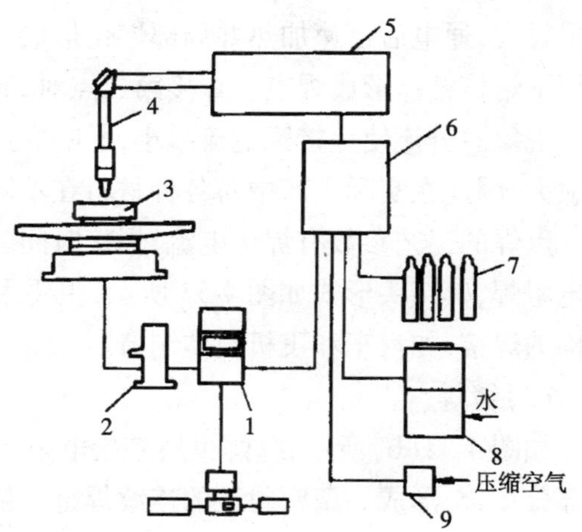

图 4-51　激光焊示意图

1—电源　2—激光器　3—激光束　4—观察器　5—聚焦系统　6—聚焦光束　7—焊件　8—工件台

化为热能，使金属熔化形成焊接接头。激光焊有点焊和缝焊两种。点焊采用脉冲激光器，主要焊接0.5 mm以下的金属薄板和金属丝；缝焊需用大功率CO_2连续激光器。

激光焊的主要优缺点如下。

①激光可通过光导纤维、棱镜等光学方法弯曲传输，适用于微型零部件及其他焊接方法难以达到的部位的焊接，还能通过透明材料进行焊接。

②能量密度高，可实现高速焊接，热影响区和焊接变形都很小，特别适用于热敏感材料的焊接。

③激光不受电磁场的影响，不产生X射线，无需真空保护，可以用于大型结构的焊接。

④可直接焊接绝缘导体，而不必预先剥掉绝缘层，也能焊接物理性能差别较大的异种材料。

⑤设备昂贵，能量转化率低（5%～20%），对焊件接口加工、组装、定位要求均很高，目前主要用于电子工业和仪表工业中的微型器件的焊接，以及硅钢片、镀锌钢板等的焊接。

4.5.2 压焊

1. 电阻焊

电阻焊利用电流通过焊件及其接触处产生的电阻热，将连接处加热到塑性状态或局部熔化状态，再施加压力形成接头的焊接方法。电阻焊通常分为点焊、缝焊和对焊三种，对焊又可根据其焊接过程的不同，分为电阻对焊和闪光对焊，如图4-52所示。

（1）点焊

如图4-52（a）所示，工件搭接后放在柱状电极间，通电加压，由于两工件接触面处电阻较大，通电后迅速加热并局部熔化形成熔核，熔核周围为塑性状态，然后在压力的作用下熔核结晶形成焊点。焊接第二点时，有一部分电流会流经已焊好的焊点，称点焊分流现象。分流使焊接区电流减小，影响焊点质量，焊件厚度愈大，材料导电性愈好，分流愈大，因此在实际生产中对各种材料在不同厚度下的焊点最小间距有一定的规定。

点焊的工艺参数有焊接电流、焊接时间、焊接压力和电极头端面尺寸等。点焊属搭接电阻焊，其接头形式如图4-53所示，主要用于4 mm以下的薄板冲压壳体结构及钢筋结构的焊接，如汽车和飞机壳体制造。

（2）缝焊

如图4-52（b）所示，缝焊也属搭接电阻焊，采用滚盘作电极，边焊边滚，相邻两个焊点部分重合，形成一条密封性的连续焊缝。缝焊分流作用较大，对于材料、厚度相同的焊件，所需焊接电流一般比点焊增加15%～40%。由于缝焊所需的焊接电流较大，所以只适用于3 mm以下有气密性要求的薄板结构，如油箱、管道等。

（3）对焊

对焊属对接电阻焊，根据焊接过程的不同，对焊可分为电阻对焊和闪光对焊。

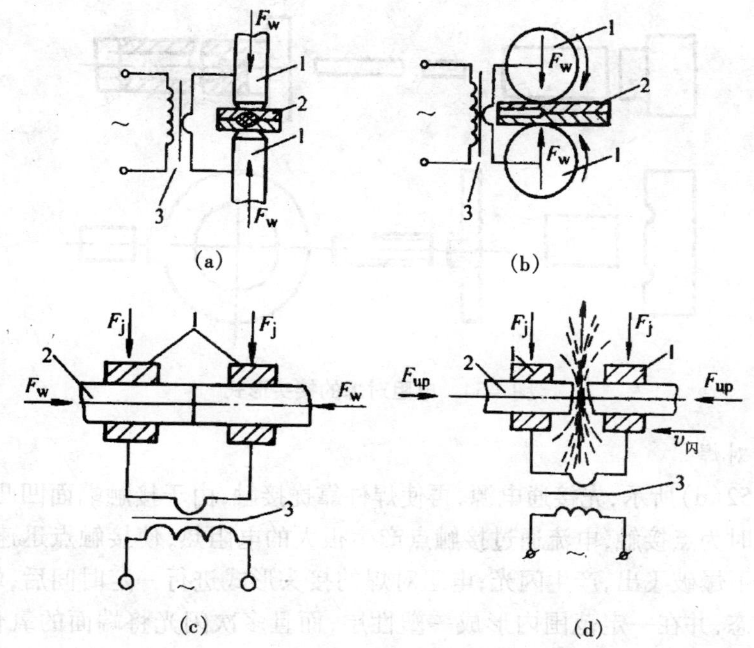

图 4-52　电阻焊示意图

(a)点焊;(b)缝焊;(c)电阻对焊;(d)闪光对焊

1—电极　2—焊件　3—变压器

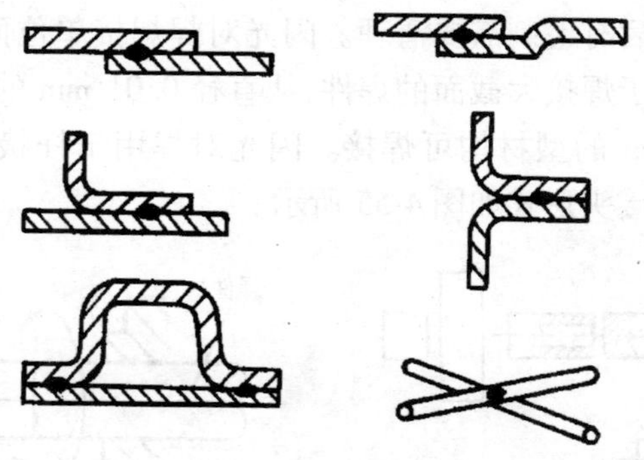

图 4-53　点焊接头形式

1)电阻对焊

如图 4-52(c)所示,先加预压,使两焊件的端面紧密接触,再通电加热,接触处升温至塑性状态,然后断电同时施加顶锻力,使接触处产生一定的塑性变形而焊合。

电阻对焊的特点是操作简单,接头外观光滑、毛刺小,但对焊件端面加工和清理要求较高,否则接触面容易发生加热不均匀,且容易产生氧化物夹杂,影响焊接质量。电阻对焊一般仅用于断面简单、截面积小于 250 mm^2 和强度要求不高的杆件对接,材料以碳钢、纯铝为主。如图 4-54 所示为电阻对焊的接头形式。

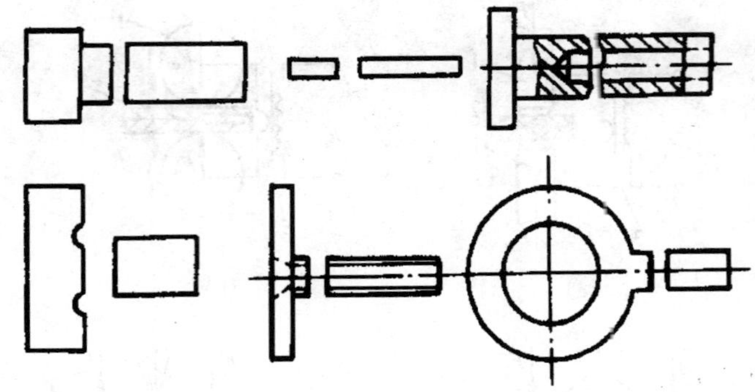

图 4-54　电阻对焊的接头形式

2)闪光对焊

如图 4-52(d)所示,先接通电源,再使焊件靠拢接触,由于接触端面凹凸不平,所以在开始接触时为点接触,电流通过接触点产生很大的电阻热,使接触点迅速熔化,并在电磁力作用下爆破飞出,产生闪光;电阻对焊的接头形式进行一定时间后,端面达到均匀半熔化状态,并在一定范围内形成一塑性层,而且多次闪光将端面的氧化物清除干净,于是断电并加压顶锻,挤出熔化层,并产生大量塑性变形而使焊件焊合。

闪光对焊的特点是焊接过程中,工件端面氧化物与杂质会被闪光火花带出或随液体金属挤出,接头中夹杂少,质量高,常用于焊接重要件。闪光对焊可焊接的材料较多,不仅能焊接同种金属,还能焊接异种金属(如铝—铜、铜—钢、铝—钢等)。但闪光对焊时焊件烧损较多,且焊后有毛刺需要清理。闪光对焊焊接单位面积焊件所需的焊机功率较电阻对焊小,有利于焊接大截面的焊件,从直径 0. 01 mm 的金属丝到直径 500 mm 的管材、截面 20 000 mm^2 的型材均可焊接。闪光对焊用于杆状件对接,如刀具、管子、钢筋、钢轨、车圈等,其接头形式如图 4-55 所示。

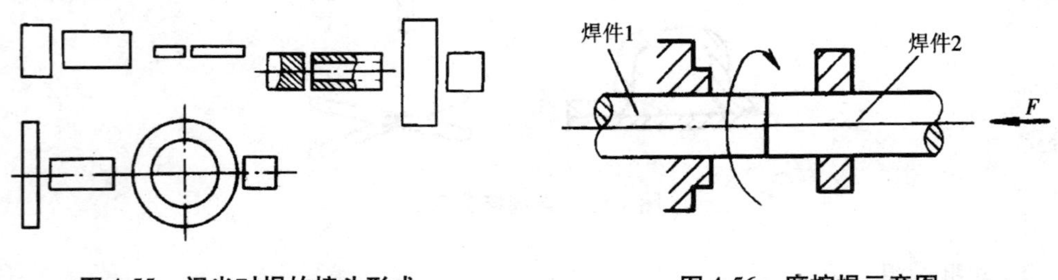

图 4-55　闪光对焊的接头形式

图 4-56　摩擦焊示意图

2. 摩擦焊

摩擦焊是利用焊件接触端面相互摩擦所产生的热,使端面达到热塑性状态,然后迅速施加顶锻力,实现焊接的一种固相压焊方法,如图 4-56 所示。

摩擦焊具有以下优缺点。

①焊接质量稳定,焊件尺寸精度高,接头废品率低于电阻对焊和闪光对焊。

②焊接生产效率高,比闪光对焊高 5 ~6 倍。

③适于焊接异种金属,如碳素钢、低合金钢与不锈钢、高速钢之间的连接,铜—不锈钢、铜—铝、铝—钢、钢—锆等之间连接。

④加工费用低,省电,焊件无需特殊清理。

⑤易实现机械化和自动化,操作简单,焊接工作场地无火花、弧光及有害气体。

⑥靠工件旋转实现,焊接非圆截面较困难。对于盘状工件及薄壁管件,由于不易夹持也很难焊接。受焊机主轴电机功率的限制,目前摩擦焊可焊接的最大截面为20 000 mm^2。摩擦焊机一次性投资费用大,适于大批量生产。

摩擦焊的应用有:异种金属和异种钢产品,如电力工业中的铜—铝过渡接头,金属切削用的高速钢—结构钢刀具等;结构钢产品,如电站锅炉蛇形管、阀门、拖拉机轴瓦等。摩擦焊的焊接接头形式如图4-57所示。

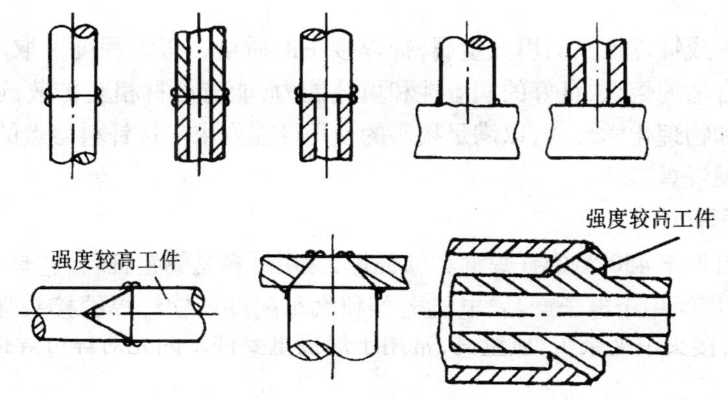

图4-57　摩擦焊接头的形式

3. *扩散焊*

扩散焊是在真空或保护气氛的保护下,在一定温度(低于母材的熔点)和压力条件下,使相互接触的平整光洁的待焊表面发生微观塑性流变后紧密接触,原子相互扩散,经过一段较长时间后,原始界面消失,达到完全冶金结合的焊接方法。扩散焊具有以下优点。

①可以在几乎不损坏被焊材料性能的情况下,实现各类同种材料和异种材料间的焊接,可以用来制造双层或多层复合材料。

②能焊接结构复杂以及厚薄相差大的工件。

③接头成分、组织均匀,减小了应力腐蚀倾向。

④焊接变形小,接头精度高,可作为部件最后的组装连接方法。

⑤可与其他加工工艺同时进行(如真空热处理等),可同时完成多个接头的焊接,从而提高生产效率。

扩散焊可应用于熔点差别大或冶金上不相容的异种金属之间的焊接、金属与陶瓷的焊接和钛、镍、铝合金结构件的焊接。当前,扩散焊不仅应用于原子能、航空航天及电子工业等尖端技术领域,而且已推广至一般机械制造工业部门。

4.5.3 钎焊

1. 钎焊的特点及应用

钎焊采用熔点低于母材的合金作钎料，加热时钎料熔化，并靠润湿作用和毛细作用填满并保持在接头间隙内，而母材处于固态，依靠液态钎料和固态母材间的相互扩散形成钎焊接头。钎焊对母材的物理化学性能影响小，焊接应力和变形较小，可焊接性能差别较大的异种金属，能同时完成多条焊缝，接头外表美观整齐，设备简单，生产投资小。但钎焊接头的强度较低，耐热能力差。

钎焊可应用于硬质合金刀具、钻探钻头、自行车车架、换热器、导管及各类容器等。在微波波导、电子管和电子真空器件的制造中，钎焊甚至是唯一可能的连接方法。

2. 钎料和钎剂

钎料是形成钎焊接头的填充金属，钎焊接头的质量在很大程度上取决于钎料。钎料应该具有合适的熔点、良好的润湿性和填缝能力，能与母材相互扩散，还应具有一定的力学性能和物理化学性能，以满足接头的使用性能要求。按钎料熔点的不同，钎焊分为软钎焊与硬钎焊。

(1)软钎焊

钎料熔点低于450 ℃的钎焊称为软钎焊，常用钎料是锡铅钎料，它具有良好的润湿性和导电性，广泛用于电子产品、电机电器和汽车配件。软钎焊的接头强度一般为60 ~140 MPa。

(2)硬钎焊

钎料熔点高于450 ℃的钎焊称为硬钎焊，常用钎料是黄铜钎料和银基钎料。用银基钎料的接头具有较高的强度、导电性和耐蚀性，钎料熔点较低、工艺性良好，但钎料价格较高，多用于要求较高的焊件，一般焊件多采用黄铜钎料。硬钎焊多用于受力较大的钢和铜合金工件。硬钎焊的接头强度为200 ~ 490 MPa。注意：母材的接触面应很干净，因此要用钎剂。钎剂的作用是去除母材和钎料表面的氧化物和油污杂质，保护钎料和母材接触面不被氧化，增加钎料的润湿性和毛细流动性。钎剂的熔点应低于钎料，钎剂残渣对母材和接头的腐蚀性应较小。软钎焊常用的钎剂是松香或氯化锌溶液，硬钎焊常用的钎剂是硼砂、硼酸和碱性氟化物的混合物。

3. 钎焊加热方法

几乎所有的加热热源都可以用作钎焊热源，并依此将钎焊分类如下。

火焰钎焊：用气体火焰进行加热，用于碳钢、不锈钢、硬质合金、铸铁、铜及铜合金、铝及铝合金的硬钎焊。

感应钎焊：利用交变磁场在零件中产生感应电流的电阻热加热焊件，用于具有对称形状的焊件，特别是管轴类的钎焊。

浸沾钎焊：将焊件局部或整体浸入熔融盐混合物熔液或钎料熔液中，靠这些液体介质的热量来实现钎焊过程，其特点是加热迅速、温度均匀、焊件变形小。

炉中钎焊：利用电阻炉加热焊件，电阻炉可通过抽真空或采用还原性气体或惰性气体对焊件进行保护。

除此以外，还有烙铁钎焊、电阻钎焊、扩散钎焊、红外线钎焊、反应钎焊、电子束钎焊、激光钎焊等。

4. 钎焊接头

钎焊一般采用板料搭接和套管嵌接的形式，钎焊的接头形式如图 4-58 所示。

采用板料搭接和套管嵌接的形式，可以增加焊件之间的结合面，来弥补钎料强度的不足，保证接头的承载能力。这种接头形式还便于控制接头的间隙，适当的间隙可使钎料在接头中均匀分布，达到最佳钎焊效果。钎焊接头的间隙范围一般是 0.05 ~ 0.2 mm。

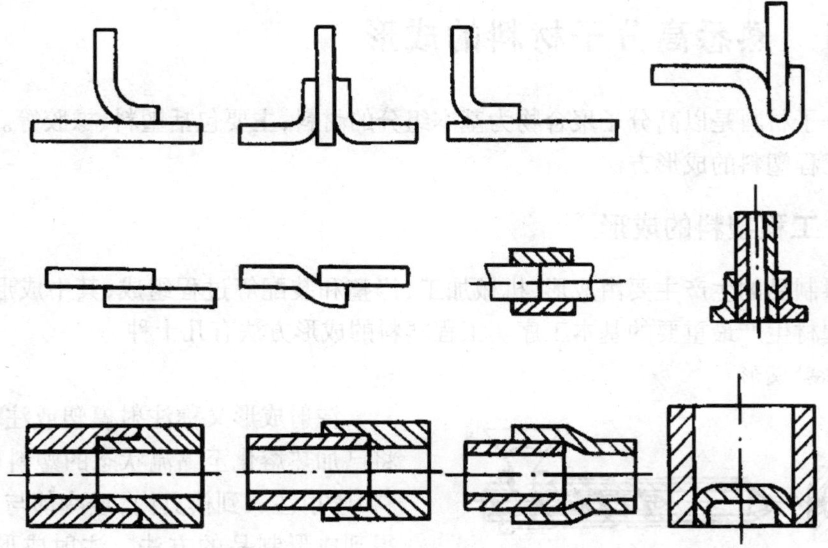

图 4-58 钎焊的接头形式

项目五　非金属材料及复合材料成形

近年来,有机高分子材料、陶瓷材料和复合材料等发展很快,其所处位置已逐渐由金属材料的代用品,而成为一类独立使用的、不可取代的工程材料,因此了解这类材料的成形技术是必要的。非金属材料的成形方法、工艺实质与金属的铸造、压力加工、焊接等是相同或相近的。

任务1　熟悉高分子材料的成形

高分子材料是以高分子聚合物为基本组分的材料,主要包括塑料、橡胶等。本节重点介绍工程塑料的成形方法。

5.1.1　工程塑料的成形

塑料制品的生产主要由成形、机械加工、修整和装配等过程组成,其中成形是塑料制品或型材生产最重要的基本工序。工程塑料的成形方法有几十种。

1. 注射成形

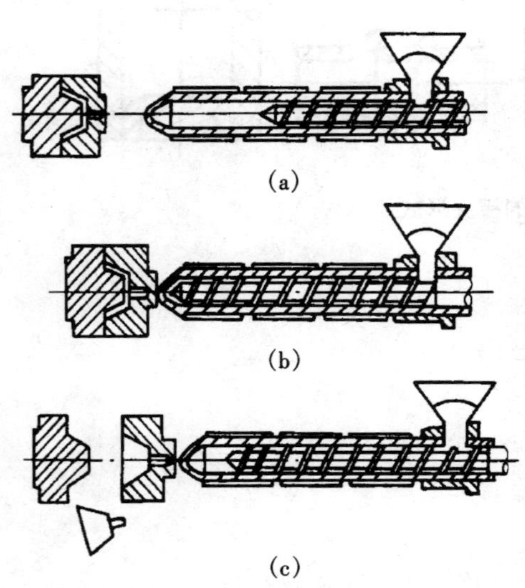

图5-1　注塑生产示意图

(a)螺杆后退,物料自料斗进入机筒被熔融塑化,同时模具闭合;(b)螺杆前进,把熔料注入模腔中;(c)螺杆后退,模具打开,制件脱出

注射成形又称注射模塑或注塑,是指将已加热熔化至黏流状态的塑料(称为熔料)喷射注入到模具内,经冷却与固化后,得到成形制品的方法。注射成形几乎适用于所有的热塑性塑料。近年来,也成功地应用于流动性好的热固性塑料。注射成形的成形周期短(几秒到几分钟),成形制品质量可由几克到几十千克,能一次成形外形复杂、尺寸精确、带有金属或非金属嵌件的模塑品。因此,该方法适应性强,生产效率高,易于自动化生产。

注射成形机的种类很多,按注射方式可分为往复螺杆式和柱塞式,其中螺杆式应用较广。

注射成形机主要由液压传动系统和自动控制系统、注射装置、模具及合模装置等组成。在液压系统和自动控制系统控制下,合模装置控制模具开闭以完成脱模作业;注射装置完成加热、注射、保压等作业。注塑生产示意如图 5-1 所示。

注射成形过程可分为加料塑化、合模、注射、保压、冷却和脱模 6 个步骤或分为充模、保压、冷却三个主要阶段。即将粒状或粉状塑料送入料筒进行加热，使原料由固态粒子转变为熔体，经过混合和塑化后，由柱塞或螺杆推挤而通过料筒端部的喷嘴，以很快的速度注入温度较低的闭合模具模膛内（“充模”阶段）；熔料在模具中冷却收缩时柱塞或螺杆继续保持加压状态，迫使喷嘴附近的熔体不断补充进入模具中，使模膛中的塑料在受压的情况下冷却固化成形（“保压”阶段）；卸除料筒内塑料的压力，同时通入水、油或空气等冷却介质，进一步冷却模具（“冷却”阶段）；最后松开模具脱模。

2. 压制成形

压制成形主要用于热固性塑料如酚醛、脲醛、环氧、有机硅等的成形。其主要优点是可压制较大平面的制品和能大量生产，制件质量均匀、内应力小、尺寸稳定、耐热、强度高。其缺点是生产周期长，效率低。压制成形有多种方法，如模压法、层压法、冷压模塑、传递模塑、低压成形等。在此仅介绍模压法。模压成形如图 5-2 所示。

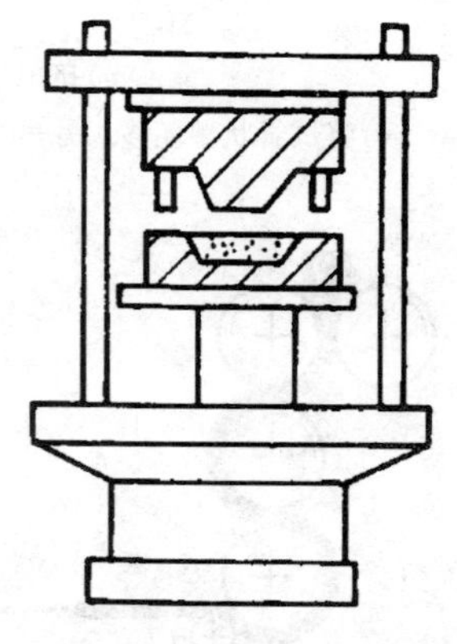
图 5-2　模压成形示意图

模压成形又称压缩模塑或模塑，是将塑料粉、粒放入闭合模膛内借助加压和加热而熔融、塑化并充满模膛后硬化的成形方法。模压成形由预压、预热和模压三个过程组成。预压是为改善制品质量和提高模塑效率等，将粉料或纤维状塑料预先压成一定形状的操作；预热是为改善加工性能和缩短成形周期等，在成形前先将塑料加热到一定温度的操作；模压是在模具内加入所需量的塑料，闭模、排气、在规定温度和压力下保持一段时间以进行固化，然后脱模清模的操作。模压成形主要设备是压机和模具。

3. 吹塑成形

吹塑成形简称吹塑，也称为中空吹塑成形，是先用挤塑、注塑等方法制出片状或管状型坯，而后在对开模具中借气体压力使闭合在模具中的热型坯吹胀成为中空制品，或管型坯无模吹胀成管膜的一种方法。吹塑成形的生产过程如图 5-3 所示。

吹塑属于塑料的二次加工，是制造空心塑料制品的方法。在吹塑模具中嵌入带图案的薄膜，可得到表面印有花纹的中空制品，如各种包装容器，口径不大的瓶、壶、桶等容器及儿童玩具等。最常用的塑料是聚乙烯、聚碳酸酯等。

4. 压延成形

压延成形是将物料通过一系列加热的压辊，而使其在挤压和展延作用下成为有一定厚度和宽度的连续均匀薄膜或片材制品的一种成形方法。压延设备包括压延机和其他辅机。压延机通常以辊筒数目及其排列方式分类。根据辊筒数目不同，压延机有双辊、三辊、四辊、五辊，甚至六辊，以三辊或四辊压延机用得最多。倒 L 形四辊压延机压延成形示意如图 5-4 所示。

压延成形既可用于塑料，也可用于橡胶。用于加工橡胶时主要是生产片材（胶

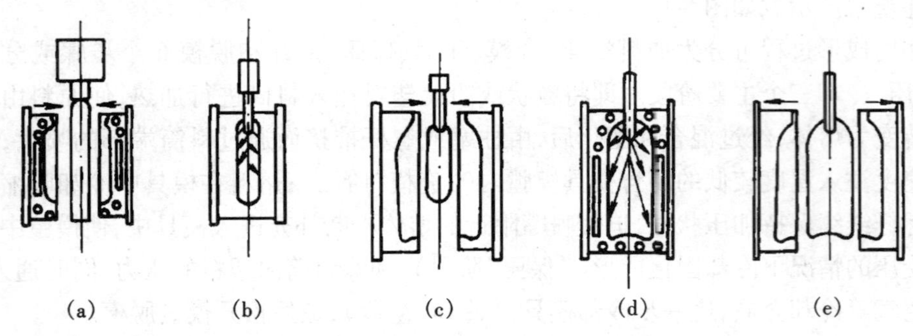

图 5-3 吹塑成形的生产过程示意图

(a)挤出—熔融管状型坯;(b)模具闭合吹胀定型—试管状型坯;
(c)将试管状型坯移入另一吹胀模具中;(d)芯棒下移将型坯拉伸同时吹张;(e)中空制品制成

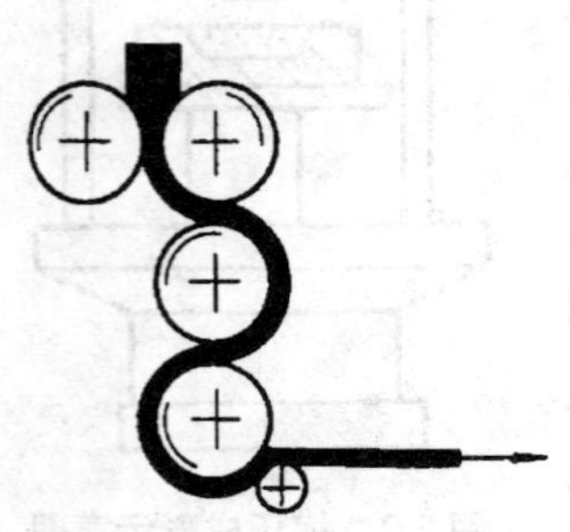

图 5-4 倒 L 形四辊压延机压延成形示意图

片)。塑料压延制品广泛地用做农用薄膜、工业包装印花薄膜、室内装饰品、地板、人造革、录音唱片基材以及热成形片材等。压延成形所采用的原材料主要是聚氯乙烯、纤维素、改性聚苯乙烯等。

5.1.2 橡胶的成形

传统橡胶的制品成形工序一般包括塑炼、混炼、成形、硫化等。橡胶制品的成形方法与塑料成形相似,主要有压延成形、压出成形、注射成形、压制成形和压铸成形、浇铸成形等。其中压出成形与塑料的挤出成形在所用设备及加工原理方面基本相似。制品成形后很重要的工序是硫化处理,它是橡胶由线型结构变为体型结构的工艺过程。其目的是使橡胶具有足够的强度、耐久性以及抗剪切和其他变形能力,减少橡胶的可塑性。

新型橡胶(如热塑性橡胶,又称热塑性弹性体)的制品成形工序比传统橡胶大大简化,不需要混炼和硫化,而采用一般塑料成形方法(如注塑、挤出、吹塑、旋转成形和熔融铸塑等),即可达到传统橡胶的性能。其成形特点是,熔融态流动性好、熔融状态稳定、收缩率低、成形速度快、受剪切影响较大、设备清理维护要求比较高等。

任务 2 熟悉陶瓷材料的成形

陶瓷制品的生产过程主要包括配料、成形、烧结三个阶段。由于陶瓷制品种类繁多,形状和大小不一,各种原料的工艺性能又不相同,因此,成形的方法很多,有干压、注浆、挤压、冷等静压、注射、流延、热压与热等静压成形等。

5.2.1 注浆成形

注浆成形方法是将粉料注入多孔质石膏模型或多孔树脂模型内,水通过接触面渗入模型体内，粉料脱水并形成硬层。注浆成形又分为双面吃浆法（实心注浆法）与单面吃浆法（空心注浆法）。这是很早的陶瓷器制作方法。注浆成形法可制造形状复杂、大型薄壁的制品。

5.2.2 可塑成形

可塑成形是利用粉料加水后具有可塑性，在外力作用下能产生塑性变形而制成一定形状和大小的坯体的方法。根据工艺不同，可塑成形又分为刀压、滚压、塑压、注塑和轧膜成形等几种类型。刀压和滚压成形又统称为旋坯成形，是把可塑粉料放在成形工具（样板刀或滚头）和旋转着的模型之间，随着模型的旋转及成形工具的挤压，粉料均匀地布满于模型表面而成为坯体的成形方法。旋坯成形法适用于至少有一个面为回转面的制品。刀压成形如图 5-5 所示。

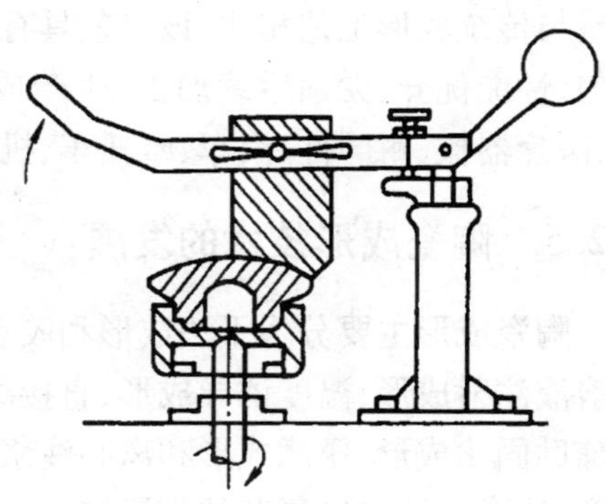

图 5-5 刀压成形示意图

5.2.3 压制成形

压制成形是将含有一定水分的粒状粉料填充到模具中，加压而成为具有一定形状和强度的陶瓷坯体的成形方法。根据粉料中水的质量分数，可将其分为干压成形（含水率 6% ~8%）、半干压成形（含水率 8% ~15% 之间）和特殊的压制成形（如等静压法，含水率 5% 左右）等。

压制成形过程中，随着压力的增加，粉料颗粒相互挤压和变形而逐渐靠近，粉料中所含的气体同时被挤压排出，最终模膛中松散的粉料形成致密的坯件。干压成形是将粉料放在钢质模型中并施加较高的压力制成具有一定形状和尺寸的坯体的成形方法。等静压成形方法是将粉料装入一只有弹性的模型内，然后把模型密封并放到流体介质中（常用的流体介质为液体），当在流体介质上施加一定的压力时，这个压力将均匀地作用于模型的各个面上，粉料在压力作用下被压实成为坯体。压制法成形坯体可不经干燥而直接焙烧，坯体收缩率小、密度大、尺寸精确、机械强度高、电性能好、工艺简单、操作方便、周期短、生产效率高，常用于特种陶瓷生产。

5.2.4 粉末注射成形

粉末注射成形（PIM）是将现代塑料注射成形技术引入粉末冶金领域而形成的一门新型粉末冶金成形技术，是当今最新的金属、陶瓷等材料成形的实用技术。基本工艺过程是：首先将固体粉料与有机黏结剂在一定的温度下混炼成均匀的具有黏塑性的流体，经制粒后在加热塑化状态下用注射成形机注入模膛内固化成形，然后用化学或热分解的方法将成形坯中的黏结剂脱除，最后经烧结致密化得到最终产品。其工艺流程如

图 5-6 所示。

粉末 / 粘合剂 → 混炼 → 制粒 → 注射成形 → 脱脂 → 烧结 → 后处理 → 产品

图 5-6　粉末注射成形工艺流程示意图

与传统成形工艺相比,该工艺具有能使复杂零件一次成形、粗糙度小、精度高、组织均匀、性能优异、无须后续加工、生产成本低等特点,其产品已广泛应用于电子信息工程、医疗器械、耐磨件、汽车、摩托车、机加工工具、兵器及航空航天等工业领域。

5.2.5　陶瓷成形技术的发展

陶瓷成形主要分为干法成形和胶态成形。技术方面的最新进展包括注射成形中的水溶液注射成形、温度诱导成形、直接凝固注模成形、电泳沉积成形、凝胶注模成形、水解辅助固化成形、压滤成形和离心注浆成形等。陶瓷胶态成形技术工艺设备简单,成本低廉,能净尺寸成形复杂的陶瓷制品,而且制品组分均匀,缺陷少,强度高,易于机械加工,已在国内外得到广泛应用。

任务 3　了解复合材料成形

复合材料成形工艺的实质和特点主要取决于复合材料的基体,一般情况下复合材料的成形工艺方法可以采用其基体材料的成形工艺方法,尤其是以颗粒、晶须和短纤维为增强体的复合材料。例如,金属材料的各种成形工艺多适用于颗粒、晶须和短纤维增强的金属基复合材料,包括压铸、精铸、挤压、轧制、模锻等。而以连续纤维为增强体的复合材料的成形则往往与基体的成形是完全不同的,需要采取特殊工艺手段。

5.3.1　树脂基复合材料成形

树脂基复合材料的成形方法较多,工艺灵活,其结构和性能具有很强的可设计性。下面介绍几种常用的成形方法。

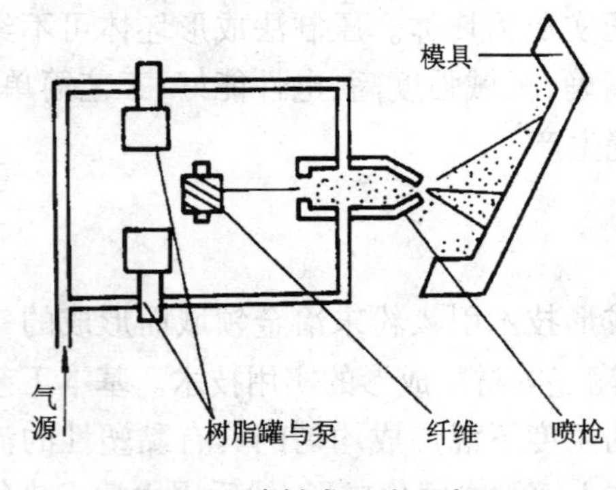

图 5-7　喷射成形法示意图

1. 喷射成形法

喷射成形法是将经过特殊处理而雾化的树脂胶、硬化剂和切短的纤维混合后,利用压缩空气同时喷射到模具表面,至一定厚度时,用辊轮压实,使纤维浸透树脂,排除气泡,再继续喷射,经固化成形的方法,如图 5-7 所示。

喷射成形法生产效率高,制品无接缝,适应性强,制品形状和尺寸受限制小,制品整体性好,原料浪费少,适合异型制品的成形;但产品只能做到单面光滑,污染环境,有害工人健康,制件承载能力低。该法主要用于不需加压、室温即可固化的不饱和聚脂树脂材料,适于制造船体、浴盆、汽车车身等大型部件。

2. 压注成形

压注成形是通过压力将树脂注入密闭的模腔,浸润其中的纤维织物坯件然后固化成形的方法。其工艺过程是先将织物坯件置入模腔内,再将另一半模具闭合,用液压泵将树脂注入模腔内使其浸透增强织物,然后固化。压注成形的特点是工艺环节少,制件尺寸精度高,外观质量好,一般不需要再加工,但工艺难度大,生产周期长。压注成形如图 5-8 所示。

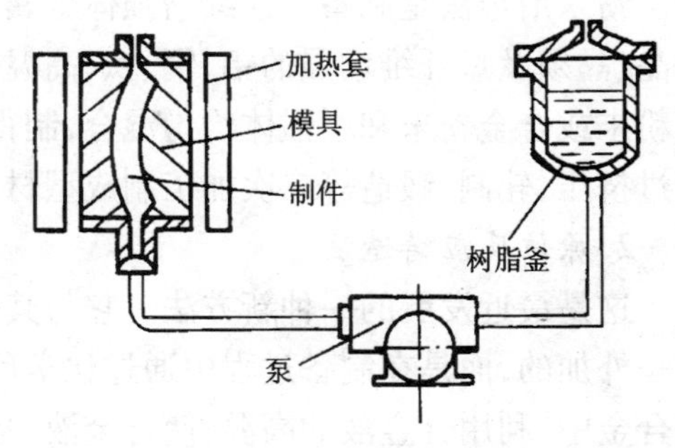

图 5-8 压注成形示意图

3. 树脂传递模塑成形(RTM)

树脂传递模塑成形是将玻璃纤维增强材料铺放到闭模的模腔内,用压力将树脂胶液注入模腔,浸透玻璃纤维增强材料,然后固化,脱模,即得成形制品。它是手糊成形工艺改进的一种闭模成形技术,可以生产出两面光的制品。在国外属于这一工艺范畴的还有树脂注射工艺和压力注射工艺。

5.3.2 陶瓷基复合材料成形

陶瓷基复合材料的成形方法分为两类:一类是针对短纤维、晶须、晶片和颗粒等增强体,基本采用传统的陶瓷成形工艺,即热压烧结和化学气相渗透法;另一类针对连续纤维增强体,有料浆浸渍后热压烧结法和化学气相渗透法。下面简单介绍后两种方法。

1. 料浆浸渍热压成形

该方法将纤维浸渍一层陶瓷浆料后做成一定结构的坯体,经干燥、排胶、热压烧结成为制品。

该方法广泛用于陶瓷基复合材料的成形,其优点是不损伤增强体,不需成形模具,可生产大型制品,工艺简单;缺点是增强体在基体中的分布不均,制品性能不均衡。

2. 化学气相渗透工艺(CAI)

在一定温度下使开有开口气孔的纤维预成形体,通过热气源,从低温侧进入开始预热,到高温侧后发生热分解或化学反应沉积出所需陶瓷基质,直至预成形体中各空穴被完全填满,制成高致密度的复合材料。该方法可获得高强度、高韧性的复合材料制件。

5.3.3 金属基复合材料成形

金属基复合材料是以金属为基体,以非金属纤维和颗粒等为增强体的复合材料。其成形工艺主要有粉末冶金法和铸造法两种。粉末冶金由于工艺复杂、成本高、难于制造大尺寸件及复杂件,所以在生产中受到一定限制。采用铸造法成形颗粒增强型金属基复合材料,具有工艺简单、成本低、对尺寸和形状没有限制、可大批量连续生产等优点,因而具有广阔的发展及应用前景。

1. 粉末冶金法

粉末冶金法是制备非连续增强体金属复合材料的方法之一,广泛应用于各种颗粒、片晶、晶须及短纤维增强的铝、铜、钛、高温合金等金属基复合材料。其工艺首先是将金属粉末或合金粉末和增强体均匀混合,制得复合坯料,经用不同固化技术制成锭块,再通过挤压、轧制、锻造等二次加工制成型材。

2. 原位反应铸造法

这是最近发展的一种新方法。它与其他铸造方法的根本区别在于,增强陶瓷颗粒不是外加的,而是在制备过程中通过化学反应在原位生成。其基本原理是:在一定的液态合金中,利用合金液的高温,使合金液中的合金元素之间或合金元素与化合物之间发生化学反应,生成一种或几种陶瓷增强颗粒,然后通过铸造成形获得由原位颗粒增强的金属基复合材料。

项目六　零件毛坯的选择

在各类机械设备中，对于金属零件的成形来说，除少量零件直接使用钢锭制作毛坯外，大多数零件都先通过铸造、锻压或焊接等方法制成毛坯，或者采用轧制型材作为毛坯，再经过机械加工而成。不同的生产方法，所得毛坯的质量、性能、生产周期、生产成本以及应用条件都不相同。因此，正确认识和选择毛坯的材料、类型和生产方法，是机械设计与制造工艺技术工作中的重要内容。

任务 1　了解毛坯的种类

用于零件成形的金属材料，一般先要制成与成品零件的形状、尺寸相近的毛坯件，通过切削加工完成最终的成形，这个毛坯件称为零件的毛坯。不同的加工方法，应选用具有适宜的结构工艺性的材料。不同的用途，具有一定的毛坯形状和毛坯的质量等要求。因此，常用机器零件的毛坯，可以根据制造方法、形状特征及用途等进行分类。

按制造方法不同，常用的毛坯有铸件、锻造和冲压件、型材件和焊接件 4 种。按形状特征和用途不同，常可分为轴类零件、套类零件、轮盘类零件、箱座类零件 4 类。

6.1.1　按制造方法分类

1. 铸件毛坯

铸铁、非铁金属以及碳的质量分数为 0.45% ~0.5 % 的钢，由于具有良好的铸造工艺性能，均可用铸造方法获得铸件毛坯。铸造生产，一次成形且工艺灵活性大，不受零件尺寸形状和质量的限制，应用十分广泛。铸铁件主要用于受力不大或以承压为主的零件，以及要求减振性好、耐磨的零件等。如机床床身、立柱，大型水压机机身、底座等零件，采用铸铁件毛坯主要是因为其具有良好的承压能力和减振性，而煤粉锅炉的粉煤制造设备——球式磨煤机中所用的铸铁球，则是利用了铸铁件具有良好的耐磨性。非铁金属铸件的应用，有照相机壳体、发动机壳体、阀体等，受力不大但形状相对复杂。铸钢件则是应用在工作环境恶劣、承受载荷类型复杂的场合，如在选矿机上应用的铸钢链条等。

2. 锻造和冲压件毛坯

适宜于锻造方法加工的材料包括非合金钢、合金钢和非铁金属合金。非合金钢因为化学成分与组织结构都比较简单、塑性好、变形抗力小、锻造温度范围较宽，被广泛应用。而合金钢因导热性差、热应力过大，因在晶界处存在的较多低熔点杂质，加热时易过烧，以及碳化物偏析等因素，应用受到限制。非铁金属及合金导热性好，但锻造温度范围很狭窄，并且韧性较差，锻造时易产生折叠和裂纹。用作制造冲压件的材料主要是塑性较好薄板件,如低碳钢、压力加工铝合金、压力加工黄铜、青铜等材料。

锻件所用的原材料,除大型锻件直接用钢锭外,其余均用型材。锻件主要用于承受重载、动载或多种载荷共同作用的重要零件,如汽车、轮船、机床等设备上使用的主轴、传动轴、杠杆和曲轴等。板料冲压多用于压制形状复杂的薄壁零件,并且能使其强度高,刚度大,重量轻,如制作压力容器——锅炉汽包半球状封头等。冲压件表面光滑且有足够的尺寸精度,互换性好,如制造客车、轿车的壳体等。

3. 型材件毛坯

通过轧制成形的型材称为型材件毛坯件。非合金钢型材件主要以低碳钢和中碳钢为主,因为低碳钢和中碳钢具有良好塑性和较低的变形抗力,利于轧制。部分非合金钢型材件又分为冷轧和热轧两种,如线材、管材等。冷轧件由于有加工硬化现象,强度、硬度较高,但韧性、塑性较差。常用的型材根据断面形状不同,有圆钢、方钢、线材、钢带、型钢、管材、钢板等多种类型。具体的形状、尺寸、供应状态性能在国家标准中有明确的规定,可以查阅《金属材料手册》等技术文件。非铁金属也有型材供应,和钢材型材件一样,国家标准中也有明确的规定可以查阅。

选用时应根据零件的形状与尺寸,选择相近的型材,以减少加工余量。一般用于中、小型简单零件,如销、杆、小轴等。型钢经过简单的机械加工作为机械结构件使用,如支架等。在建筑业中,型钢作为承载结构件使用。管材则主要用于流体的输送。总之,型材作为毛坯被广泛地应用于各行各业。

4. 焊接件毛坯

以焊接工艺作为成形手段的毛坯件称为焊接件毛坯,适用于焊接加工的金属,且可以用金属焊接性来评定。低碳钢由于具有良好的焊接性,常作为焊接金属使用,如常使用的低碳钢型材。焊接件坯主要用于钢板组合的罩壳、型钢组合的机架、箱体和某些钢制组合件。焊接毛坯后续机械加工一般比较简单。非铁金属也可以用以制造焊接件毛坯,由于焊接性能较差,常用一些特殊焊接方法。

6.1.2 按形状和用途分类

1. 轴类零件

轴类零件是回转体零件,一般其长度远远大于直径。按其结构形状,可分为光滑轴、阶梯轴、空心轴和曲轴等 4 类。在机械中,轴类零件主要用来支撑传动零件(如齿轮、带轮)和传递转矩。

2. 套类零件

套类零件的结构特点是,具有同轴度要求较高的内、外旋转表面,壁薄而易变形,端面和轴线要求垂直,零件长度一般大于直径。套类零件材料一般为钢、铸铁、青铜和黄铜。套类零件起支撑或导向作用,在工作中承受径向力或轴向力和摩擦力,如滑动轴承导向套和油缸等。

3. 轮盘类零件

轮盘类零件的轴向尺寸一般小于径向尺寸,或两个方向尺寸相差不大。属于这一类零件的有齿轮、皮带轮、飞轮、模具、法兰盘、刀架、联轴器和手轮等。该类零件一般承受的载荷类型比较复杂,需要良好的综合力学性能。

4. 箱座类零件

箱座类零件一般结构复杂,有不规则的外形和内腔,壁厚不均。质量从几千克至数十吨。工作条件也相差很大,如机身、底座等,以承压为主,要求有较好的刚性和减振性。而有些机身、支架往往同时承受拉、压和弯曲应力,甚至还有冲击载荷,要求有较好的综合力学性能。工作台和导轨等零件,则要求有较好的耐磨性。而齿轮箱、阀体等箱体类零件一般受力不大,但要求有较好的刚度和密封性。

任务2　对比分析毛坯质量及毛坯生产的经济性

金属毛坯的质量主要取决于毛坯的成形方法,在每一种加工方法中,都有一些常见的加工缺陷,可以说这些缺陷直接影响了毛坯的加工性能及最终获得的零件使用性能。毛坯生产方法不同,也决定了毛坯生产过程中的经济性优劣。因此,有必要了解工业生产中各种毛坯的质量和经济性。

6.2.1　毛坯的质量

毛坯的质量就是其加工性能和使用性能综合表现。分析毛坯的质量就是分析毛坯在加工生产过程中产生的组织、结构等缺陷,以及对毛坯在后续机械加工过程中及零件最终成形后使用过程中性能的影响。

1. 铸件毛坯

铸件组织不均匀,存在多种缺陷。铸件表面,特别是突起部分,由于冷却速度较快,晶粒较细,但容易获得白口组织,而芯部则容易获得粗大的枝状晶。铸件缺陷形成原因比较复杂,有铸件材料、铸件结构、铸造工艺过程等多种原因。常见缺陷有浇不足、冷隔、缩孔、气孔、粘砂、裂纹等类型。另外,因铸造合金各组元凝固点不同,枝状晶在形成过程中,高熔点的组元在晶粒内部先析出而低熔点的组元在晶界处后析出,而形成了晶粒内部和晶界成分不均匀(偏析)。铸件在冷却过程中,由于组织转变和内外冷速不均匀,也产生了大量组织应力和热应力。因此,铸件的力学性能较低。为了消除白口组织,并使组织和成分均匀,铸件毛坯在机械加工之前,应进行退火处理。

2. 锻件

锻造过程金属除了通过塑性变形来改变形状和尺寸外,还要发生再结晶过程,可以使钢锭和钢坯的晶粒细化,并且使气孔、缩孔、缩松及微裂纹得到焊合,化学成分不均匀(偏析)也有所改善,从而提高钢的力学性能(特别是韧性和塑性)。碳的质量分数为0.3%的非合金钢在锻态和铸态时的力学性能如表6-1所示。表中σ_b、σ_s、δ、ψ、a_K分别表示抗拉强度、屈服强度、延伸率、断面收缩率和冲击韧度。

锻件组织致密,锻造可以获得符合零件受力要求的纤维组织。有时为使钢中的碳化物细化和均匀分布,即使毛坯形状简单,也需锻造而不直接采用型材件。

锻件在锻造过程中,常由于变形不统一,晶粒粗细不均,或有过热、加工硬化和内应力等存在，因此，锻件毛坯应进行退火或正火处理，以改善锻件的组织结构，消除内应力和改善切削加工性。

表6-1 碳的质量分数为0.3%的非合金钢在锻态和铸态时的力学性能

状态	σ_b(MPa)	σ_s(MPa)	$\delta\times100\%$	$\psi\times100\%$	a_K(J/cm^{-2})
铸态	500	280	15	27	28
锻态	530	310	20	45	56

3. 型材件

型材毛坯组织致密、力学性能好，选用方便，故对没有成形要求的钢件毛坯均直接选用型材件。型材件也均具有一定的纤维组织，纤维组织方向沿轧制方向。因此，如所选型材的纤维组织不合零件结构要求，或有一定成形要求的毛坯，均不能直接使用型材毛坯。型材件在出厂前已经正火或退火（包括球化退火）处理，故加工前不必再经预备热处理。

和锻造毛坯类似，金属在轧制工艺过程中，在高温下发生塑性变形同时，发生了再结晶过程，可以使钢锭和钢坯的晶粒细化，同时使气孔、缩孔、缩松及微裂纹得到焊合，化学成分不均匀（偏析）也得到改善，从而提高钢的力学性能。如果原始钢坯中存在非金属夹杂物，在轧制过程中，很容易沿夹杂物周围形成裂纹，如应用冷轧钢管作为流体输送管道，有时会因此产生渗漏。

4. 焊接件

在焊接生产过程中，由于焊接结构设计、焊接工艺参数选择、焊前准备和操作方法等不当原因，往往会产生各种焊接缺陷。焊接缺陷会影响焊接结构使用的可靠性。由于焊缝处可能存在气孔、疏松、裂纹、夹渣等缺陷，降低了焊缝区的力学性能。咬边、未焊透等缺陷，降低了结合区的强度。热影响区晶粒粗大，产生过热，力学性能必然下降。焊接生产过程中，由于局部加热，产生了较大的内应力，焊后很容易产生变形和开裂。故对于重要毛坯件在焊接后应进行退火处理，以改善焊缝及热影响区的组织、性能，消除内应力。

6.2.2 毛坯生产的经济性对比分析

毛坯生产的经济性分析，就是在材料利用率、所需的生产设备、生产周期、适宜的生产批量等方面进行全面分析比较，为正确地选择机械加工毛坯奠定基础。下面根据毛坯成形方法的不同，分别加以说明。

1. 铸造毛坯

铸造金属材料利用率较高，可以将舰船和桥梁等拆除的废钢铁和机械加工产生的铁屑等废旧金属材料回收利用，铸造产生的浇口、冒口等也可以再回收利用。所需的生产设备简单，常用的砂型铸造更是如此。生产一次性投资小。如砂型铸造所用的模具多采用木材、塑料等材料制造，加工方便，辅助性工序少，生产周期短。生产规模灵活，可以单件、小批量，也可以大批量生产。但生产效率低，自动化程度低。

2. 锻造和冲压毛坯

自由锻锻件毛坯材料利用率低，一方面毛坯尺寸与零件尺寸差异较大，切削余量较大。另一方面自由锻通常需要反复加热锻打，氧化烧损严重。模锻毛坯材料利用率相对提高，因为毛坯尺寸与零件尺寸接近，但氧化烧损依然存在。自由锻所用设备简单，生产周期短，效率低，不适合大批量生产。而模锻虽需要加工模具，增加辅助工艺过程，延长了生产周期，但生产效率高，适合于批量生产，易于实现工业自动化。冲压件材料利用率较高，生产效率高，生产周期长，适合于大批量生产。

3. 型材轧制毛坯

型材毛坯件材料利用率高，生产设备投入大，生产效率高，生产批量大。一般由专业厂家生产，材料市场一般有现货供应。形状尺寸、性能质量由国家统一监测，质量容易保证，在毛坯件选择时，方便快捷，是首选的毛坯件。

4. 焊接毛坯

焊接件一般结构比较简单，材料利用率高，焊接设备简单，生产周期短，生产效率高，生产规模灵活，应用十分广泛。

任务3　掌握毛坯生产方式的选择原则及典型毛坯选择案例

毛坯生产方式的选择需要综合考虑金属材料、加工质量、经济性等多方面因素。下面介绍毛坯生产方式的选择原则，并且通过典型毛坯选择分析，使我们能够基本掌握工业生产中毛坯选择方法。

6.3.1　毛坯生产方式的选择原则

通常选择毛坯类型及其加工方法时，应考虑以下原则。

1. 满足零件的使用要求

零件的使用要求包括对零件形状和尺寸的要求以及工作条件对零件性能的要求。工作条件通常指零件的受力情况、工作温度和接触介质等。所以，对零件的使用要求也就是对其外部形状和内部质量的要求。以各类机械设备中常用的齿轮为例来说明。齿轮形状有圆盘形齿轮，也有带辐条、辐板或肋板的齿轮，质量可以从几克到几吨甚至更重，直径从几毫米到十几米甚至更大。有的齿轮在稳定的受力状态下工作，有的却经常承受冲击载荷作用。有的齿轮在箱内运转，有良好的润滑条件，有的则在粉尘飞扬的环境中或腐蚀性介质的侵蚀下工作。所有的齿轮都要传递扭矩，但工作条件的巨大差异，使它们在选材和制造方法差别很大。从广义上说，齿轮毛坯可以通过铸、锻、焊等各种方法制造，也可用圆钢直接切削加工。齿轮的材料可以选用各种钢和铸铁以及铜、铝、钛等非铁金属。究竟选用什么材料，使用什么方法制造，就要首先考虑齿轮的使用要求。再如机床的主轴和手柄都是轴类零件，但主轴是机床的关键零件，尺寸形状和加工精度要求很高，受力复杂且在长期使用过程中只允许发生很微小的变形，因此要选用具有良好综合力学性能的45钢或40Cr,经锻造制坯再经严格的切削加工和热处理来完成,而机床手柄则可采用低碳圆钢或普通灰铸铁件为毛坯,经简单的切削加工即可完成,不需热处理。在这里可以看出,毛坯的选择首先是满足零件的使用性能。

2. 降低制造成本

一个零件的制造成本包括其本身的材料费以及消耗的燃料和动力费用、人工费、各项设备及工具折旧费和其他辅助性费用,这些费用都要分摊到该零件的成本上。在选择毛坯的类型及其具体的制造方法时,通常是在满足零件使用要求的前提下,把几个可供选择的方案从经济上进行分析比较,从中选择成本低廉的。如手工造型的铸件和自由锻造的锻件,坯件制造费用都较低,但与机器造型的铸件和模锻件相比,在原材料消耗和切削加工费用方面,要比机器造型的铸件和模锻件高,零件的整体生产成本不一定合算。

一般来讲,在单件和小批量生产的条件下,应采用通用的设备和工具及普通的生产工艺成形的毛坯件,以节约生产准备时间和工艺装备及试验的费用,此时虽然单件产品所消耗的材料和工时费用较多,但总成本是低于大批量生产的成本。在大批量生产时,则应采用专门的工艺装备和先进的生产工艺。这样,在总成本的计算中,节约的材料和工时费用将远远高于工艺装备的投资和其他生产准备的费用。如一般单件、小批量生产时,铸件选用手工砂型铸造方法,锻件则应采用自由锻或胎模锻锻造方法,焊接件则以手工或半自动焊接方法为主,薄板零件则采用板金成形的方法。在批量生产的条件下,则分别采用机器造型、模锻、埋弧自动焊或自动、半自动的气体保护焊以及板料冲压的方法来制造坯件。在一定的条件下,生产批量也可影响坯件的类型,如机床床身,一般情况下都采用铸件,但在单件生产条件下,由于其形状复杂,造型、制芯等工序耗费材料和工时很多,经济上往往并不合算。若采用焊接件,则可大大降低生产成本,缩短生产周期,但焊接件的减振、耐磨性能不如铸铁件。

3. 考虑生产条件

根据零件使用要求和制造成本分析所选定的毛坯制造方法,在一个特定的企业部门是否可行,这也是选择毛坯时必须考虑的一个基本原则。只有在主观需要与客观可能能够统一的基础上,确定的生产方案才是真正合理的。

分析生产条件,首先应分析本企业的设备条件和技术水平,即在经过主观努力和排除不利因素之后,能否满足毛坯制造方案的要求,以及能否在预期的时限内实现毛坯制造计划。如果本企业不能满足上述要求,则应考虑与其他企业协作的可能性。随着现代工业的发展,产品和零件的生产必将进一步向专业化、规模化方向发展。在进行生产条件分析时,一定要打破自给自足的小生产观念,将生产协作的视野从本企业、本部门的狭小天地里解脱出来。尽可能地多提出几个方案,再从其中确定一个既能保证质量,又能按期完成任务,经济上也合理的方案。

上述三条原则中,满足零件的使用要求是第一位的,一切产品必须达到质量标准,否则就会造成严重的资源浪费。生产条件,包括生产协作的条件,则是确定毛坯生产方案的现实出发点。在此基础上,还要尽量减少人力和物力的消耗,努力降低成本。

6.3.2 典型毛坯选择案例

1. 轴类零件

轴是机械工业中重要的基础零件之一，一切作回转运动的零件，如齿轮、带轮等，都要安装在轴上。下面具体分析轴类零件的工作条件、失效形式、性能要求、材料选择、成形方法等方面，从中学习零件毛坯的选择方法。

(1)轴的工作条件

轴主要是用于传递扭矩，同时还承受一定的交变、弯曲应力。轴颈处要承受较大的摩擦。另外，大多数轴都要承受一定的过载或冲击载荷。

(2)轴的失效形式

根据工作特点，轴的失效形式主要包括疲劳断裂、断裂失效、磨损失效、变形失效等几种。疲劳断裂是由交变载荷长期作用造成，有扭转疲劳、弯曲疲劳。断裂失效是由于大载荷或冲击载荷的作用，轴发生折断或扭断。磨损失效是由于润滑中的杂质微粒、轴瓦材料选择不当、轴装配间隙不匀等造成的。变形失效是对于在规定弹性变形范围内工作的轴，往往由于刚度不足引起弹性变形，或由于强度不足而发生塑性变形失效。

(3)对轴的性能要求

根据工作条件和失效形式，轴用材料应具有优良的综合力学性能，即要求有高的强度和韧性，以防变形和断裂；应具有高的疲劳强度，防止疲劳断裂；应具有良好的耐磨性。在特殊条件下工作的轴，还应有特殊的性能要求。如在高温下工作的轴，则要求有高的蠕变抗力。在腐蚀性介质环境中工作的轴，则要求由耐该介质腐蚀的材料制成。

(4)材料选择

总体来说，作为轴的材料，若选用高分子材料，弹性模量小，刚度不足，极易变形。若用陶瓷材料，则太脆，韧性差。因此，作为重要的轴，几乎都选用金属材料。

对轴进行选材时，必须将轴的受力情况作进一步分析。如与锻造成形的钢轴相比，球墨铸铁有良好的减振性、切削加工性及低的缺口敏感性。此外，它还有较高的力学性能，其疲劳强度与中碳钢相近，耐磨性优于表面淬火钢，经过热处理后，还可使其强度、硬度或韧性有所提高。因此，对于主要考虑刚度的轴以及主要承受静载荷的轴，采用铸造成形的球墨铸铁是安全可靠的。目前部分负载较重但冲击不大的锻造成形轴已被铸造成形轴所代替，既满足了使用性能的要求，又降低了零件的生产成本，取得了良好的经济效益。

(5)成形工艺的选择

1)铸造成形

采用球墨铸铁铸造成形的轴，如曲轴、凸轮轴等，其热处理主要采用正火处理，为了提高轴的力学性能也可采用调质或正火后进行表面淬火、等温淬火等工艺。球铁轴和锻钢轴一样均可经碳氮共渗处理，使疲劳极限和耐磨性大幅度提高，和锻钢轴相比不同的是所得碳氮共渗层较浅，硬度较高。球墨铸铁制造曲轴的一般工艺路线如下。

铸造→正火(或正火+高温回火)→矫直→清理→粗加工→去应力退火→表面热

处理→矫直→精加工。

2)锻造成形

铸造成形的轴最大的不足之处就在于它的韧性低,在过载或受大的冲击载荷作用时,易产生脆断。因而,对于以强度为设计依据的轴,大多采用锻造成形。锻造成形的轴常用材料为中碳钢或中碳合金调质钢,这类材料锻造性能较好,锻造后配合适当的热处理,可获得良好的综合性能、高的疲劳强度以及耐磨性,从而有效地提高轴抵抗变形、断裂及磨损的能力。

根据所要设计的轴形状,结合生产设备、生产批量,对于形状较为简单的轴,可采用自由锻成形工艺,对于批量生产形状复杂的轴,则以模型锻造为主。其制造工艺路线一般如下。

下料→锻造→正火→粗加工→调质→精车→表面淬火、低温回火→磨削。

图 6-1(数据单位为 mm)为某发动机涡轮轴工作示意图。

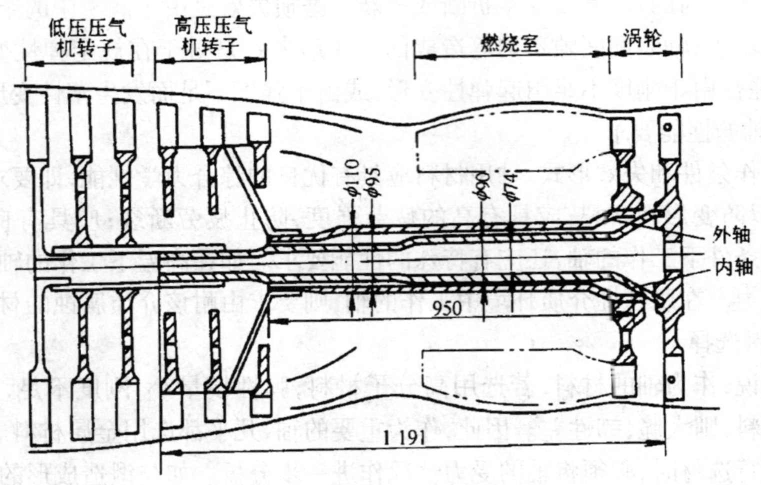

图 6-1 某发动机涡轮轴工作示意图

图中有两根涡轮轴,外轴是高压涡轮轴,与第一级涡轮盘、高压压气机相连接。内轴是低压涡轮轴,与第二级涡轮盘、低压压气机相连接。轴与涡轮盘相接的一端,工作温度为 350 ℃,其余部位接近室温。两根轴接触的介质为大气,不受燃气腐蚀。

涡轮轴是高速旋转的零件,向压气机传递功率,承受着巨大的扭矩。涡轮轴还承受转子的重力、惯性力等作用。两根轴的结构特点是壁薄、细而长、轮间间隙小。旋转时由于承受弯矩和振动,并且还由于发动机每经过一次启动和停车,涡轮轴都要受到交变应力作用。

该涡轮轴的失效形式可能为疲劳断裂、过量塑性变形、过量弹性变形。根据失效分析,涡轮轴应具有高的综合力学性能,同时应具有高的疲劳强度,涡轮轴材料在 350 ℃具有较高的屈服强度,内、外轴应具有足够的刚度。

材料的选择只能从优质合金结构钢中考虑,而且主要成形工艺应是锻造和机械加工。实际上在材料种类相近的情况下,构件的刚度主要取决于几何形状和尺寸。

综上所述,选用中碳合金钢,经过模锻成形毛坯。毛坯具有较高的抗疲劳性能,且可在调质后获得高的综合力学性能。在振动载荷作用下,表现出很高的抗疲劳性能。内、外轴的工艺流程如下。

模锻→预备热处理→粗加工→最终热处理→精加工→磁力探伤→尺寸检验→发蓝。

2. 齿轮类零件

齿轮主要是用来传递扭矩,有时也用来改变传动方向或起分度定位作用。齿轮的转速可以相差很大,齿轮的直径可以从几毫米到几米,工作环境也有很大的差别。因此齿轮毛坯选择比较复杂。

大多数重要齿轮由于传递扭矩,齿轮根部承受较大的交变弯曲应力。在工作过程中,齿面相互滚动或滑动,受到强烈的摩擦和磨损,表面承受较大的接触应力。由于换挡、启动或啮合不良,轮齿还会受到冲击。作为齿轮的材料应具有高弯曲疲劳强度和高接触疲劳强度,齿面应有高硬度和耐磨性,齿轮芯部要有足够的强度和韧性。

在一些受力不大或无润滑条件下工作的齿轮,可选用高分子材料(如尼龙、聚碳酸脂等)来制造。一些低速运转且受力不大或者在多粉尘环境下开式运转的齿轮,也可用灰铸件作毛坯,如用 HT250、HT300、HT350、QT600—3、QT700—2 等材料通过铸造获得。较为重要的齿轮,一般都用钢制造。对于由于传递功率大而承受较大接触应力、运转速度高且又受较大冲击载荷的齿轮,如精密机床的主轴传动齿轮、走刀齿轮和变速箱的高速齿轮等,通常选择低碳钢或低碳合金钢,如 20Cr、20CrMnTi 等经锻造成形后,渗碳、淬火处理,最终表面硬度可达 56 ~ 62 HRC,或调质后进行氮化处理,硬度将进一步提高。对于小功率齿轮,如机床的变速齿轮等,通常选择中碳钢,经过锻造成形,并经表面淬火和低温回火,最终表面硬度要求为 45 ~ 50 HRC 或 52 ~ 58 HRC。其中硬度较低的用于转速较低的齿轮,而硬度较高的用于转速较高的齿轮。在单件或小批量生产条件下,直径 100 mm 以下的小齿轮也可以用圆钢自由锻造作毛坯。直径 500 mm 以上的大型齿轮,直接锻造比较困难,可用焊接方式加工大型齿

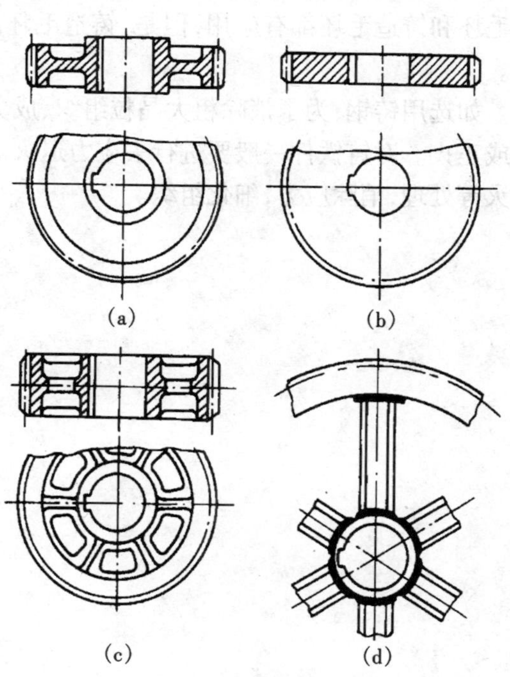

图 6-2 常见的齿轮毛坯类型

(a)锻造毛坯齿轮;(b)圆钢毛坯齿轮;(c)铸造毛坯齿轮;(d)焊接毛坯齿轮

轮毛坯,或者使用锻造和焊接结合工艺。仪器仪表中的齿轮尺寸小,受力小,则可采用冲压件。常见的齿轮毛坯类型如图 6-2 所示。

3. 箱体类零件

箱体类零件,如床头箱、变速箱、进给箱、溜板箱、内燃机的缸体等,是机器中很重要的一类零件。箱体结构复杂,有复杂的内腔结构,质量从几千克到数十吨不等,主要是承受静压力作用,要求足够的强度和高刚度。所以箱体类零件几乎都是由铸造合金浇铸而成。

对于个别受力较大、要求高强度、高韧性,甚至在高温下工作的箱体零件,如汽轮机机壳等,应选用铸钢。大多数情况下,受力不大而且主要是承受静力,不受冲击,这类箱体都选用灰铸铁。若该零件在工作时与其他件有相对运动,因为有摩擦、磨损存在,则应选用珠光体基体的灰铸铁。若受力不大,要求自重轻,或要求导热好,这时可选用铸造铝合金制造,如汽车发动机的壳体。若受力很小,要求自重轻,防静电干扰等,可考虑选用工程塑料制作,如电视机、一些仪表的壳体。若受力较大,但形状简单,这时可选用型钢和钢板焊接而成。焊接结构箱体类零件的刚度和减振性较差。如风机的壳体,焊接毛坯和铸造毛坯都有应用,但是,铸造毛坯所作的壳体,由于减振性好,产生的噪音小。

如选用铸钢,为了消除粗大晶粒组织、成分偏析及铸造应力,对铸钢应进行完全退火或正火。对铸铁件一般要进行去应力退火。对铝合金应根据成分不同,进行退火或淬火等处理,消除应力,细化组织。

项目七　热处理与实训

任务1　了解热处理生产

热处理是将固态金属或合金采用适当的方法进行加热、保温和冷却,以获得所需要的组织结构与性能的工艺,其目的在于改善金属材料的使用性能和工艺性能。

7.1.1　常用热处理方法及工艺

热处理工艺一般包括如下三个阶段。

①加热。将工件加热到预定的温度范围内,加热温度的确定依据 $Fe\text{-}F_3C$ 相图。

②保温。在该温度下保温适当时间,使工件热透。保温时间可根据经验估算。

③冷却。以某种速度把工件冷却下来。冷却速度的确定一般依据 C 曲线。

由于加热速度、保温时间和冷却速度不同,因而构成了不同的热处理工艺。图 7-1 是常用热处理方法的工艺曲线示意图。图 7-2 是在 $Fe\text{-}F_3C$ 相图上标注的钢的各种退火和正火加热温度范围示意图。

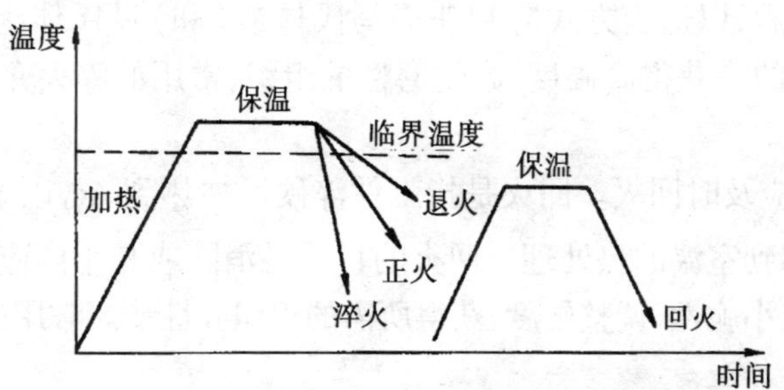

图 7-1　常用热处理方法的工艺曲线示意图

1. 正火

工件奥氏体化后,在空气中进行冷却的热处理工艺称为正火。正火的主要目的是消除网状碳化物,为球化退火做准备,细化组织,改善力学性能和切削加工性能。

正火操作方便,成本较低,生产周期短,生产效率高,主要用于低、中碳的非合金钢(碳钢)和低合金结构钢铸、锻件的消除应力和淬火前的预备热处理,也可用于某些低温化学热处理件的预处理及某些结构钢的最终热处理。

2. 退火

退火是将工件加热到适当温度,保持一定时间,然后缓慢冷却的热处理工艺。缓冷是退火的主要特点。退火的主要目的是降低材料硬度,以利切削加工;消除各类应力,

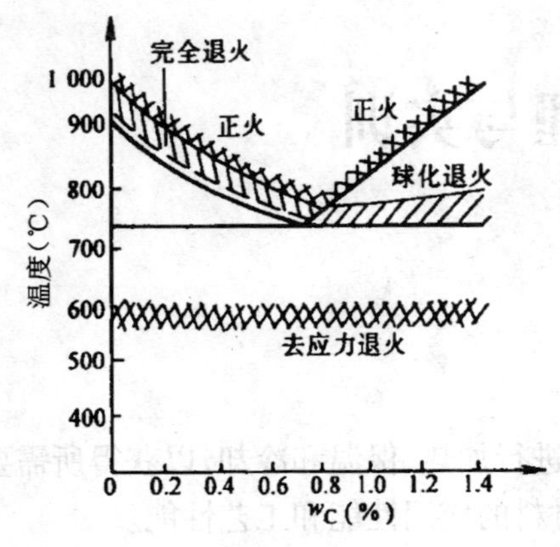

图 7-2　钢的各种退火和正火加热温度范围示意图

防止零件变形;细化晶粒,改善内部组织,为最终热处理做好准备。

正火与退火属于同一类热处理,达到的目的也基本相同。在生产实际中,究竟选择正火还是退火,应从以下几个方面考虑。

(1)切削加工性能

低碳非合金钢和中碳非合金钢多采用正火作预备热处理,以提高硬度而有利于切削加工;而高碳非合金钢和工具钢则采用退火作预备热处理,以降低硬度而有利于切削加工;中碳以上的合金结构钢要进行退火;合金工具钢则要进行球化退火,以改善切削加工性能。

(2)使用性能

若对零件性能要求不太高时,可采用正火作最终热处理.大型、重要零件,可用正火作为最终热处理;形状复杂的零件和大型铸件,应采用退火。

(3)经济性

由于正火比退火生产周期短、效率高,成本低,操作简便等,故在可能的条件下应尽量以正火代替退火。

3. 淬火

工件奥氏体化后,以适当方式冷却获得马氏体或(和)贝氏体组织的热处理,称淬火。淬火的主要目的是获得高硬度、高耐磨性的组织,常用的淬火介质是水和油。

4. 回火

淬火后的工件应及时回火。回火是指工件淬硬后加热到 Ac_1 以下的某一温度,保温一定时间,然后冷却到室温的热处理。回火的目的是消除或减小内应力,稳定工件尺寸,防止变形与开裂,减小脆性,调整硬度,获得所需的组织和性能。常用的回火方法如下。

(1)低温回火

淬火工件在 250 ℃以下回火称为低温回火,回火组织为回火马氏体($M_{回}$)。其性能特点是保持马氏体的高硬度和耐磨性。但内应力和脆性有所降低,低温回火主要用于各种工具、滚动轴承、渗碳件和表面淬火件。

(2)中温回火

淬火工件在 250 ~ 500 ℃之间的回火称为中温回火,回火后组织主要是回火托氏体($T_{回}$)。它具有较高的弹性极限和屈服强度,一定的韧性和硬度。中温回火主要用于各种弹簧和模具等。

(3)高温回火

淬火工件在高于 500 ℃的回火称为高温回火,回火后组织为回火索氏体($S_{回}$)。工件淬火及高温回火热处理的工艺称调质。调质后的工件具有强度、硬度、塑性和韧性都较好的综合力学性能。高温回火广泛用于汽车、拖拉机、机床等机械中的重要结构零件,如各种轴、齿轮、连杆、高强度螺栓等。

7.1.2 热处理设备

1. 热处理加热炉及其分类

按热能来源分为电阻炉和燃料炉。

按工艺用途分为正火炉、退火炉、淬火炉和渗碳炉。

按工作温度分为高温炉(>1 000 ℃)、中温炉(650~1 000 ℃)、低温炉(≤650 ℃)。

按外形或炉膛形状分为箱式炉和井式炉。

按加热介质分为空气炉、盐浴炉和真空炉。

2. 常用的热处理加热炉

(1)箱式电阻炉

炉膛由耐火砖砌成,两侧面和底面布置着电热元件(铁、铬、铝或镍铬电阻丝),通电后电能转化成热能,通过对流和辐射对工件进行加热。中温箱式电阻炉如图7-3(a)所示,其最高工作温度为950 ℃,功率有30、45、60 kW等规格。其应用最广,用于非合金

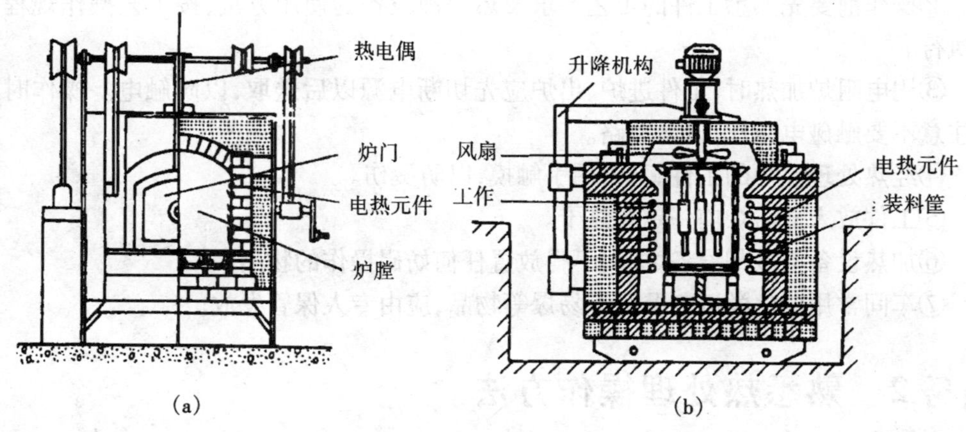

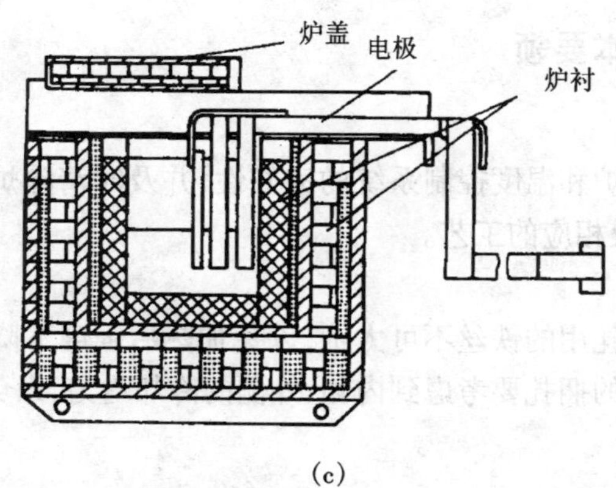

图7-3 常用的热处理加热炉

(a)中温箱式电阻炉;(b)井式电阻炉;(c)盐浴炉

钢、合金钢的退火、正火、淬火以及固体渗碳等。

(2)井式电阻炉

炉膛似井,炉身半埋在地下,炉口向上,炉盖由液压升降机构控制,炉盖下面装有用耐热钢制成的风扇叶片,用于加热时提高炉内热空气的循环能力,所以加热温度均匀。井式电阻炉如图 7-3(b)所示,特别适用于细长杆的加热,最高工作温度 950 ℃,功率有 30、55 kW 等。

(3)盐浴炉

盐浴炉是采用熔盐作为加热介质的热处理设备,如图 7-3(c)所示。其特点是加热迅速、均匀、温度控制精确,工件氧化、脱碳少,可用于正火、淬火、化学热处理、局部加热淬火和回火等。

7.1.3 热处理的安全技术

热处理时应注意以下安全措施。

①穿戴好防护用品,如工作服装、手套、工作鞋等,以防淬火介质飞溅伤人。

②操作前要先熟悉工件的工艺要求及热处理设备的使用方法,按工艺操作规程严格执行。

③用电阻炉加热时,工件进炉、出炉应先切断电源以后送取,以防触电。操作时还要注意不要触碰电阻丝,以防短路。

④经热处理出炉的工件,不可用手触摸,以防烫伤。

⑤工件放入盐浴炉前一定要烘干。

⑥加热设备与冷却设备之间,不得放置任何妨碍操作的物品。

⑦车间常用的化学试剂及可燃易爆等物品,应由专人保管发放。

任务 2 熟悉热处理操作方法

7.2.1 热处理操作基本要领

1. 准备工作

热处理前应检查加热炉和温度控制系统的完好性,并及时清除炉内氧化铁屑。读懂工艺卡,确认材料牌号及相应的工艺。

2. 工件捆扎

工件应正确捆扎。捆扎用的铁丝不可太细,以免加热后强度下降因工件自重将铁丝拉断而散落。淬火工件的捆扎要考虑到内侧、外侧的冷却均匀,以免工件产生变形及性能不均匀。

3. 工件装炉

炉内工件间应留有间隙,使气体通畅。长轴应为悬挂状态;若因设备限制,只能水平放置加热时,必须将工件垫平,切忌支撑两端而使轴中间部分下弯;薄壁工件不宜堆放，避免因上层工件的重压使下层工件变形。

4. 浸入方法

工件浸入淬火介质的方法正确可避免或减少工件因冷却速度不一致而产生的变形、开裂。因而，对厚薄不均的工件，厚的部分应先浸入；对细长的、薄而平的工件，应垂直浸入；对有槽工件，应槽口向上浸入，如图 7-4 所示。

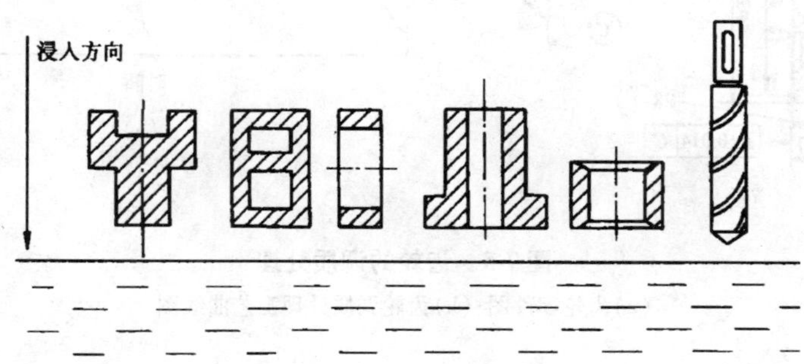

图 7-4　工件浸入方式示意图

5. 出炉检查

工件出炉后进行清洗或喷砂，并检验硬度和是否变形。

7.2.2　淬火操作实例

1. 对钳工实习制作的锤子进行热处理

①材料为 45 钢。

②热处理要求：两头锤击部位硬度为 49～56 HRC，中间部分不淬火。

③热处理方法：把手锤放在电阻炉中加热至 800～840 ℃，保温 15 min；从炉中取出后在冷水中连续掉头淬火，浸入水中深度约 5 mm；待工件呈暗黑色后，再加热到 250～500 ℃回火。

④检验。用锉刀检查自制手锤锤击部位的硬度，应感受不容易锉动或用力只能锉动一点即可。

2. 齿轮的调制处理

①零件为机床齿轮，如图 7-5(a)所示。

②材料为 40 Cr。

③热处理硬度要求为 30～35 HRC，调质后组织为回火索氏体。

④热处理工艺如图 7-5(b)所示。

⑤工艺说明：加热在盐浴炉中进行，经保温后用油冷却，要求全部淬透；回火温度 540±10 ℃，保温后应快冷(水冷)，以防第二类回火脆性。

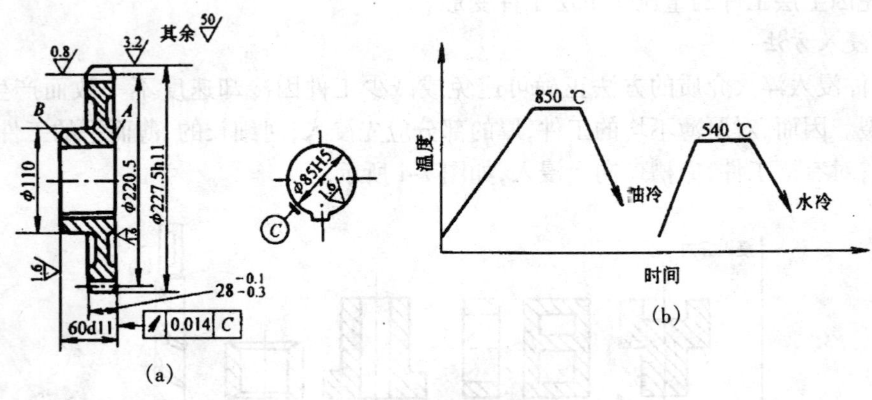

图 7-5　齿轮的调质处理

(a)齿轮零件图;(b)齿轮调质处理工艺曲线图

7.2.3　钢的表面淬火热处理简介

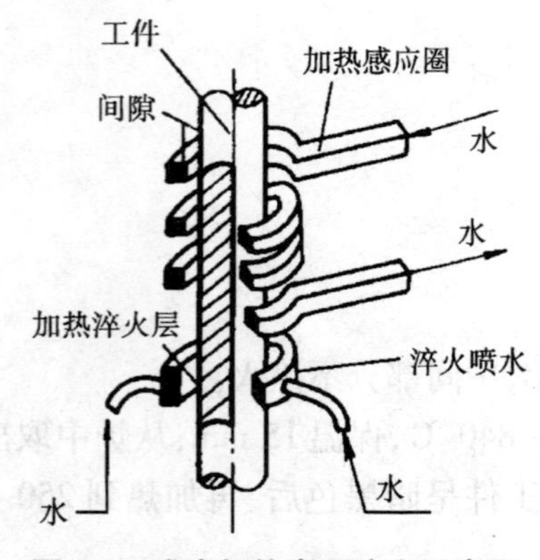

图 7-6　感应加热表面淬火示意图

有些工件在使用时要求外部具有高硬度、高耐磨性,而芯部仍保持原有的组织和韧性。为此,生产中常用表面淬火和化学热处理来达到这一目的。

表面淬火是指仅对表层进行淬火的工艺,一般包括感应加热淬火、火焰淬火等。

感应加热淬火是利用感应电流通过工件产生的热效应,使工件表面、局部或整体加热并进行快速冷却的淬火工艺,如图 7-6 所示。火焰淬火是应用氧-乙炔(或其他可燃气体)火焰对零件进行加热,随之保温、冷却的淬火工艺。

7.2.4　化学热处理

化学热处理是指将金属或合金工件置于一定温度的活性介质中保温,使一种或几种元素渗入它的表层,以改变其化学成分、组织和性能的一种表面热处理工艺。常用的方法有渗碳、渗氮等。

渗碳的工件通常是低碳钢材料。渗碳后提高了工件表面碳的含量,经淬火、低温回火,提高零件表面层的硬度和耐磨性;而芯部因仍为原碳含量,故保持良好的塑性和韧性。

渗碳的方法分为固体渗碳、液体渗碳、气体渗碳,应用最多的是气体渗碳。

渗氮是在一定温度下(一般在 Ac_1 以下),由氨气分解出的活性氮原子渗入工件表面的化学热处理工艺。渗氮能使工件获得比渗碳更高的表面硬度和耐磨性,并提高了红硬性、耐蚀性。常用的渗氮方法有气体渗氮和离子渗氮。

任务3　分析热处理常见缺陷

在热处理生产中,由于操作控制不当,可能使工件产生各种缺陷,影响工件的质量,甚至直接导致工件报废。常见的热处理缺陷有以下几种。

1. 过热或过烧

过热是由于加热温度过高或在高温下保温时间过长,引起晶粒粗大的现象,这使工件的力学性能下降,尤其是冲击韧性下降。工件过热可以用重新退火和正火处理来消除。

过烧是由于加热温度过高而引起晶界氧化或熔化的现象。过烧严重降低了钢的力学性能,使工件在外力作用下沿晶界出现粉碎性开裂,工件报废,无法挽救。

2. 氧化和脱碳

氧化是工件在氧化性气氛中加热时,氧原子与零件表面或晶界的铁原子发生氧化作用的现象,其结果是在工件表面生成氧化皮。它不仅使工件表面质量下降,还影响工件的力学性能、切削加工性能及耐蚀性等。

脱碳是工件在介质中加热,钢中溶解的碳形成CO或CH而降低钢中碳的质量分数的现象。由于脱碳,使钢件在淬火后达不到足够的表面硬度或产生软点,使工件的耐磨性、疲劳强度显著降低。

防止和减少氧化和脱碳的措施通常是在盐浴炉中加热;要求更高时,可采用在可控保护气体及真空中加热。

3. 变形与开裂

变形是指工件在热处理后引起的形状和尺寸的改变。工件的变形和开裂是由内应力引起的。当工件的内应力超过材料的屈服强度,将导致变形;超过抗拉强度,将导致开裂。

为防止加热过程中产生变形、开裂,相应措施有:①控制加热速度,在不影响加热效果的前提下,尽量缓慢地加热;②采用分段预热式加热,对大截面的工件,采用在较低的温度区域阶梯式分段预热的加热方式,来减少内应力;③采用正确的装炉方式来防止工件加热过程中的变形。

项目八　金属切削加工基础

任务1　掌握切削运动和切削要素

8.1.1　零件表面的形成

各种类型零件的具体用途和加工方法虽然各不相同,但其基本的形成原理相同,即都必须通过刀具和工件之间的相对运动,切除坯件上多余金属,形成一定形状、尺寸和质量的表面,从而获得所需的机械零件。因此,制造加工机械零件的过程实质上就是形成工件上各个工作表面的过程。

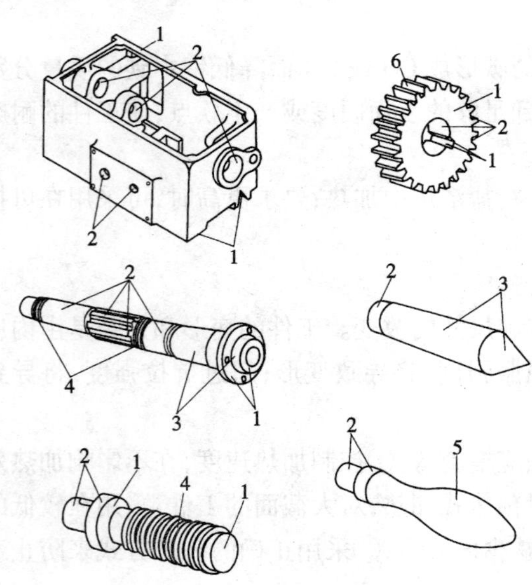

图8-1　构成机械零件外形轮廓的常见表面

1—平面　2—圆柱面　3—圆锥面　4—螺旋面(成形面)

5—回转体成形面　6—渐开线表面(直线成形面)

机械零件的形状多种多样,但构成其内、外形轮廓的,却不外乎几种基本形状的表面:平面、圆柱面、圆锥面以及各种成形面,如图8-1所示。这些基本形状的表面都属于线性表面,既可经济地在机床上进行加工,又较易获得所需精度。

从几何学的观点看,任何线性表面都是一条母线沿着导线作相对运动的过程。如图8-2所示:平面是由一根直线(母线)沿着另一根直线(导线)运动而形成(见图8-2(a));圆柱面和圆锥面是由一根直线(母线)沿着一个圆(导线)运动而形成(见图8-2(b)和8-2(c));普通螺纹的螺旋面是由"∧"形线(母线)沿螺旋线(导线)运动而形成(见图8-2(d));直齿圆柱齿轮的渐开线齿廓表面是由渐开线(母线)沿直线(导线)运动而形成的(见图8-2(e))。

由图8-2不难发现,有些零件的表面是可逆的,如平面、圆柱面和直齿圆柱齿轮、渐开线齿廓表面等,称为可逆表面;而另一些表面,其母线和导线不可互换,如圆锥面、螺旋面等,称为不可逆表面。一般来说,可逆表面可采用的加工方法多于不可逆表面可采用的加工方法,例如常见的圆锥面的加工方法要比圆柱面的加工方法少。

机床上加工零件时,所需形状的表面是通过刀具和工件的相对运动,用刀具的刀刃切削出来的，其实质就是借助于一定形状的切削刃以及切削刃与被加工表面之间按一定规律的相对运动，形成所需的母线和导线。由于加工方法和使用的刀具结构及其切削刃形状不同，机床上形成发生线（母线和导线）的方法与所需运动也不同，概括起来有以下4种。

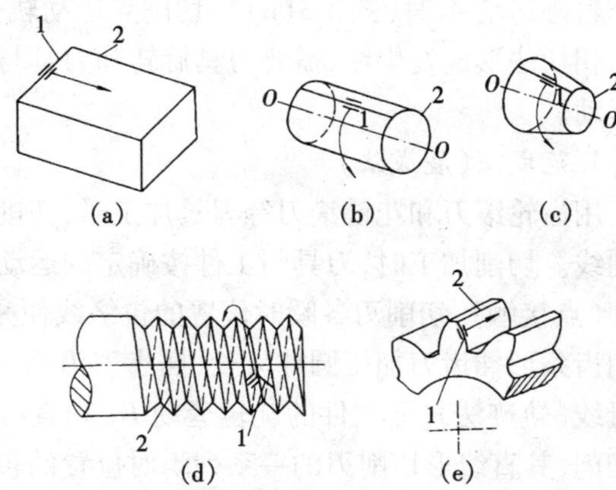

图8-2　零件表面的形成

1—母线　2—导线

a)平面；(b)圆柱面；(c)圆椎面；(d)螺旋面；(e)渐开线齿廓表面

1. 轨迹法

用尖头车刀、刨刀等刀具加工时，切削刃与被加工表面为点接触（实际是在很短一段长度上的弧线接触），因此切削刃可看作是一个点。为了获得所需发生线，切削刃必须沿着发生线作轨迹运动。图8-3(a)中，刨刀沿 A_1 箭头方向作直线运动，形成了直线形的母线，刨刀沿箭头 A_2 方向作曲线运动，形成了曲线形的导线。

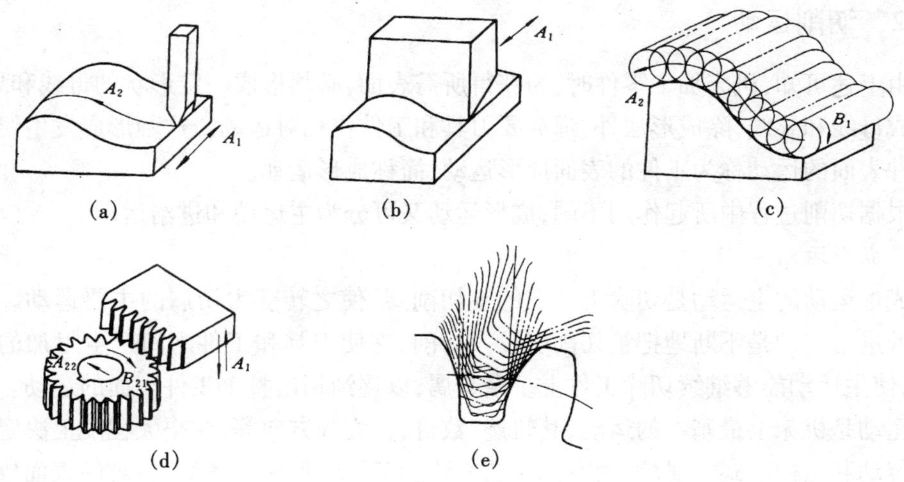

图8-3　发生线的形成

2. 成形法

使用成形刀具加工时，切削刃是与所需形成的发生线完全吻合的切削线，因此加工时不需要任何运动，便可获得所需发生线。图8-3(b)中，曲线形母线由成形刨刀的切削刃直接形成，直线形的导线则由轨迹法形成。

3. 相切法

采用铣刀、砂轮等旋转刀具加工时，在垂直于刀具旋转轴线的截面内，切削刃也可看作是点，当该切削点绕着刀具轴线作旋转运动 B_1，同时刀具轴线沿着发生线的等距

线作轨迹运动 A_2 时(图 8-3(c)),切削点运动轨迹的包络线便是所需的发生线。所以,采用相切法形成发生线,需要刀具旋转和刀具与工件之间的相对移动,即两个彼此独立的运动。

4. 范成法(展成法)

用齿轮滚刀和花键滚刀等刀具加工时,切削刃是一条与需要形成的发生线共轭的切削线。切削加工时,刀具与工件按确定的运动关系作相对运动,切削刃与被加工表面相切(点接触),切削刃各瞬时位置的包络线便是所需的发生线。例如,图 8-3(d)所示为用齿条形插齿刀加工圆柱齿轮,插齿刀沿箭头 A_1 方向所作的直线运动,形成了直线形母线(轨迹法),而工件的旋转运动 B_{21} 和直线运动 A_{22},使插齿刀能不断地对工件进行切削,其直线形切削刃的一系列瞬时位置的包络线,便是所需的渐开线形导线(见图 8-3(e))。用范成法形成发生线时,刀具和工件之间的相对运动通常由两个运动(旋转 + 旋转或旋转 + 移动)组合而成,这两个运动之间必须保持严格的运动关系,彼此不能独立,它们共同组成一个复合的运动,这个运动称为范成运动(或称展成运动)。例如上述的工件旋转运动 B_{21} 和直线运动 A_{22} 是形成渐开线的范成运动,它们必须保持的严格运动关系为:B_{21} 转过一个齿时,A_{22} 移动一个齿距,即相当于齿轮在齿条上滚动时转动和移动的运动关系。

8.1.2 切削运动

由上述可知,机床加工零件时,为获得所需表面,必须形成一定形状的母线和导线。而形成母线和导线,除成形法外,都需要刀具和工件作相对运动。这种形成发生线即形成工件表面的运动称为工件的表面成形运动,简称成形运动。

根据切削过程中所起作用不同,成形运动又可分为主运动和进给运动。

1. 成形运动

成形运动的主运动是切除工件上的被切削层,使之转变为切屑的主要运动。成形运动的进给运动是不断地把被切削层投入切削,它使刀具和工件之间产生附加的相对运动,使主运动能够继续切除工件上多余金属,以逐渐切出整个工件表面的运动。表面成形运动是机床上最基本的运动,其轨迹、数目、行程和方向等,在很大程度上决定着机床的传动和结构形式。显然,用不同工艺方法加工不同形状的表面,所需的表面成形运动是不同的。

2. 辅助运动

机床在加工过程中除完成成形运动外,还需完成其他一系列运动。辅助运动的作用是实现机床加工过程中所必需的各种辅助动作,为表面成形创造条件,一般包括如下种类。

(1)切入运动

刀具相对工件切入一定深度,以保证工件达到要求的尺寸。

(2)分度运动

多工位工作台、刀架等的周期转位或移位,以便依次加工工件上的各个表面,或依次使用不同刀具对工件进行顺序加工。

(3)调位运动

加工开始前机床有关部件的移位,以调整刀具和工件之间的正确相对位置。

(4)其他各种空行程运动

如切削前后刀具或工件的快速趋近和退回运动,开车、停车、变速、变向等控制运动,装卸、夹紧、松开工件的运动等。

辅助运动虽然并不参与表面成形过程,但对机床整个加工过程却是不可缺少的,同时对机床的生产效率和加工精度往往也有重大影响。

8.1.3 切削表面

切削加工过程中,在切削运动的作用下,工件表面上一层金属不断地被切下来变为切屑,从而加工出所需要的新的表面。在新表面形成的过程中,工件上有三个依次变化着的表面,它们分别是待加工表面、切削表面和已加工表面。车削运动和工件上的表面如图 8-4 所示。刨削运动和工件上的表面如图 8-5 所示。

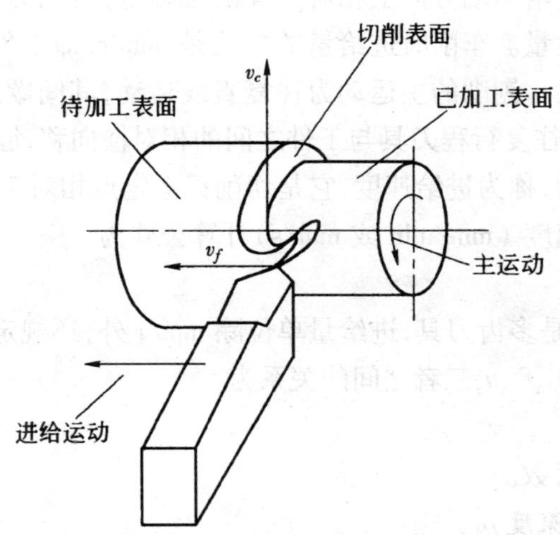

图 8-4 车削运动和工件上的表面

8.1.4 切削要素

切削要素即切削用量,是指切削速度 v_c、进给量(或进给速度)f、背吃刀量 a_p 三者的总称,也称为切削三要素。它是调整刀具与工件间相对运动速度和相对位置所需的工艺参数。

1. 切削速度 v_c

在切削加工时,切削刃选定点相对于工件主运动的瞬时速度称为切削速度,它表示在单位时间内工件或刀具沿主运动方向相对移动的距离,单位为 m/min 或 m/s。主运动为旋转运动时,切削速度 v_c 计算公式为

$$v_c = \pi dn/1\,000 \ (\text{m/min 或 m/s})$$

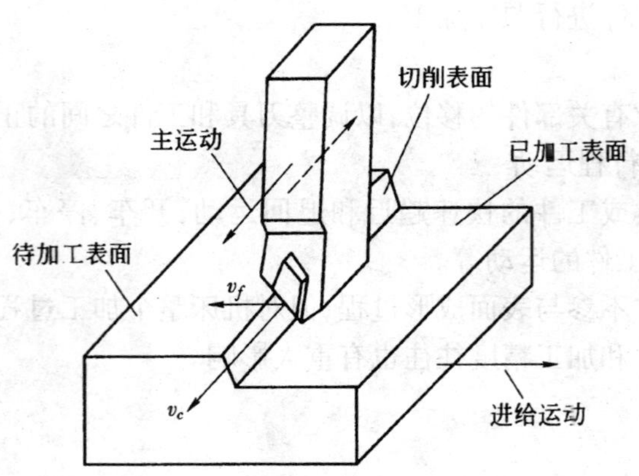

图 8-5　刨削运动和工件上的表面

式中:d 为工件直径(mm);n 为工件或刀具每分(秒)钟转数(r/min 或 r/s)。

2. 进给量 f

进给量是刀具在进给运动方向上相对工件的位移量,可用刀具或工件每转或每行程的位移量来表述或度量。车削时进给量的单位是 mm/r,即工件每转一圈,刀具沿进给运动方向移动的距离。刨削的主运动为往复直线运动,其间歇进给的进给量的单位为 mm/双行程,即每个往复行程刀具与工件之间的相对横向移动距离。

单位时间的进给量,称为进给速度,它是切削刃选定点相对于工件进给运动的瞬时速度。车削时的进给速度 (mm/min 或 mm/s)计算公式为

$$v_f = f \cdot n$$

铣削时,由于铣刀是多齿刀具,进给量单位除 mm/r 外,还规定了每齿进给量,用 a_z 表示,单位是(mm/z),v_f、f 、a_z三者之间的关系为

$$v_f = f \cdot n = n \cdot a_z \cdot z$$

式中:z 为多齿刀具的齿数。

3. 背吃刀量(切削深度)a_p

背吃刀量 a_p是指主刀刃工作长度(在基面上的投影)沿垂直于进给运动方向上的投影值。对于外圆车削,背吃刀量 a_p等于工件已加工表面和待加工表面之间的距离,单位为 mm,即

$$a_p = (d_w - d_n)/2$$

式中:d_w为待加工表面直径(mm);d_n为已加工表面直径(mm)。

任务 2　熟悉常用切削刀具

8.2.1　刀具材料

影响刀具磨损和刀具耐用度的因素除工件材料外,刀具材料也不容忽视,刀具材料

性能的改善与提高，不断地推动着金属切削技术的进步发展。

1. 刀具材料应具备的性能

(1)高硬度

刀具切削部分材料的硬度要高于工件材料的硬度，一般在常温下刀具硬度应高于HRC60。

(2)高耐磨性

刀具切削部分材料的耐磨性高，则刀具磨损量小，刀具切削时间长，耐用度高。

(3)足够强度和韧性

刀具切削部分材料承受着各种切削力、冲击与振动，应具有足够的强度和韧性，以保证在正常切削条件下，不至于崩刃或断裂。

(4)高耐热性

耐热性是指高温下，刀具切削部分材料保持常温硬度的性能，可用红硬性或高温硬度来表示。

(5)良好的工艺性

制造刀具时，要求刀具材料有良好的工艺性，如切削性能、热处理性能、焊接性能等。

除此之外，还要考虑到经济性。目前刀具材料使用最多的仍然是高速钢和硬质合金。

2. 高速钢

高速钢是在合金工具钢中加入较多的钨、钼，铬、钒等元素的高合金工具钢。高速钢的抗弯强度高、韧性好，常温硬度可达 HRC 63 ~65，耐热性达540 ~600 °C，刃磨时刃口可磨得较锋利。它具有较好的工艺性，可以制造刃形复杂的刀具，如钻头、丝锥、成形刀具、拉刀和齿轮刀具等，高速钢的应用较为广泛。高速钢按用途可分为普通高速钢、高性能高速钢和粉末冶金高速钢三大类。钨系高速钢广泛用于制造各种复杂刀具，钼系高速钢热塑性好，适用于热成形法制造刀具(如热轧钻头)。高性能高速钢主要用于高温合金、钛合金、不锈钢等难加工材料的切削加工。粉末冶金高速钢制成的刀具，可加工难切削材料。

3. 硬质合金

硬质合金是用粉末冶金的方法制成的合金材料。它是由硬度和熔点很高的金属碳化物(又称硬质相，如 WC、TiC 等)微粉和粘结剂(又称粘接相，如 Co、Ni 和 Mo 等)，经高压成形，并在 1 500 ℃的高温下烧结而成的。

硬质合金的硬度高达 HRA89 ~94，相当于 HRC71 ~76，耐磨性好，能耐 800 ~1 000 ℃的高温。因此它的切削速度比高速钢高 4 ~10 倍，刀具耐用度比高速钢提高几倍到几十倍，能切削淬火钢。但其抗弯强度低，韧性差，不耐冲击和振动，制造工艺性差，不适于制造复杂的整体刀具。

(1)硬质合金的分类、牌号及性能

常用的硬质合金以 WC 为主要成分，根据是否加入其他碳化物而分为钨钴类(WC

+ Co)硬质合金(YG)、钨钛钴类(WC + TiC + Co)硬质合金(YT)、钨钽钴类(WC + TaC + Co)硬质合金(YA)、钨钛钽钴类(WC + TiC + TaC + Co)硬质合金(YW)等。表 8-1 为硬质合金的使用范围。

表 8-1 硬质合金的使用范围

牌号	使用性能	使用范围
YG3X	YG 类合金中耐磨性最好的一种，但冲击韧性较差	适于铸铁、有色金属及其合金的精镗、精车等，亦可用于合金钢、淬火钢及钨、钼材料的精加工
YG6X	属细晶粒合金，其耐磨性较 YG6 高，而使用强度接近于 YG6	适于冷硬铸铁、合金铸铁、耐热钢及合金钢的加工，亦适于普通铸铁的精加工，并可用于制造仪器仪表工业用的小型刀具和小模数滚刀
YG6	耐磨性较高，但低于 YG6X、YG3X，韧性高于 YG6X、YG3X，可使用较 YG8 高的切削速度	适于铸铁、有色金属及其合金与非金属材料连续切削时的粗车，间断切削时的半精车、精车，小断面精车，粗车螺纹，旋风车丝，连续断面的半精铣与精铣，孔的粗扩和精扩
YG8	使用强度较高，抗冲击和抗振性能较 YG6 好，耐磨性和允许的切削速度较低	适于铸铁、有色金属及其合金与非金属材料加工中，不平整断面和间断切削时的粗车、粗刨、粗铣，一般孔和深孔的钻孔、扩孔
YG10H	属超细晶粒合金，耐磨性较好，抗冲击和抗振动性能高	适于低速粗车，铣削耐热合金及钛合金，作切断刀及丝锥等
YT5	在 YT 类合金中，强度最高，抗冲击和抗振动性能最好，不易崩刃，但耐磨性较差	适于碳钢及合金钢，包括钢锻件、冲压件及铸件的表皮加工，以及不平整断面和间断切削时的粗车、粗刨、半精刨、粗铣、钻孔等
YT14	使用强度高，抗冲击性能和抗振动性能好，但较 YT5 稍差，耐磨性及允许的切削速度较 YT5 高	适于碳钢及合金钢连续切削时的粗车，不平整断面和间断切削时的半精车和精车，连续面的粗铣，铸孔的扩钻等
YT15	耐磨性优于 YT14，但抗冲击韧性较 YT14 差	适于碳钢及合金钢加工，连续切削时的半精车及精车，间断切削时的小断面精车，旋风车丝，连续面的半精铣及精铣，孔的粗扩和精扩
YT30	耐磨性及允许的切削速度较 YT15 高，但使用强度及冲击韧性较差，焊接及刃磨时极易产生裂纹	适于碳钢及合金钢的精加工，如小断面精车、精镗、精扩等
YG6A	属细晶粒合金，耐磨性和使用强度与 YG6X 相似	适于硬铸铁、球墨铸铁、有色金属及其合金的半精加工，亦可用于高锰钢、淬火钢及合金钢的半精加工和精加工
YG8A	属中颗粒合金，其抗弯强度与 YG8 相同，而硬度和 YG6 相同，高温切削时热硬性较好	适于硬铸铁、球墨铸铁、白口铁及有色金属的粗加工，亦适于不锈钢的粗加工和半精加工
YW1	热硬性较好，能承受一定的冲击负荷，通用性较好	适于耐热钢、高锰钢、不锈钢等难切削钢材的精加工，也适于一般钢材和普通铸铁及有色金属的精加工
YW2	耐磨性稍次于 YW1 合金，但使用强度较高，能承受较大的冲击负荷	适于耐热钢、高锰钢、不锈钢及高级合金钢等难切削钢材的半精加工，也适于一般钢材和普通铸铁及有色金属的半精加工

续表

牌号	使用性能	使用范围
YN05	耐磨性接近陶瓷,热硬性极好,高温抗氧化性优良,抗冲击和抗振动性能差	适于钢、铸钢和合金铸铁的高速精加工,及“机床—工件—刀具”系统刚性特别好的细长件的精加工
YN10	耐磨性及热硬性较高,抗冲击和抗振动性能差,焊接及刃磨性能均较YT30好	适于碳钢、合金钢、工具钢及淬硬钢的连续面精加工,对于较长和表面粗糙度要求小的工件,加工效果尤佳

(2)硬质合金的选用

硬质合金种类、牌号的选择,应考虑工件材料及粗、精加工等情况,一般应注意以下几点。

①加工铸铁等脆性材料时,应选择 YG 类硬质合金。

②加工钢等韧性材料时,应选择 YT 类硬质合金。

③切削淬硬钢、不锈钢和耐热钢时,应选用 YG 类硬质合金。因为切削这类钢时,切削力大,切削温度高,切屑与前刀面接触长度短,使用脆性大的 YT 类硬质合金易崩刃。

④粗加工时,应选择含钴量较高的硬质合金;反之,精加工时,应选择含钴量低的硬质合金。

4.先进刀具材料

(1)陶瓷

可制作刀具的陶瓷材料是以人造的化合物为原料,在高压下成形并在高温下烧结而成的,它有很高的硬度和耐磨性,耐热性高达 1 200 ℃以上,化学稳定性好,与金属的亲和力小,可提高切削速度 3 ~5 倍。但陶瓷的最大弱点是抗弯强度低,冲击韧性差,因此主要用于钢、铸铁、有色金属等材料的精加工和半精加工。按成分组成,陶瓷可分为高纯氧化铝陶瓷、复合氧化铝陶瓷和复合氮化硅陶瓷。

(2)超硬材料

刀具超硬材料有金刚石、立方氮化硼和涂层刀片等。

8.2.2 刀具几何角度

金属切削刀具的种类虽然很多,但它们切削部分的几何形状与参数却有着共性的内容。不论刀具构造如何复杂,它们的切削部分总是近似地以外圆车刀切削部分为基本形态的。如图 8-6 所示,各种复杂刀具或多齿刀具,拿出其中一个刀齿,它的几何形状都相当于一把车刀的刀头。现代刀具引入“不重磨”概念后,刀具切削部分的统一性获得了新的发展。许多结构迥异的切削刀具,其切削部分不过是一个或几个“不重磨式刀片”,如图 8-7 所示。

为此确立刀具的基本定义时,通常以普通外圆车刀为基础进行讨论和研究。

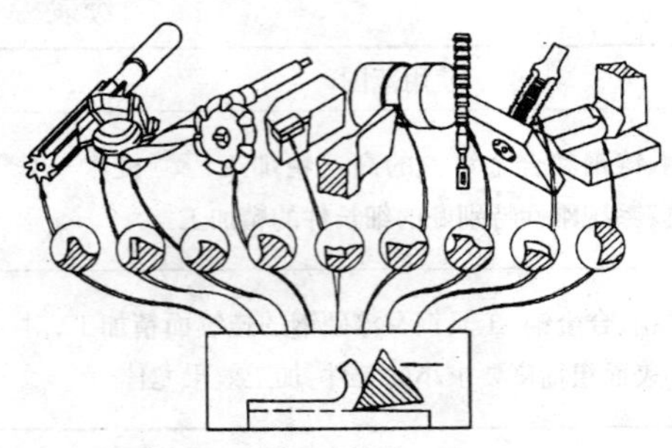

图 8-6　各种刀具切削部分的形状

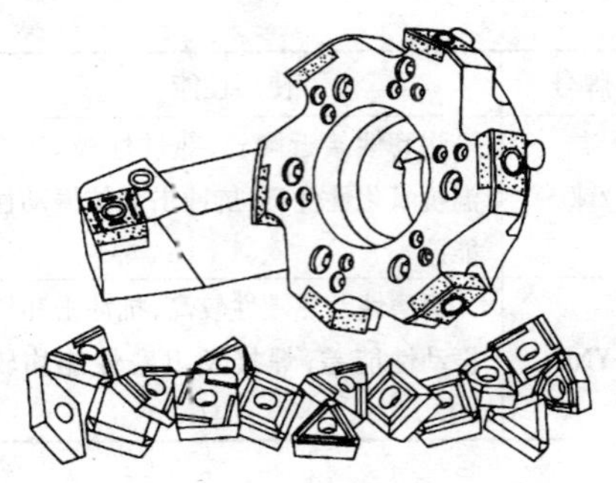

图 8-7　不重磨刀具的切削部分

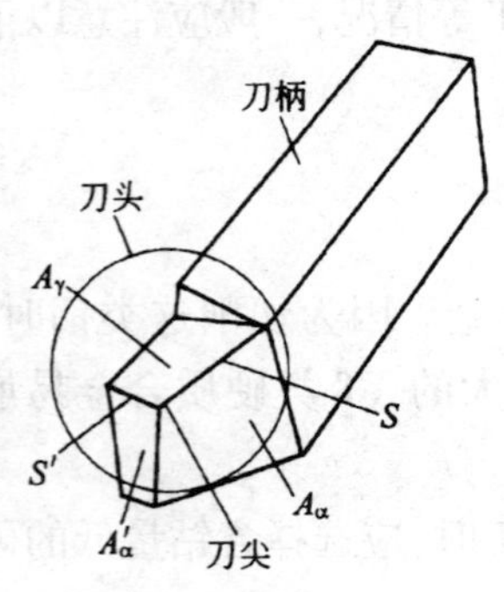

图 8-8　典型外圆车刀切削部分的构成

1. 车刀的组成

车刀由刀头和刀柄组成，典型外圆车刀切削部分的构成如图 8-8 所示。刀柄是刀具上夹持部位，刀头则用于切削，是刀具的切削部分。刀具的切削部分包括以下几个部分。

①前刀面 A_γ 是切下的金属沿其流出的刀面。

②主后刀面 A_α 是与工件上过渡表面相对的刀面。

③副后刀面 A'_α 是与工件上已加工表面相对的刀面。

④主切削刃 S 是前刀面与主后刀面汇交的边锋，用以形成工件上的过渡表面，担负着大部分金属的切除工作。

⑤副切削刃 S' 是前刀面与副后刀面汇交的边锋，协同主切削刃完成金属的切除工作，用以最终形成工件的已加工表面。

⑥刀尖是主切削刃和副切削刃的汇交处相当少的一部分切削刃。

2. 刀具静止角度参考系及其坐标平面

刀具的切削部分是由前、后刀面，切削刃，刀尖组成的一个空间几何体。为了确定刀具切削部分各几何要素的空间位置，就需要建立相应的参考系。为此设立的参考系一般有两类：一是刀具静止角度参考系；二是刀具工作角度参考系。对刀具静止角度参考系及其坐标平面分述如下。

(1)假设条件

刀具标注角度参考系是刀具设计时标注、刃磨和测量角度的基准，在此基准下定义的刀具角度称刀具标注角度。为了使参考系中的坐标平面与刃磨、测量基准面一致，特别规定了如下假设条件。

①假设运动条件，用主运动向量 v_c 近似地代替相对运动合成速度向量 v_e（即 $v_f = 0$）。

②假设安装条件，规定刀杆中心线与进给运动方向垂直；刀尖与工件中心等高。

(2)刀具标注角度参考系种类

根据 IS03002/1—1997 标准推荐，刀具标注角度参考系有正交平面参考系、法平面参考系和假定工作平面参考系三种。

1)正交平面参考系

如图 8-9 所示,正交平面参考系由以下三个平面组成。

①基面 P_r,过切削刃上某选定点且平行或垂直于刀具在制造、刃磨及测量时适合于安装或定位的一个平面或轴线,一般来说其方位要垂直于假定的主运动方向。车刀的基面都平行于它的底面。

②主切削平面 P_s,是过切削刃某选定点与主切削刃相切并垂直于基面的平面。

③正交平面 P_o,是过切削刃某选定点同时垂直于基面和切削平面的平面。

过主、副切削刃某选定点都可以建立正交平面参考系。基面 P_r、主切削平面 P_s、正交平面 P_o 三个平面在空间相互垂直。

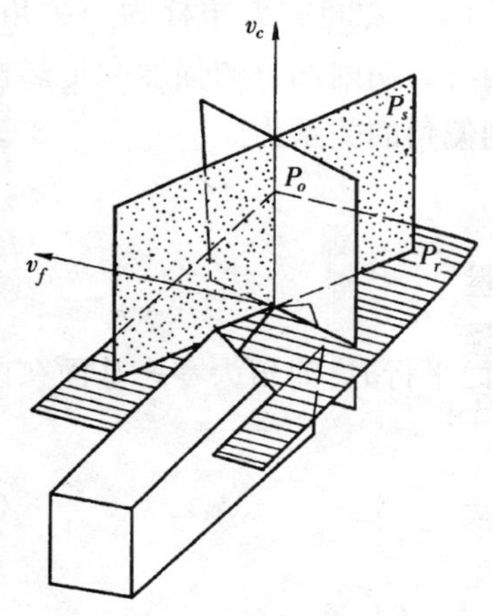

图 8-9　正交平面参考系

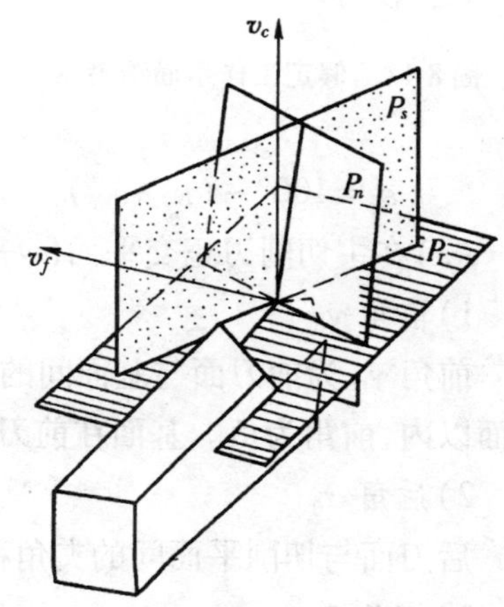

图 8-10　法平面参考系

2)法平面参考系

如图 8-10 所示,法平面参考系由 P_r、P_s和法平面 P_n组成。其中法平面 P_n是过切削刃某选定点且垂直于切削刃的平面。

3)假定工作平面参考系

如图 8-11 所示,假定工作平面参考系由 P_r、P_f和 P_p组成。假定工作平面 P_f是过切削刃某选定点平行于假定进给运动并垂直于基面的平面。背平面 P_p是过切削刃某选定点既垂直于假定进给运动平面又垂直于基面的平面。

刀具在设计标注、刃磨、测量角度时最常用的是正交平面参考系。

3. 刀具工作角度参考系

刀具工作角度参考系是刀具切削工作时角度的基准(不考虑假设条件),在此基准下定义的刀具角度称刀具工作角度。它同样有正交平面参考系、法平面参考系和假定工作平面参考系。

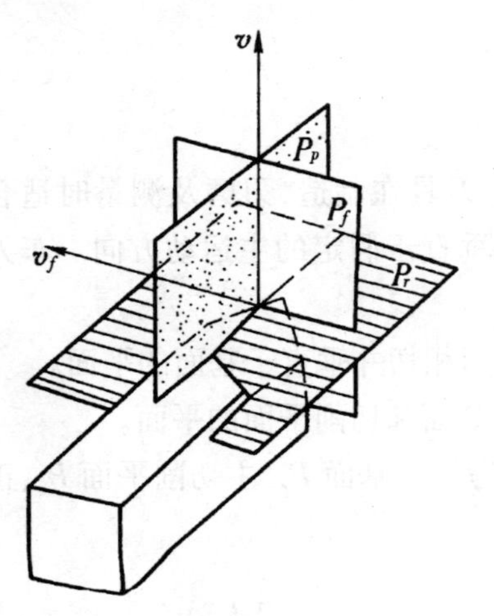

图 8-11　假定工作平面参考系

4. 刀具标注角度

(1)在基面内测量的角度

在基面内测量的角度如图 8-12 所示。

1)主偏角 κ_r

主切削刃与进给运动方向之间的夹角称为主偏角。

2)副偏角 κ_r'

副切削刃与进给运动反方向之间的夹角称为副偏角。

3)刀尖角 ε_r

主切削刃与副切削刃之间的夹角称为刀尖角。刀尖角的大小会影响刀具切削部分的强度和传热性能。它与主偏角和副偏角的关系为

$$\varepsilon_r = 180° - (\kappa_r + \kappa_r')$$

(2)在主切削刃正交平面(O—O)内测量的角度

1)前角 γ_0

前角 γ_0 为前刀面与基面间的夹角。当前刀面与基面平行时,前角为零。基面在前刀面以内,前角为负。基面在前刀面以外,前角为正。

2)后角 α_0

后刀面与切削平面间的夹角称为后角。

3)楔角 β_0

前刀面与后刀面间的夹角称为楔角。

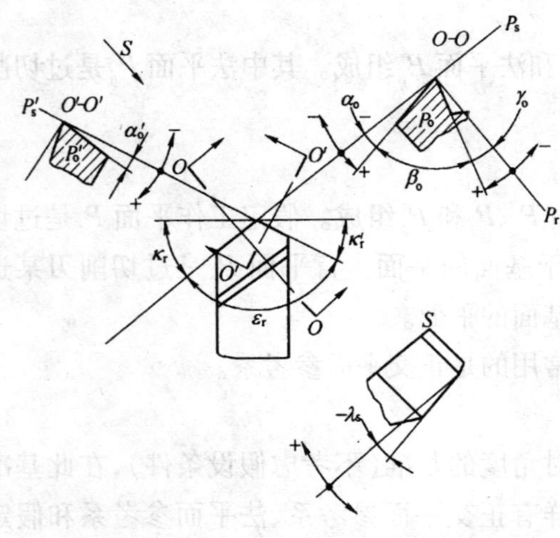

图 8-12　车刀的几何角度

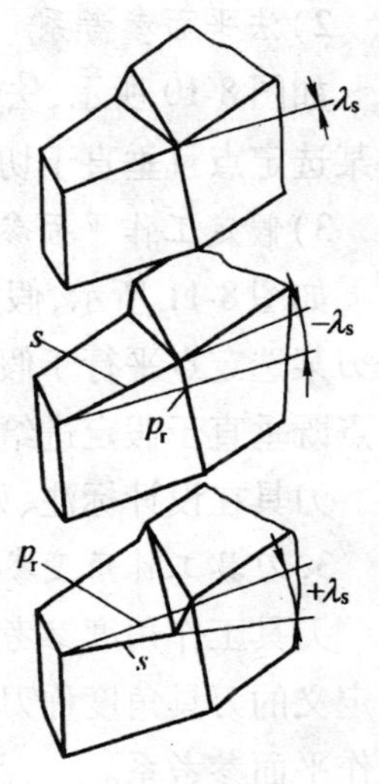

图 8-13　λ_s 的正负规定

楔角的大小将影响切削部分截面的大小，决定着切削部分的强度，它与前角 γ_0 和后角 α_0 的关系为

$$\beta_0 = 90° - (\gamma_0 + \alpha_0)$$

(3)在切削平面内(s 向)测量的角度

刃倾角 λ_s 是主切削刃与基面间的夹角。刃倾角正负的规定如图 8-13 所示。刀尖处于最高点时，刃倾角为正；刀尖处于最低点时，刃倾角为负；切削刃平行于底面时，刃倾角为零。

$\lambda_s = 0$ 的切削称为直角切削，此时主切削刃与切削速度方向垂直，切屑沿切削刃的法向流出。$\lambda_s \neq 0$ 的切削称为斜角切削，此时主切削刃与切削速度方向不垂直，切屑的流向与切削刃的法向倾斜了一个角度，如图 8-14 所示。

(4)在副切削刃正交平面内($O' - O'$)测量的角度

副后角 α_0'是副后刀面与副切削刃切削平面间的夹角。

上述的几何角度中，最常用的是前角(γ_0)、后角(α_0)、主偏角(κ_r)、刃倾角(λ_s)、副偏角(κ_s')和副后角(α_0')，通常称之为基本角度。在刀具切削部分的几何角度中，上述基本角度能完整地表达出车刀切削部分的几何形状，反映出刀具的切削特点。ε_r、β_0为派生角度。

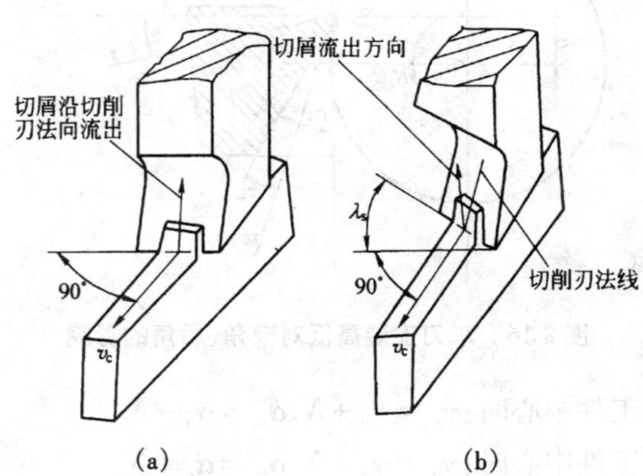

图 8-14　直角切削与斜角切削

(a)直角切削；(b)斜角切削

5. 刀具工作角度

切削过程中，由于刀具的安装位置、刀具与工件间相对运动情况的变化，实际起作用的角度与标注角度有所不同，这些角度称为工作角度。以下仅就刀具安装位置对角度的影响叙述如下。

当车刀刀柄与进给方向不垂直时，实际工作的主偏角 κ_{r_e} 和副偏角 κ_{r_e}' 将发生变化：$\kappa_{r_e} = \kappa_r + G$，$\kappa_{r_e}' = \kappa_r' - G$，如图 8-15 所示。

切削刃安装高于或低于工件中心时，按参考平面定义，通过切削刃作出的实际工作切削平面 P_{s_e}、基面 P_{r_e} 将发生变化，所以使刀具实际工作前角 γ_{o_e} 和后角 α_{o_e} 也随着发生

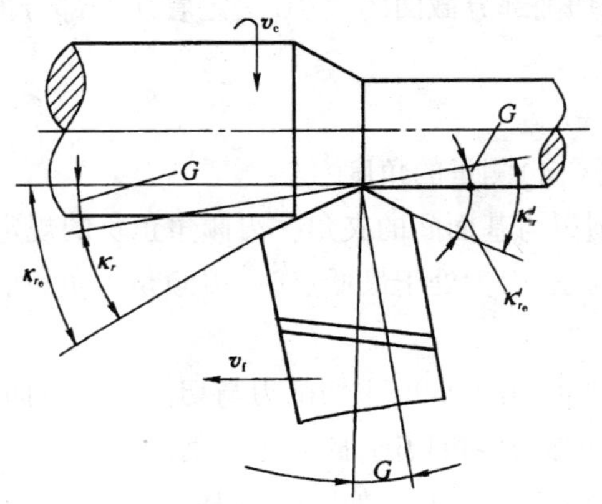

图 8-15　刀柄中心线不垂直进给方向

变化,如图 8-16 所示。

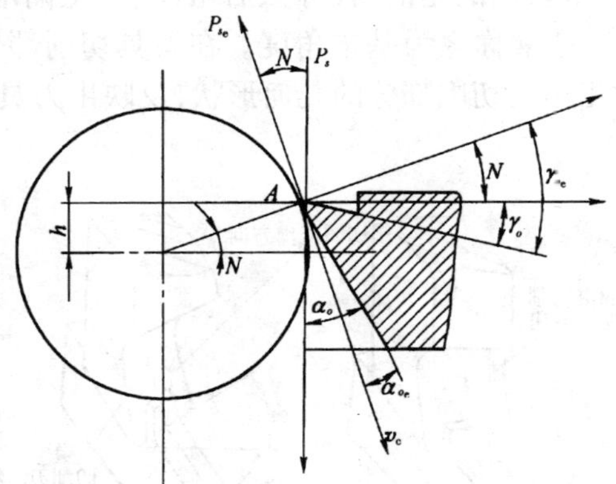

图 8-16　车刀安装高低对前角、后角的影响

切削刃安装高于工件中心时:$\gamma_{o_e}=\gamma_o+N,\alpha_{o_e}=\alpha_o-N$

切削刃安装低于工件中心时:$\gamma_{o_e}=\gamma_o-N,\alpha_{o_e}=\alpha_o+N$

8.2.3　刀具的种类

1. 刀具分类

由于机械零件的材质、形状、技术要求和加工工艺的多样性,客观上要求进行加工的刀具具有不同的结构和切削性能。因此,生产中所使用的刀具的种类很多。刀具常按加工方式和具体用途分为车刀、孔加工刀具、铣刀、拉刀、螺纹刀具、齿轮刀具、自动线及数控机床刀具和磨具等几大类型。刀具还可以按其他方式进行分类,如按所用材料分为高速钢刀具、硬质合金刀具、陶瓷刀具、立方氮化硼(CBN)刀具和金刚石刀具等。按结构分为整体刀具、镶片刀具、机夹刀具和复合刀具等。按是否标准化分为标准刀具和非标准刀具等。

2. 常用刀具简介

(1)车刀

车刀是金属切削加工中应用最广的一种刀具。它可以在车床上加工外圆、端平面、螺纹、内孔,也可用于切槽和切断等。车刀在结构上可分为整体车刀、焊接装配式车刀和机械夹固刀片的车刀。机械夹固车刀的切削性能稳定,工人不必磨刀,所以在现代生产中应用越来越多。

(2)孔加工刀具

孔加工刀具一般可分为两大类:一类是从实体材料上加工出孔的刀具,常用的有麻花钻、中心钻和深孔钻等;另一类是对工件上已有孔进行再加工的刀具,常用的有扩孔钻、铰刀及镗刀等。

(3)铣刀

铣刀是一种应用广泛的多刃回转刀具,其种类很多。铣削的生产效率一般较高,加工表面粗糙度值较大。按用途分有:

①加工平面用的,如圆柱平面铣刀、端铣刀等;

②加工沟槽用的,如立铣刀、T 形刀和角度铣刀等;

③加工成形表面用的,如凸半圆和凹半圆铣刀和加工其他复杂成形表面用的铣刀。

(4)拉刀

拉刀是一种加工精度和切削效率芳比较高的多齿刀具,广泛应用于大批量生产中,可加工各种内、外表面。拉刀按所加工工件表面的不同,可分为各种内拉刀和外拉刀两类。使用拉刀加工时,除了要根据工件材料选择刀齿的前角、后角,根据工件加工表面的尺寸(如圆孔直径)确定拉刀尺寸外,还需要确定两个参数:

①齿升角 a_f,即前后两刀齿(或齿组)的半径或高度之差;

②齿距 p,即相邻两刀齿之间的轴向距离。

(5)螺纹刀具

螺纹刀具包括内螺纹刀具和外螺纹刀具。

(6)齿轮刀具

齿轮刀具是用于加工齿轮齿形的刀具。按刀具的工作原理,齿轮分为成形齿轮刀具和展成齿轮刀具。常用的成形齿轮刀具有盘形齿轮铣刀和指形齿轮刀具等。常用的展成齿轮刀具有插齿刀、齿轮滚刀和剃齿刀等。选用齿轮滚刀和插齿刀时,应注意以下几点。

①刀具基本参数(模数、齿形角、齿顶高系数等)应与被加工齿轮相同。

②刀具精度等级应与被加工齿轮要求的精度等级相当。

③刀具旋向应尽可能与被加工齿轮的旋向相同。滚切直齿轮时,一般用左旋齿刀。

3. 常用刀具的选择

刀具种类主要根据被加工表面的形状、尺寸、精度、加工方法、所用机床及要求的生产效率等进行选择。刀具材料主要根据工件材料、刀具形状和类型及加工要求等进行选择。

任务3　熟悉金属切削中的物理现象

金属切削过程是刀具在工件上切除多余的金属，产生切屑和形成已加工表面的整个过程。这一过程中，会出现一些物理现象，如切削变形、切削力、切削热、刀具磨损等。研究这些物理现象，掌握其变化规律，就可以分析和解决切削加工中的实际问题，以提高切削效率、加工质量和降低生产成本。

8.3.1　切屑的形成与形态

1. 切屑的形成

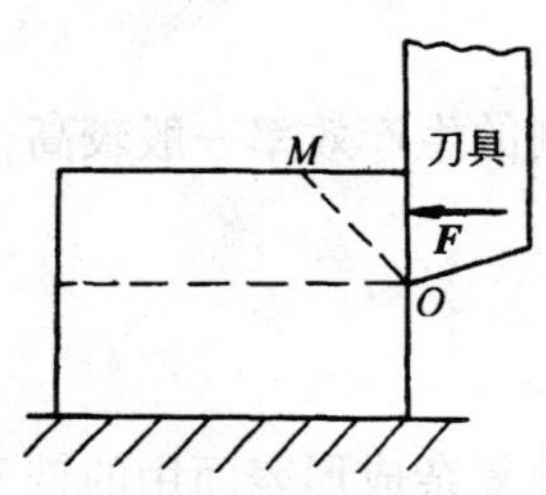

图 8-17　金属的挤压变形

如图 8-17 所示，切削加工时，工件上的切削层受刀具的偏挤压，切削层产生弹性变形而至塑性变形。由于受下部金属的阻碍，切削层只能沿 *OM* 线（约与外力作用线成 45°）产生剪切滑移。*OM* 线称为剪切线或滑移线。

图 8-18(a) 所示是在直角自由切削情况下的切屑形成过程。当切削层金属接近始滑移面 *OA* 时，将产生弹性变形。进入 *OA* 以后，内部切应力达到材料的屈服点，此时将产生塑性变形，即产生金属晶格的一部分与另一部分相对滑移。如图中质点 *P* 由点 1 向前移动的同时，将图 8-18 金属挤压变形沿 *OA* 面滑移，其合成运动使点 1 流动到点 2，2—2′就是该滑移量。还有 3—3′，4—4′等也是滑移量。随着滑移量的不断增加，变形逐渐强化，切应力也逐渐增大。在终滑移面 *OM* 上，切应力和切应变达到最大值，滑移变形基本结束。图 8-18(b) 所示是切屑形成的示意图。将金属材料的被切层看做一叠卡片，如 1′，2′，3′，4′，5′等，当刀具切入时，卡片被推移到 1，2，3，4，5 等位置，卡片之间发生相对滑移，滑移方向就是最大切应力的剪切面。在实际条件下，剪切区一般很窄，在 0.02 ~0.2 mm 之间。

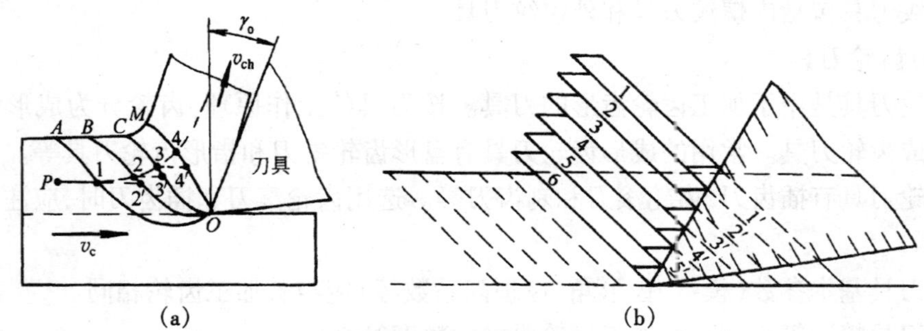

图 8-18　切屑的形成过程

2. 切屑的形态

切削金属时，由于工件材料不同，切削条件不同，切削过程中变形的程度也就不同，所形成的切屑形态多种多样。归纳起来，可分为下列 4 种类型，如图 8-19 所示。

(1) 带状切屑

这种切屑是连续状，与前刀面接触的底面是光滑的，外面是毛茸的，在显微镜下可

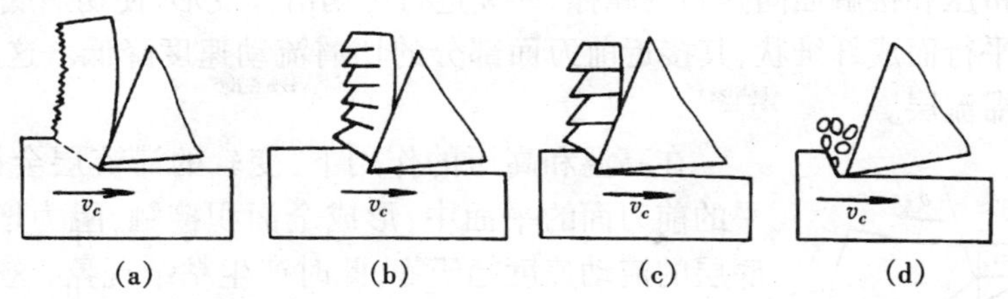

图 8-19 切屑的基本形态

(a)带状切屑;(b)节状切屑;(c)粒状切屑;(d)崩碎切屑

观察到剪切面的条纹。它的形成条件是切削材料经剪切滑移变形后,剪切面上的切应力未超过金属材料的破裂强度。一般切削塑性材料,如低碳钢、铜、铝等形成此类切屑。其切削过程平稳,切削力波动小,但必要时应采取断屑措施,以防对工作环境和工人安全造成危害。

(2)节状切屑

这类切屑的外表面呈锯齿形,内表面有时有裂纹。它是由于切削层变形较大,局部剪切面上的切应力达到了材料的破裂强度。它多产生于工件塑性较低,切削厚度较大,切削速度较低和刀具前角较小的情况下。其切削过程较不稳定,切削力波动较大。

(3)粒状切屑

这类切屑基本上是分离的梯形单元切屑,进一步减小切削速度和前角,增加切削厚度,使整个剪切面上的切应力超过材料的破裂强度时便可得到这种切屑。

(4)崩碎切屑

这是属于脆性材料的切屑。由于脆性材料塑性小,抗拉强度低,刀具切入后,金属未经塑性变形就被挤裂或在拉应力下脆断,形成不规则的崩碎切屑。

8.3.2 积屑瘤

根据切削过程中的不同变形情况,通常把切削区域划分为三个变形区,如图 8-20 所示。第Ⅰ变形区是在切削刃前面的切削层内的区域;第Ⅱ变形区是在切屑底层与前刀面的接角区域;第Ⅲ变形区是在后刀面与工件已加工表面接触的区域。但这三个变形区并非决然分开、互不相关,而是相互关联、相互影响、互相渗透。下面将分别介绍三个变形区的变形特点。

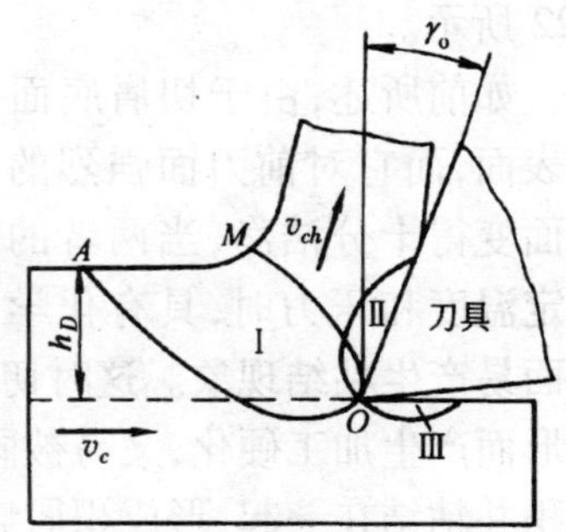

图 8-20 切削时的三个变形区

1. 第Ⅰ变形区

第Ⅰ变形区是指在切削层内产生剪切滑移的塑性变形区。切削过程中的塑性变形主要发生在这里,所以它是主要的变形区。

2. 第Ⅱ变形区及积屑瘤现象

(1)第Ⅱ变形区特点

当切屑沿前刀面流出时,切屑在与前刀面接触的区域里,与前刀面挤压摩擦,进一步产生剪切滑移,这就是第Ⅱ变形区。在第Ⅱ变形区内,沿前刀面流出的切屑,其底层受到刀具的挤压和接触面间强烈的摩擦,继续进行剪切滑移变形,使切屑底层的晶粒趋向与前刀面平行而成纤维状,其接近前刀面部分的切屑流动速度降低。这层流速较慢的金属称为滞流层。

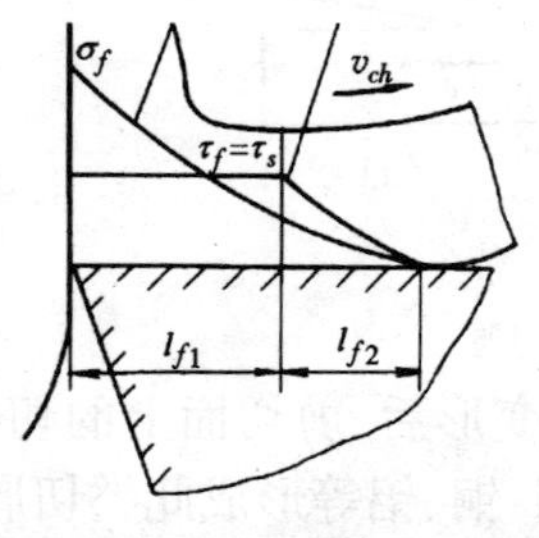

图 8-21　前刀面上的摩擦

在高温和高压的作用下,变软的滞流层会嵌入凹凸不平的前刀面的平面中,形成全面积接触,阻力增大,滞流层底层的流动速度趋于零,此时产生粘结现象,这个区域称为粘结区(如图 8-21 所示的 l_{f1})。

当切屑继续沿前刀面流动时,粘结区内的摩擦现象不是发生在切屑底层与前刀面之间,而是发生在滞流层内部,滞流层内部金属材料的剪切滑移(切应力大于或等于金属材料的屈服强度 τ_s)代替了切屑底层与前刀面之间的相对滑移,这种摩擦称为内摩擦。在粘结区以外的范围内(如图 8-21 所示的 l_{f2}),由于切削温度降低,切屑底层金属塑性变形减小,切屑与前刀面接触面积减少,进入滑动区。该区域的摩擦称为滑动摩擦,即外摩擦。

综上所述,第Ⅱ变形区由粘结区和滑动区组成。实验证明,粘结区产生的摩擦力远超过滑动区的摩擦力,即第Ⅱ变形区的摩擦特性应以粘结摩擦(内摩擦)为主。

(2)积屑瘤现象及产生的原因

在一定的条件下切削钢、黄铜、铝合金等塑性金属时,由于前刀面挤压及摩擦的作用,使切屑底层中的一部分金属停滞并堆积在切削刃口附近,形成硬块,能代替切削刃进行切削,这个硬块称为积屑瘤,如图 8-22 所示。

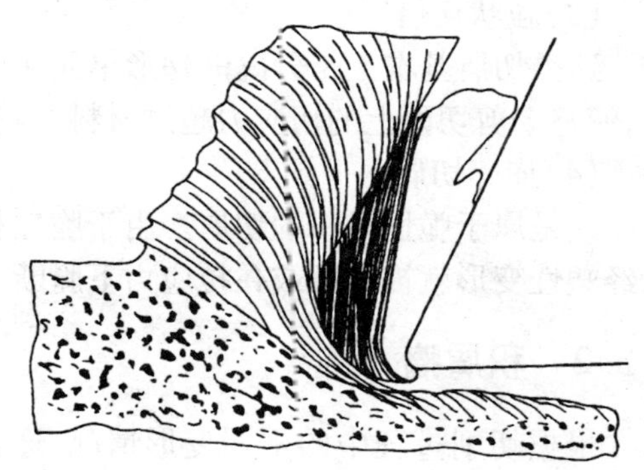
图 8-22　积屑瘤

如前所述,由于切屑底面是刚形成的新表面,而它对前刀面强烈的摩擦又使前刀面变得十分洁净,当两者的接触面达到一定温度和压力时,具有化学亲和性的新表面易产生粘结现象。这时切屑从粘结在刀面上的底层上流过(剪切滑移),因内摩擦变形而产生加工硬化,又易被同种金属吸引而阻滞在粘结的底层上。这样,一层一层的堆积并粘结在一起,形成积屑瘤,直至该处的温度和压力不足以造成粘结为止。由此可见,切屑底层与前刀面发生粘结和加工硬化是积屑瘤产生的必要条件。一般说来,温度与压力太低,不会发生粘结;而温度太高,也不会产生积屑瘤。因此,切削温度是积屑瘤产生的决定因素。

(3)积屑瘤的影响

积屑瘤有利的一面是它包覆在切削刃上代替切削刃工作,起到保护切削刃作用,同时还使刀具实际前角增大,切削变形程度降低,切削力减小;但也有不利的一面,由于它的前端伸出切削刃之外,影响尺寸精度,同时其形状也不规则,在切削表面上刻出深浅不一的沟纹,影响表面质量。此外,它也不稳定,成长、脱落交替进行,切削力易波动,破碎脱落时会划伤刀面，若留在已加工表面上，会形成毛刺等，增加表面粗糙度值。因此在粗加工时，允许有积屑瘤存在，但在精加工时，一定要设法避免。

(4)积屑瘤的控制

控制积屑瘤的方法主要有以下几种。

①提高工件材料的硬度，减少塑性和加工硬化倾向。

②控制切削速度，以控制切削温度。图 8-23 所示为积屑瘤高度与切削速度的关系。由于切削速度是切削用量中影响切削温度最大的因素，所以该图反映了积屑瘤高度与切削温度的关系。低速时低温，高速时高温，都不产生积屑瘤。在积屑瘤生长阶段，其高度随切削速度增高而增大；在消失阶段，其高度则随切削速度增大而减小。因此控制积屑瘤可选择低速或高速切削。

③采用润滑性能良好的切削液，减小摩擦。

④增大前角，减小切削厚度，都可使刀具与切屑接触长度减小，从而使积屑瘤高度减小。

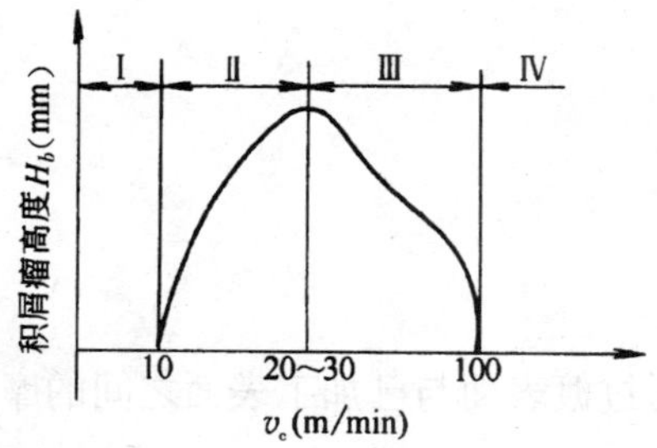

图 8-23　积屑瘤高度与切削速度的关系

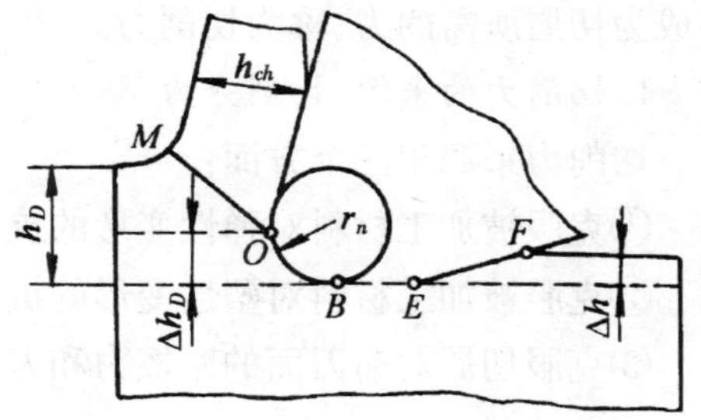

图 8-24　已加工表面变形

3. 第Ⅲ变形区

(1)变形特点

工件已加工表面和刀具后刀面的接触区域，称为第Ⅲ变形区。如图 8-24 所示，切削刀具刃口并不是非常锋利的，而存在刃口圆弧半径 r_n，切削层在刃口钝圆部分处存在复杂的应力状态。切削层金属经剪切滑移后沿前刀面流出成为切屑，O 点之下的一薄层金属 Δh_D 不能沿 OM 方向剪切滑移，被刃口向前推挤或被压向已加工表面，这部分金属首先受到压应力。此外，由于刃口磨损产生后角为零的小棱面 BE 及已加工表面的弹性恢复 $EF(\Delta h)$，使被挤压的 Δh_D 层再次受到后刀面的拉伸摩擦作用，进一步产生塑性变形。因此已加工表面是经过多次复杂的变形而形成的。它存在着表面加工硬化和表面残余应力。

(2)表面加工硬化和残余应力

加工后已加工表面层硬度提高的现象称为加工硬化。切削时在形成已加工表面的过程中，由于表层金属经过多次复杂的塑性变形，硬度显著提高；另一方面，切削温度又使加工硬化减弱(弱化)；更高的切削温度将引起相变。已加工表面的加工硬化就是这种强化、弱化、相变作用的综合结果。加工中变形程度越大，则硬化程度越高，硬化层深度也越深。工件表面的加工硬化将给后工序切削加工增加困难。如切削力增大，刀具磨损加快，影响了表面质量。加工硬化在提高工件耐磨性的同时，也增加了表面的脆性，从而降低了工件的抗冲击能力。

残余应力是指在没有外力作用的情况下，物体内存在的应力。由于切削力、切削变形、切削热及相变的作用，已加工表面常存在残余应力，有残余拉应力和残余压应力之别。残余应力会使已加工表面产生裂纹，降低零件的疲劳强度，工件表面残余应力分布不均匀也会使工件产生变形，影响工件的形状和尺寸。这对精密零件的加工是极为不利的。

8.3.3 切削力

切削力是金属切削过程中的基本物理现象之一，研究切削力，对进一步弄清切削机理，对计算功率消耗，对刀具、机床、夹具的设计，对制定合理的切削用量，优化刀具几何参数等，都具有非常重要的意义。金属切削时，刀具切入工件，使被加工材料发生变形并成为切屑所需的力，称为切削力。

1. 切削力的来源、切削分力

切削力来源于三个方面：

①克服被加工材料对弹性变形的抗力；

②克服被加工材料对塑性变形的抗力；

③克服切屑对前刀面的摩擦力和刀具后刀面对过渡表面与已加工表面之间的摩擦力。

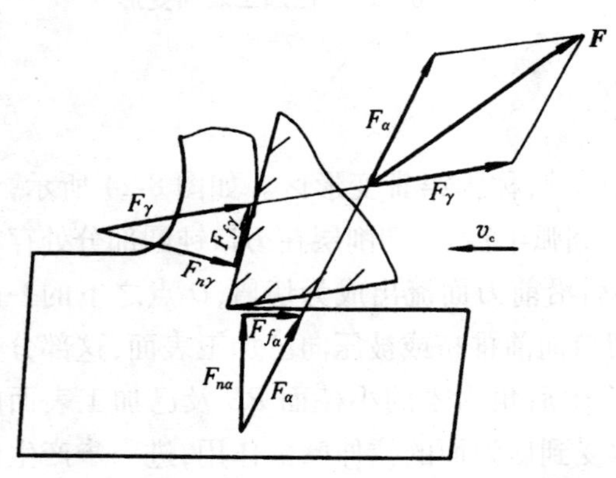

图 8-25 作用在刀具上的切削力

金属切削过程中，切削层及其加工表面产生弹性和塑性变形；同时工件与刀具之间的相对运动存在着摩擦力。如图 8-25 所示，作用在刀具上的力由两部分组成：①作用在前、后刀面上的变形抗力 $\boldsymbol{F}_{n\gamma}$ 和 $\boldsymbol{F}_{n\alpha}$；②作用在前、后刀面上的摩擦力 $\boldsymbol{F}_{f\gamma}$ 和 $\boldsymbol{F}_{f\alpha}$。

这些力的合力 F 称为切削合力，也称为总切削力。总切削力 F 可沿 x,y,z 方向分解为三个互相垂直的分力 $\boldsymbol{F}_c$、$\boldsymbol{F}_p$、$\boldsymbol{F}_f$，如图 8-26 所示。主切削力 $\boldsymbol{F}_c$ 是总切削力 $\boldsymbol{F}$ 在主运动方向上的分力；背向力 $\boldsymbol{F}_p$ 是总切削力 $\boldsymbol{F}$ 在垂直于假定工作平面方向上的分力；进给力 $\boldsymbol{F}_f$ 是总切削力在进给运动方向上的分力。

车削时各分力的实际意义如下。主切削力 $\boldsymbol{F}_c$ 作用于主运动方向，是计算机床主运动机构强度与刀杆、刀片强度及设计机床夹具、选择切削用量等的主要依据，也是消耗功率最多的切削力。背向力 $\boldsymbol{F}_p$ 在纵车外圆时不消耗功率，但它作用在工艺系统刚性最

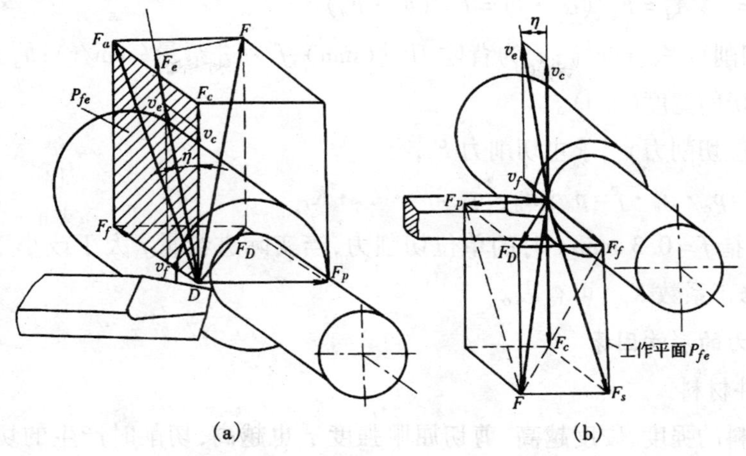

图 8-26 外圆车削时力的分解

差的方向上，易使工件在水平面内变形，影响工件精度，并易引起振动，它是校验机床刚度的必要依据。进给力 $\boldsymbol{F}_f$ 作用在机床的进给机构上，是校验进给机构强度的主要依据。

2. 切削力计算的经验公式

通过试验的方法，测出各种影响因素变化时的切削力数据，加以处理得到的反映各因素与切削力关系的表达式，称为切削力计算的经验公式。在实际中使用的切削力经验公式有两种：一是指数公式，二是单位切削力。

(1)指数公式

主切削力为

$$F_c = C_{F_c} \cdot (\alpha_p)^{X_{F_c}} \cdot (f)^{Y_{F_c}} \cdot (v_c)^{Z_{F_c}} \cdot K_{F_c}$$

背向力为

$$F_p = C_{F_p} \cdot (\alpha_p)^{X_{F_p}} \cdot (f)^{Y_{F_p}} \cdot (v_c)^{Z_{F_p}} \cdot K_{F_p}$$

进给力为

$$F_f = C_{F_f} \cdot (\alpha_p)^{X_{F_f}} \cdot (f)^{Y_{F_f}} \cdot (v_c)^{Z_{F_f}} \cdot K_{F_f}$$

以上三式中：C_{F_c}、C_{F_p}、C_{F_f}为取决于工件材料和切削条件的系数；X_{F_c}、Y_{F_c}、Z_{F_c}为切削力分力 F_c 公式中背吃刀量 α_p、进给量f和切削速度 v_c的指数；X_{F_p}、Y_{F_p}、Z_{F_p}为切削力分力 F_p 公式中背吃刀量 α_p、进给量f和切削速度 v_c的指数；X_{F_f}、Y_{F_f}、Z_{F_f}为切削分力 F_f 公式中背吃刀量 α_p、进给量f和切削速度 v_c的指数；K_{F_c}、K_{F_p}、K_{F_f}为当实际加工条件与求得经验公式的试验条件不符时，各种因素对各切削分力的修正系数。

式中各种系数、指数和修正系数都可以在切削用量手册中查到。

(2)单位切削力

单位切削力是指单位切削面积上的主切削力，用 p_c表示，即

$$p_c = F_c / A_d = F_c / (\alpha_p \cdot f) = F_c / (b_d \cdot h_d)$$

式中:A_d为切削面积(mm^2);a_p为背吃刀量(mm);f为进给量(mm/r);h_d为切削厚度(mm);b_d为切削宽度(mm)。

已知单位切削力 p_c,求主切削力 F_c,有

$$F_c = p_c \cdot a_p \cdot f = p_c \cdot h_d \cdot b_d = p_c \cdot A_d \cdot K_{F_c}$$

式中的 p_c是指 $f = 0.3$ mm/r 时的单位切削力,当实际进给量 f 大于或小于 0.3 mm/r 时,需乘以修正系数 K_{F_c},可查表。

3. 切削力的影响因素

(1)工件材料

工件材料的强度、硬度越高,剪切屈服强度 τ_s也越高,切削时产生的切削力越大。如加工 80 钢的切削力 F_c 比 45 钢增大 4%,加工 35 钢的切削力 F_c 比 45 钢减小 13%。工件材料的塑性、冲击韧性越高,切削变形越大,切屑与刀具间的摩擦增加,则切削力越大。例如不锈钢 1Cr18Ni9Ti 的延伸率是 45 钢的 4 倍,所以切削时变形大,切屑不易折断,加工硬化严重,产生的切削力比 45 钢增大 25%。加工脆性材料时,因塑性变形小,切屑与刀具间摩擦小,切削力较小。

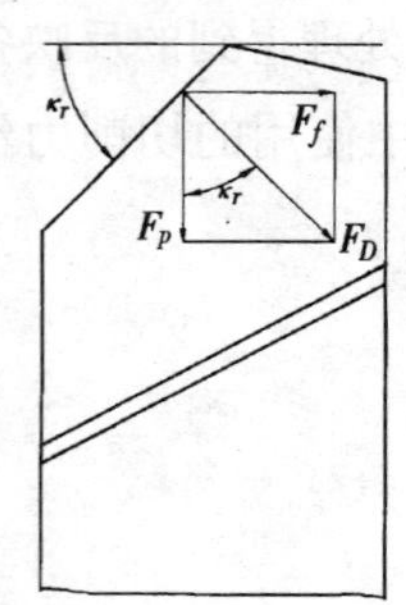

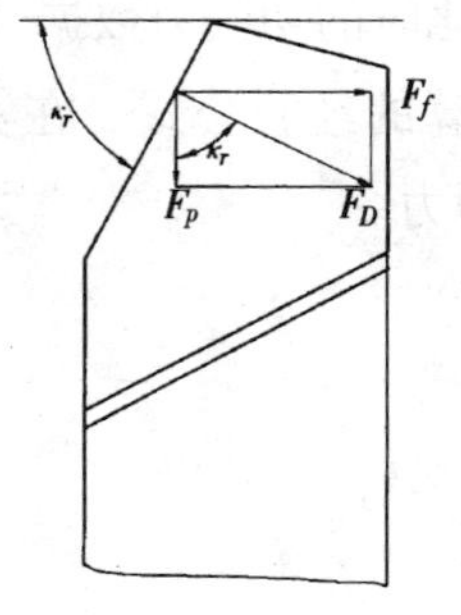

图 8-27　主偏角对 F_f 和 F_p 的影响

(2)刀具几何参数

前角 γ_0 增大,切削变形减小,故切削力减小。主偏角对切削力 F 的影响较小,而对进给力 F_f和背向力 F_p影响较大,由图 8-27 可知当主偏角增大时,F_f 增大,F_p 减小。

实践证明,刃倾角 λ_s 在很大范围($-40° \sim +40°$)内变化时,对 F_c没有什么影响;但 λ_s 增大时,F_f增大,F_p减小。

(3)切削用量

切削用量对切削力的影响较大,背吃刀量和进给量增加时,使切削面积 A_D成正比增加,变形抗力和摩擦力加大,因而切削力随之增大。当背吃刀量增大一倍时,切削力近似成正比增加,所以切削力经验公式中 α_p的指数 X_{F_c}近似等于 1。进给量 f 增大一倍时,切削面积 A 也成正比增加,但变形程度减小,使切削层单位面积切削力减小,因而切削力只增大 70% ~80%。所以在切削力经验公式中,f 的指数小于 1。

切削塑性材料时,切削速度对切削力的影响分为有积屑瘤阶段和无积屑瘤阶段两种情况。在低速范围内,随着切削速度的增高,积屑瘤逐渐长大,刀具实际前角增大,使切削力逐渐变小。在中速范围内,积屑瘤逐渐减小并消失,使切削力逐渐增至最大。在高速阶段,由于切削温度升高,摩擦力逐渐减小,使切削力得到稳定的降低。

(4)其他因素

刀具材料与工件材料之间的摩擦系数μ会直接影响到切削力的大小。一般按立方碳化硼刀具、陶瓷刀具、涂层刀具、硬质合金刀具、高速钢刀具的顺序，切削力依次增大。

切削液有润滑作用，可以通过减小摩擦系数使切削力降低。切削液的润滑作用愈好，切削力的降低愈显著。在较低的切削速度下，切削液的润滑作用更为突出。

刀具后刀面磨损带 *VB* 愈大，摩擦越强烈，切削力也越大。*VB* 对背向力的影响最为显著。

8.3.4 切削热

切削热是切削过程中的又一个基本物理现象。切削温度的变化，能改变工件材料的性能，影响积屑瘤的产生和消失，并且会影响已加工表面质量，同时也会影响刀具的磨损和刀具使用寿命。因此认识它的变化规律，具有重要的实际意义。

1. 切削热的产生与传出

如图 8-28 所示，在三个变形区中，因变形和摩擦所做的功绝大部分都转化成热能。切削区域产生的热能通过切屑、工件、刀具和周围介质传出。切削热传出时由于切削方式的不同，工件和刀具热传导系数的不同等，各传导媒体传出的比例也不同。例如在空气冷却条件下车削时，切削热 50% ~ 86% 由切屑带走，10% ~40% 传入工件，3% ~9% 传人刀具，1% 左右通过辐射传人空气。

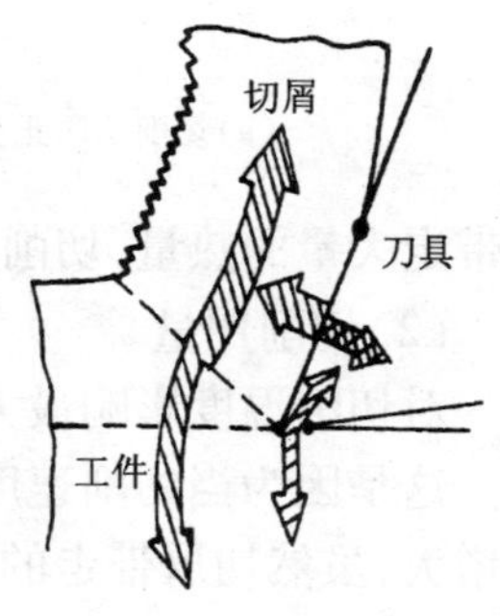

图 8-28 切削热的产生与传出

2. 切削温度的分布

切削温度是指前刀面与切屑接触区内的平均温度，它是由切削热的产生与传出的平衡条件所决定的。产生的切削热愈多，传出得愈慢，切削温度愈高。反之，切削温度就愈低。凡是增大切削力和切削功率的因素都会使切削温度上升，而有利于切削热传出的因素都会降低切削温度。

在切削过程中，切屑、刀具和工件上不同部位的切削温度分布是不均匀的，如图 8-29 所示。图 8-29(a)所示为切削钢时所测得的正交平面内的温度分布；图 8-29(b)所示是车削不同材料时，前、后刀面上温度分布情况。从图中可以看出：①在前刀面和后刀面上，最高温度点都不在切削刃上，而是在离切削刃有一定距离的地方，这是摩擦热沿前刀面不断增加的缘故。在靠近前刀面的切屑底层上，温度变化很大，说明前刀面上的摩擦热集中在切屑底层。②温度分布不均匀，温度梯度大。工件材料塑性大，分布较均匀，反之，工件材料脆性大，分布不均匀。③在已加工表面上，较高温度仅存在切削刃附近的一个很小的范围，说明温度的升降是在极短的时间内完成的。

3. 切削温度的主要影响因素

(1)工件材料

工件材料的强度、硬度高，导热率低，切削温度升高。切削脆性材料，因变形小，崩

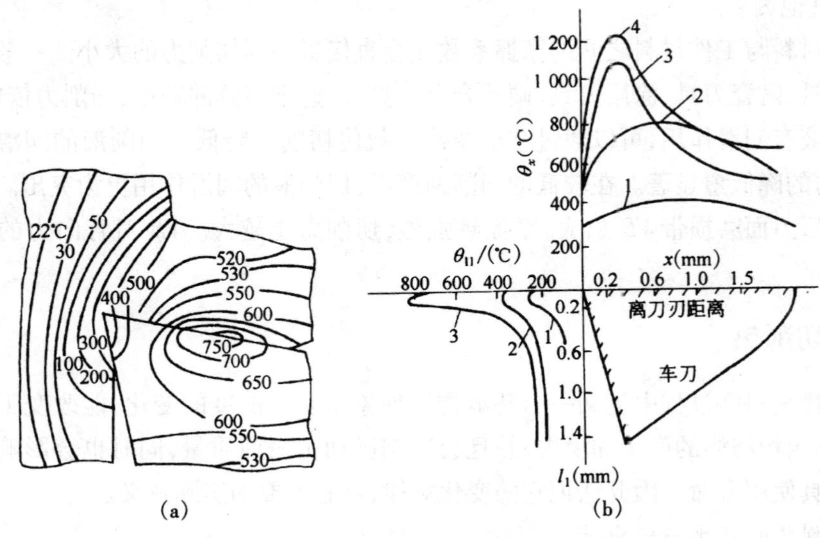

图 8-29　车刀切削钢时温度分布情况

(a)切削钢时正交平面内的温度分布;(b)切削不同材料时前后刀面上的温度分布

屑带走大量的热量,切削温度会降低。

(2)切削用量

对切削温度影响最大的切削用量是切削速度,其次是进给量,而背吃刀量的影响最小。这是因为当切削速度 v_c 增加时,单位时间内参与变形的金属量增加而使消耗的功率增大,虽然切屑带走的热量也相应增多,然而刀具传热的能力没什么变化,提高了切削温度;当进给量 f 增加时,切屑变厚,由切屑带走的热量增多,由于切削宽度不变,刀具散热面积未按比例增加,故切削温度上升但不甚明显;当背吃刀量 α_p 增加时,产生的热量和散热面积同时增大,背吃刀量 α_p 增大一倍,切削宽度就增加一倍,刀具的传热面积也增大一倍,改善了刀头的散热条件,切削温度只是略有提高,故对切削温度的影响也小。切削用量对切削温度的影响如图 8-30 所示。

由以上分析可知,为控制切削温度,应采用宽而薄的切削层剖面形状。切削用量三要素中,控制切削速度是控制切削温度最有效的措施。

(3)刀具几何参数

1)前角

前角 γ_0 增大,切削刃锋利,切屑变形小,前刀面摩擦减小,产生的热量减少,所以切削温度随 γ_0 增大而降低。但前角过大时,由于刀具楔角 β_0 变小,刀具散热体积减少,切削温度反而会提高。

2)主偏角

主偏角 κ_r 减小,在切削用量不变的条件下主切削刃工作长度增加,散热面积增加,因此切削温度下降。

3)刀尖圆弧半径

刀尖圆弧半径 r_0 增大,平均主偏角减小,切削宽度增加,散热面积增加,切削温度

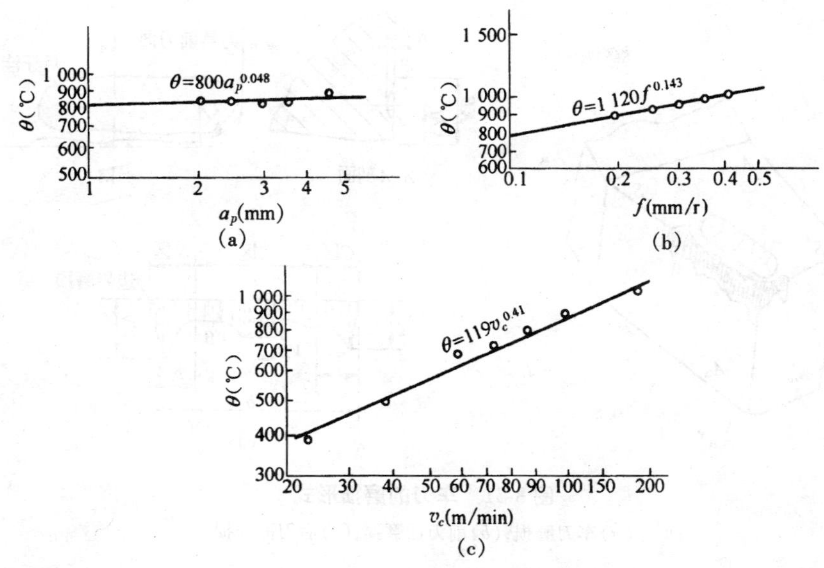

图 8-30　切削用量对切削温度的影响

降低。

(4)其他影响因素

选择合适的冷却液能带走大量的切削热,从而降低切削温度。从导热性能看水溶液的冷却性能最好,切削油最差。切削液本身温度越低,降低切削温度的效果越明显。

8.3.5　刀具磨损

切削时,在高温高压下切削刃和前、后刀面将逐步出现磨损,或在机械的、热的冲击下突然破损,乃至丧失切削能力,因而必须更换刀具。因此刀具磨损及其规律直接影响切削生产效率和加工质量,是切削加工中的重要物理现象。

1. *刀具磨损形式*

刀具正常磨损的形式一般有以下几种。

(1)前刀面磨损

切削塑性金属时,如果切削速度较高,进给量较大,切屑在前刀面处会逐渐磨出一个月牙洼状的凹坑,随着切削的继续,月牙洼深度不断增大,当接近刃口时,会使刃口突然崩塌。前刀面磨损量的大小,用月牙洼宽度 *KB* 和深度 *KT* 表示,如图 8-31 所示。

(2)后刀面磨损

由于刃口和后刀面对工件过渡表面的挤压与摩擦,在切削刃及其下方的后刀面上逐渐形成一条宽度不匀,布满深浅不一的沟痕的磨损棱面,如图 8-31 所示。刀尖部分(*C* 区)强度低散热差,磨损较严重,其值为 *VC*;主切削刃靠近工件的外表面处(*N* 区),由于毛坯的硬皮或加工硬化等原因,也磨出较大的深沟,其最大值为 *VN*;中间部位(*B* 区)磨损比较均匀,平均宽度以 *VB* 表示,最大值以 VB_{max} 表示。

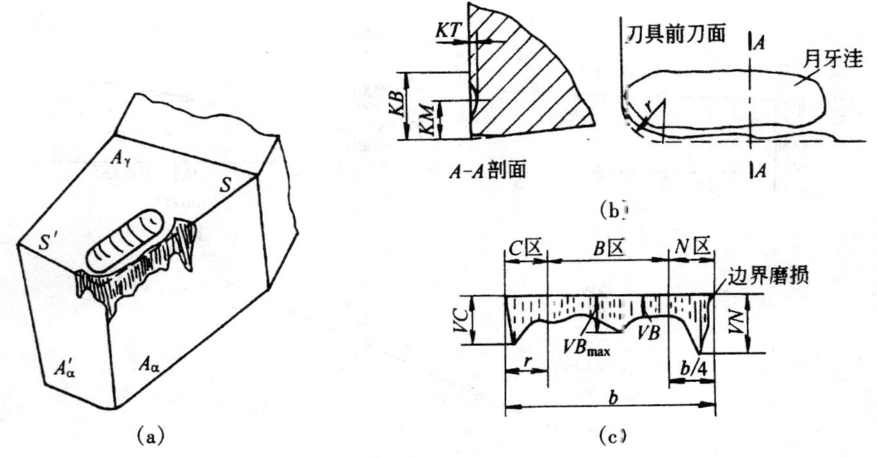

图 8-31　车刀的磨损形式

(a)车刀磨损;(b)前刀面磨损;(c)后刀面磨损

(3)前、后刀面同时磨损

当切削塑性金属时,如切削厚度适中,则经常发生前、后刀面同时磨损。

由于各类刀具都有后刀面磨损,而且后刀面磨损又易于测量,所以通常用较能代表刀具磨损性能的 VB 和 VB_{max} 来代表刀具磨损量的大小。

2. 刀具磨损的种类

造成刀具磨损的原因很复杂,它是在高温和高压下受到机械、热化学作用而发生的。刀具的磨损具体分为以下几类。

(1)硬质点磨损

工件材料中含有比刀具材料硬度高的硬质点,在切削过程中对刀具较软的基体会刻出一条沟痕而造成机械磨损。在低速切削时,刀具磨损主要是硬质点磨损。

(2)粘结磨损

工件或切屑的表面与刀具表面之间的粘结点,因相对运动,刀具一方的微粒被带走而造成的磨损称为粘结磨损。粘结磨损与切削温度有关,也与工件材料与刀具材料之间的亲和力有关。

(3)扩散磨损

在高温下,工件材料与刀具材料中有亲和作用的元素的原子,相互扩散到对方中去,使刀具材料的化学成分发生变化,削弱了刀具的切削性能而造成的磨损称为扩散磨损。

(4)相变磨损

刀具材料因切削温度升高,达到相变温度,而发生金相组织的变化,使刀具硬度降低而造成的磨损称为相变磨损。如高速钢刀具当切削温度达到相变温度时,发生相变磨损,而丧失了切削性能。

刀具磨损还有其他种类,包括氧化磨损、热-化学磨损、电-化学磨损等。综上所述,切削温度越高,刀具磨损越快,因此切削温度是刀具磨损的主要原因。

3. 刀具的磨损过程和磨钝标准

(1)刀具的磨损过程

刀具的磨损过程可分为三个阶段,如图 8-32 所示。

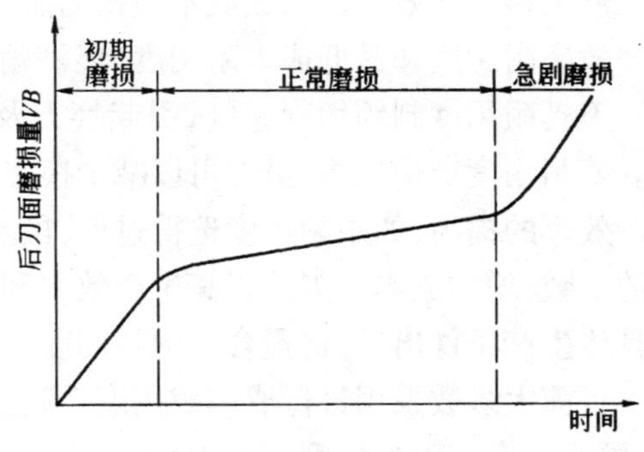

图 8-32 刀具的磨损过程

1)初期磨损阶段

这一阶段的磨损速度较快,因为新刃磨的刀具表面较粗糙,并存在显微裂纹、氧化或脱碳等缺陷,而且切削刃较锋利,后刀面与加工表面接触面积较小,压应力较大,所以容易磨损。

2)正常磨损阶段

经过初期磨损后,刀具粗糙表面已经磨平,缺陷减少,刀具后刀面与加工表面接触面积变大,压强减小,进入比较缓慢的正常磨损阶段。后刀面的磨损量与切削时间近似地成比例增加。正常切削时,这个阶段时间较长,是刀具的有效工作时期。

3)急剧磨损阶段

当刀具的磨损带达到一定程度,后刀面与工件摩擦过大,导致切削力与切削温度均迅速增高,磨损速度急剧增加。生产中为了合理使用刀具,保证加工质量,应该在发生急剧磨损之前就及时换刀。

(2)刀具的磨钝标准

刀具磨损到一定限度后就不能继续使用,这个磨损限度称为磨钝标准。由于多数切削情况下均可能出现后刀面的均匀磨损量,而 *VB* 值比较容易测量和控制,因此常用 *VB* 值来研究磨损过程,并作为磨钝标准。ISO 标准统一规定以 1/2 背吃刀量处的后刀面上测定的磨损带宽度 *VB* 作为刀具的磨钝标准。自动化生产中的精加工刀具,常以沿工件径向的刀具磨损尺寸作为刀具的磨钝标准,称为径向磨损量 *NB*。国家标准 GB/T16461—1996 中规定的高速钢刀具、硬质合金刀具的磨钝标准如表 8-2 所示。

表 8-2 高速钢刀具、硬质合金刀具的磨钝标准

工件材料	加工性质	磨钝标准 *VB*(mm)	
		高速钢	硬质合金
碳钢、合金钢	粗车	1.5~2.0	1.0~1.4
	精车	1.0	0.4~0.6
灰铸铁、可锻铸铁	粗车	2.0~3.0	0.8~1.0
	半精车	1.5~2.0	0.6~0.8
耐热钢、不锈钢	粗车、精车	1.0	1.0
钛合金	粗车、半精车		0.4~0.5
淬火钢	精车		0.8~1.0

4. 刀具的合理耐用度

能保持生产效率最高或成本最低的耐用度，称为合理耐用度，即合理耐用度有最高生产效率耐用度和最低成本耐用度(经济耐用度)。

刀具耐用度制约切削速度，引起换刀及磨刀次数的变化，从而影响生产效率和成本。若耐用度定得过高，虽然可以减少换刀及磨刀次数，但必定会降低切削速度，影响生产效率的提高；如果耐用度选得过低，虽然可以提高切削速度，但必然增加换刀和磨刀的次数，增加成本。因此提高生产效率和降低成本有时往往是矛盾的。使用中只有从具体生产条件出发，选择合适的耐用度，才能使最高生产效率和最低成本达到统一。

目前大多数采用最低成本耐用度，即经济耐用度。其参考数值一般是：在通用机床上，硬质合金车刀耐用度大致为60～90 min；钻头耐用度大致为80～120 min；硬质合金端面铣刀耐用度大致为90～180 min；齿轮刀具耐用度大致为200～300 min。其中复杂刀具耐用度应定得高一些，以减少刃磨和调整费用。

随着刀具的革新和生产技术的发展，如数控机床广泛使用的可转位刀具，由于其换刀时间和刀具成本大大降低，可以取较低的耐用度，以提高切削速度，达到提高生产效率，又不提高成本的目的。可转位车刀的耐用度可取为15～20 min。

对于加工中心或自动线上的刀具，可采用机外预调刀具的办法，缩短换刀时间，取较低的刀具耐用度，达到提高生产率的目的。

任务4　对比分析切削加工技术的经济性

8.4.1　提高工艺系统的刚度

由机床、夹具、刀具、工件组成的工艺系统，在切削力、传动力、惯性力、夹紧力以及重力等的作用下，会产生相应的变形(弹性变形及塑性变形)。这种变形将破坏工艺系统间已调整好的正确位置关系，从而产生加工误差。例如车削细长轴时，工件在切削力作用下的弯曲变形，加工后会形成腰鼓形的圆柱度误差，如图8-33(a)所示。又如在内圆磨床上用横向切入磨孔时，由于磨头主轴弯曲变形，使磨出的孔会带有锥度的圆柱度误差，如图8-33(b)所示。

从材料力学知道，任何一个受力的物体总要产生一定的变形。作用力 F 与其引起的在作用力方向上的变形量 Y 的比值，称为物体的刚度，即 $k=F/Y$。

切削加工中工艺系统在各种外力作用下，将在各个受力方向上产生相应的变形。工艺系统受力变形，主要是对加工精度影响最大的敏感方向，即通过刀尖的加工表面的法线方向的位移。因此，工艺系统的刚度 k_{xt} 定义为零件加工表面法向分力 F_y 与刀具在切削力作用下，相对工件在该方向的位移 Y_{xt} 的比值，即 $k_{xt}=F_y/Y_{xt}$。

可以证明，工艺系统刚度为各个组成部分刚度的并联值。因此，当知道工艺系统各个组成部分的刚度后，即可求出系统刚度。

减少工艺系统的受力变形，是机械加工中保证产品质量和提高生产效率的主要途

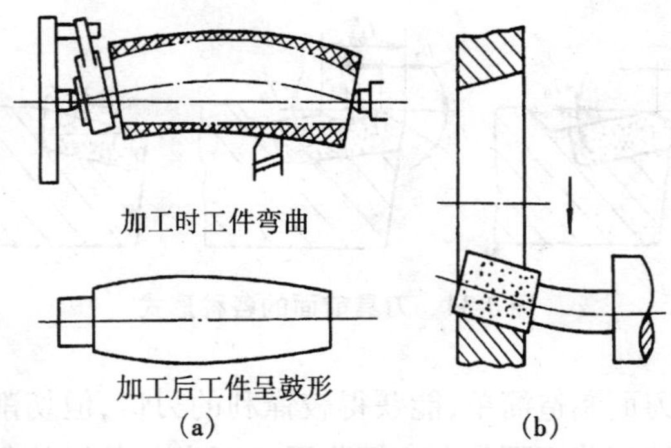

图 8-33　工艺系统受力变形引起的加工误差

径之一。根据生产的实际情况，可采取以下几方面的措施：

①提高接触刚度，减少受力变形；

②提高工件刚度，减少受力变形；

③提高机床部件刚度，减少受力变形；

④合理装夹工件，减少夹紧变形。

8.4.2　刀具几何参数的合理选择

刀具几何参数包括切削刃形状、刃口形式、刀面形式和切削角度 4 个方面。刀具的几何参数间既有联系又有制约。因此在选择刀具几何参数时，应综合考虑和分析各参数间的相互关系，充分发挥各参数的有利因素，克服和限制不利影响。

1. 前角和前刀面

前角主要是在满足切削刃强度要求的前提下，使切削刃锋利。增大前角能减少切屑变形和磨损、改善加工质量、抑制积屑瘤等。但前角过大会削弱刀刃的强度和散热能力，易造成崩刃。因而，前角应有一合理的数值。表 8-3 为硬质合金车刀合理前角的参考值。图 8-34 所示为前刀面的各种形式。

表 8-3　硬质合金车刀合理前角的参考值

工件材料	合理前角		工件材料	合理前角	
	粗车	精车		粗车	精车
低碳钢	20°～25°	25°～30°	灰铸铁	10°～15°	5°～10°
中碳钢	10°～15°	15°～20°	铜及铜合金	10°～15°	5°～10°
合金钢	10°～15°	15°～20°	铝及铝合金	30°～35°	35°～40°
淬火钢	−15°～−5°		钛合金（$\sigma_b \leq 1.177$ GPa）	5°～10°	
不锈钢（奥氏体）	15°～20°	20°～25°			

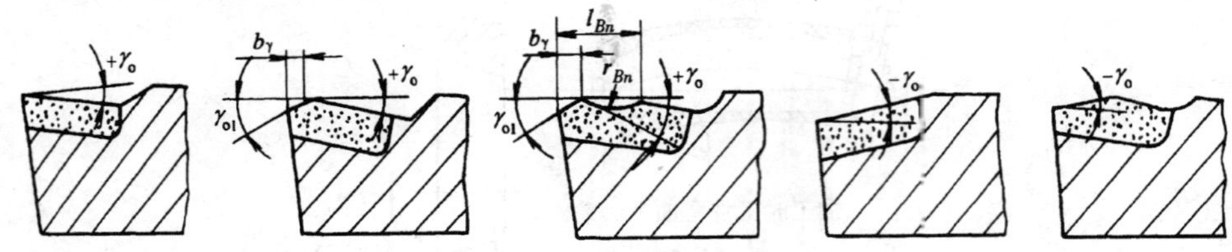

图 8-34 刀具前面的各种形式

正前角平面型前刀面制造简单,能获得较锋利的刃口,但切削刃强度低,传热能力差。正前角平面带倒棱型前刀面是在主切削刃口磨出一条窄的负前角的棱边,提高了切削刃口的强度,增加了散热能力,从而提高刀具耐用度。正前角曲面带倒棱型前刀面是在正前角平面带倒棱型的基础上,为了卷屑和增大前角,而在前刀面上磨出一定的曲面所形成的。负前角单面型前刀面刀片承受压应力,具有高的切削刃强度,但负前角会增大切削力和增大功率消耗。负前角双面型前刀面可使刀片的重磨次数增加,适用于磨损同时发生在前、后刀面的场合。

2. 后角和后刀面

后角的功用是减小与过渡表面的摩擦,同时也影响刃口锋利和刃口强度。

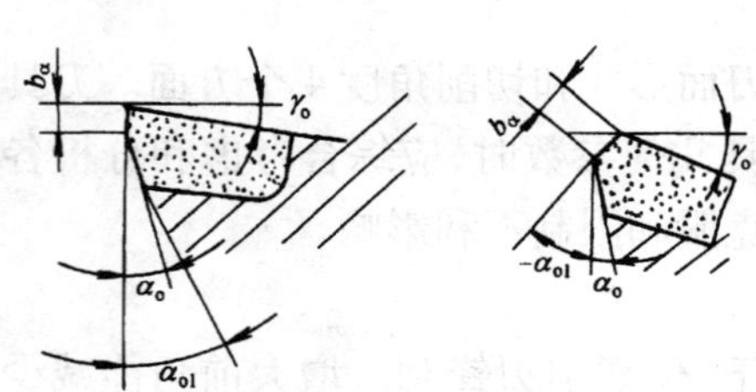

图 8-35 后刀面形式

后角选择的主要依据有两个。一是切削厚度,切削厚度薄,后角应取大值,反之,后角应取小值。二是刀具形式,定尺寸刀具(如拉刀等),为延长刀具寿命,后角应取小值。

硬质合金车刀合理后角的参考值如表 8-4 所示。副后角通常等于主后角 α_0 的数值,但切断刀等,为保证副切削刃强度,通常取小值。图 8-35 所示为后刀面形式。

表 8-4 硬质合金车刀合理后角参考值

工件材料	合理后角		工件材料	合理后角	
	粗车	精车		粗车	精车
低碳钢	8°~10°	10°~12°	灰铸铁	4°~6°	6°~8°
中碳钢	5°~7°	6°~8°	铜及铜合金	6°~8°	6°~8°
合金钢	5°~7°	6°~8°	铝及铝合金	8°~10°	10°~12°
淬火钢	8°~10°		钛合金 ($\sigma_b \leq 1.177$ GPa)	10°~15°	
不锈钢(奥氏体)	6°~8°	8°~10°			

3. 主偏角、副偏角和刀尖

主偏角主要影响各切削分力的比值,也影响切削层截面形状和工件表面形状。当主偏角减小时，F_f减小、F_p增加，从而可能顶弯工件且在切削时产生振动。但当主偏角减小，进给量f和背吃刀量α_p不变时，切削宽度增加，散热条件改善，刀具耐用度提高。主偏角的选择原则，是在工艺系统刚度允许的前提下，选较小的主偏角。表8-5为主偏角的参考值。

表8-5　主偏角的参考值

工作条件	主偏角κ_r
系统刚性大、背吃刀量较小、进给量较大、工件材料硬度高	10°~30°
系统刚性较大($L/D<6$)、加工盘类零件	30°~45°
系统刚性较小($6\leq L/D\leq12$)、背吃刀量较大或有冲击	60°~75°
系统刚性小($L/D>12$)、车台阶轴、车槽及切断	90°~95°

副偏角主要影响已加工表面的粗糙度，也影响切削分力的比值。副偏角减小，表面粗糙度的值小，但会增大背向力F_p。副偏角选择时，主要按加工性质，一般可取10°~15°，切断刀为保证刀尖强度，可取1°~2°。

刀尖形式如图8-36所示，有直线型倒角刀尖、圆弧刃刀尖、平行刃及大圆弧刀尖。

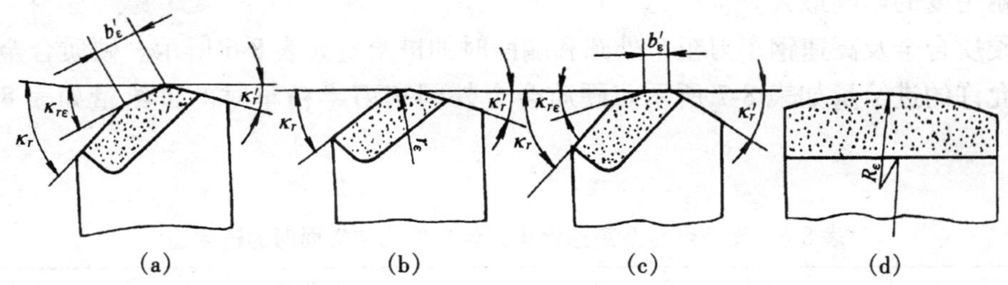

图8-36　刀尖的各种形式

(a)直线型倒角刀尖；(b)圆弧刃刀尖；(c)平行刃刀尖；(d)大圆弧刀尖

4. *刃倾角*

刃倾角的功用主要是控制切屑流向，使刀刃锋利的同时，改变切削刃的工作状态。

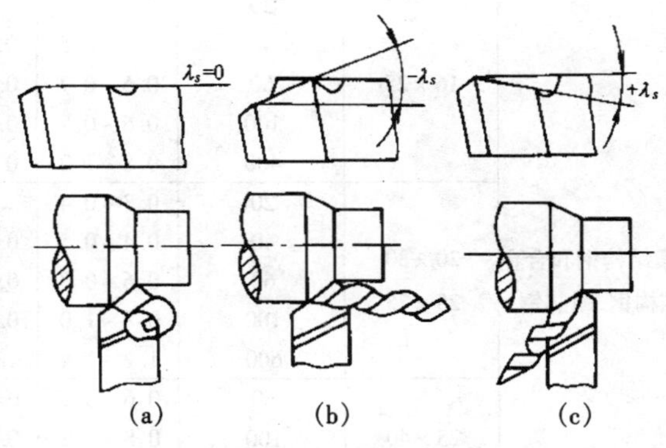

图8-37　刃倾角对切屑流向的影响

图8-37所示为刃倾角对切屑流向的影响。直角切削($\lambda_s=0$)时，切屑近似地沿切削刃的法线方向流出。而斜角切削($\lambda_s\neq0$)时，切屑偏离切削刃的法线方向流出。$\lambda_s<0$时，切屑流向已加工表面，因而会划伤已加工表面；$\lambda_s>0$时，切屑流向

改变，使实际起作用的前角增大，增加了切削刃的锋利程度。刃倾角的选择应根据生产条件具体分析，一般情况下可按加工性质选取，精车 λ_s 取 0° ~5°；粗车 λ_s 取 0° ~ −5°；断续车削 λ_s 取 −30° ~ −45°；工艺系统刚性较差时，不宜选负的刃倾角。

8.4.3 合理选择切削用量和刀具材料

1. 切削用量选择的原则

确定切削用量，应是在保证加工质量（表面粗糙度值和加工精度）要求以及工艺系统刚性允许的情况下，充分利用机床功率和发挥刀具切削性能时的最大切削量。

粗加工时，毛坯余量大，工件的几何精度和表面粗糙度等技术要求低，因此应以发挥机床和刀具的切削性能，减少机动时间和辅助时间，提高生产效率和提高刀具耐用度，作为选择切削用量的主要依据。

精加工时，加工余量不大，加工精度高，表面粗糙度值要求小，因此应以提高加工质量作为选择切削用量的主要依据，然后考虑尽可能提高生产效率。

2. 切削用量的选择

切削用量选择的顺序应是先确定背吃刀量 α_p，再确定进给量 f，最后确定切削速度 v_c。因为在切削用量三要素中，背吃刀量 α_p 对刀具耐用度的影响最小，而切削速度 v_c 对刀具耐用度的影响最大。

硬质合金及高速钢车刀粗车外圆和端面时的进给量如表 8-6 所示。硬质合金刀片强度允许的进给量如表 8-7 所示。硬质合金外圆车刀半精车时的进给量如表 8-8 所示。

表 8-6 硬质合金及高速钢车刀粗车外圆和端面时的进给量

加工材料	车刀刀杆尺寸 $B \times H$ (mm × mm)	工件直径 (mm)	背吃刀量 α_p(mm)				
			≤3	>3 ~5	>5 ~8	>8 ~12	12 以上
			进给量（mm · r^{-1}）				
碳素结构钢和合金结构钢、耐热钢	16 ×25	20	0.3 ~0.4				
		40	0.4 ~0.5	0.3 ~0.4			
		60	0.5 ~0.7	0.4 ~0.6	0.3 ~0.5		
		100	0.6 ~0.9	0.5 ~0.7	0.5 ~0.6	0.4 ~0.5	
		400	0.8 ~1.2	0.7 ~1.0	0.6 ~0.8	0.5 ~0.6	
	20 ×30 25 ×25	20	0.3 ~0.4				
		40	0.4 ~0.5	0.3 ~0.4			
		60	0.6 ~0.7	0.5 ~0.7	0.4 ~0.6		
		100	0.8 ~1.0	0.7 ~0.9	0.5 ~0.7	0.4 ~0.7	
		600	1.2 ~1.4	1.0 ~1.2	0.8 ~1.0	0.6 ~0.9	0.4 ~0.6
	25 ×40	60	0.6 ~0.9	0.5 ~0.8	0.4 ~0.7		
		100	0.8 ~1.2	0.7 ~1.1	0.6 ~0.9	0.5 ~0.8	
		1 000	1.2 ~1.5	1.1 ~1.5	0.9 ~1.2	0.8 ~1.0	0.7 ~0.8
	30 ×45	500	1.1 ~1.4	1.1 ~1.4	1.0 ~1.2	0.8 ~1.2	0.7 ~1.1
	40 ×60	2 500	1.3 ~2.0	1.3 ~1.8	1.2 ~1.6	1.1 ~1.5	1.0 ~1.5

续表

加工材料	车刀刀杆尺寸 $B\times H$ (mm×mm)	工件直径 (mm)	背吃刀量 α_p(mm)				
			≤3	>3~5	>5~8	>8~12	12以上
			进给量(mm·r^{-1})				
铸铁及钢合金	16×25	40	0.4~0.5				
		60	0.6~0.8	0.5~0.8	0.4~0.6		
		100	0.8~1.2	0.7~1.0	0.6~0.8	0.5~0.7	
		400	1.0~1.4	1.0~1.2	0.8~1.8	0.6~0.8	
	20×30 25×25	40	0.4~0.5				
		60	0.6~0.9	0.5~0.8	0.4~0.7		
		100	0.9~1.3	0.8~1.2	0.7~1.0	0.5~0.8	
		600	1.2~1.8	1.2~1.6	1.0~1.3	0.9~1.1	0.7~0.9
	25×40	60	0.6~0.8	0.5~0.8	0.4~0.7		
		100	1.0~1.4	0.9~1.2	0.8~1.0	0.6~0.9	
		1 000	1.5~2.0	1.2~1.8	1.0~1.4	1.0~1.2	0.8~1.0
	30×45	500	1.4~1.8	1.2~1.6	1.0~1.4	1.0~1.3	0.9~1.2
	40×60	2 500	1.6~2.4	1.6~2.0	1.4~1.8	1.3~1.7	1.2~1.7

注:1. 加工有冲击时,表中值应乘系数 K,K 取 0.75~0.85。

2. 加工耐热钢及其合金时,不能采用大于 1.0 mm/r 的进给量。

3. 加工淬火钢时,表中值应乘系数 $K=0.8$(材料硬度 HRC44~56)或 $K=0.5$(材料硬度 HRC57~62)。

4. 可转位车刀的允许最大进给量不应超过刀尖圆弧半径的 80%。

表 8-7 硬质合金刀片强度允许的进给量

背吃刀量 α_p(mm)	刀片厚度 c(mm)				材料不同时进给量修正系数 K_{Mf}			
	4	6	8	10	钢 σ_b(GPa) 0.47~0.627	钢 σ_b(GPa) 0.637~0.852	钢 σ_b(GPa) 0.852~1.147	铸铁
≤4	1.3	2.6	4.2	6.1	1.2	1.0	0.85	1.6
>4~7	1.1	2.2	3.6	5.1	主偏角不同时进给量修正系数 K			
>7~13	0.9	1.8	3.0	4.2	33°	45°	60°	90°
>13~22	0.8	1.5	2.5	3.6	1.4	1.0	0.6	0.4

注:有冲击时,表中的进给量应乘以 80%。

表 8-8 硬质合金外圆车刀半精车时的进给量

工件材料	表面粗糙度 R_a(μm)	切削速度范围 v_c(m/min)	刀尖圆弧半径 r_ε(mm)		
			0.5	1.0	2.0
			进给量 f(mm·r^{-1})		
铸铁、青铜和铝合金	6.3	不限	0.25~0.40	0.40~0.50	0.50~0.60
	3.2		0.12~0.25	0.25~0.40	0.40~0.60
	1.6		0.10~0.15	0.15~0.20	0.20~0.35

续表

工件材料	表面粗糙度 R_a(μm)	切削速度范围 v_c(m/min)	刀尖圆弧半径 r_ε(mm)		
			0.5	1.0	2.0
			进给量 f($mm \cdot r^{-1}$)		
碳素结构钢和合金结构钢	6.3	≤50	0.30~0.50	0.45~0.60	0.55~0.70
		>80	0.40~0.55	0.55-0.65	0.65~0.70
	3.2	≤50	0.20~0.25	0.25~0.30	0.30~0.40
		>80	0.25~0.30	0.30~0.35	0.35~0.40
	1.6	≤50	0.10~0.11	0.11~0.15	0.15~0.20
		>80	0.10~0.20	0.16~0.25	0.25~0.35

注:1. 加工耐热钢及其合金、钛合金,切削速度大于0.8 m/s时,表中进给量应乘系数0.7~0.8。

2. 带修光刃的大进给切削法,在进给量0.15~1.0 mm时可获 R_a 为1.6~3.2 μm的表面粗糙度;宽刃精车刀的进给量还可更大些。

3. 合理选择刀具材料

刀具材料主要根据工件材料、刀具形状和类型及加工要求等条件来进行选择。综合考虑分析,目的是为了减小切削力和提高生产效率。

8.4.4 合理使用切削液

合理使用切削液,可改善切削时摩擦面间的摩擦状况,降低切削温度,减少刀具磨损,抑制积屑瘤的产生,提高已加工表面的质量。

1. 切削液的作用

切削液主要起润滑作用,同时还可以起降温、清洗和防锈的作用。

2. 切削液的种类

(1)水溶液

水溶液是以水为主要成分的切削液。

(2)切削油

切削油的主要成分是矿物油。可在其中加入油性添加剂和极压添加剂,以改善其油性及极压性。

(3)乳化液

乳化液是通过乳化添加剂形成的切削油和水溶液的混合液,其性能介于水溶液和切削油之间。也可在其中加入油性添加剂或极压添加剂,以改善其油性或极压性。

3. 切削液的合理选用

切削液应根据工件材料、刀具材料、加工方法和技术要求等具体情况进行选用。下述几条仅供参考。

①高速钢刀具红硬性差,需采用切削液。硬质合金刀具红硬性好,一般不加切削液;若硬质合金刀具使用切削液,必须连续、充分地浇注,不能间断。

②切削铸铁或铝合金时,一般不用切削液。如要使用切削液,选用煤油为宜。

③切削铜合金和有色金属时,一般不宜选用含有极压添加剂的切削液。

④切削镁合金时，严禁使用乳化液作为切削液，以防燃烧引起事故。

⑤粗加工时，主要以冷却为主，可选用水溶液或低浓度的乳化液；精加工时，主要以润滑为主，可选用切削油或浓度较高的乳化液。

⑥低速精加工时，可选用油性较好的切削油；重切削时，可选用极压切削液。

⑦粗磨时，可选用水溶液；精磨时，可选用乳化液或极压切削液。

项目九 车削加工与实训

任务1 了解车削加工

9.1.1 车削加工的特点及应用

1. 车削加工的特点

在车床上,利用刀具和工件作相对运动,完成机械零件的加工过程,称为车削加工。它是切削加工中最基本、最常用的加工方法。刀具以车刀为主,还可用钻头、铰刀、丝锥、板牙等。车削主要用来加工各种带有回转表面的堆件,尺寸精度可达IT7～IT9,表面粗糙度 R_a 可达1.6～3.2 μm。

2. 车削加工的应用

车削加工的主要应用如图9-1所示。

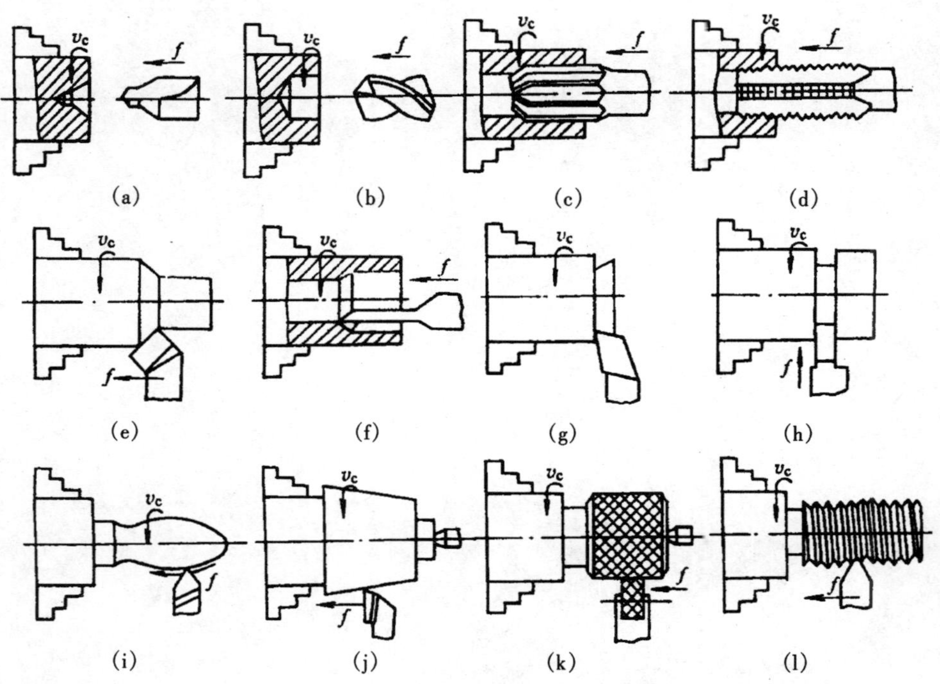

图9-1 车削加工的主要应用

(a)钻中心孔;(b)钻孔;(c)铰孔;(d)攻螺纹;(e)车外圆;(f)镗孔

(g)车端面;(h)车槽;(i)车成形面;(j)车锥面;(k)滚花;(l)车螺纹

9.1.2 安全文明操作

1. 车工的安全技术

车工的安全生产必须注意以下方面。

①工作前,要穿好工作服,戴好工作帽,女性要将头发塞入帽中;不允许带手套操作车床,当车削形成崩碎切屑时,必须戴上防护眼镜。

②开车前,检查各手柄的位置是否正确;工具、量具、刀具安装是否合理;停车状态或传入主轴齿轮处于脱空位置时进行安装工件;安装好工件后要及时取下卡盘扳手。

③当工件或卡盘太重时,不要一人单干,可使用起重设备或请他人帮助。

④开车后,变换主轴转速必须停车进行;不要度量正在旋转的工件;也不要用手触摸正在旋转的工件表面;清除切屑要用专用的钩子,不允许用量具,更不允许用手直接去拉切屑。

⑤切削时,要密切注意切屑流向和加工情况,如切屑缠绕工件、机床有异常声响等,随时作好停止进给和停车准备。

⑥停车时,不准用手刹住正在旋转的卡盘。

2. 车工的文明生产

对机床除了定期进行润滑保养以外,在还必须做到如下操作。

①开车前,应检查车床各部分机构是否完好,有无防护设备。启动后,应使主轴低速空转 1~2 min,使润滑油散布到各处(冬天更为重要),等车床运转正常后才能工作。

②为了保持丝杠的精度,除车螺纹外,不得使用丝杠进行自动走刀。

③不允许在卡盘、床身导轨上敲击或校直工件;床面上不准放工具或工件。

④安装较重的工件时,应该用木板保护床面,下班时如工件不卸下,应用千斤顶支承。

⑤车削铸铁、气割下料的工件,导轨上的润滑油要擦去,工件上的型砂杂质应去除,以免磨坏床面导轨。

⑥使用冷却液时,要在车床导轨上涂润滑油。冷却泵中的冷却液应定期调换。

⑦下班前,应清除车床上及车床周围的切屑及冷却液,擦净后按规定在加油部位加上润滑油。

⑧下班后将床鞍摇至机床一端,各转动手柄放到空挡位置,关闭电源。

任务2 熟悉车床的分类与型号

9.2.1 车工常用设备

车床是车工使用的重要设备,有多种类型和专用代号。

1. 车床的分类

在一般机器制造厂中,车床在金属切削机床中所占的比重最大,约占金属切削机床

总台数的25% ~50%。由此可见,车床的应用是很广泛的。车床的种类很多,按其用途和结构的不同,主要可分为下列几类:

①普通车床(Universal lathe)及落地车床(Face plate lathe);

②立式车床(Vertical lathe);

③六角车床(Turret lathe);

④多刀半自动车床(Semiautomatic multicut lathe);

⑤仿形车床及仿形半自动车床(Copying and Semiautomatic copying lathe);

⑥单轴自动车床(Single spindle automatic lathe);

⑦多轴自动车床及多轴半自动车床(Multiple spindle automatic and semiautomatic lathe)。

此外,还有各种专门化车床,例如凸轮轴车床、铲齿车床、曲轴车床、高精度丝杠车床、车轮车床等。在大批量生产的工厂中还有各种专用车床。

2. 车床型号的编制方法

机床的名称往往比较长,书写和称呼都不方便。如果按照一定的规定赋予每种机床一个代号(即型号),就会使管理和使用机床方便得多。例如,最大车削直径为7 mm的精密单轴纵切自动车床,用型号CM1107表示就十分简便。

车床的型号必须反映出车床的种类、主要参数、使用及结果特性。我国的车床型号,现在是按1994年颁布的GB/T15375—94《金属切削机床型号编制方法》编制。GB/T15375—94规定,采用汉语拼音字母和阿拉伯数字相结合的方式来表示车床型号。在整个型号规定中,最重要的是类代号、组代号、主参数以及通用特性和结构特性代号。

通用车床的型号表示方法为:

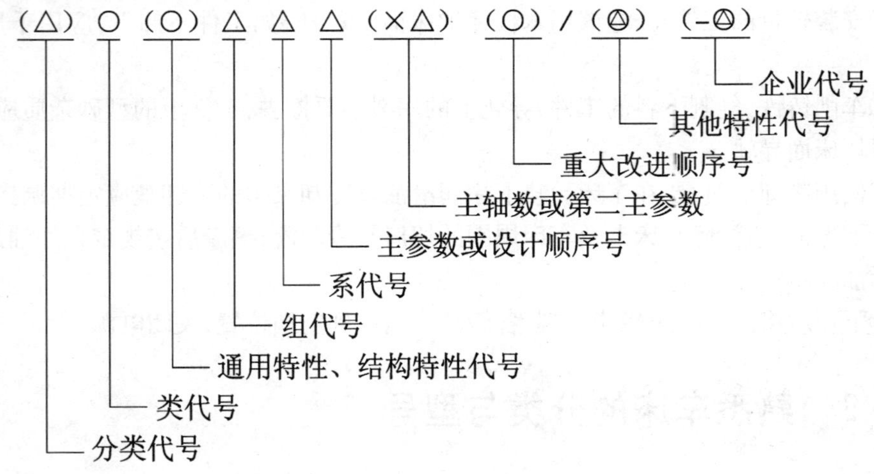

其中:1. 有“( )”的代号或数字,当无内容时则不表示,若有内容则不带括号;

2. 有“○”符号者,为大写的汉语拼音字母;

3. 有“△”符号者,为阿拉伯数字;

4. 有“◎”符号者,为大写的汉语拼音字母或阿拉伯数字,或两者兼有之。

(1)车床的类别代号

车床的类别代号用汉语拼音字母(大写)表示。例如,“车床”的汉语拼音是“chechuang”,所以用“C”表示。

(2)车床的特性代号

车床的特性代号也用汉语拼音字母表示。

1)通用特性代号

当某类型车床,除有普通型式外,还具有如表 9-1 中所列的各种通用特性时,则在类别代号之后加上相应的特性代号,如 CM6132 型精密普通车床型号中的“M”表示“精密”。如某类型车床仅有某种通用特性,而无普通型式时,则通用特性不必表示。如 C1312 型单轴六角自动车床,由于这类自动车床中没有“非自动”型,所以不必表示出“Z”的通用特性。

表 9-1　机床通用特性及代号

通用特性	代号	通用特性	代号
高精度	G	自动换刀	H
精　密	M	仿　形	F
自　动	Z	万　能	W
半自动	B	轻　型	Q
数字程序控制	K	简　式	J

2)结构特性代号

为了区别主参数相同而结构不同的机床,在型号中用汉语拼音字母区分。例如,CA6140 型普通车床型号中的“A”,可理解为:CA6140 型普通车床在结构上区别于 C6140 型及 CY6140 型普通车床。结构特性的代号字母是根据各类车床情况分别规定的,在不同型号中的意义可以不一样。当车床有通用特性代号时,结构特性代号应排在通用特性代号之后。为了避免混淆,通用特性代号已用的字母“I”、“O”,都不能作为结构特性代号。

(3)车床的组别和型别代号

车床的组别和型别代号用二位数字表示。车床按用途、性能、结构相近或有派生关系分为若干组,每组中又分为若干型。金属切削车床的类、组、型划分及其代号可参看《机床设计手册》第 1 册“通用机床统一名称及类、组、型划分表”(表 2.1 ~ 2.4)。例如,“落地及普通车床”组中有 6 种型,用阿拉伯数字“0 ~ 5”来表示,其中:“0”型代表落地车床;“1”型代表普通车床;“2”型代表马鞍车床;“3”型代表无丝杠车床;“4”型代表卡盘车床;“5”型代表球面车床。

(4)主参数的代号

主参数是代表机床规格大小的一种参数,车床型号中是用阿拉伯数字来表示的。通常用主参数的折算值(1/10 或 1/100)中来表示(JB1838—76《金属切削机床型号编制方法》中已规定,见《机床设计手册》第 1 册中表 2.1 ~ 2.4)。在型号中第三及第四个数字都是表示主参数的。

如 C2140·6 型卧式六轴自动车床,型号中代号及数字的含义如下。

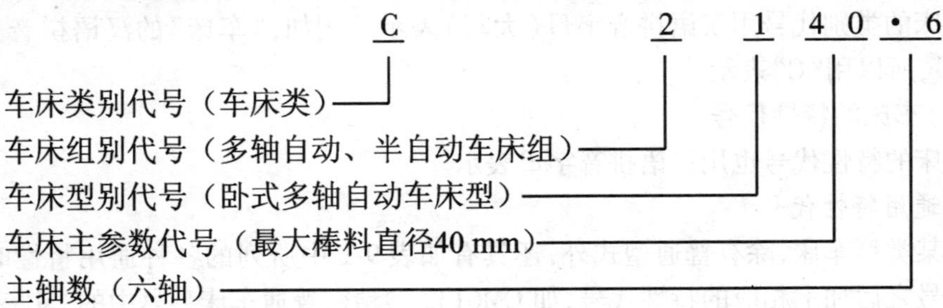

9.2.2 基本知识

1. 车床的组成及传动原理

图 9-2 是 CA6140 型普通车床的外形图。机床的主要组成部分部件如下。

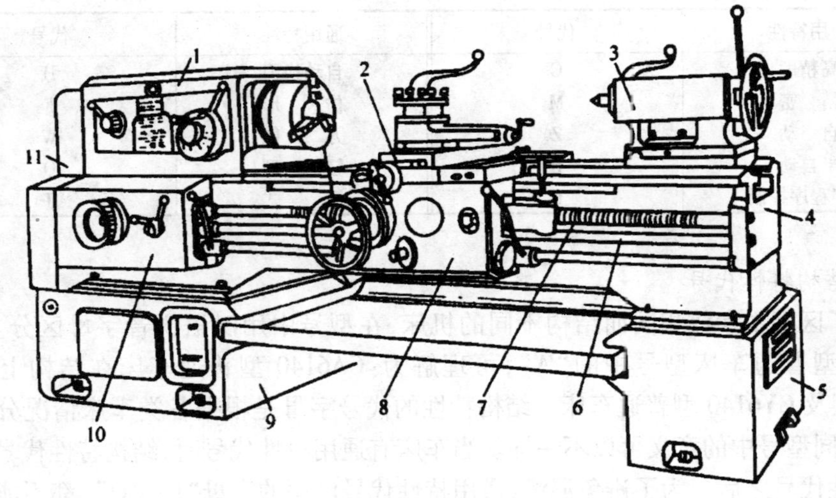

图 9-2　CA6140 型卧式车床的外形图

1—主轴箱　2—刀架　3—尾座　4—床身　5、9—床腿　6—光杠　7—丝杠
8—溜板箱　10—进给箱　11—交换齿轮箱

(1)主轴箱(床头箱 Headstock)1

它固定在床身 4 的左端。装在主轴箱中的主轴(Spindle),通过夹盘等夹具,装夹工件。主轴箱的功用是支承并传动主轴,使主轴带动工件按照规定的转速旋转,以实现主运动。

(2)床鞍(Carriang)和刀架(Tool slide)部件 2

它位于床身 4 的中部,并可沿床身上的刀架导轨(Guiceway)作纵向移动。刀架部件由几层刀架组成,它的功用是装夹车刀,并使车刀作纵向、横向或斜向运动。

(3)尾座(Tailstock)3

它装在床身 4 的尾架导轨上,并可沿此导轨纵向调整位置。尾架的功用是用后顶尖支承工件。在尾架上还可以安装钻头等孔加工刀具,以进行孔加工。

(4)进给箱(走刀箱 Feedbox)10

它固定在床身4的左前侧。进给箱是进给运动传动链中主要传动的变换装置(变速装置,变速机构),它的功用是改变被加工螺纹的螺距或机动进给的进给量。

(5)溜板箱(Apron)8

它固定在刀架部件2的底部,可带动刀架一起作纵向运动。溜板箱的功用是把进给箱传来的运动传递给刀架,使刀架实现纵向进给、横向进给、快速移动或车螺纹。在溜板箱上装有各种操纵手柄及按钮,工作时工人可以方便地操作机床。

(6)床身(Bed)4

床身固定在左床腿9和右床腿5上。床身是车床的基本支承件。在床身上安装着车床的各个主要部件,工作时床身使它们保持准确的相对位置。

2. 车床的主要技术规格

CA6140型卧式车床的技术参数如表9-2所示。

表9-2 CA6140型卧式车床的技术参数

名称		技术参数
工件最大回转直径(mm)	在床身上	400
	在刀架上	210
最大工件长度(mm)		750、1 000、1 500、2 000
最大车削长度(mm)		650、900、1 400、1 900
主轴	内孔直径(mm)	48
	孔锥度	莫氏6#
	正转转速级数	24
	正转转速范围($r\cdot min^{-1}$)	10～1 400
	反转转速级数	12
	反转转速范围($r\cdot min^{-1}$)	14～1 580
进给量	纵向级数	64
	纵向范围($r\cdot min^{-1}$)	0.028～6.33
	横向级数	64
	横向范围($r\cdot min^{-1}$)	0.014～3.16
滑板及刀架纵向快移速度($m\cdot min^{-1}$)		4
车削螺纹范围	米制螺纹(mm)	1～192(44种)
	模数螺纹(mm)	0.25～48(39种)
刀架	最大行程(mm)	140
	刀杠支承面至中心高距离(mm)	26
尾座	顶尖套锥孔锥度	莫氏5#
	顶尖套最大移动量(mm)	150
	横向最大移动量(mm)	±10

续表

名称		技术参数
主电动机	功率(kW)	7.5
	转速($r \cdot min^{-1}$)	1 450
快速电动机	功率(kW)	0.25
	转速($r \cdot min^{-1}$)	2 800

3.车床的润滑与维护

为了保持车床正常运转和延长其使用寿命,车床的摩擦部分必须进行润滑,相应措施如下。

①主轴箱采用液压泵循环润滑,油箱中有油面指示牌,油箱内的油一般三个月换一次。每次更换时,应先用煤油冲洗干净后再加注。

②进给箱轴承和齿轮及溜板箱内的齿轮通常采用油脂润浔、油绳润滑或溅油润滑,每班加油一次,并应经常注意油箱的油位。

③交换齿轮箱内中间轴与齿轮孔之间的润滑通常用油脂杯润滑,每周注一次黄油。

④光杠、丝杠、操纵杆的右轴承座,通常为油绳润滑。

⑤车床的各个导轨面采用浇油润滑。

⑥尾座套筒、刀架采用压注油杯润滑,须每班加注。

4.合理选择切削用量

车削的工作原理是以工件的旋转运动为主运动,刀具的移动为进给运动来完成切削加工。衡量切削运动大小的参数是切削用量,它包括切削速度 v_c、进给量 f 与背车刀量 a_p。合理选择切削用量能有效地提高生产效率与加工质量。对精度要求不高的零件,采用粗车的方法完成;对精度要求较高的零件,则采用粗车、半精车、精车顺序来完成。

(1)粗车

首先选择尽可能大的背吃刀量,再选择尽可能大的进给量,再按刀具耐用度的要求选择一个合适的切削速度。例如,使用硬质合金车刀粗车中碳钢时,可以选择 a_p 为 2 ~ 5 mm、f 为 0.2 ~ 0.4 mm/r,v_c 为 30 ~ 60 m/min。

(2)精车

首先选择较高的切削速度,再根据加工精度和表面粗糙度的要求选择合适的进给量和背吃刀量。例如,使用硬质合金车刀精车中碳钢时,可选择 $v_c \geq 100$ m/min、a_p 为 0.1 ~ 0.5 mm、$f = 0.05 \sim 0.2$ mm/r。

根据切削速度,可按照下式计算主轴转速:

$$n = \frac{60 \times 1\,000 v_c}{\pi D}$$

式中:n 为主轴转速(r/min);v_c 为切削速度(m/s);D 为工件切削部分的最大直径(mm)。

任务 3　掌握车削加工基本技能（项目实训：学生动手操作，教师现场指导）

9.3.1　项目实训内容及其加工工艺

车削加工项目实训内容为加工圆锥螺杆轴，如图 9-3 所示。其加工工艺如表 9-3 所示，主要包括车端面、车外圆、钻孔、镗孔、打中心孔、切槽、车螺纹、车圆锥和倒角等。

技术要求如下：

①未注公差尺寸直径按 GB 1804—5 加工，长度按 GB 1804—m 加工；

②未注倒角为 $C1$；

③锐角倒钝；

④锥度若用环规检验，接触面积达到 50% 以上。

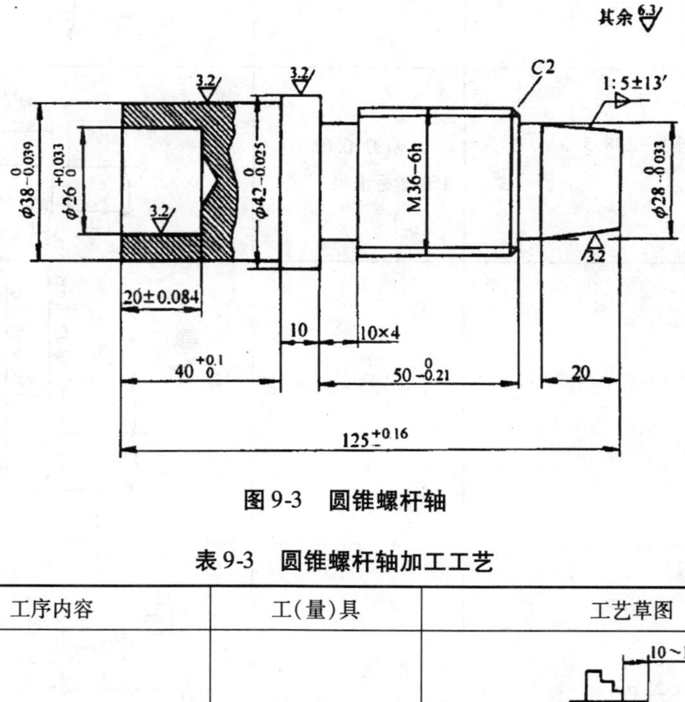

图 9-3　圆锥螺杆轴

表 9-3　圆锥螺杆轴加工工艺

序号	工序内容	工(量)具	工艺草图
1	熟悉圆锥螺杆加工图		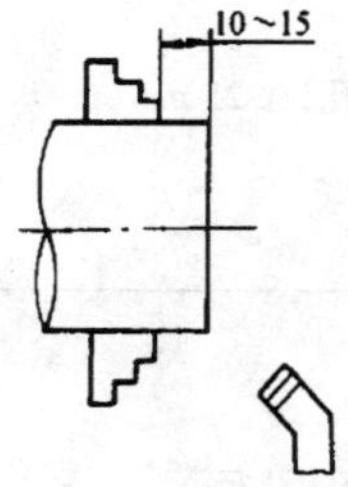
2	检查材料尺寸 $\phi45\times130$ mm，材料 45 钢	钢直尺	

续表

序号	工序内容	工(量)具	工艺草图
3	用三爪自定心卡盘夹住工件,伸出长度 10 ~ 15 mm,车平端面,背吃刀量 1 ~3 mm	45°弯头车刀	
4	工件调头,用三爪自定心卡盘夹住工件,伸出长度 55 ~60 mm		
(1)	车端面,保证总长 125 ±0.16 mm	45°弯头车刀、0.02/0 ~150游标卡尺	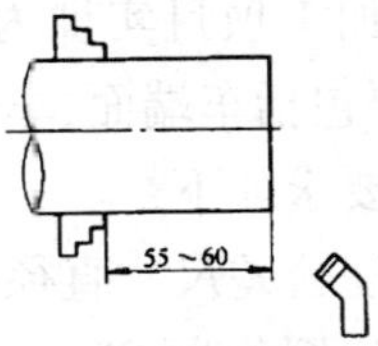 55 ~ 60
(2)	粗车外圆 ϕ42.5 mm,长为 52 mm	右偏刀、0.02/0 ~150 游标卡尺	52 ϕ42.5
(3)	粗车外圆 ϕ38.5 mm,长为 $40_{0}^{+0.1}$	右偏刀、0.02/0 ~150 游标卡尺	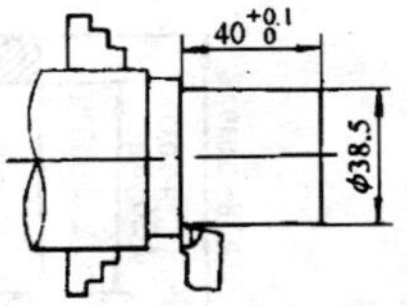 $40_{0}^{+0.1}$ ϕ38.5
(4)	依次精车外圆 $\phi42_{0}^{+0.1}$ mm 和 $\phi38^{0}_{-0.039}$ mm,R_a 为 3.2 μm	0.01/25 ~50 外径千分尺	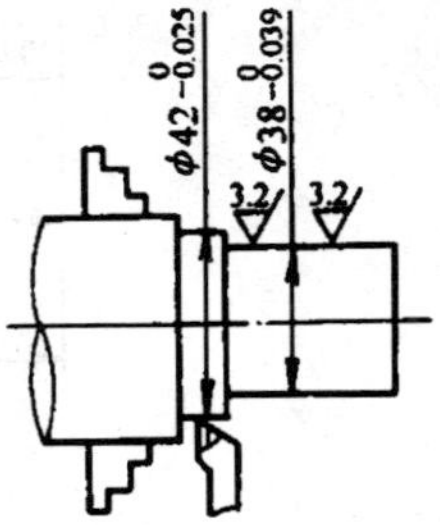 $\phi42^{0}_{-0.025}$ $\phi38^{0}_{-0.039}$ 3.2 3.2
(5)	倒角 $C1$		
(6)	钻孔,深 21 mm	麻花钻 ϕ24、0.02/0 ~150深度尺	21
(7)	镗孔,孔径	镗刀、0.02/0 ~150 游标卡尺、0.02/0 ~150 深度尺	20±0.084 3.2 $\phi26^{+0.033}_{0}$

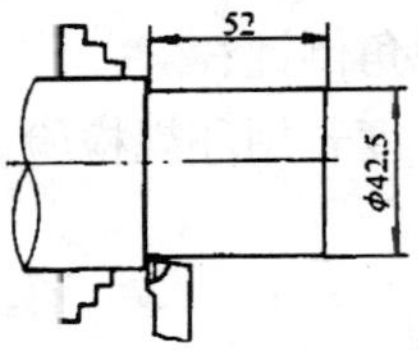

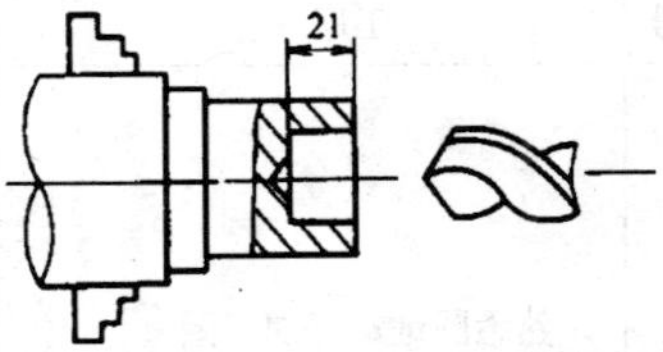

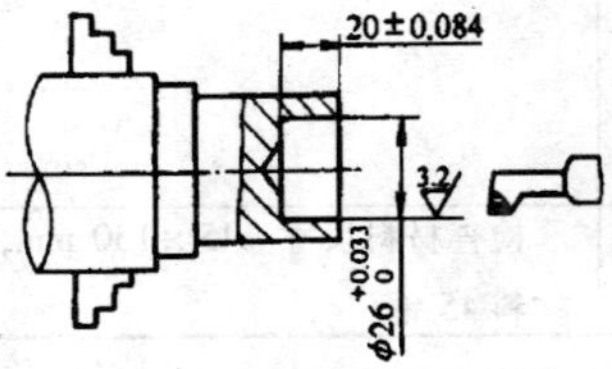

续表

序号	工序内容	工(量)具	工艺草图
5	工件调头,用铜皮包裹 $\phi38$ 外圆,三爪自定心卡盘安装,伸出长度 85 mm		
(1)	打中心孔	钻夹头及中心钻	40
(2)	工件伸出端用活顶尖顶住		40
(3)	粗车外圆 $\phi36.5$ mm,保证长度 10 mm	右偏刀、0.02/0 ~ 150 游标卡尺	10 40
(4)	粗车外圆 $\phi28.5$ mm,保证图中要求的长度 $50^{0}_{-0.21}$ mm	右偏刀、0.02/0 ~ 150 游标卡尺	$\phi28.5$ $50^{0}_{-0.21}$
(5)	依次精车 $\phi36^{0}_{-0.375}$ mm、$\phi28^{0}_{-0.033}$ mm, R_a 为 3.2 μm	0.01/25 ~ 50 外径千分尺	3.2 $\phi36^{0}_{-0.375}$ $\phi28^{0}_{-0.033}$ 3.2
(6)	切槽 10 × 4、倒角 $C2$	切槽刀、45° 弯头车刀或螺纹车刀	10 × 4 $C2$

续表

序号	工序内容	工(量)具	工艺草图
(7)	车普通螺纹 M36 - 6h	普通外螺纹刀、游标卡尺和 M36 的螺纹环规	M36-6h
(8)	撤去后顶尖,车圆锥 1∶ 5,保证长度 20 mm	右偏刀、万能角度尺或锥度环规	1:5 3.2
(9)	倒角 $C1$	45°弯头车刀	

根据圆锥螺杆轴加工工艺流程,在以下部分介绍车削加工基本操作技能。

9.3.2 车床的操作

1. 熟悉车床的主要组成及功用

在停车的状况下,熟悉各手柄及其作用;熟悉尾座的移动和锁定;熟悉各按钮及其作用。

2. 练习纵、横向进给的操作

停车状态下分别摇动床鞍、中滑板和小滑板,练习纵、横向手动进给操作;在光杠转动的情况下,练习启动和停止纵、横机动进给操作,要求分清进、退刀方向,动作灵活、准确。

3. 主轴转速变换练习

根据转速标牌,改变手柄位置可得到各种转速。变速时,如发现手柄转不到位,可手拨卡盘使主轴稍转动一下,等轴上齿轮的圆周位置改变到啮合位置时,手柄即能扳动到位;车床启动后,禁止变换主轴转速。

4. 进给量变换练习

变换光杠、丝杠转换手柄位置,掌握进给量变换的操作。车削螺纹时,使丝杠转动,在进给量标牌中查找出所需的螺纹类型及螺距大小,还须同时变换交换齿轮箱内的交换齿轮。当进给箱外手柄调整不畅时,可扳转卡盘来消除。

9.3.3 工件的安装与机床附件

车床上安装工件常用的附件有三爪自定心卡盘、拨盘、角铁及顶尖等。

安装工件的主要要求是:定位准确,夹紧可靠,能承受合理的切削力,顺利加工,达到预期的加工质量。

1. 三爪自定心卡盘安装工件

三爪自定心卡盘主要用于安装棒料或圆盘状中小型零件，其结构如图 9-4 所示。当转动小锥齿轮时，可使与它相啮合的大锥齿轮随之转动，大锥齿轮背面的平面螺纹就使三个卡爪同时向中心靠近或退出，以夹紧不同直径的工件。三爪自定心卡盘夹持工件能自动定心，定位与夹紧同时完成，使用方便。

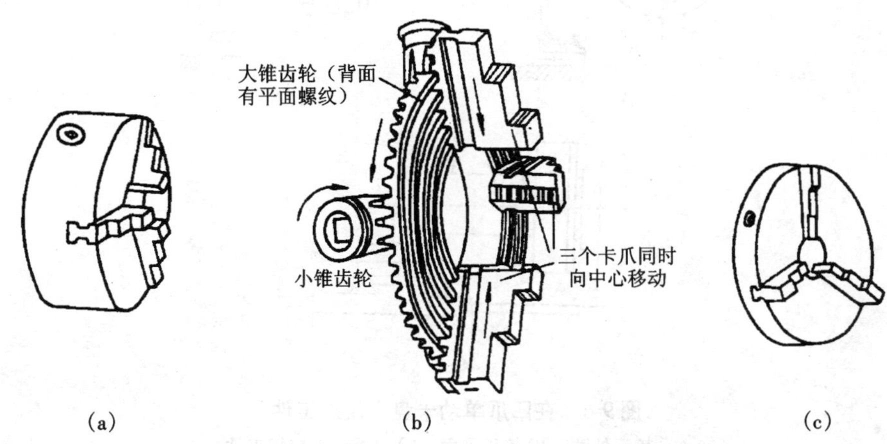

图 9-4　三爪自定心卡盘的结构

(a)三爪自定心卡盘外形；(b)三爪自定心卡盘结构；(c)反三爪自定心卡盘

三爪自定心卡盘一般有正、反两副卡爪，可正反使用。各卡爪都有编号，应按编号顺序装配。卡爪伸出卡盘的长度不能超过卡爪长度的一半。若工件的直径过大，则应采用反爪安装。

用三爪自定心卡盘安装工件时，工件悬出部分的长度与直径之比一般应小于 4，否则切削时工件的悬空端易被车刀推出（称为让刀），使工件产生弹性变形而出现锥度。

在车床上装拆卡盘，必须停车进行，并在靠进卡盘的导轨上垫上木板。重量大的卡盘要用天车吊装。

2. 四爪单动卡盘安装工件

四爪单动卡盘结构如图 9-5 所示。它有 4 个单动可调的卡爪，卡爪也可调头使用。因此它不仅可以安装圆形工件，还能安装异形件。它夹紧力较大，适宜于安装较重较大的工件。

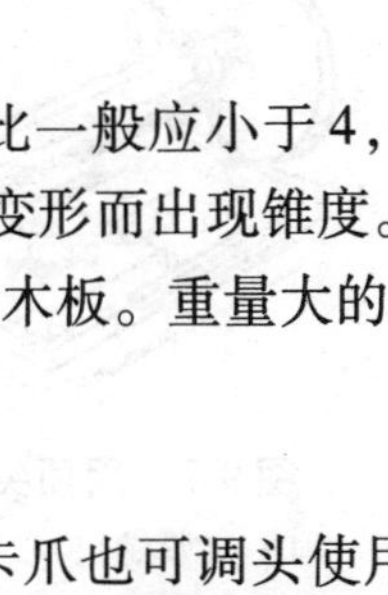

图 9-5　四爪单动卡盘结构

用四爪单动卡盘安装工件时，必须进行细致的找正，其目的是要校正工件回转轴线并使其与机床轴线基本重合，工件端面基本垂直于轴线或按图样要求调整工件到最理想的位置。找正方法如下。

①划针盘按工件外圆或内孔找正，也可按预先划的线找正。

②在加工较长的工件时，必须校正工件的前端和后端外圆。

③在校正短工件时，除校正外圆外，还必须校正端平面。

④在四爪单动卡盘上校正精度较高的工件时，可用百分表进

行找正,如图 9-6 所示。

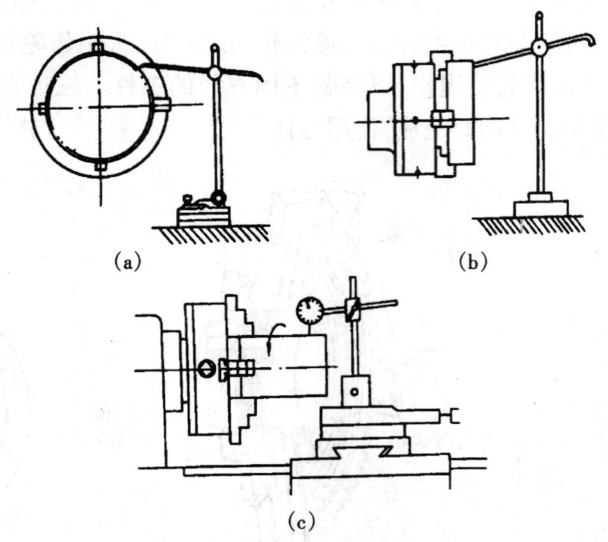

图 9-6　在四爪单动卡盘上校正工件

(a)校正外圆;(b)校正平面;(c)用百分表校正工件

3. 用双顶尖和拨盘安装工件

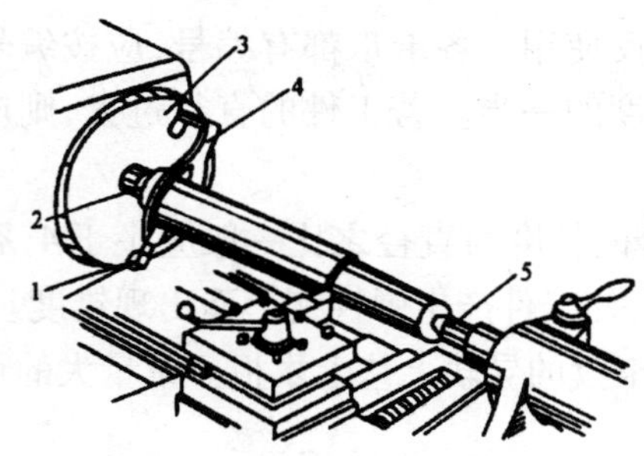

图 9-7　用顶尖和拨盘安装工件

1—夹紧螺钉　2—前顶尖　3—拨盘
4—卡箍　5—后顶尖

在车削轴类工件或车削较长而又不能穿进主轴孔内的棒料工件时,可用顶尖和拨盘安装,如图 9-7 所示。

装在主轴上的顶尖 2 称前顶尖,随主轴一起旋转;装在尾座上的顶尖 5 称后顶尖。后顶尖一般有两种:固定不转的普通顶尖(又称死顶尖)和可旋转的活顶尖。前后顶尖用来确定工件位置,拨盘 3 和卡箍 4 带动工件旋转。

用顶尖安装工件,必须先在工件的两端面上钻出中心孔。中心孔是轴类零件在顶尖上安装的定位基面。

4. 用卡盘和顶尖安装工件

在两顶尖间安装工件,刚性较差,因此,加工一般轴类零件,尤其是较重的工件,应采用一端夹住(用三爪自定心卡盘或四爪单动卡盘,并在卡盘内做一限位支承或夹住工件阶台处,以防止工件轴向窜动),另一端用后顶尖顶住中心孔或内孔的安装方法,如图 9-8 所示。这种方法比较安全,能承受较大的切削力。

5. 用心轴安装工件

当加工齿轮、套筒、盘类等工件时,一般以加工好的孔作为定位基准,用心轴来定位。心轴的种类很多,常用的有锥度心轴、圆柱心轴和可胀心轴等。

(1)锥度心轴

对于内孔公差小而同轴度要求高的工件,可采用锥度心轴安装,如图9-9所示,其锥度为1∶1 000~1∶5 000。工件压入后,靠摩擦力与心轴紧固。锥度心轴特点是对中准确,装卸方便,但不能承受大的力矩,多用于盘类零件外圆和端面的精车。

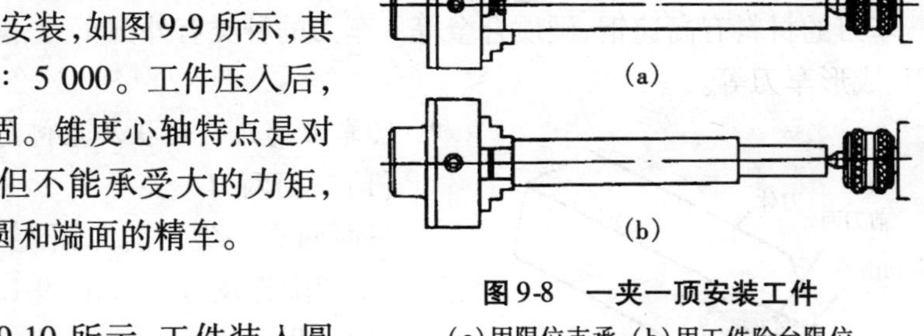

图9-8 一夹一顶安装工件

(a)用限位支承;(b)用工件阶台限位

(2)圆柱心轴

圆柱心轴如图9-10所示,工件装入圆柱心轴后需加上垫圈,用螺母锁紧。其夹紧力较大,可用于较大直径盘类零件的半精车和精车。圆柱心轴外圆与孔配合有一定间隙,对中较锥度心轴差。使用圆柱心轴时,工件两端面相对孔的轴线的端面跳动应在0.01 mm以内。

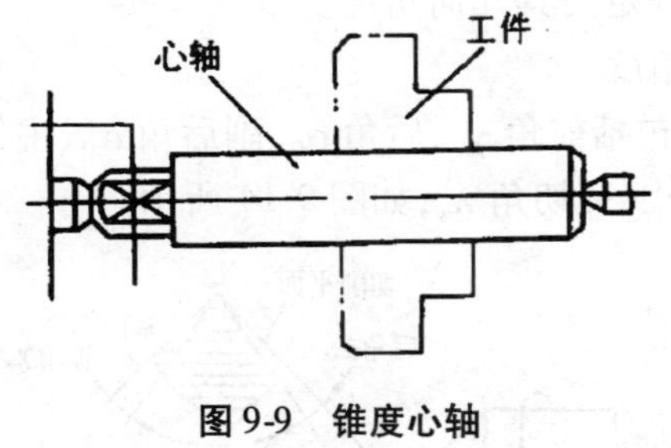

图9-9 锥度心轴

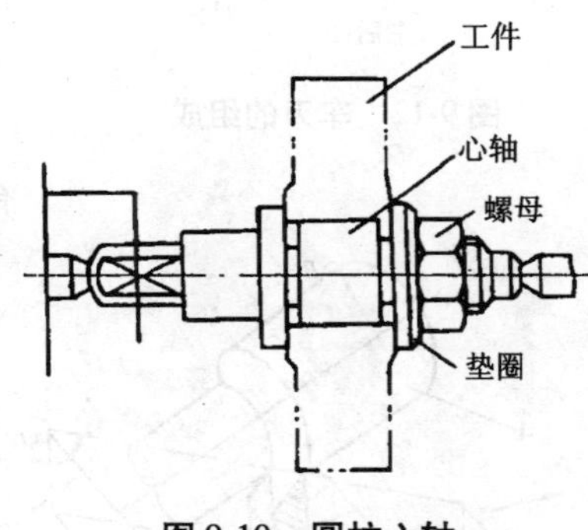

图9-10 圆柱心轴

(3)可胀心轴

可胀心轴如图9-11所示,安装工件时,旋紧右边的螺母3,可胀锥套即沿心轴锥体向左移动引起向外胀大,工件即被固定;松开方头,工件即可卸下。可胀心轴的特点是装卸方便,精度高,应用广泛。

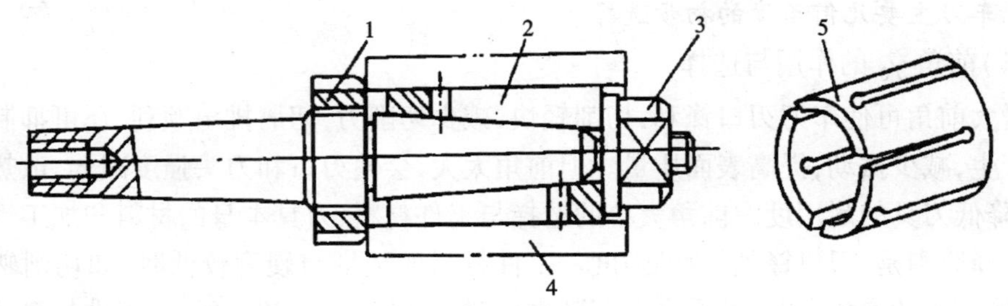

图9-11 可胀心轴

1、3—螺母 2—可胀锥套 4—工件 5—可胀锥套外形图

9.3.4 车刀的刃磨与安装

车刀的材料有高速钢、硬质合金等。车刀的种类有外圆车刀、螺纹车刀、镗孔刀、切槽刀、成形车刀等。

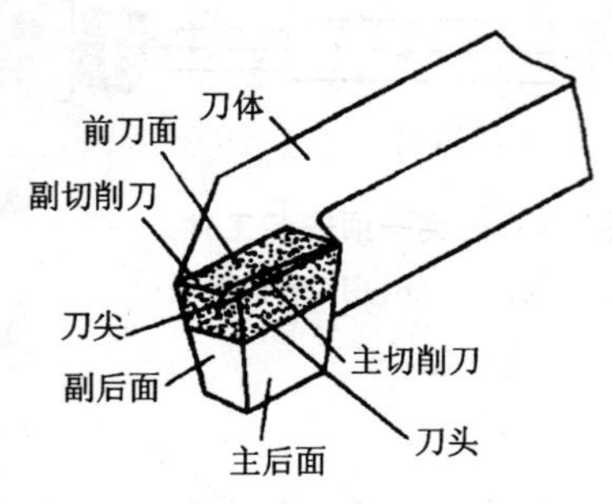

图 9-12 车刀的组成

1. 车刀的几何形状及几何角度

(1)三面两刃一尖

三面两刃一尖为前刀面、主后面、副后面、主切削刃、副切削刃及刀尖,如图 9-12 所示。

(2)辅助平面

辅助平面为基面、切削平面、正交平面,如图 9-13 所示,用来确定刀具几何角度。

(3)几何角度

几何角度包括前角 γ_0、后角 α_0、副后角 α_0'、主偏角 k_r、副偏角 k'_r、刃切角 λ_s,如图 9-14 所示。

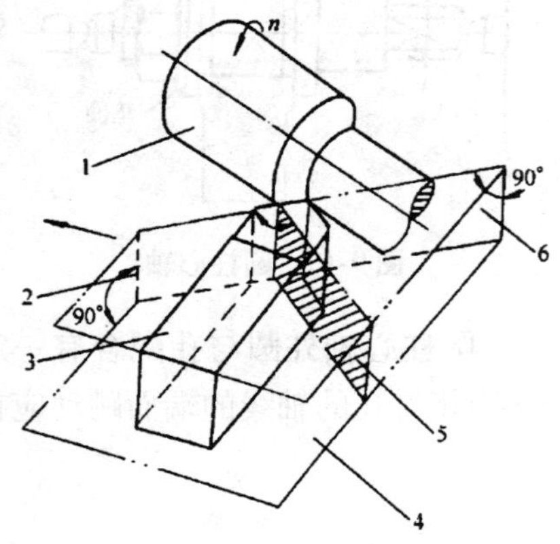

图 9-13 车刀上的三个辅助平面

1—工件 2—基面 3—车刀 4—底平面 5—正交平面 6—切削平面

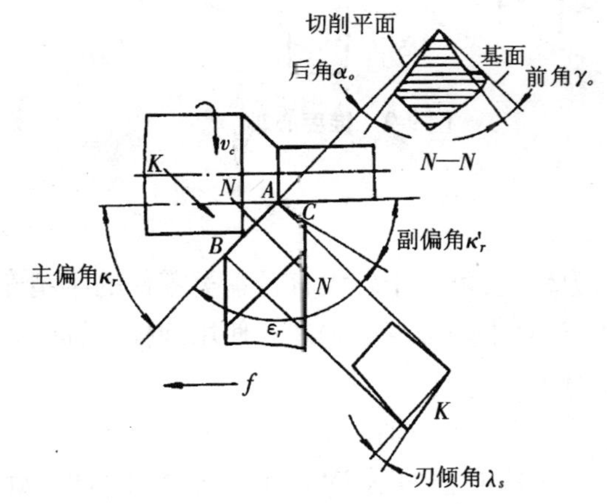

图 9-14 车刀的几何角度

2. 车刀主要几何角度的初步选择

(1)前角 γ_0 的作用与选择

增大前角可使车刀刃口锋利,切削轻快,减少切削力,切屑排出顺利,还可抑制积屑瘤的产生,减少振动,提高表面质量。但前角太大,会使刃口和刀头强度减弱,散热体积减少,降低刀具的耐用度。前角大小的选择与工件材料、刀具本身的材料和加工性质有关。选择原则是:刃口锋利,兼顾强度。工件材料的强度与硬度较低时,如切削塑性材料时,取较大的前角,如用硬质合金车削钢料时 γ_0 取 10° ~ 20°;反之,工件材料的硬度与强度较高,断续切削、粗加工时,应取较小的前角,如车削铸铁时 γ_0 可取 0° ~ 10°。

(2)后角 α_0 的作用与选择

增大后角(或副后角)可减少刀具与工件间的摩擦。但后角过大,刃口强度会减弱,散热体积小,刀具耐用度减小。粗加工时,α_0 取 6° ~ 8°;精加工时,α_0 取 8° ~12°。

(3)主偏角 k_r 的作用与选择

主偏角增大,径向切削力减小,但参加切削的刀刃长度减小,工件的表面粗糙度变粗;主偏角减小,刀具强度增加,径向切削力增大,易产生振动。主偏角的选择首先受到工件形状的限制,如车阶台轴时 k_r 应选 90° ~93°;其次应考虑工艺系统条件,如车高强度、高硬度材料,k_r 取 15° ~30°;车细长轴时,k_r 取 75° ~ 90°。

(4)副偏角 k_r' 的作用与选择

减小副偏角,可降低工件表面的粗糙度;副偏角过大,刀尖强度会减小。一般取 k_r' 为 5° ~15°,车高硬材料、断续切削或粗加工时,取较大值;精加工时,取较小值。

(5)刃倾角 λ_s 的作用与选择

车刀是正的刃倾角时,切屑流向待加工表面,刀尖强度差,不耐冲击;刃倾角为负时,切屑流向已加工表面;刃倾角为零,切屑垂直于切削刃方向流出,如图 9-15 所示。

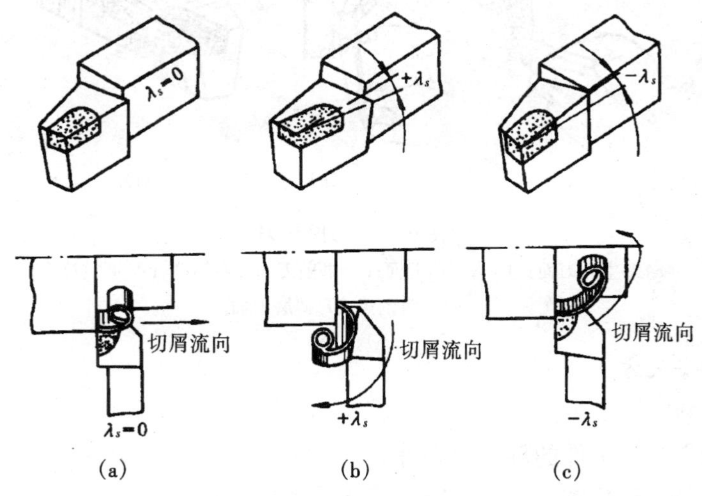

图 9-15　车刀的刃倾角及其对切屑流向的影响

(a)正的刃倾角;(b)负的刃倾角;(c)刃倾角为零

3. 车刀的刃磨

新焊的高速钢车刀及用钝后的车刀,都需刃磨,手工刃磨车刀是在砂轮机上进行的。白色氧化铝砂轮用于磨高速钢和硬质合金车刀的刀头部分;绿色碳化硅砂轮用于刃磨硬质合金车刀。

刃磨时,首先检查砂轮片是否完好,站在砂轮侧面启动砂轮机。刃磨车刀时,身体的主要部分应避开砂轮旋转的切线方向,戴好护目镜,刃磨过程中用力均匀,倾斜角度要合适,使磨后的车刀有合理的几何角度。刃磨顺序如下:

①用氧化铝砂轮磨去前刀面、主后面、副后面上的焊渣;

②磨主后面,磨出车刀的主偏角和后角;

③磨副后面,磨出车刀的副偏角和副后角;

④磨前刀面和断屑槽,磨出车刀的前角、卷屑槽及刃倾角;

⑤修磨刀尖圆弧、负刀棱、过渡刃,目的是提高刀刃和刀尖的强度,改善散热条件。

在砂轮上磨好车刀各面后,还应用油石细磨车刀各面,从而提高车刀的耐用度和工件加工质量,如图 9-16 所示。

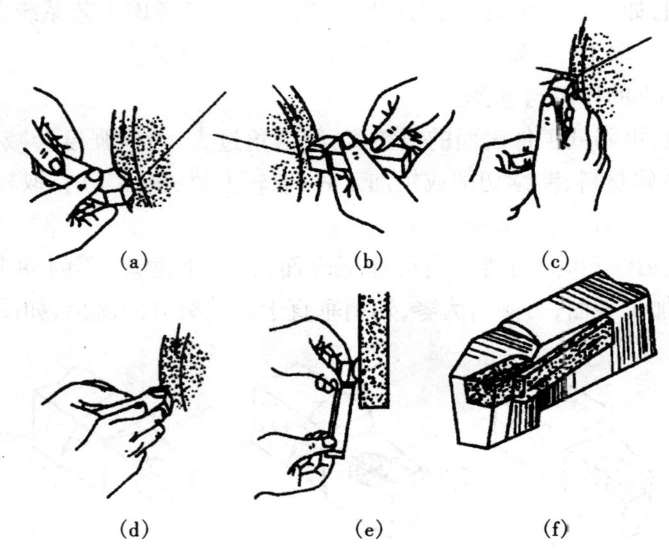

图 9-16 刃磨车刀

(a)磨主后刀面;(b)磨副后刀面;(c)磨前刀面和卷屑槽;(d)磨过渡刃;(e)磨负倒棱;(f)研磨刀面

4. 车刀的安装方法

车刀的安装方法如下。

①车刀刀尖应与工件的旋转中心等高。

②刀体应与刀架平齐。

③刀伸出刀架的长度通常为刀体厚度的 1 ~ 2 倍。

④紧固刀架上的两个螺钉,不得使用加力管,以免损坏紧固螺钉。

9.3.5 车端面

1. 车端面的方法

图 9-17 所示为常用的车端面的方法。

2. 车端面时的切削用量

(1)背吃刀量(a_p)

粗车时,a_p取 2 ~ 5 mm;精车时,a_p取 0.2 ~ 1 mm。

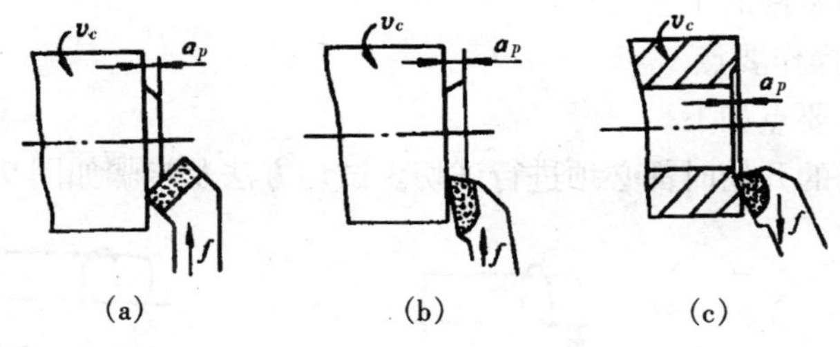

图 9-17　车端面

(a)弯头刀车端面;(b)偏刀车端面(由外向中心);(c)偏刀车端面(由中心向外)

(2)进给量(f)

粗车时,f 取 0.3 ~ 0.7 mm/r;精车时,f 取 0.1 ~ 0.3 mm/r。

(3)切削速度(v_c)

车端面的切削速度随着刀尖位置的变化而变化,但计算时必须按端面的最大直径计算。

3. 车端面时的注意事项

车端面时应注意如下事项。

①车刀的刀尖应对准工件中心,以免车出的端面中心留有凸台。

②偏刀车端面,如图 9-17(b)所示,当背吃刀量较大时,容易扎刀。而且到工件中心时是将凸台突然车掉的,因此容易损坏刀尖。弯头刀车端面,凸台是逐渐车掉的,所以车端面用弯头刀较为有利。

③端面的直径从外到中心是变化的,切削速度也在改变,不易车出较低的粗糙度,因此工件转速可比车外圆时选择得高一些。为降低端面表面粗糙度,如图 9-17(c)所示,可由中心向外切削。

④车直径较大的端面,若出现凹心或凸肚时,应检查车刀与刀架是否锁紧,以及床鞍的松紧程度。为使车刀准确地横向进给而无纵向松动,应将床鞍紧固在床面上,此时可用小滑板调整背吃刀量。

4. 车端面时的操作要点

车端面时的操作要点如下。

①用手动进给车端面时,手动进给速度应均匀。

②用机动进给车端面时,当车刀刀尖车至端面中心附近时应停止机动进给,改用手动进给,车到中心后,车刀应迅速退回。

③精车端面时,为防止车刀横向退回时拉毛表面,应先纵向退刀,再横向退刀。

9.3.6　车外圆与阶台

1. 车外圆

车外圆时一般分粗车和精车。粗车的目的是切去毛坯硬皮和大部分的加工余量。

精车的目的是达到零件的工艺要求。

(1)车外圆的操作要点

车外圆的操作要点如下。

①粗车和精车的开始时都必须进行试切。试切方法及步骤如图 9-18 所示。

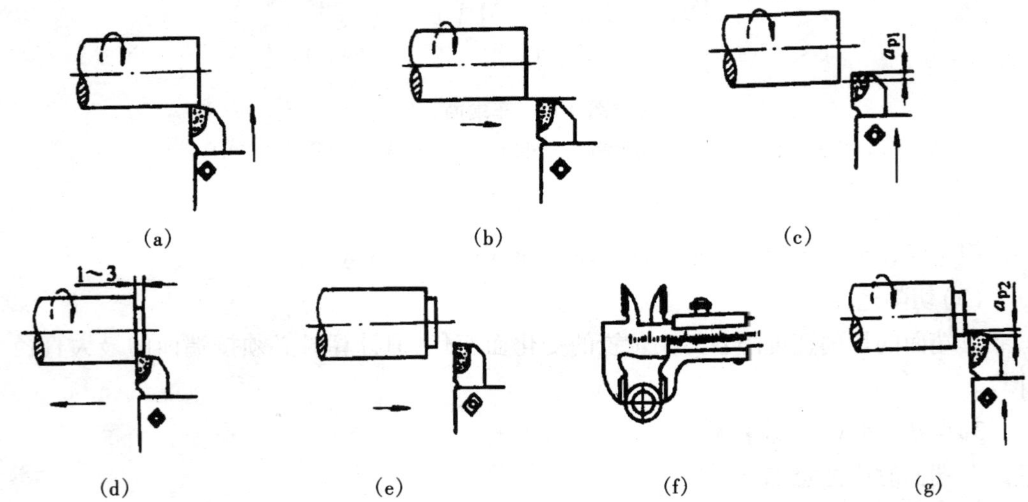

图 9-18　试切的方法和步骤

(a)开车对刀;(b)向右退出车刀;(c)横向进刀;(d)切削 1~3 mm;(e)向右退出车刀;(f)停车进行测量;(g)如未到尺寸,再进刀

②试切到尺寸正确后,即可手动或机动进刀车削。

③车削到达外圆长度时,应停止进给,摇动中滑板手柄,退出车刀,并将床鞍退回原位,最后停车。

(2)车外圆的注意事项

车外圆时应注意以下几点。

①由于丝杠和螺母存在间隙,会产生空行程现象,所以手柄必须慢慢地转动,以便刻线对准位置。一旦不慎摇过了头,绝对不能简单地退回到所需位置,必须向进给的反方向退回全部行程后,再向进给方向转过所需的格数。

②精车前,要注意工件的温度,应待工件冷却后再精车。

2. 车阶台

(1)车刀的选用

车阶台通常选用 90°的偏刀或略大于 90°的偏刀,常为 91°~93°。车阶台时,必须同时兼顾外圆的尺寸精度、阶台长度及平面与外圆的垂直度。

(2)确定阶台的长度

阶台长度的控制一般用车刀刻线痕。具体有如下两种方法。

①用刀尖对准阶台右端面时,记住该处床鞍的刻度值(或调到“0”),再转动床鞍手柄到所需长度处,开车用刀尖刻线痕。

②用钢直尺或游标深度尺量出阶台的长度尺寸，如图 9-19(a)、(b)所示。将刀尖移至该处，撤走钢直尺或游标深度尺，再开车用刀刻线痕。

(3)阶台长度的测量

阶台长度的测量通常用钢直尺、内卡钳、游标深度尺、样板来测量，如图 9-19 所示。

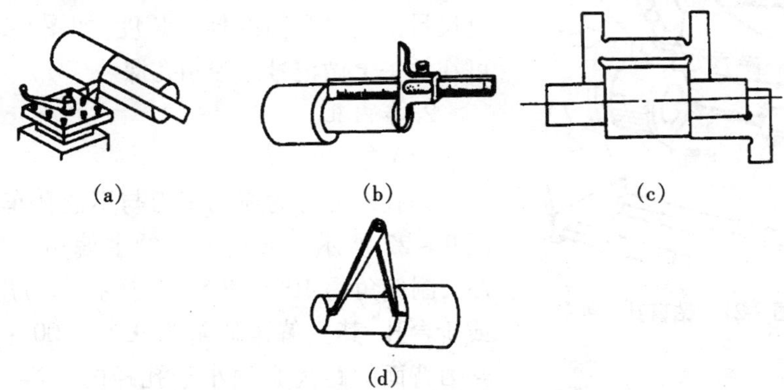

图 9-19　阶台长度的测量

(a)用钢板尺；(b)用游标深度尺；(c)用样板；(d)用内卡钳

9.3.7　车内孔与内沟槽

1. 钻孔

钻孔所用的刀具是麻花钻。钻孔的操作要点及注意事项如下。

①钻孔前，应根据钻孔直径选择尺寸合适的钻头，工件端面须车平，中心处不得有凸台。

②钻头装入尾座套筒后，必须校正钻头中心位置，使其与工件回转中心一致。

③当钻头刚切入工件端面时不可用力过大，以免钻偏或折断钻头。

④钻削小直径孔时应先钻定位中心孔，再钻孔。

⑤当用直径较小而长度较长的钻头钻孔时，为防止钻头晃动导致钻偏，可在刀架上夹一挡铁；当钻头与工件端面相接触时，移动床鞍与中滑板，使挡铁顶住钻头头部，如图 9-20 所示，顶紧力不可过大，不然会使钻头偏向另一边。当钻头在工件内正常切入后，即可退出挡铁。

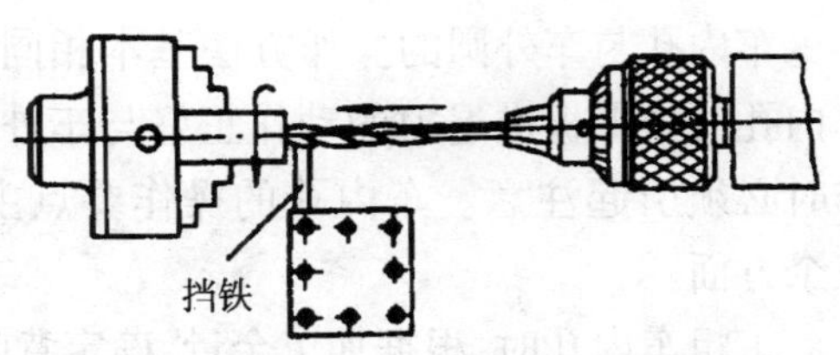

图 9-20　用挡铁支顶防止钻头晃动

⑥当钻入工件 2 ~ 3 mm 时应及时退出钻头，停车测量孔是否符合要求。

⑦钻削深孔时，手动进给时速度要均匀，并经常退出钻头，以清除切屑，同时，应向孔中注入充分的切削液。对于精度要求不高且较长的工件需要钻通孔时，可采用调头钻孔的方法，先在工件的一端将孔钻至大于工件长度的 1/2 后，再调头装夹校正，将另一半钻通。

⑧对于钻通孔，当孔要钻通时，钻尖部分不参加工作，切削阻力明显减小，这时，应及时减慢进给速度，直至完成孔的钻削，待钻头完全从孔中退出后，再停车。

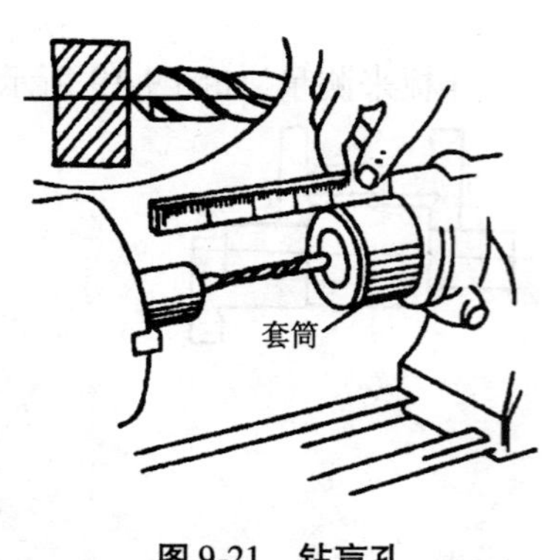

图 9-21　钻盲孔

⑨对于钻盲孔，为控制钻孔深度，当钻头开始切入端面时应记下尾座套筒上的标尺刻度，或用钢直尺量出此时套筒的伸出长度，如图 9-21 所示，也可在钻头上做记号以控制孔深。

2. 车内孔

(1) 内孔车刀

内孔车刀分为通孔车刀与不通孔车刀两种，如图 9 - 22 所示。通孔车刀的主偏角一般为 60° ~ 75°，副偏角为 10° ~ 20°。不通孔车刀用于车盲孔或阶台孔，其主偏角通常为 92° ~ 100°；另外，刀尖到刀背面的距离必须小于孔径的一半，否则，无法车平底面。

选用内孔车刀时，刀杆应尽可能粗；刀杆工作长度应尽可能短，一般取大于工件孔长 3 ~ 7 mm 即可。

(2) 内孔车刀的安装

安装内孔车刀，原则上刀尖高度应与工件旋转中心等高，实际加工时要适当调整。粗车时，刀尖略低于工件中心，以增加前角；精车时，可装得略高些，使工件后角稍增大些，既减少刀具与工件的摩擦，又不会"扎刀"。

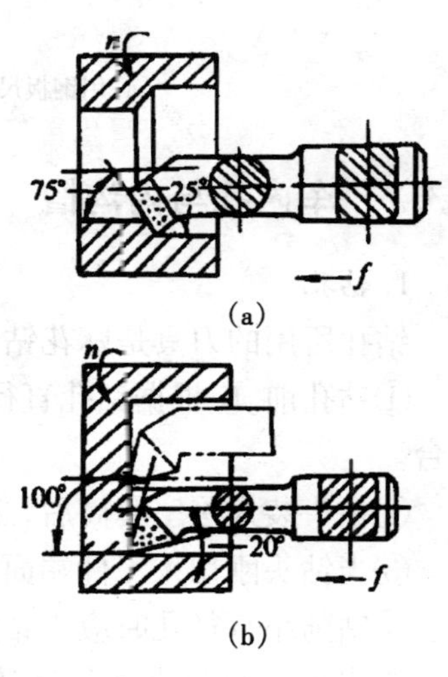

图 9-22　内孔车刀
(a) 通孔车刀；(b) 不通孔车刀

车刀安装后，在车孔前应摇动床鞍手轮使刀具在毛坯孔内来回移动一次，以检查刀具和工件有无碰撞。

车内孔与车外圆的操作方法基本相同，不同的是车内孔时中滑板进退刀的动作正好与车外圆相反，操作时必须引起注意。车内孔的操作要点主要有以下三个方面。

①粗车内孔时，根据加工余量，确定背吃刀量与进刀次数。通常背吃刀量 $a_p = 1 \sim 3$ mm，进给量 $f = 0.2 \sim 0.4$ mm/r，切削速度 v_c 应比车外圆的速度低 1/3 左右。粗车后留给精车的余量通常为 0.5 ~ 1 mm。

②精车内孔时，最后一刀的背吃刀量 a_p 以 0.1 ~ 0.2 mm 为宜，进给量 f 为 0.08 ~ 0.15 mm/r，切削速度比粗车要高。用高速钢车刀精车时，切削速度 $v_c = 0.05 \sim 1$ m/s。

③控制孔径尺寸的方法与外圆一样，也要进行试切，试切深度一般距孔口 1 ~ 3 mm 内。长度尺寸的控制可利用床鞍刻度或刀杆上作长度标记的方法。

车内孔注意事项主要有以下三个方面。

①车削时，注意观察切削情况，确保排屑流畅。如排屑不畅，应及时修正车刀的几何角度或改变切削用量。

②车削过程中如发生尖叫、振动等情况，应及时停止车削，退出车刀，通过修磨车刀或减小切削用量等办法来改善切削条件。

③粗车通孔时，由于背吃刀量与进给量都较大，所以当车刀要车通时应停止机动进给，改用手摇床鞍慢慢进给，以防崩刃。

3. 车内沟槽

(1) 车内沟槽车刀

切削部分的几何形状与切断刀基本相同，其结构有整体式与机夹式两种，如图 9-23 所示。

(2) 内沟槽车刀的安装

应注意主切削刃与内孔表面平行，安装后，手摇床鞍手轮使车刀在孔内来回移动一次，观察刀杆与孔壁是否相撞。

(3) 内沟槽的车削要点

车窄沟槽时，可用与沟槽宽度相等的内沟槽车刀一次车出，如图 9-24(a)所示；车宽沟槽时，可用窄槽刀几次走刀完成，并车平底面和修整槽的两个侧面，如图 9-24(b)所示。

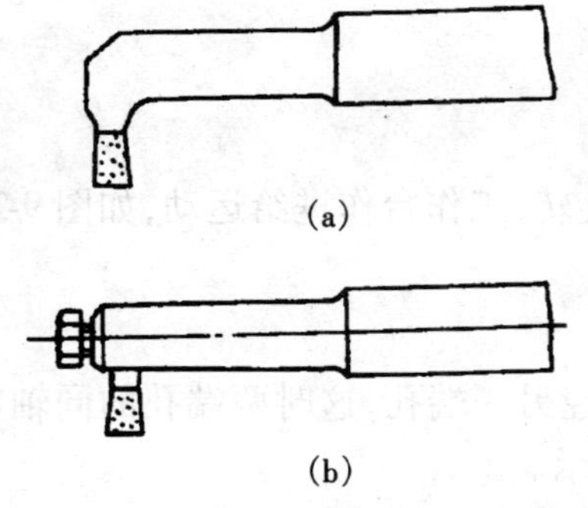

图 9-23 内沟槽车刀

(a)整体式；(b)机夹式

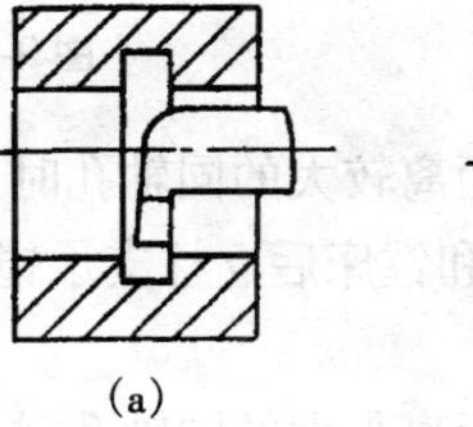

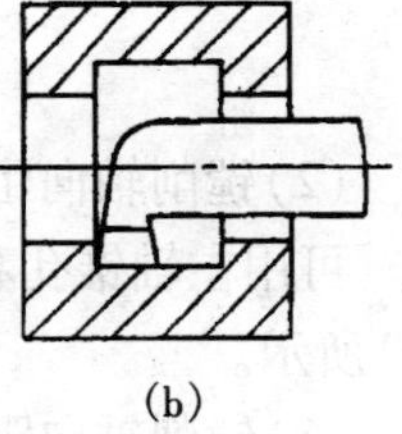

图 9-24 内沟槽的切削方法

(a)车窄沟槽；(b)车宽沟槽

9.3.8 镗孔

用镗刀旋转作主运动，工件(或镗刀)作进给运动，对工件进行切削加工的方法称为镗削。通常在镗床上进行镗削，特别适用于形状复杂的大型工件的孔系加工。一般精度可达到 IT8 ~ IT7，表面粗糙度 R_a 为 0.8 ~ 1.6 μm。

1. 镗刀

镗孔所用的工具为镗刀。镗刀与车刀基本相似，结构简单，装夹方便。常用的形式为单刃镗刀(图 9-25(a)、(b))与浮动镗刀(图 9-25(c))。用浮动镗刀镗孔，由于镗刀两个对称刀头都参加切削，刀片可在刀杆孔中浮动以自动定心，从而补偿了镗杆径向跳动而引起的误差，故其加工精度与生产效率都比单刃镗刀高。

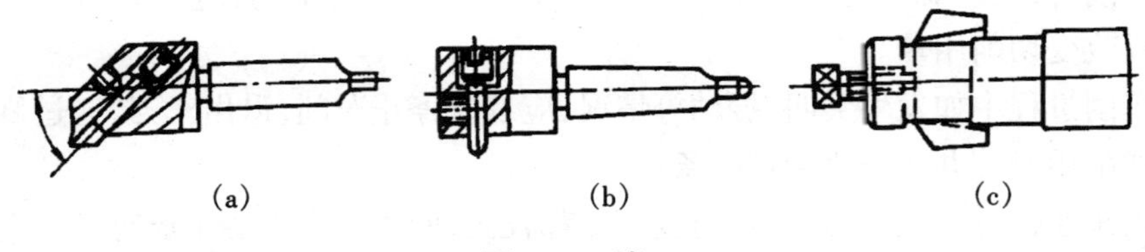

图 9-25　镗刀

2. 镗孔方法

(1)镗削短的圆柱孔时

可用较短的镗刀插在主轴锥孔内,从工件端面进行加工,由工作台作纵向进给运动,如图 9-26(a)所示。

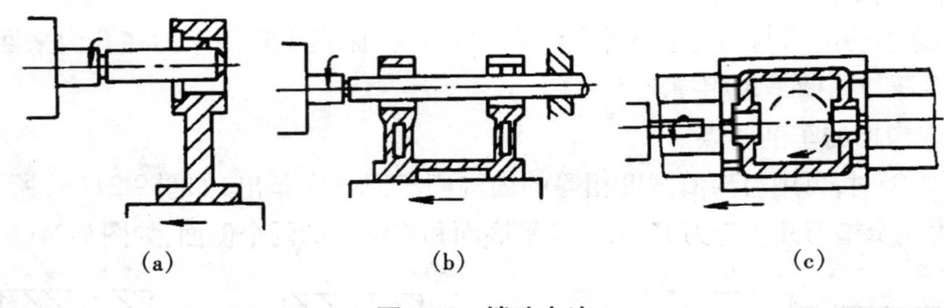

图 9-26　镗孔方法

(2)镗削轴向距离较大的同轴孔时

可用主轴锥孔和镗床后立柱支承镗刀杆,镗刀旋转,工作台作进给运动,如图 9-26(b)所示。

(3)镗削轴向距离很大的同轴孔时

待镗好孔的一端后将工作台准确回转 180°,再镗另一端孔,这时两端孔的同轴度由镗床工作台的回转定位精度保证,如图 9-26(c)所示。

9.3.9　钻中心孔

对于较长或必须经过多次安装才能完成的销、轴、丝杠等工件,必须钻中心孔,中心孔用来支承工件,并起定位作用。

1. 中心孔的形状

常用形状有:A 型(不带保护锥,如图 9-27(a))、B 型(带保护锥,如图 9-27(b))、C 型(带保护锥及螺纹,如图 9-27(c))。

中心孔的尺寸由工件直径与质量大小来决定。国家标准规定了上述三种类型中心孔的具体尺寸及选择参考数据,其型式的选择主要是根据工艺要求确定。

2. 钻中心孔的要领

如图 9-28 所示,直径在 6 mm 以下的 A 型、B 型中心孔,通常用中心钻在车床或专用机床直接钻出。但钻中心孔前,一般应先将工件的前端面车平。钻中心孔的要领如下。

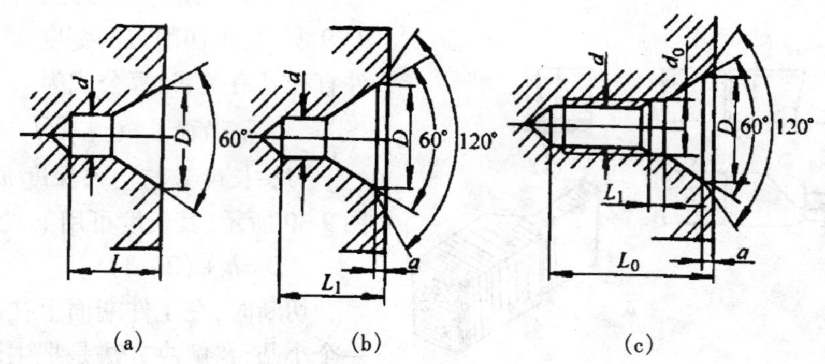

图 9-27 中心孔的形状

(a)A 型;(b)B 型;(c)C 型

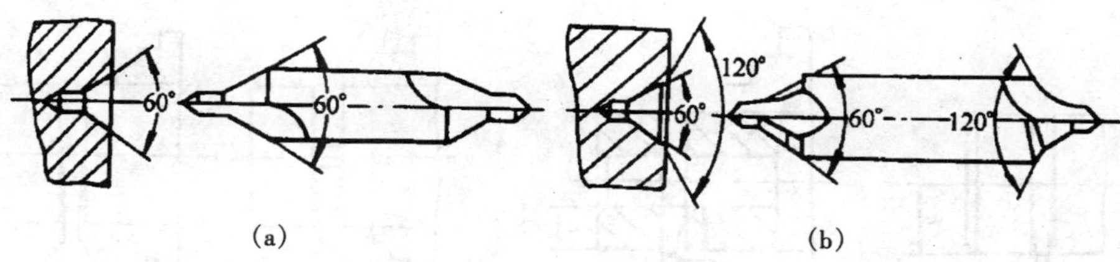

图 9-28 钻中心孔的方法

(a)A 型中心钻;(b)B 型中心钻

①车床主轴选择较高的转速,通常在 800 r/min 以上(大直径轴除外)。

②将中心钻通过钻夹头安装在尾座上。

③尾座推到距工件适当的位置,紧固。

④慢速、均匀地摇动尾座手轮,将中心钻钻入工件。注意应经常退出中心钻,以清除切屑。

3. 中心钻折断的原因

中心钻折断的原因主要有以下几个方面。

①端面没有车平,有凸台或中心钻没有对准工件的旋转中心。

②进给速度太快,用力过猛或主轴转速太低。

③中心钻磨损严重或切屑堵塞。

9.3.10 切断和切槽

1. 切断

(1)切断刀的种类与选用

切断刀以横向进给为主,前端的切削刃为主切削刃,两侧的切削刃是副切削刃。其特点是主切削刃较窄,刀头较长,所以强度较差,易被折断。

常用的切断刀是高速钢和硬质合金切断刀。切断较小直径工件,通常采用高速钢切断刀;切断较大直径或较硬工件,常采用硬质合金切断刀。

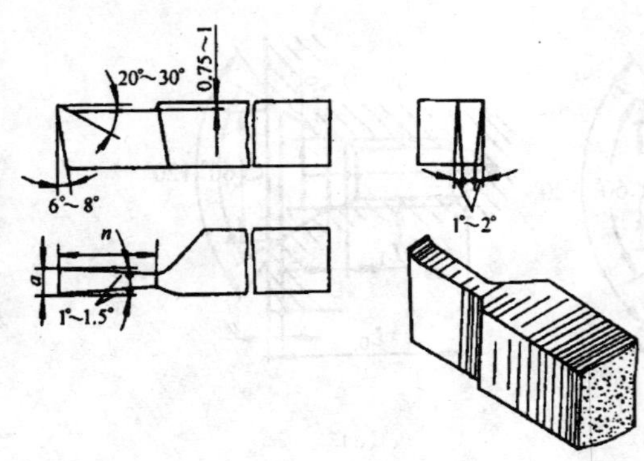

图 9-29　高速钢切断刀及其几何角度

高速钢切断刀及其几何角度如图 9-29 所示，主切削刃的宽度 a 与被切工件直径 d 有关，计算公式为

$$a=(0.5\sim0.6)\sqrt{d}$$

刀头长度 L 与切入深度 h 有关，如图 9-30 所示，其长度可用下式计算：

$$L=h+(2\sim3)$$

切断时，在工件端面上往往会留有一个小凸台，解决方法是把主切削刃略磨斜，如图 9-31 所示。

硬质合金切断刀与高速钢切断刀的几何角度有相同的要求。为排屑顺利，可将主切削刃两边倒角或磨成人字形。为了增加刀头的支承强度，常把切断刀的刀头下部做成凸圆弧形，如图 9-32 所示。

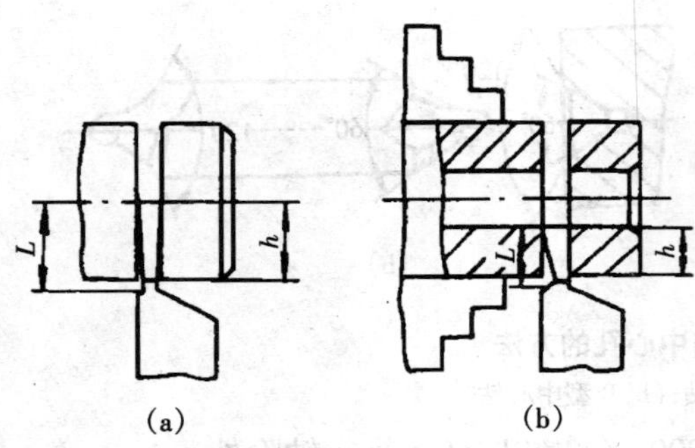

图 9-30　切削刃的刀头长度 L 与切入深度 h

(a) 切断实心工件；(b) 切断空心工件

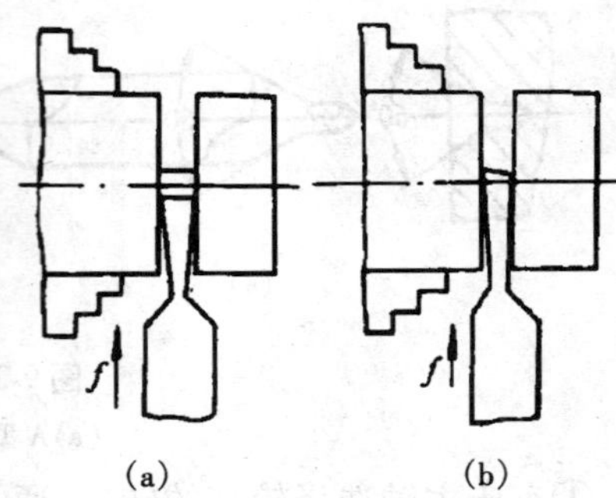

图 9-31　切断时的工件端面

(a) 有凸台；(b) 无凸台

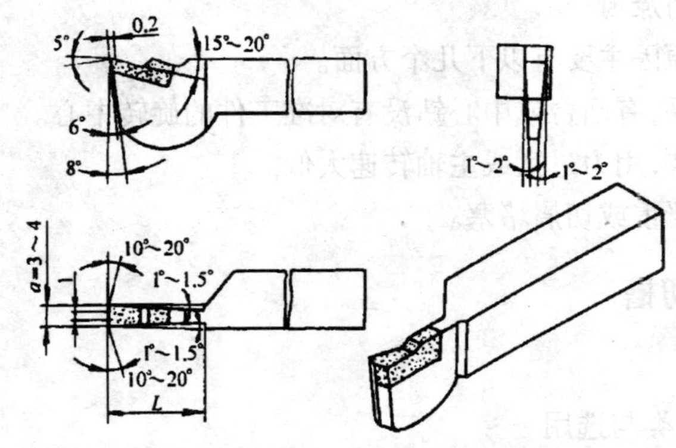

图 9-32　硬质合金切断刀及其几何角度

(2) 切断刀的安装

安装时，切断刀的伸出长度在满足加工的条件下应尽可能短些。切断实心工件时，

切断刀的主切削刃应严格对准工件的旋转中心，过高或过低都不能切到工件中心，而且容易崩刃，甚至折断车刀。切断刀的底平面应平整，以保证两个副后角对称。

（3）切断方法

切断方法有直进法与左右进刀法。工件直径较小时，可用直进法，如图 9-33(a)所示；工件直径较大时，可用左右进刀法，如图 9-33(b)所示。

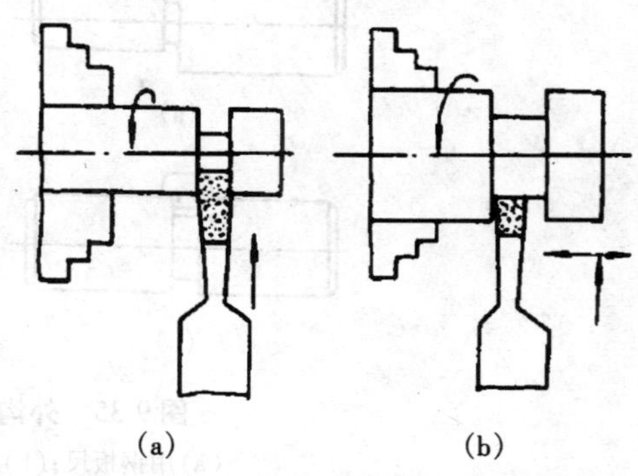

图 9-33　切断方法
(a)直进法；(b)左右进刀法

（4）切断时的注意事项

切断时应注意以下事项。

①工件安装应牢固，工件伸出长度在满足切断位置的前提下应尽可能短。

②小滑板的间隙应调整得较小些。

③一般切断时切削速度较低，用高速钢切断刀时，切削速度为 0.35 m/s；用硬质合金切断刀时，切削速度为 1.2 m/s。

④移动床鞍，用钢板尺对准切断位置并做记号，但应注意工件在长度上的加工余量。

⑤刚开始切入工件时，进给速度应慢些，以防“扎刀”。

⑥当一夹一顶安装工件时，不要把工件全部切断；当发现切断表面凹凸不平或有明显扎刀痕迹时，应及时修磨切断刀。

⑦当发生车刀切不进时，应立即退刀，检查车刀是否对准工件中心或是否锋利等。

2. 切槽

（1）外沟槽的车削方法

直角沟槽的车削可用切断刀车削，但切削刃必须平直。车削宽度不大的外沟槽，可用刀头宽度等于槽宽的切断刀直进法一次车出。较宽的沟槽，用切断刀分几次纵向进给，先把槽的大部分余量车去，但必须在槽的底部与两侧留余量，最后根据槽宽的位置、宽度和深度进行精车。

斜沟槽的车削可用 45°外沟槽刀车削，其几何形状与切断刀基本相似，只是车刀两侧 a 处副后刀面应磨成圆弧，如图 9-34 所示。车削时可将小滑板转过 45°，用小滑板进给车削成形。

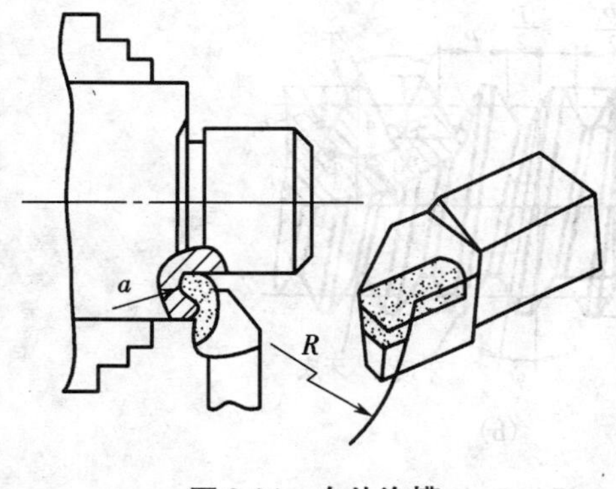

图 9-34　车外沟槽

（2）外沟槽的测量

外沟槽的直径可用卡钳或游标卡尺测量，其宽度可用游标卡尺、塞规或卡规来检测，如图 9-35 所示。

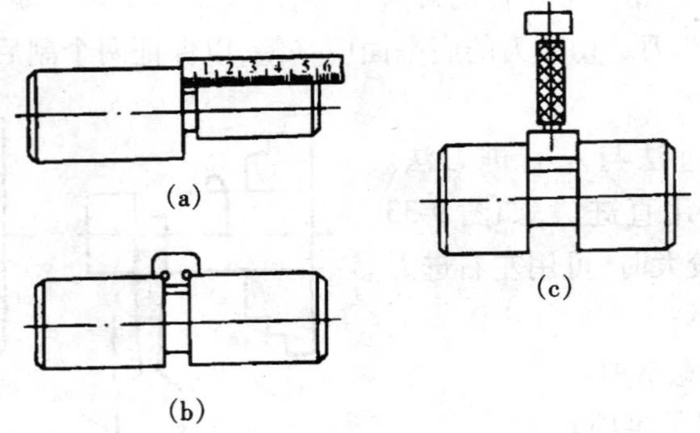

图 9-35　外沟槽宽度的测量

(a)用钢板尺;(b)用卡规;(c)用塞规

9.3.11　车螺纹

1. 螺纹的种类

螺纹的种类很多,按制式可分为普通(米制)螺纹和英制螺纹;按牙型分有三角形螺纹、梯形螺纹、矩形螺纹等,如图 9-36 所示。其中普通(米制)三角形螺纹应用最广。

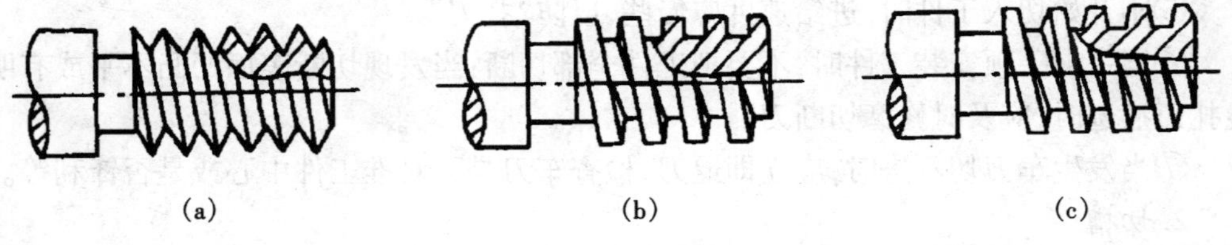

图 9-36　螺纹的种类

(a)三角形螺纹;(b)方牙螺纹;(c)梯形螺纹

2. 普通三角螺纹

(1)普通三角形螺纹的截面形状

普通三角形螺纹的截面形状如图 9-37 所示,其基本牙型和尺寸计算如表 9-4 所示。

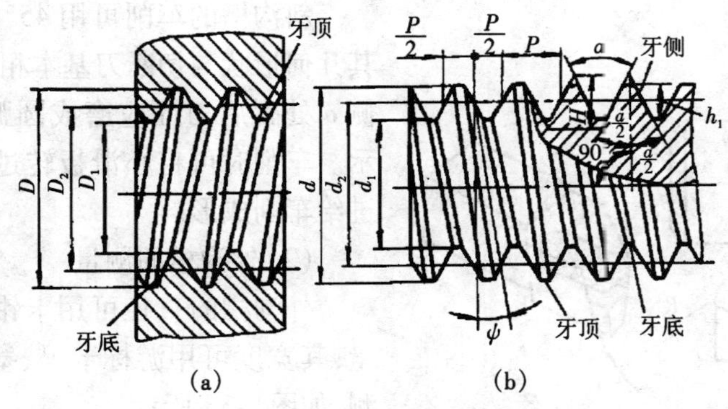

图 9-37　普通螺纹各部分尺寸

(a)内螺纹;(b)外螺纹

表 9-4　普通(米制)三角形螺纹的基本牙型和尺寸计算

基本牙型	尺寸计算
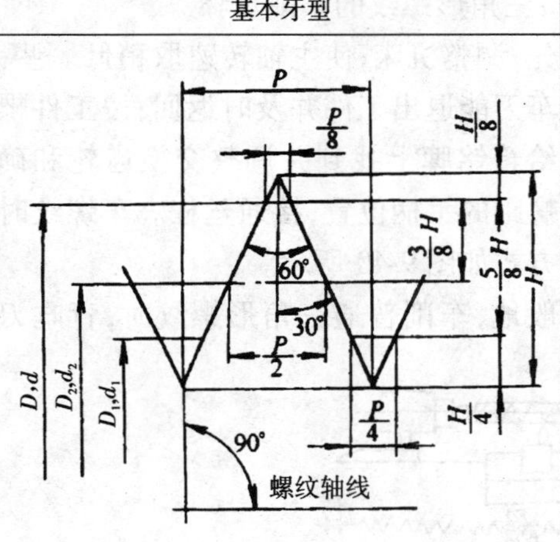	1. 牙型角：$\alpha = 60°$ 2. 原始三角形高度：$H = \frac{P}{2}\cot\frac{\alpha}{2} = 0.866P$ 3. 削平高度：外螺纹牙顶和内螺纹牙底均在 $H/8$ 处削平，外螺纹牙底和内螺纹牙顶均在 $H/4$ 处削平 4. 牙形高度：$h_1 = H - \frac{H}{8} - \frac{H}{4} = \frac{5}{8}H = 0.541\,3P$ 5. 大径：$d = D$(公称直径) 6. 中径：$d_2 = D_2 = d - 2 \times \frac{3}{8}H = d - 0.649\,5P$ 7. 小径：$d_1 = D_1 = d - 2 \times \frac{5}{8}H = d - 1.082\,5P$

(2)车普通三角螺纹时主要尺寸的计算

背吃刀量 a_p 的计算公式为

$$a_p = (0.54 \sim 0.65)P$$

外螺纹大径 d 的计算公式为

$$d = D$$

内螺纹小径 D_1 的计算公式为

$$D_1 = D - 1.08P$$

螺纹升角 ψ 的计算公式为

$$\tan\psi = L/\pi d_2$$

(3)普通三角形螺纹车刀

常用的螺纹车刀有高速钢与硬质合金两种。螺纹车刀的几何角度如图 9-38 所示。

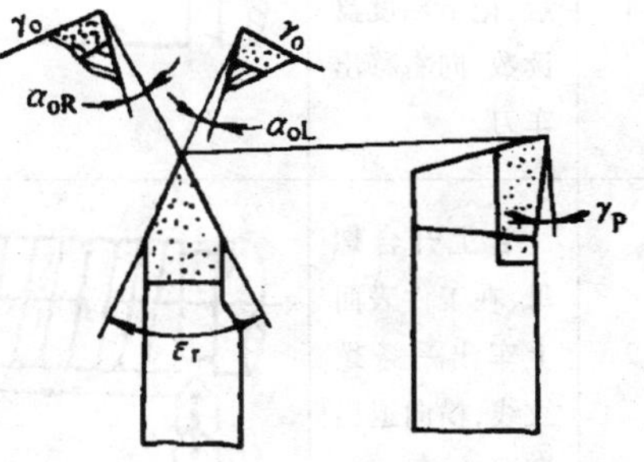

图 9-38　螺纹车刀的几何角度

1)前角与刀尖角

粗车时，γ_0 为 10°～25°；精车时，γ_0 为 5～10°。刀尖角应为 59°。前角越大，刀尖角越小。精度要求较高时 $\gamma_0 = 0°$，此时刀尖角为 60°。

2)两个侧刃后角

螺纹车刀左右两侧切削刃的后角 α_{0L} 与 α_{0R} 由于受螺纹升角 ψ 的影响，以车右螺纹为例，左侧刃后角 $\alpha_{0L} = \alpha_0 + \psi$，右侧刃后角 $\alpha_{0R} = \alpha_0 - \psi$。螺距较小的三角形螺纹的螺纹升角很小，可忽略不计，故两侧后角均为 6°～8°即可。

(4)螺纹车刀的安装

刀尖中心与车床主轴轴线严格等高，刀尖角的等分线垂直主轴轴线，使螺纹两牙型

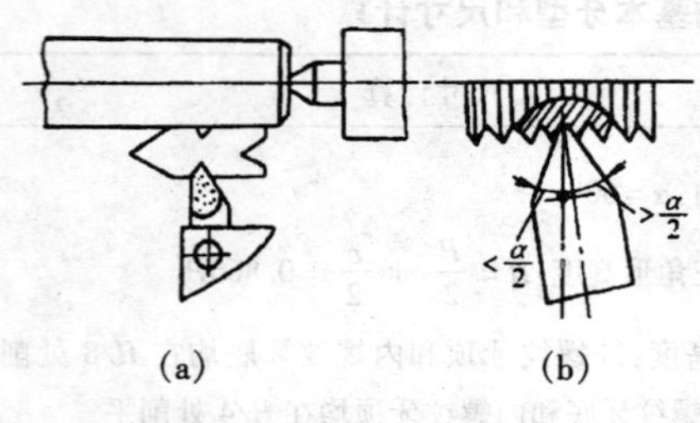

图 9-39　外螺纹车刀的安装

(a)正确;(b)不正确

半角相等,可用图 9-39 所示的样板对刀。

(5)三角形螺纹的车削步骤

首先,调整机床,使主轴转速取稍低一些,以保证车刀能退出工件并及时返回;按工件螺距在进给箱铭牌上找到并调整交换齿轮和确定工件螺距的手柄位置,接通丝杠。车螺纹时的传动方式如图 9-40 所示。

一般地,车削普通三角形螺纹时,背吃刀量是逐渐递减的,如:0.5 mm、0.3 mm、0.25 mm、0.2 mm、0.15 mm、0.1 mm、0.05 mm……车削到螺纹工作高度 $h=0.65P$(mm)时,即完成螺纹深度车削。具体操作过程参看表 9-5。

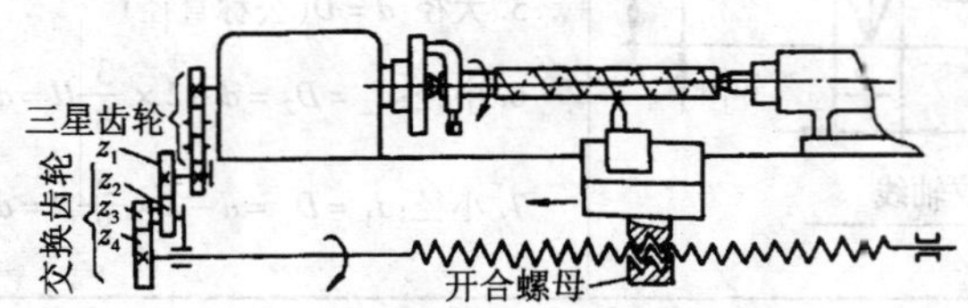

图 9-40　车螺纹时的传动示意图

表 9-5　车螺纹的操作过程

序号	操作内容	示意图	序号	操作内容	示意图
1	开车,使车刀与工件轻微接触,记下刻度盘读数,向右移出车刀		4	利用刻度盘调整背吃刀量,开车切削,车钢料时,加切削液	
2	合上开合螺母,在工件表面上车出一条螺纹线,横向退出车刀,停车		5	车刀将至行程终了时,先快速退出车刀,然后停车,开反车退回刀架	
3	开反车使车刀退到工件右端,停车,用钢直尺检查螺距是否正确	1 2 3 4	6	再次横向送进,继续切削,其切削过程的路线如右图所示	快速退出　开车切削　进刀　开反车退回

(6)注意事项

为了避免车刀与螺纹槽对不上而产生“乱扣”,在车削过程中和退刀时始终应保持主轴至刀架的传动系统不变,即不得脱开传动系统中任何齿轮或开合螺母。

如果车床丝杠螺距是工件导程的整数倍,可在正车时按下开合螺母手柄车螺纹,扳起开合螺母手柄停止进给,并迅速手动退回刀架,再按下开合螺母,继续车削螺纹……往复下去直至螺纹车削完成。不能利用扳起开合螺母停止进给,否则易产生乱扣。

(7)螺纹的测量

三角形螺纹的大径用游标卡尺测量。

螺距可用钢直尺或螺纹样板测量,如图9-41、图9-42所示。

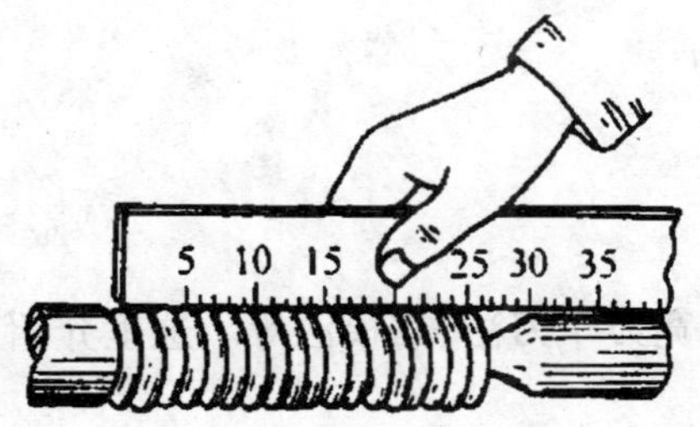

图9-41 用钢板尺测量螺距

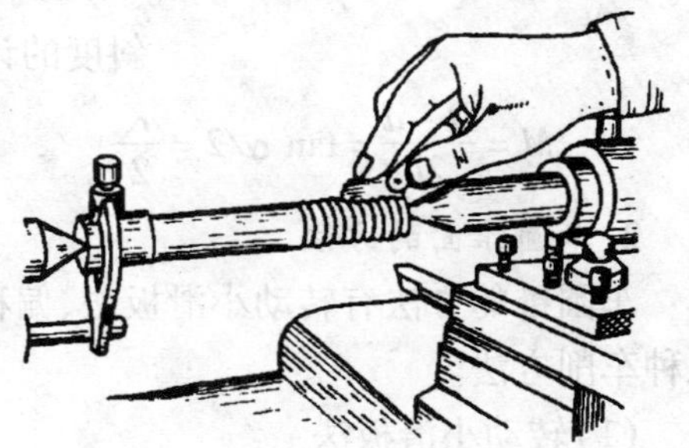

图9-42 用螺纹样板测量螺距

中径的测量可用螺纹千分尺测量,如图9-43所示。

螺纹的测量常用综合测量法,可用螺纹环规(图9-44(a))和塞规(图9-44(b))进行测量。环规用来测量外螺纹的尺寸和精度;塞规用来测量内螺纹的尺寸和精度。在测量外螺纹时,如果环规过端正好拧进去,而止端拧不进,说明加工的螺纹符合精度要求。用塞规测量内螺纹时,方法跟上述方法相同。

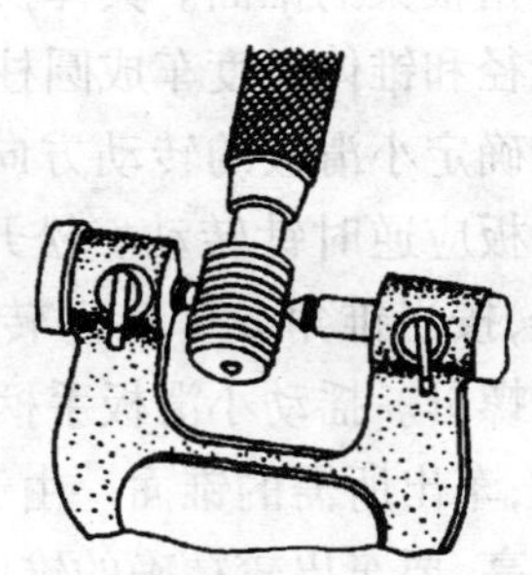

图9-43 用螺纹千分尺测量中径

在综合测量螺纹之前,首先应对螺纹的直径、牙型和螺距进行检查,然后再用螺纹量规进行测量。使用时不应硬拧量规,以免使量规严重磨损。

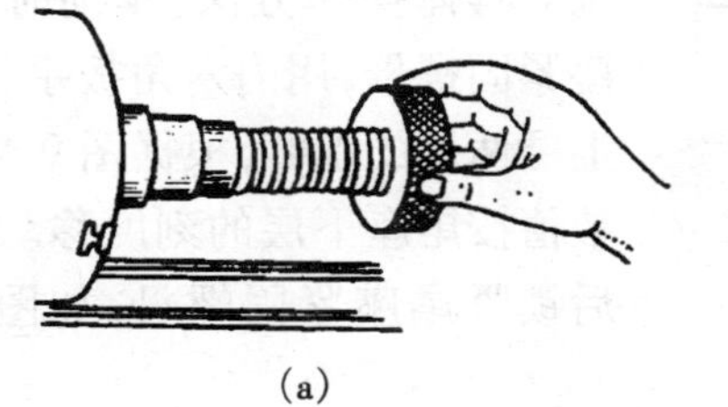

(a)

(b)

图9-44 螺纹量规

(a)环规;(b)塞规

9.3.12 车锥面

1. 锥面的尺寸计算

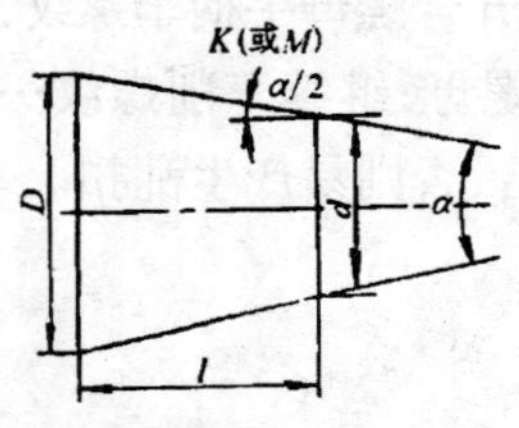

图 9-45 圆锥各部分参数

如图 9-45 所示，圆锥有 4 个基本参数：①圆锥的锥角 α 或锥度 K；②圆锥的大端直径 D；③圆锥的小端直径 d；④圆锥锥形部分的长度 L。这 4 个量中，只要知道任意三个量，其他一个未知量就可以求出。

锥度的计算公式为

$$K=\frac{D-d}{l}$$

斜度的计算公式为

$$M=\frac{D-d}{2l}=\tan\alpha/2=\frac{K}{2}$$

2. 车圆锥面的方法

车圆锥的方法有转动小滑板法、偏移尾座法、宽刃车刀法、靠模法等。这里介绍前三种车削方法。

(1)转动小滑板法

利用小滑板可以车削较短的内、外锥面和锥角很大的锥面。具体操作方法：首先将大端直径和锥体长度车成圆柱体，再根据圆锥的形状确定小滑板的转动方向，如图 9-46 所示，小滑板应逆时针转动。松开小滑板转盘固定螺母，按半锥角 $\alpha/2$ 转动转盘，然后固定转盘上的螺母。摇动小滑板手柄，车刀沿锥面母线移动，车出所需的锥面。由于转盘刻度的精度值不高，要车出较精确的锥度，可以通过试切逐步找正。

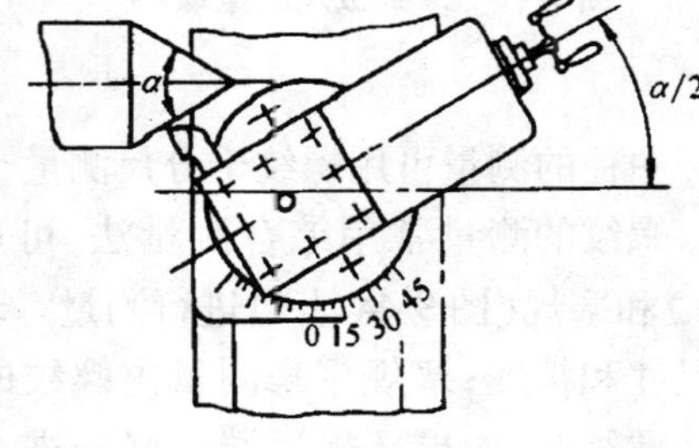

图 9-46 转动小滑板车圆锥

(2)偏移尾座法

对于锥体较长而锥度较小的圆锥形工件，可采用偏移尾座法进行车削。具体操作方法：车削时，松开尾座紧固螺母，用内六角扳手转动尾座上层两侧的螺钉，根据图 9-47 中的 S 数值按尾座下层的刻度移动尾座，然后锁紧尾座紧固螺母，如图 9-48 所示。经过试切，逐步调整到所需的锥度。

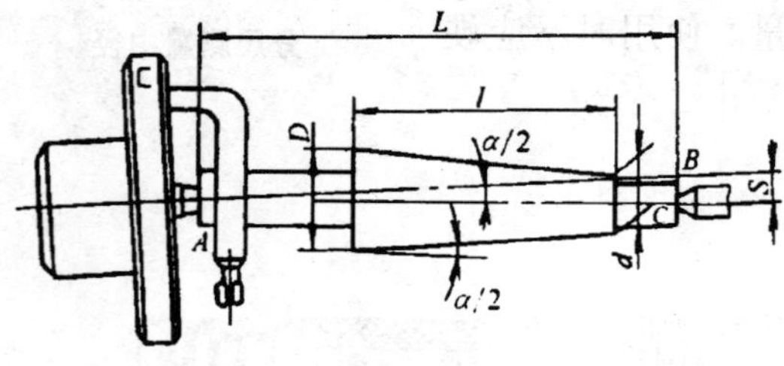

图 9-47 偏移尾座车圆锥体

尾座偏移量 S 的计算公式为

$$S=\frac{D-d}{2l}\times L=L\tan\alpha/2$$

式中:L为工件长度(mm);l为锥面长度(mm);D为锥面大圆直径(mm);d为锥面小圆直径(mm);α为圆锥角(°)。

偏移尾座法车圆锥体的特点是:可加工较长的锥面,能采用自动走刀,表面粗糙度容易控制;只能加工半锥角($\alpha/2$)小于8°的外锥面;不能车圆锥孔及整锥体;由于偏移量S和工件总长L有关,因此成批加工圆锥时,应特别注意工件总长和中心孔的大小要始终保持不变,否则会造成锥度误差;顶尖在中心孔内是歪斜的,接触不良,磨损不均匀,最好采用球形顶尖。

(3)宽刃车刀法

用宽刃车刀车圆锥,属于成形车削,主要适用于车削短锥体。宽刃车刀的刀刃必须平直,装刀时刀刃与主轴的夹角等于半圆锥角$\alpha/2$。车削时,切削用量应小些,且要求车床具有较好的刚性,否则易引起振动。如果工件圆锥长度短于切削刃时,可直接车出,如图9-49所示;当工件圆锥长度大于切削刃时,可采用多次接刀法加工,但接刀处必须平整,如图9-50所示。

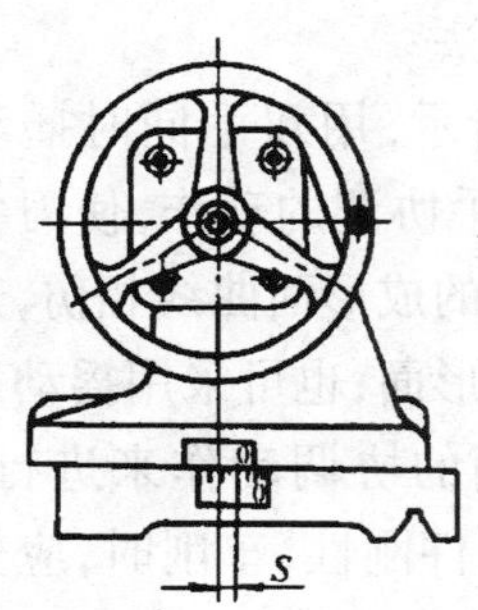

图9-48 利用尾座刻度调整尾座偏移量S

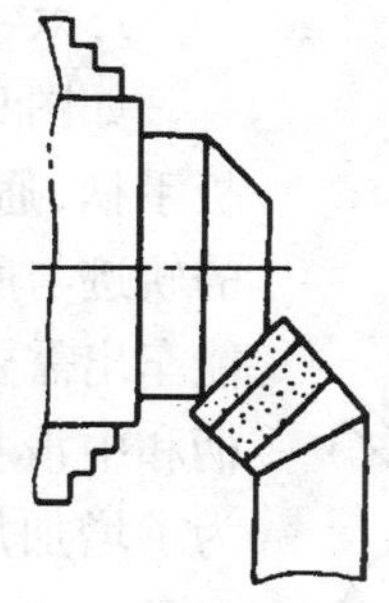

图9-49 直进法

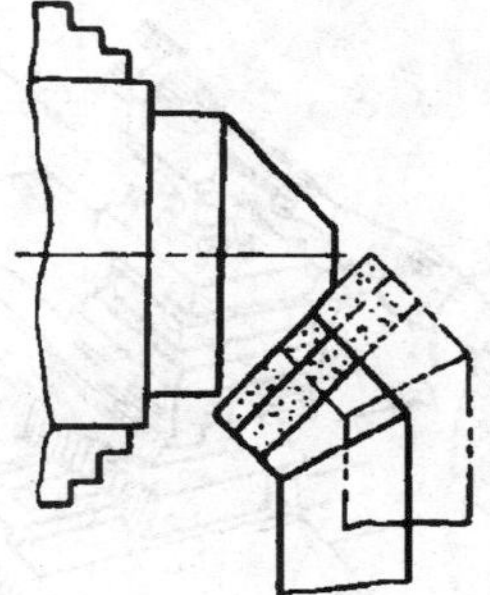

图9-50 多次接刀法

3. 锥度的检验方法

测量锥度时,可使用万能游标量角器、样板、标准锥形塞规和套规涂色检验法等。

(1)用万能角度尺测量角度

测量时,角尺面应通过中心,并且一个面要跟工件测量基准吻合,透光检查。读数时,应该固定螺钉,然后离开工件,以免角度值变动,如图9-51所示。

(2)用标准锥形塞规和套规涂色法检验圆锥

用显示剂(红丹粉或印油)在工件表面顺着圆锥素线均匀地涂上2~3根线,要求薄而均,如图9-52所示。检验时,将标准套规套在工件圆锥上,轻轻加轴向力,并将套规转动约半周,然后取下套规,观察显示剂被擦去的情况。如果三条显示剂线在工件全长上均匀被擦去,说明接触良好,锥度正确;如果显示剂只有部分被擦去,说明圆锥角度不正确或圆锥素线不直。

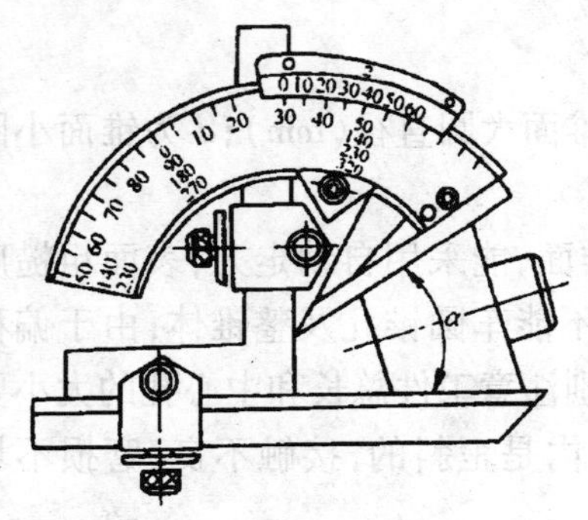

图 9-51　用万能角度尺测量角度

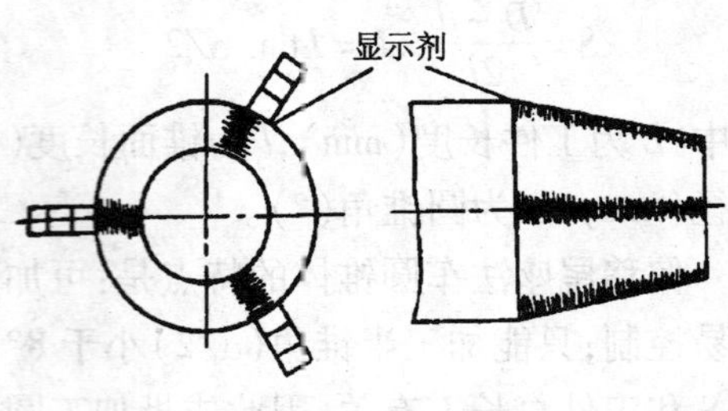

图 9-52　涂色的方法

9.3.13　车成形面

有些零件如手柄、手轮、圆球等，其表面是由曲面组成，这类零件的表面叫做成形面。通常有三种车削方法：双手控制法、用样板刀法、用仿形法车成形面等。这里介绍前两种车削方法。

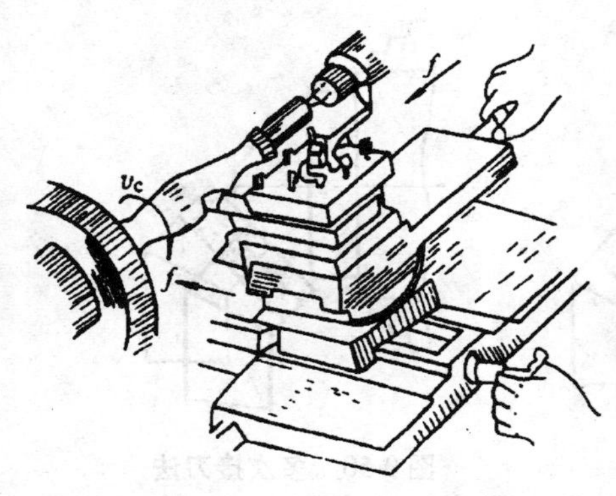

图 9-53　双手控制法车削手柄

1. 双手控制法

如图 9-53 所示，用双手同时摇动小滑板手柄，通过双手协调的动作，使刀尖走过的轨迹与所需要的成形面曲线相仿，这样就能车出需要的成形面；也可采用摇动床鞍手柄和中滑板手柄的协调动作来进行加工。为了增加加工工件刚性，车削时，应先车离卡盘远的一段曲面，后车离卡盘近的一段曲面，其刀具通常用圆头车刀。

2. 用样板刀法

把刀具切削刃磨得和工件加工部分的形状相似，这样的刀具叫样板刀，如图 9-54 所示。

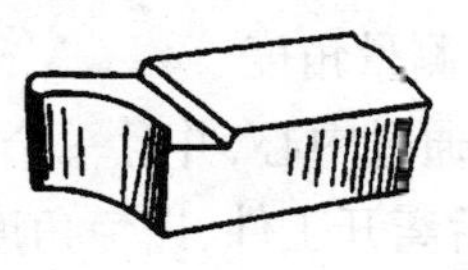

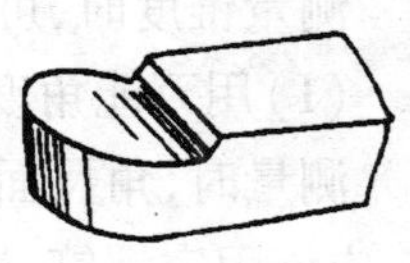

图 9-54　样板刀

用样板刀加工工件的特点如下。

①切削时，接触面较大，因此切削抗力也大，容易出现振动和工件位移，所以切削速度应取低些，工件必须安装牢靠。

②加工精度不高，生产效率低。

9.3.14　车工项目实训质量标准

项目训练的成绩评定为圆锥螺杆轴质量评定、车工实训项目总结报告和车工实训指导检查记录三项综合评定。

1. 圆锥螺杆轴质量检测标准

圆锥螺杆轴质量检测标准见表9-6,在操作过程中学生应对照该标准边加工,边测量,不断自检,不断修整,不断完善。

表9-6　圆锥螺杆轴质量检测标准

班级＿＿＿＿＿学号＿＿＿＿＿日期＿＿＿＿＿教师＿＿＿＿＿得分＿＿＿＿＿

序号	项目与技术要求		配分		自测结果	实测结果	得分
			IT	R_a'			
1	普通外螺纹	$\phi36^{0}_{-0.375}$ mm	5				
2		M36 - 6h　R_a = 6.3 μm	15	6			
3		牙型半角 30° ±5′	5				
4	外圆锥	◁1∶5 ±13′(接触面积 50%) R_a = 3.2 μm	8	5			
5		$\phi28^{0}_{-0.033}$ mm	5				
6		20 mm	2				
7		$50^{0}_{-0.21}$ mm	3				
8	内孔	$\phi26^{+0.033}_{0}$ mm	4	2			
9		20 ±0.084 mm	3				
10	外圆	$\phi42^{0}_{-0.025}$ mm	4	2			
11		$\phi38^{0}_{-0.039}$ mm	4	3			
12	长度	$40^{+0.1}_{0}$ mm	2				
13		125 ±0.16 mm	2				
14		10 mm	1				
15		10 ×4 mm	1				
16	其他	$C2$	1				
17		$C1$ 锐角倒钝	2				
18	安全技术与文明生产		15				
19	合计		100				

2. 车工实训项目总结报告

项目总结报告是在工件加工完毕后对该次项目实训的总结、体会及建议,也是对相关理论的巩固与提高。项目报告各项要求见表9-7。

表9-7　车工实训项目总结报告质量评价标准

班级＿＿＿＿＿学号＿＿＿＿＿日期＿＿＿＿＿教师＿＿＿＿＿得分＿＿＿＿＿

序号	项目要求	配分	自检结果	实测结果	得分
1	封面	10			

序号	项目要求	配分	自检结果	实测结果	得分
2	图样绘制正确，技术要求全面	15			
3	报告内容正确全面，书写认真，格式规范	50			
4	实习体会深刻	15			
5	提出合理建议、改进措施或创新观点	10			

3. 车工实训指导检查记录表

车工实训指导检查记录表记录各班学生实训期间每天的出勤、操作技能的掌握、加工进度、工量具的使用等情况，便于指导教师的检查和指导，见表9-8。

表9-8　车工实训指导检查记录表

__________学期　第__________周

<table>
<tr><td>时　间</td><td></td><td>星　期</td><td></td><td>指导教师</td><td></td></tr>
<tr><td>班　级</td><td></td><td>人　数</td><td></td><td>班　长</td><td></td></tr>
<tr><td>年　级</td><td></td><td>专　业</td><td></td><td>班主任</td><td></td></tr>
<tr><td>实习内容</td><td colspan="5"></td></tr>
<tr><td rowspan="7">检查记录</td><td rowspan="6">学生情况</td><td>姓　名</td><td colspan="3">原　因</td></tr>
<tr><td></td><td colspan="3"></td></tr>
<tr><td></td><td colspan="3"></td></tr>
<tr><td></td><td colspan="3"></td></tr>
<tr><td></td><td colspan="3"></td></tr>
<tr><td></td><td colspan="3"></td></tr>
<tr><td>实习情况</td><td colspan="4"></td></tr>
</table>

项目十 铣削、刨削加工与实训

任务1 掌握铣削加工基本技能

10.1.1 概述

1. 铣削加工特点及应用

(1)铣削加工特点

铣削加工是在铣床上使用旋转的多刃刀具(铣刀),对工件进行切削加工的一种方法。一般铣刀是多齿刀具,铣削时可采用较大的铣削深度和进给量,因此,铣削是一种生产效率比较高的加工方法。但是,铣削时切削力较大,而且切削力的变化也比较大,因此,要求铣床有较大的功率,还要求铣床和夹具有较好的刚性。一般来说,铣削属于粗加工和半精加工的范畴。

(2)铣削加工的应用

铣削的适用范围非常广,在铣床上可以铣削平面(水平面、垂直面)、台阶面、沟槽、成形面、螺旋槽、分度零件(齿轮、链轮、花键轴……)、切断以及刻线等,如图10-1所示。此外,还可用来钻孔和镗孔。一般铣床的加工精度为IT9 ~ IT7,表面粗糙度 R_a 为1.6 ~6.3 μm。

2. 安全文明实训

进行铣削加工时,必须严格遵守安全操作要求,坚持文明生产。

(1)安全技术

铣削的安全技术主要有以下方面。

①进入车间后,穿好工作服,扎紧袖口。女生必须戴工作帽,不得穿拖鞋操作铣床。

②操作时不准戴手套。

③铣削时,头不能离切削处。若是飞溅切屑,应戴好护目镜,以防切屑飞入眼睛。铣削铸铁工件时最好戴口罩。

④清除切屑要用毛刷,不可用手抓或用嘴吹。

⑤装拆铣刀要用揩布垫衬,不要用手直接握住铣刀。

⑥铣刀未完全停止转动前不得用手去触摸、制动。

⑦装卸和测量工件及调整机床时,必须停车。

⑧不准随便搬弄不熟悉的电气装置,如遇故障应请电工处理。

⑨工件、刀具和夹具都应当正确安装和牢固夹紧,不得有松动和变形现象。

⑩用扳手紧固刀杆上及拉杆螺钉上的锁紧螺母后,应立即取下,以防止开车时甩出

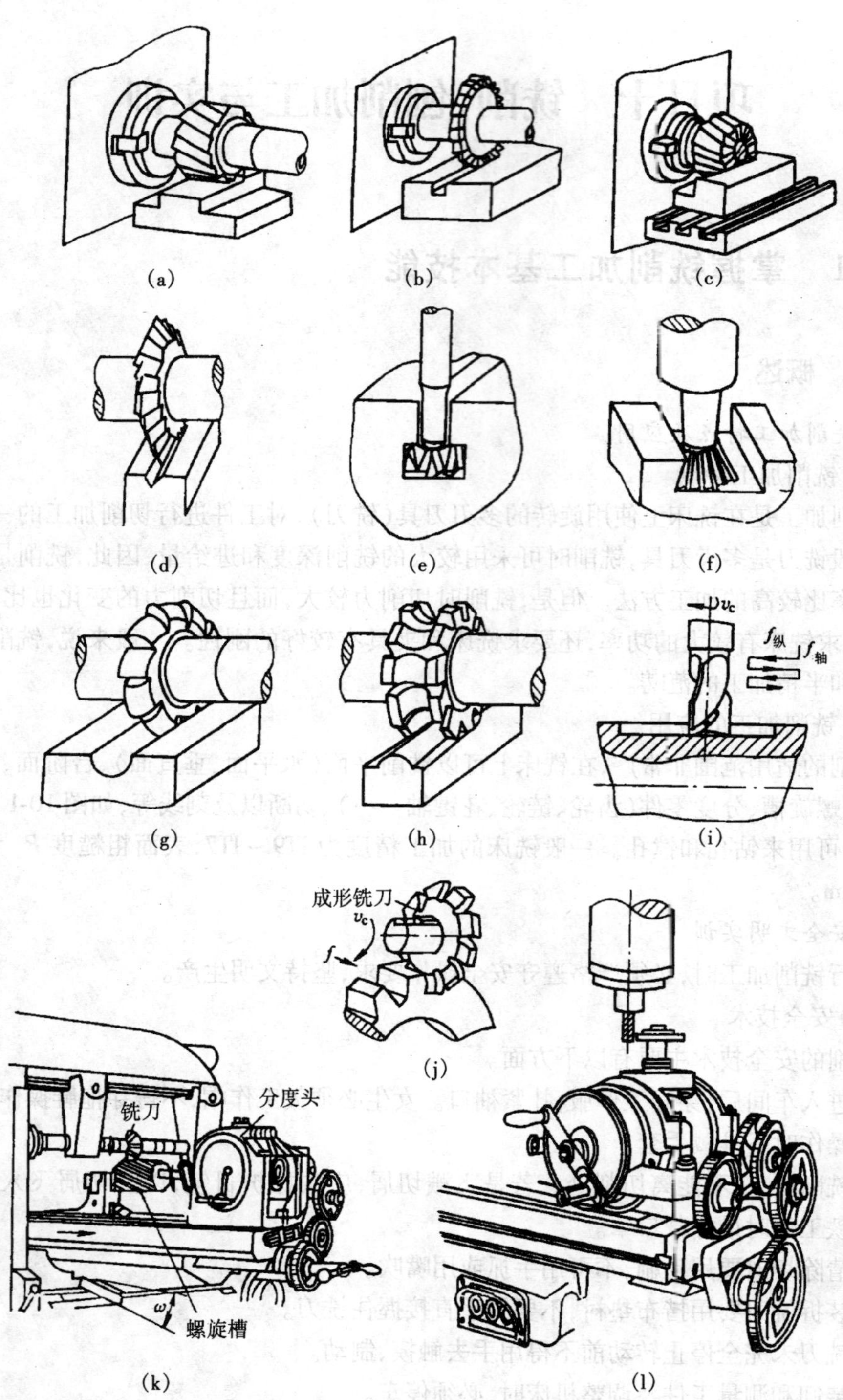

图 10-1　铣削加工的应用

(a)铣平面；(b)铣直槽；(c)铣台阶；(d)铣 V 形槽；(e)铣 T 形槽；(f)铣燕尾槽
(g)铣凹圆弧；(h)铣凸圆弧；(I)铣键槽；(j)铣齿轮；(k)铣螺旋槽；(l)铣凸轮

伤人。

⑪机床运转时不得离开，离开机床时必须切断总电源。

(2)安全文明生产

文明生产是操作工人科学操作的基本内容，反映了操作工人的技术水平和管理水平。文明生产包括以下几个方面。

1)机床保养

应做到严格遵守操作规程，熟悉机床性能和使用范围，并懂得一般调整和维护常识。平时应做好一般保养和润滑，使用一段时间后应定期对机床进行一级保养。

2)场地环境

操作者应保持场地清洁。刀、量具和工件应按要求摆放整齐，安放位置要便于操作。

3)工艺文件保管

操作工人使用的图样、工艺过程卡片等工艺文件是生产的依据，使用时必须保持清洁、完好，用后应妥善保管。在生产过程中使用的产品数量流转卡和工时记录单等生产管理文件，也应认真记录，保证其正常流转。

10.1.2 铣削基本知识

1. 铣床的种类

铣床的种类很多，常用的有以下几种。

(1)升降台式铣床

它的主要特征是有沿床身垂直导轨运动的升降台。工作台可随着升降台作上下(垂直)运动。工作台本身在升降台上面又可作纵向和横向运动，适宜于加工中小型零件。这类铣床按主轴位置可分为卧式和立式两种。

1)卧式铣床

如图10-2所示，其主要特征是主轴与工作台台面平行，成水平位置。铣削时，铣刀和刀轴安装在主轴上，绕主轴轴心线作旋转运动；工件和夹具装夹在工作台台面上作进给运动。

2)立式铣床

如图10-3所示，其主要特征是主轴与工作台台面垂直，主轴呈垂直状态。立式铣床安装主轴的部分称为立铣头。立铣头与床身结合处呈转盘状，并有刻度。立铣头可按工作需要左右扳转一定角度。

(2)龙门铣床

如图10-4所示，龙门铣床属于大型铣床。铣削动力机构安装在龙门导轨上，可作横向和升降运动。工作台安装在固定床身上，只能作纵向移动，适宜加工大型工件。

2. 基本知识

(1)铣床组成及主要技术规格

下面以X6132型铣床为例来介绍铣床组成及主要技术指标。

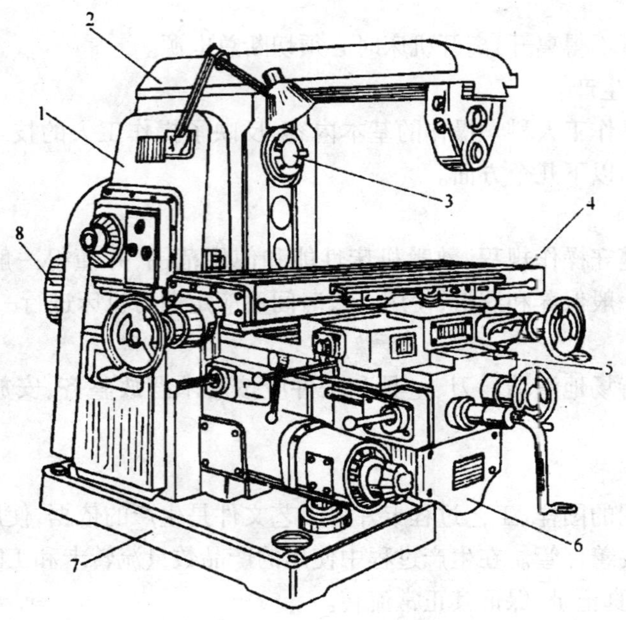

图 10-2　X6132 型卧式铣床

1—床身　2—横梁　3—主轴　4—纵向工作台　5—横向工作台
6—升降台　7—底座　8—主电动机

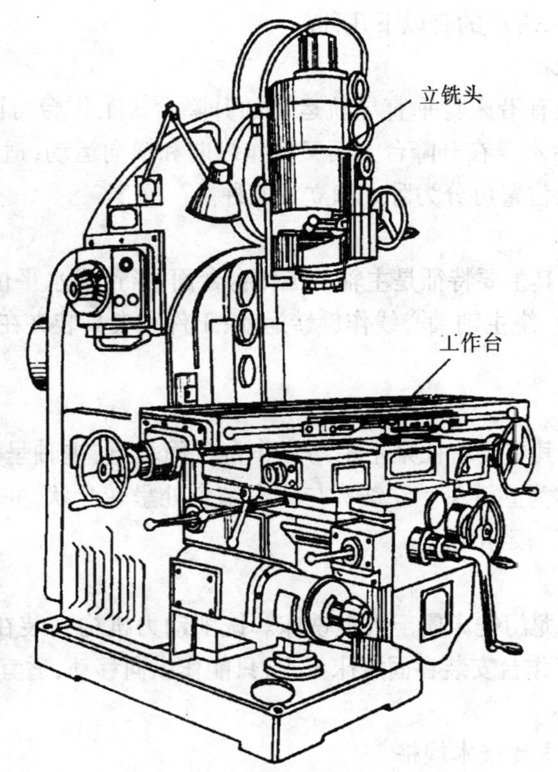

图 10-3　X5032 型立式铣床

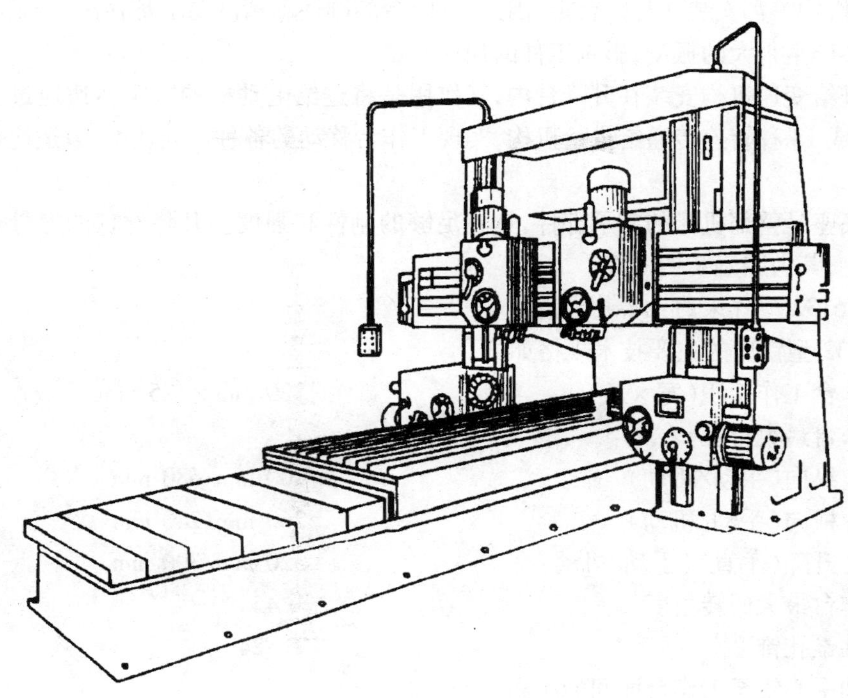

图 10-4　龙门铣床

X6132 是一种应用广泛的卧式万能升降台铣床。它具有转速高、功率大、刚性好及操作方便等特点,适用于单件小批量生产。

1)铣床的组成

X6132 型铣床如图 10-2 所示,其主要部件的作用简略介绍如下。

①床身是机床的主体,用来安装和连接机床其他部件,其刚性、强度和精度对铣削效率和加工质量影响很大。

②横梁安装在床身的顶部,可沿顶部导轨横向移动。横梁上装有挂架,其主要作用是支持刀轴的外端,以增加刀轴的刚性。

③主轴是前端带锥孔的空心轴,锥孔的锥度一般是 7∶24,铣刀刀轴就安装在锥孔中。主轴是铣床的主要部件,要求旋转时平稳、无跳动和刚性好。

④主轴变速机构安装在床身内,其作用是将主电动机的额定转速通过齿轮,变换成 18 种不同转速传递给主轴,以适应铣削的需要。

⑤纵向工作台用来安装夹具和工件,并带动工件作纵向移动,工作台上有三条 T 形槽,用来安放 T 形螺钉以固定夹具或工件。

⑥横向工作台在纵向工作台下面,用来带动纵向工作台横向移动。万能铣床的横向工作台与纵向工作台之间设有回转盘,可供纵向工作台在 ±45°范围内扳转所需要的角度。

⑦升降台安装在床身前侧的垂直导轨上,中部有丝杠与底座螺母相连接。升降台主要用来支持工作台,并带动工作台上下移动。工作台及进给系统中的电动机、变速机

构、操纵机构等都安装在升降台上，因此，升降台的刚性和精度要求都很高，否则在铣削过程中会产生很大的振动，影响工件的加工质量。

⑧进给变速机构安装在升降台内，其作用是将进给电动机的额定转速通过齿轮变速，变换成 18 种转速传递给进给机构，实现工作台移动的各种不同速度，以适应铣削的需要。

⑨底座是整部机床的支承部件，具有足够的刚性和强度。升降丝杠的螺母也安装在底座上，其内腔盛装切削液。

2) X6132 型铣床的主要技术规格

X6132 型铣床的主要技术规格如下。

工作台工作面积（宽×长）	320 mm×125 mm
工作台最大行程	
纵向（手动/机动）	700 mm/680 mm
横向（手动/机动）	260 mm/240 mm
升降（垂直）（手动/机动）	320 mm/300 mm
工作台最大回转角度	±45°
主轴锥孔锥度	7∶24
主轴中心线至工作台面间的距离	
最大	350 mm
最小	30 mm
主轴中心线至横梁的距离	155 mm
床身垂直导轨至工作台中心的距离	
最大	470 mm
最小	215 mm
主轴转速（18 级）	30～1 500 r/min
工作台纵向、横向进给量（18 级）	23.5～1 180 mm/min
工作台升降进给量（18 级）	8～400 mm/min
工作台纵向、横向快速移动速度	2 300 mm/min
工作台升降快速移动速度	770 mm/min
主电动机功率×转速	7.5 kW×1 450 r/min
进给电动机功率×转速	1.5 kW×1 410 r/min
最大载重量	500 kg

(2)铣刀的种类

铣刀是一种多刃刀具。在铣削时，铣刀每个刀刃不像车刀和钻头那样连续地进行切削，而是每转中只参加一次切削，其余大部分时间处于停歇状态，因此有利于散热。加之铣刀在切削过程中是多刃进行切削，故生产效率高。

铣刀的种类很多，通常的分类方法如下。

1）按铣刀切削部分的材料分类

按切削部分的材料，铣刀分为高速钢铣刀和硬质合金铣刀。

高速钢铣刀有整体和镶齿的两种。一般形状比较复杂的铣刀，大多用高速钢制造。尺寸较小的铣刀做成整体的，较大的铣刀做成镶齿的。

硬质合金铣刀大多不是整体的，硬质合金刀片以焊接或机械夹固的方式镶装在铣刀刀体上。

2）按铣刀的用途分类

按用途的不同，铣刀分为加工平面用的铣刀、加工沟槽用的铣刀和加工特形面用的铣刀。

加工平面用的铣刀主要有端铣刀和圆柱铣刀。加工较小的平面，也可用立铣刀和三面刃铣刀。

加工沟槽用的铣刀主要有立铣刀、三面刃铣刀、键槽铣刀、盘形槽铣刀和锯片铣刀等；加工特性槽铣刀、燕尾槽铣刀和角度铣刀等。

加工特形面用的铣刀是根据特形面的形状而专门设计的成形铣刀，所以又称为特形铣刀。

3）按铣刀刀齿的构造分类

按构造的不同，铣刀分为尖齿铣刀和铲齿铣刀。

尖齿铣刀在垂直于刀刃的截面上，其齿背的截形是由直线或折线组成的，如图10-5（a）所示。这类铣刀制造和刃磨均较容易，刃口较锋利。

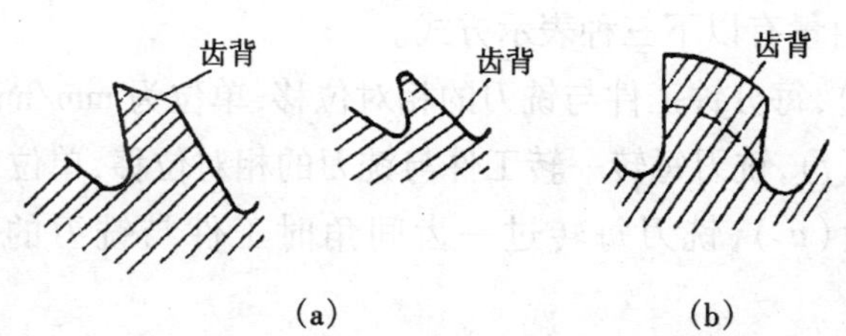

图10-5　铣刀刀齿的构造形式

（a）尖齿铣刀刀齿截面；（b）铲齿铣刀刀齿截面

铲齿铣刀在刀齿截面上，其齿背的截形是一条阿基米德螺旋线，如图10-5（b）所示。齿背必须在铲齿机上铲出。这类铣刀刃磨后，只要前角不变，齿形也不变。

(3)铣削加工

1）铣削运动

铣削运动包括主运动和进给运动。

铣刀的旋转运动是主运动，是铣削运动中速度最高、消耗铣床动力最大的运动。

工件的直线运动、旋转运动或两者的合成运动是进给运动。如图10-6所示，v_c为主运动，v_f为进给运动。

2）铣削用量

铣削用量包括以下四个部分。

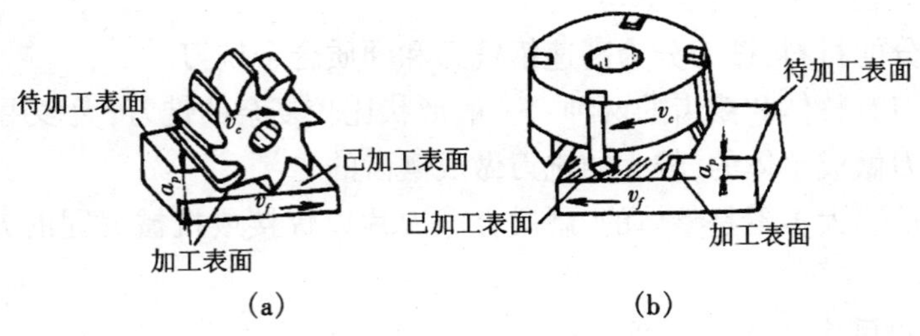

图 10-6 铣削运动和铣削用量

(a)圆柱铣刀铣削;(b)端铣刀铣削

①铣削速度(v_c),即为铣刀最大直径处的线速度,可以用下式计算:

$$v_c = \pi Dn/1\ 000$$

式中:v_c 为铣削速度(m/min);D 为铣刀外径(mm);n 为铣刀转速(r/min)。

根据上式可知,铣刀的转速越高,直径越大,铣削速度 v_c 就越大。由于影响铣刀耐用度的是铣削速度而不是转速,因此,在实际工件中应先选合适的铣削速度。转速与铣削速度的关系可以用下式表示:

$$n = 1\ 000v_c/D$$

②铣削宽度(a_e),即铣刀在一次进给中所切掉工件表层的宽度,单位为 mm。

③铣削深度(a_p),即铣刀在一次进给中所切掉工件表层的厚度,也就是指工件的已加工表面与待加工表面的垂直距离,单位为 mm。

④进给量。进给量有以下三种表示方式。

i. 进给速度(v_f),每分钟工件与铣刀的相对位移,单位为 mm/min 。

ii. 每转进给量(f),铣刀每转一转工件与铣刀的相对位移,单位为 mm/r。

iii. 每齿进给量(a_f),铣刀每转过一齿间角时工件与铣刀的相对位移,单位为 mm/Z。

它们三者的关系为

$$v_f = fn = a_f Zn$$

式中:n 为铣刀转速(r/min);Z 为铣刀齿数。

在实际工作中,按 v_f 来调整机床进给量大小。

选择铣削用量时,应在保证铣削加工质量和工艺系统刚性所允许的前提下,首先选用较大的铣削宽度和铣削深度,再选用较大的每齿进给量,最后确定铣削速度。

3)切削液的作用

切削液主要有以下三种作用。

①冷切作用。在铣削过程中会产生大量的热能,充分浇注切削液,能带走大量热量和降低温度,有利于提高生产率和产品质量。

②润滑作用。切削液可以减少切削过程中的摩擦,减少切削阻力,显著提高表面质量和刀具耐用度。

③冲洗作用。在浇注切削液时,能把铣刀齿槽中和工件上的切屑冲去,尤其在铣削沟槽等切屑不易排出的地方,较大流量的切削液能把切屑冲出来,使铣刀不会因切屑阻塞而影响切削和表面质量。

10.1.3 铣削加工基本技能

1. 项目实训内容及其加工工艺

(1)铣削加工项目实训内容

铣削加工项目实训内容为加工阶台式键,如图10-7所示。

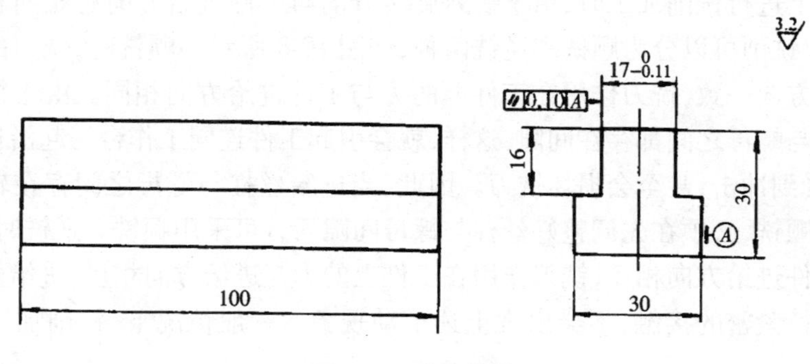

图10-7 阶台式键

(2)项目加工步骤

阶台式键在X6132型铣床上加工,其加工步骤如下。

1)选择铣刀

根据阶台尺寸6.5、16,选用一把80×10×27规格,齿数为18的错齿三面刃铣刀。

2)选择铣削用量

根据尺寸精度、表面粗糙度及工件余量,选择 $a_p = 16$ mm、$a_f = 0.04$mm/Z、$v_c = 28$ m/min。经计算取 $n = 118$ r/min、$v_f = 75$ mm/min。

3)工件装夹与校正

工件用平口钳装夹,并先校正固定钳口。然后,将 A 基准面紧贴固定钳口、夹紧,以保证平行度的要求。

4)对刀

采用擦边法进行对刀。

①调整铣削宽度,在 A 基准面上贴纸擦边后,横向移动6.5 mm。

②调整铣削深度,在工件上平面贴纸擦边后,工作台上升16 mm。

5)铣削

第一个阶台侧面铣完后,工作台横向移动27(10+17)mm,因铣刀有摆动,一般可多摇一点,试切测量后再作调整,以保证 $17^{0}_{-0.11}$ 尺寸,然后铣出第二阶台侧面。

6)检测

用卡尺测量尺寸,用百分表和平板测量平行度要求。

2. 基本技能

(1)平面的铣削

平面是组成机械零件的基本表面之一,可在卧式铣床上用圆柱铣刀和端面铣刀铣出。

1)用圆柱铣刀铣平面

铣平面的圆柱铣刀有直齿和螺旋齿两种。用螺旋齿铣刀铣削时,刀齿逐渐切入工件,切削比较平稳,因此圆柱螺旋齿铣刀应用较广泛。

a. 逆铣和顺铣

在铣床上进行铣削加工时,由于铣刀旋转方向与工件进给方向有相同和相反的两种情况,所以铣削可以分为顺铣和逆铣两种,如图 10-8 所示。顺铣时,铣刀的旋转方向与工件进给方向一致,铣刀作用在工件上的力与工件进给方向相同。由于机床进给机构中的丝杠与螺母之间都存在间隙,这样,就会引起工件连同工作台一起沿进给方向窜动,使铣刀受到冲击,甚至会损坏铣刀。因此,当进给丝杠与螺母之间存在较大间隙时不应该采用顺铣,必须在先调整好丝杠与螺母间隙后方可采用顺铣。逆铣时,铣刀的旋转方向与工件进给方向相反,铣刀作用在工件上的力与进给方向相反,进给丝杠与螺母之间总是保持紧密的接触,不会出现上述窜动现象。一般情况下,铣削加工多采用逆铣。

顺铣虽然存在上述缺点,但是与逆铣相比,也有其优点,如消耗功率小,刀刃磨损小,铣削时铣刀一直压在工件上,工作比较平稳,振动小,加工表面粗糙度较小。所以在精铣时,有时也采用顺铣。

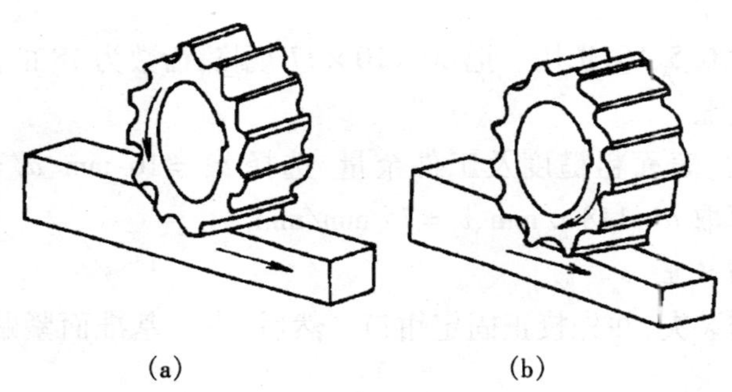

图 10-8　顺铣和逆铣

(a)顺铣;(b)逆铣

b. 铣平面的步骤

铣平面的步骤如下。

①装夹工件。在铣床上装夹工件的方法很多,将工件装夹在平口钳上加工是较常见的方法之一,如图 10-9(a)所示,这种方法适宜加工较小的工件。装夹时,工件的基准面要贴紧固定钳口。若工件基准面与固定钳口不贴合,可在活动钳口处放一根圆棒或一条窄长而较厚的铜板来调整,如图 10-9(b)所示。

②对刀。开车使铣刀旋转，摇动升降、纵向和横向手柄，升高工作台使工件和铣刀稍微接触；将升降手柄上的刻度盘调整至零线，降下工作台，使工件与铣刀脱离，停车。

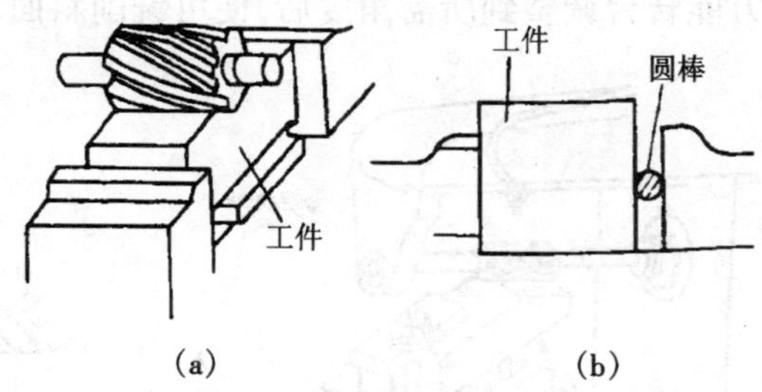

图 10-9　用平口钳装夹铣垂直面

③退出工件。摇动纵向工作台，使工作退出。

④调整铣削深度。摇升降手柄，使工作台回复到原来位置，然后利用刻度盘将工作台升高到规定的铣削深度，紧固升降工作台和横向工作台。

⑤进给。开车使铣刀旋转，手动使工作台纵向进给，当工件被稍微切入后改为自动进给，通常采用逆铣。

⑥下降工作台。铣完一遍后，停车，下降工作台。

⑦退回。退回工作台，测量铣后尺寸，检查表面粗糙度，重复铣削到规定要求。

2)用端铣刀铣平面

用端铣刀在卧式铣床上铣削平面，常用压板将工件直接安装在工作台台面上(图 10-10)，也可用平口钳夹紧工件。这两种方式仅用于铣削与工作台台面垂直的平面。

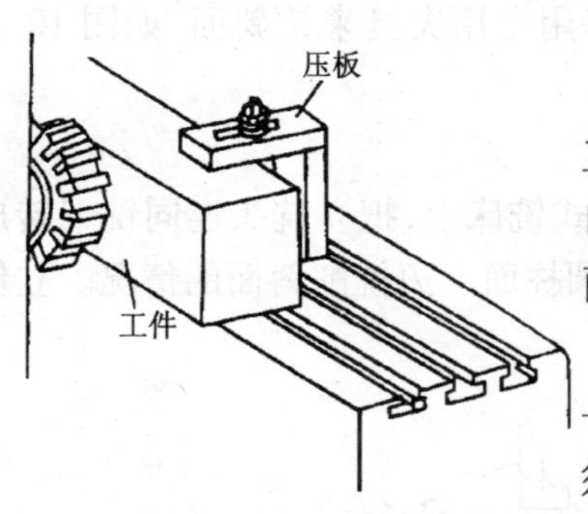

图 10-10　用端铣刀铣平面

为了避免加工表面出现接刀痕迹，铣刀的直径一般取工件宽度的 1.2 ~ 1.5 倍为宜。装夹时工件必须伸出工作台内侧面。铣削时，应使作用于工件上的切削分力方向压向工作台，切屑应向下飞溅。

(2)斜面的铣削

斜面是指零件上与基准面成一倾斜角的平面。斜度大的斜面一般用度数表示；斜度小的的斜面一般用比值表示。在铣床上铣削斜面，通常有以下三种方法。

1)按工件倾斜所需角度铣削斜面

对于按工件倾斜所需角度铣削斜面，又主要有以下三种方法。

①按划线铣斜面。如图 10-11 所示，铣削斜面之前，在毛坯上按照图样尺寸划出斜面的位置线，根据划好的线，将工件装在平口钳上并找正到与工作台台面平行。装夹时最好使钳口与进给方向垂直，避免由于铣削力的作用而使工件松动。

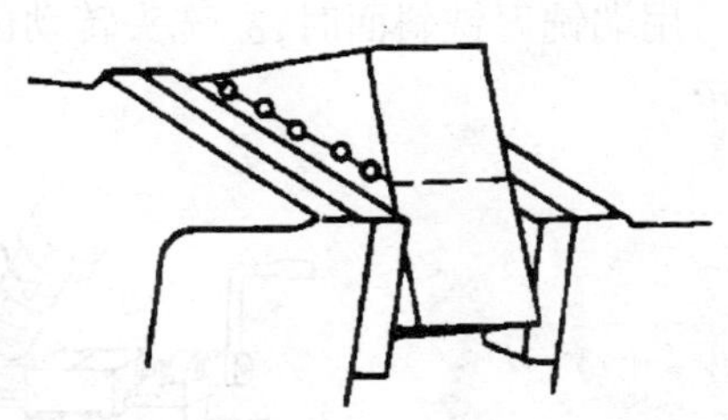
图 10-11　按划线加工斜面

②在万能转台上铣斜面。如图 10-12 所示，工件夹紧在万能转台上。万能转台除了能够绕垂直轴旋转外还能绕水平轴旋转，转动的角度大小，可从刻度盘上读出。只要

将万能转台调整到所需角度后,便可铣削斜面。

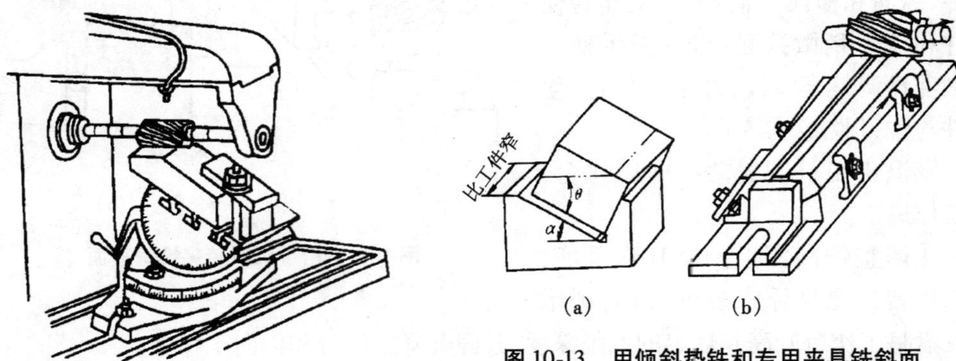

图 10-12　在万能转台上铣斜面

图 10-13　用倾斜垫铁和专用夹具铣斜面

(a)垫铁;(b)专用夹具

③用倾斜垫铁和专用夹具铣斜面。如图 10-13(a)所示,将工件的基准面下面加垫铁,则斜面与基准面之间的夹角就是倾斜垫铁的斜角:$\theta=\alpha$。用这种方法加工斜面,装夹便捷,适合小批量生产。在大批量生产时,通常采用专用夹具来铣斜面,如图 10-13(b)所示。

2)转动立铣头铣斜面

在立铣头可回转的立式铣床或装有立铣头的卧式铣床上,把立铣头连同铣刀转成所需要的角度来铣斜面。图 10-14 为用立铣头上的圆柱面刀刃铣削斜面的情况。立铣头主轴应转动的角度为 $\alpha=90°-\theta$。

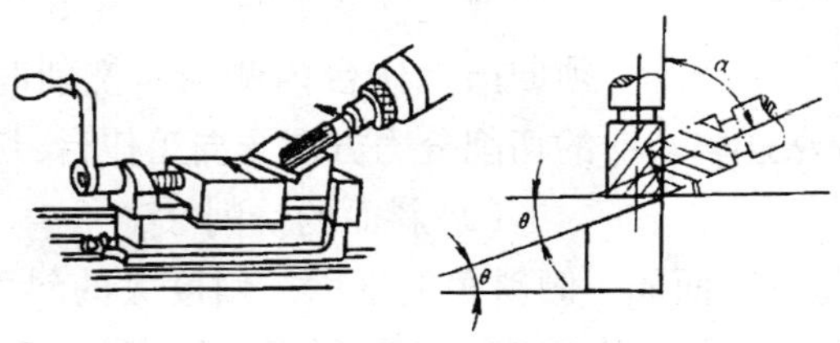

图 10-14　用立铣头上的圆柱面刀刃铣斜面

用端铣刀铣斜面时,立铣头转动的角度等于工件斜面的角度,即 $\alpha=\theta$,如图 10-15 所示。

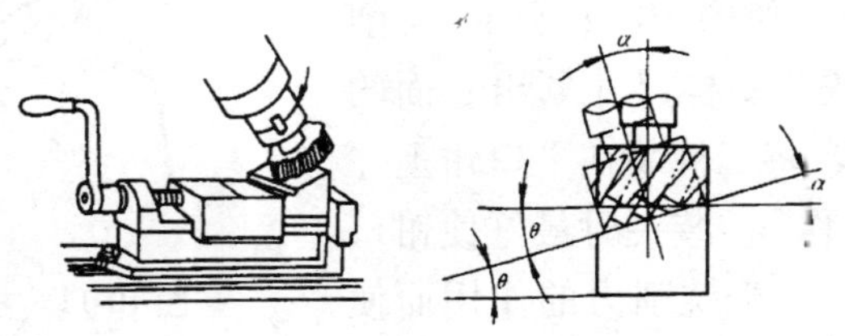

图 10-15　用端铣刀铣斜面

3）用角度铣刀铣角度较小的斜面

角度较小的斜面可用角度铣刀直接铣出，所铣斜面的角度由铣刀的角度来保证，如图 10-16 所示。当工件数量较多时，为了保证质量和提高生产效率，也可以将多把铣刀组合起来进行铣削，如图 10-17 所示。

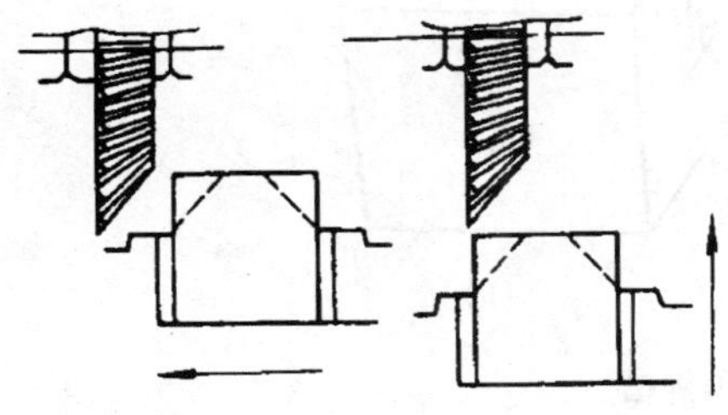

图 10-16　用一把单角铣刀铣斜面

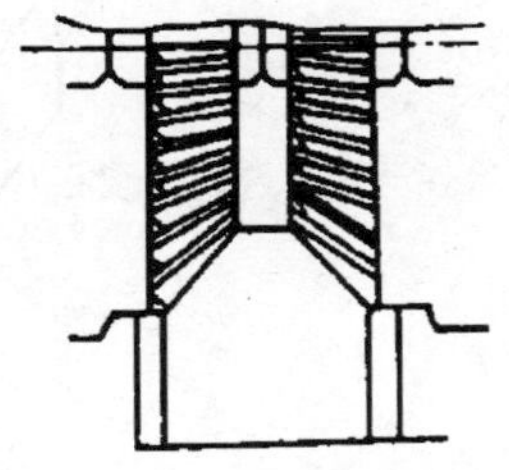

图 10-17　用两把单角铣刀铣斜面

（3）阶台和直角沟槽的铣削

1）铣削阶台

铣削工件上的阶台面通常用三面刃铣刀或立铣刀。在卧式铣床上使用三面刃铣刀铣阶台面时（如图 10-18），应注意：

①铣刀宽度 B 应大于被铣削的阶台宽度；

②铣刀直径 D 在满足阶台深度的前提下选得越小越好；

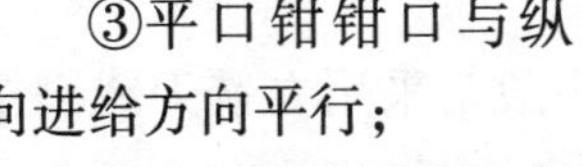

③平口钳钳口与纵向进给方向平行；

④先调整铣削深度 a_p，后调整铣削宽度 a_e。

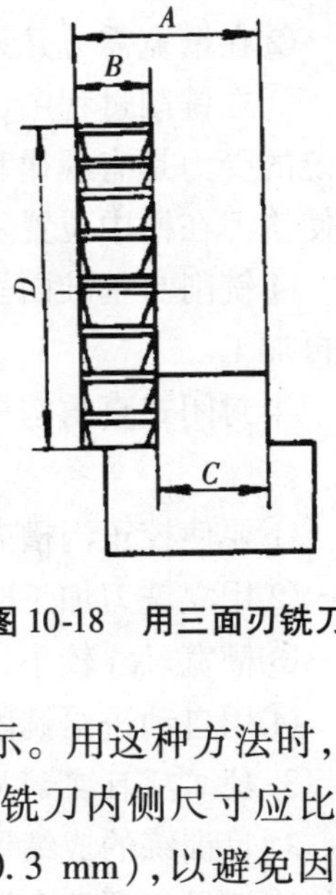

A
B
D
C

图 10-18　用三面刃铣刀

在成批生产时，工件上阶台面可以采用组合铣刀来加工，如图 10-19 所示。用这种方法时，两把铣刀的直径应该相等，两铣刀内侧尺寸应比零件的实际尺寸大些（0.1 ~ 0.3 mm），以避免因铣刀产生轴向摆动而使铣出的尺寸减小，并应进行多次试刀。

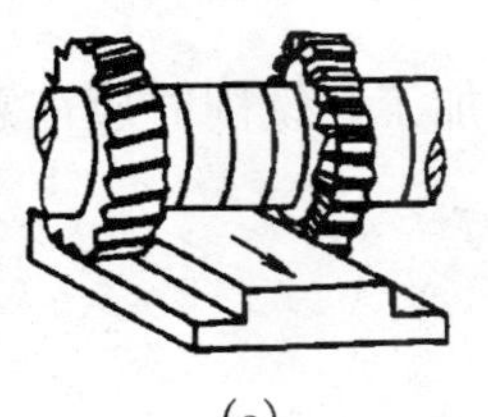

（a）

铣刀之间的宽度
工件宽度
跳动量

（b）

图 10-19　用组合铣刀铣阶台

（a）示意图；（b）位置图

2）铣削直角沟槽

可以在卧式铣床上用盘形铣刀铣直角沟槽，如图 10-20（a）所示，也可以在立式铣床上用立铣刀铣直槽，如图 10-20（b）所示。工件上的直角沟槽按其结构形式分为敞开式、封闭式和半封闭式三种。

敞开式直角沟槽可用三面刃铣刀加工，铣削

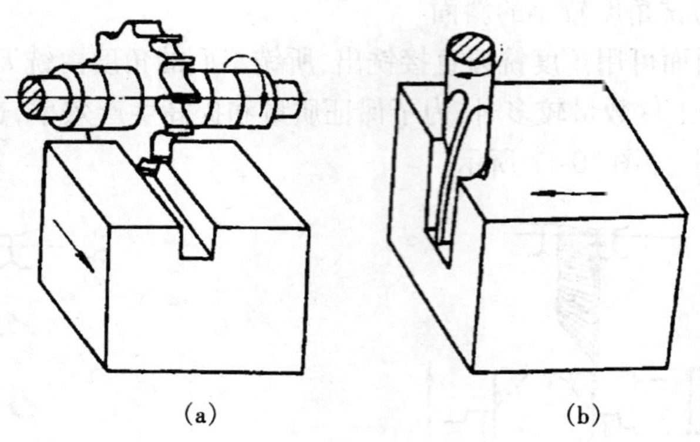

图 10-20 铣削直角沟槽

(a)用盘形铣刀铣削;(b)用立铣刀铣削

时应注意如下事项。

①要注意铣刀的轴向摆差,以免造成沟槽宽度尺寸超差。

②在槽宽需分几刀铣至尺寸时,要注意铣刀单面切削时的让刀现象。

③在铣削过程中,不能中途停止进给,也不能退回工件。因为在铣削中,整个工艺系统的受力是有规律和方向性的,一旦停止进给,铣刀原来受到的铣削力发生变化,必然使铣刀在槽中位置发生变化,使沟槽的尺寸发生变化。

④铣削与基准面呈倾斜角度的直角沟槽时,应将沟槽校正到与进给方向平行的位置再加工。

半封闭式直角沟槽一般都采用立铣刀或键槽铣刀来加工。铣削时应注意如下事项。

①要使校正沟槽方向与进给方向一致。

②用立铣刀加工时,要先钻落刀孔。

③槽宽尺寸较小,铣刀的强度、刚性都较差时,应分层铣削。

④用自动进给铣削时,不能铣到头,要预先停止,改用手动进给,以免铣过尺寸。

3. 铣工项目实训质量标准

项目训练的成绩评定为阶台式键质量评定、铣工实训项目总结报告和铣工实训指导检查记录三项综合评定。

(1)阶台式键质量检测标准

阶台式键质量检测标准见表 10-1,在操作过程中学生应对照该标准边加工,边测量,不断自检,不断修整,不断完善。

表 10-1　阶台式键质量检测标准

班级________学号________日期________教师________得分________

序号	项目与技术要求		配分		自测结果	实测结果	得分
			IT	R'_a			
1	宽度	$17^{0}_{-0.11}$ mm	15	5			
2		6.5 mm	5				
3		30 mm	5	5			
4	高度	30 mm	5	5			
5		16 mm	5	5			
6		// 0.10 A	20				
7	长度	100 mm	5	5			
8	安全文明生产		15				
合计			100				

(2)铣工实训项目总结报告

项目总结报告是在工件加工完毕后对该次项目实训的总结、体会及建议,也是对相关理论的巩固与提高。项目报告各项要求见表 10-2。

表 10-2　铣工实训项目总结报告质量评价标准

班级________学号________日期________教师________得分________

序号	项目要求	配分	自检结果	实测结果	得分
1	封面	10			
2	图样绘制正确,技术要求全面	15			
3	报告内容正确全面,书写认真,格式规范	50			
4	实习体会深刻	15			
5	提出合理建议、改进措施或创新观点	10			

(3)铣工实训指导检查记录表

铣工实训指导检查记录表记录各班学生实训期间每天的出勤、操作技能的掌握、加工进度、工量具的使用等情况,便于指导教师的检查和指导,见表 10-3。

表 10-3　铣工实训指导检查记录表

________学期　第________周

时　间		星　期		指导教师	
班　级		人　数		班　长	
年　级		专　业		班主任	

续表

<table>
<tr><td>实习内容</td><td colspan="3"></td></tr>
<tr><td rowspan="10">检查记录</td><td rowspan="9">学生情况</td><td>姓　名</td><td>原　因</td></tr>
<tr><td></td><td></td></tr>
<tr><td></td><td></td></tr>
<tr><td></td><td></td></tr>
<tr><td></td><td></td></tr>
<tr><td></td><td></td></tr>
<tr><td></td><td></td></tr>
<tr><td></td><td></td></tr>
<tr><td></td><td></td></tr>
<tr><td>实习情况</td><td colspan="2"></td></tr>
</table>

任务 2　掌握刨削加工基本技能

10.2.1　概述

1. 刨削加工特点及应用

(1)刨削加工特点

刨削加工是在刨床上,利用刨刀(或工件)的直线往复运动进行切削加工的一种方法。

刨削加工的切削速度低,加工精度和表面加工质量不高。由于切削运动有空回程,所以生产效率也比较低,在大批量生产中常被铣削、拉削所代替。但刨削加工的生产准备周期短,刀具制造简单,装夹方便;在加工窄长平面或采用强力刨削方式时,仍能获得较高的生产效率;使用宽刀精刨,还可获得较理想的表面粗糙度和较高的平面度。因此,刨削加工在生产中仍占有一定地位。

(2)刨削加工的应用

刨削加工用于单件、小批生产时,对零件上各类平面、斜面、沟槽以及素线为直线的特殊形面等进行加工,如图 10-21 所示。

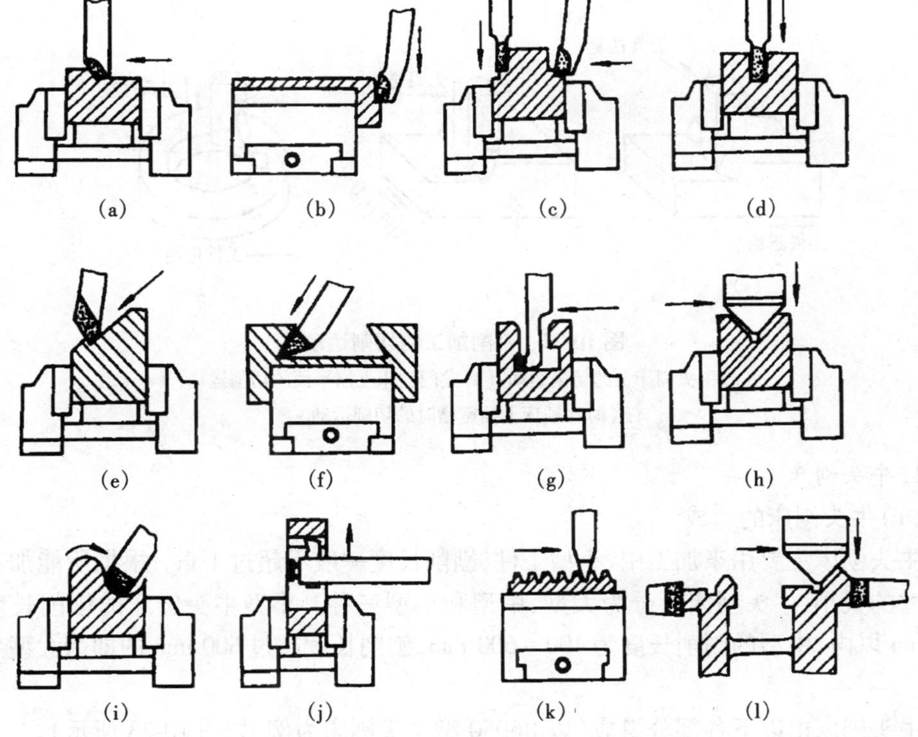

图 10-21　刨削加工的应用

(a)刨平面;(b)刨垂直面;(c)刨台阶面;(d)刨直角沟槽;(e)刨斜面;(f)刨燕尾形工件;(g)刨 T 形槽;(h)刨 V 形槽;(i)刨曲面;(j)刨孔内键槽;(k)刨齿条;(l)刨复合表面

2. 安全文明实训

(1)安全技术

在刨床上工作,必须遵守下列安全技术要求。

①进入车间应穿好工作服,女生应戴好工作帽。

②工作时的操作位置要正确,不得站立在工作台的前面,以防止切屑和工件飞出伤人。

③刨床运行时,严禁变动齿轮变速、调整机床、清除切屑、测量工件等操作。

④刨床开动后,绝不允许离开刨床,若发现刨床有异常情况,应立即停车,请电工检查。

(2)文明实训

刨工的文明生产可参照铣工的文明生产要求进行。

10.2.2　刨削基本知识

刨工是操作刨床(或插床)进行刨削加工的工种。刨削主要用于加工平面和沟槽,也可以加工曲面。图 10-22(a)、(b)、(c)分别表示在牛头刨床、龙门刨床上刨平面及在插床上插键槽时的切削运动。

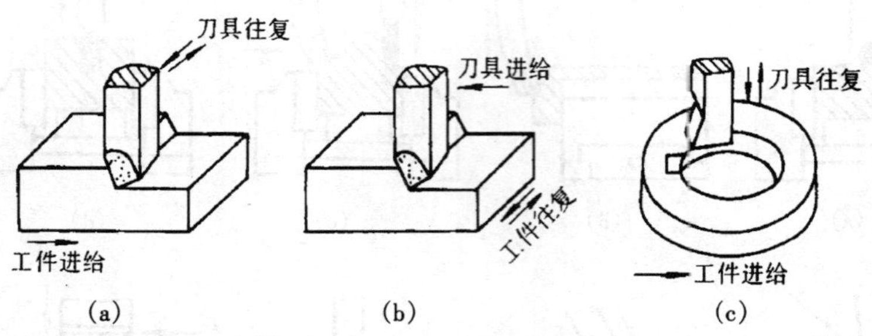

图 10-22　刨削加工的切削运动

(a)牛头刨床上的切削运动;(b)龙门刨床上刨平面的切削运动;

(c)在插床上插键槽时的切削运动

1. 牛头刨床

(1)牛头刨床的组成

牛头刨床主要用来加工中、小型工件,刨削长度一般不超过 1 m。根据所能加工工件尺寸的大小,牛头刨床可分为大型、中型和小型三种。小型牛头刨床的刨削长度在 400 mm 以内,中型的刨削长度为 400 ~ 600 mm,刨削长度超过 600 mm 的即为大型牛头刨床。

牛头刨床由以下各部分组成(以 B6050 型牛头刨床为例,如图 10-23 所示)。

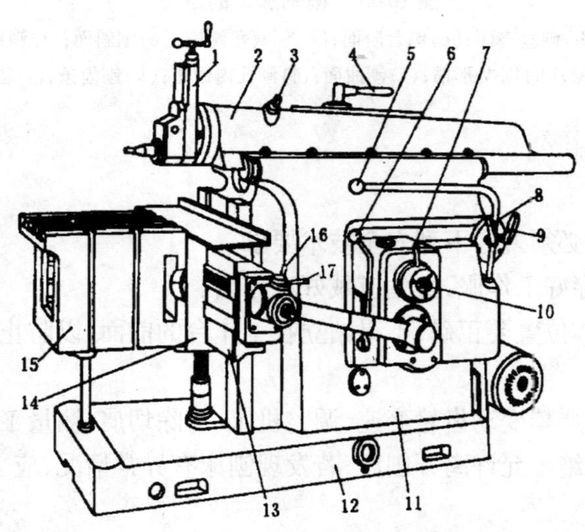

图 10-23　B6050 型牛头刨床

1—刀架　2—滑枕　3—调节滑枕位置手柄　4—紧定手柄

5—操纵手柄　6—工作台快速移动手柄　7—进给量调节手柄

8、9—变速手柄　10—调节行程长度手柄　11—床身　12—底座

13—横梁　14—拖板　15—工作台　16—工作台横向或垂句进给转换手柄　17—进给运动换向手柄

1)床身与底座

床身是刨床的基础件,刨床的主要部件和机构都装在它上面。它是一个箱形铸铁壳体,箱体内部装有运动传动装置、变速机构和曲柄摇杆机构等。床身上部装有两个斜压板,它们与床身上平面组成的燕尾导轨供滑枕移动之用。床身前侧为垂直的矩形导轨,横梁可沿该导轨面上下移动。

底座用螺柱与床身联接,中部呈凹形用以贮放润滑油;底座下面垫入调整垫铁,用地脚螺栓固定在地基上。

2)横梁

横梁装在床身前侧的垂向导轨上,其凹槽中装有工作台横向进给丝杠和传动横梁升降丝杠用的一对圆锥齿轮及光杠。转动光杠可使横梁沿着垂向导轨移动,即可使工作台升降。

3)工作台

工作台上平面和侧面上的T形槽用于固定工件或夹具。工作台与拖板连接,拖板装在横梁的侧面导轨上,可作横向移动。工作台和拖板在接合面的中部用圆柱凸台定位,托板上有环状的T形槽,其外缘上刻有刻度,用4个螺钉固定工作台。使用这一结构可以把工作台转成一定角度,以适应刨削不同角度的斜面。

4)滑枕

滑枕是牛头刨床上的主要运动部件。为了减少滑枕的运动惯性和提高其刚度,滑枕做成空心结构,内部有加强肋。滑枕内部还装有调整其行程位置的机构,由一对圆锥齿轮和丝杠组成。滑枕的前端有环状T形槽,用来装夹刀架和调节刀架的偏转角度。滑枕下部有燕尾导轨,它与床身上的水平导轨配合(其配合间隙由斜压铁来调节),由曲柄摇杆机构传动,在水平导轨内作往复直线运动。

5)刀架

刀架用于装夹刨刀,如图10-24所示,并使刨刀沿垂向移动或倾斜角度。

转动手柄1,拖板13做垂向移动,用来调整吃刀量,其调整值可在刻度环2上读出。刨削斜面时,松开T形螺柱5的紧固螺母,扳动拖板13,倾斜至要求角度后再将紧固螺母拧紧,角度值在刻度盘6上读出。

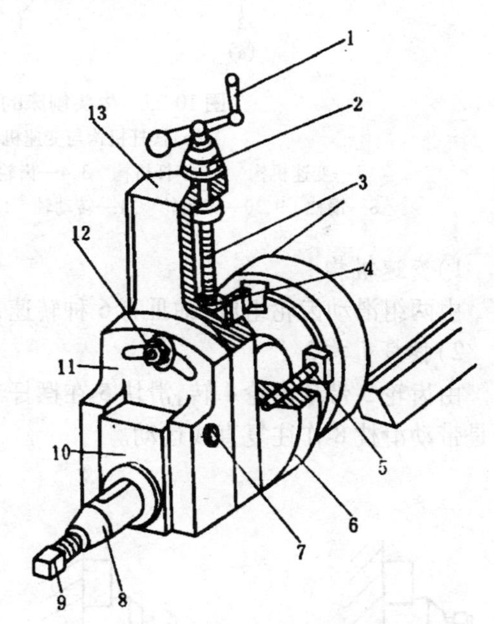

图10-24 牛头刨床刀架

1—手柄 2—刻度环 3—丝杠 4—螺母 5—T形螺柱 6—刻度转盘 7—铰链销 8—夹刀座 9—紧固螺钉 10—拍板 11—拍板座 12—拍板座紧固螺母 13—拖板

刨刀装在夹刀座8的方孔内,拍板10与拍板座11用铰链销7连接,两者用凹槽配合,这样在回程时拍板可以绕铰链销向前上方抬起,以减少滑枕回程时刨刀与工件已加工表面之间的摩擦。旋松螺母12,可使拍板座沿弧形槽在拖板平面上作±15°的偏转,以便于刨削侧面和斜面。

(2)牛头刨床的传动系统及机构调整

牛头刨床的传动系统、各机构的运动及调整如图10-25所示。其中主要包括下述内容。

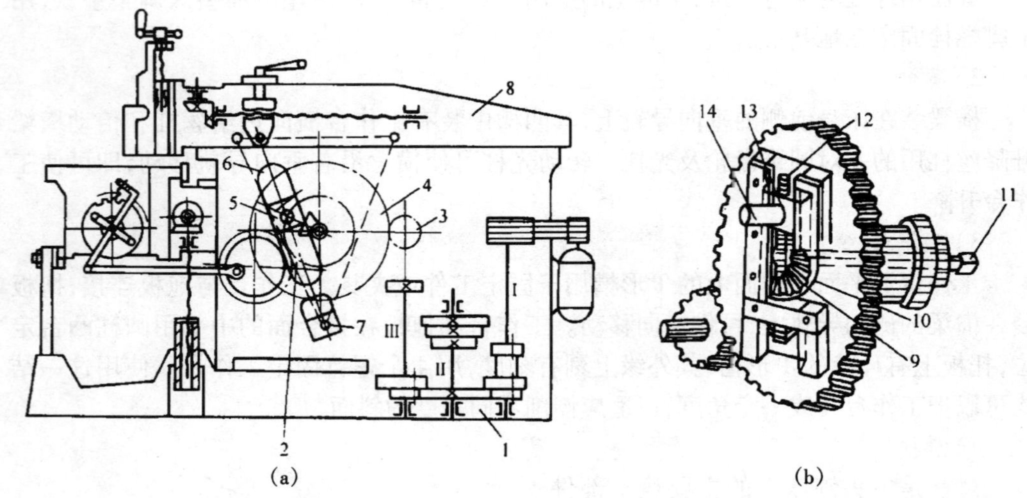

图10-25 牛头刨床的传动系统及机构调整

(a)摆杆机构与变速机构;(b)调整滑枕行程

1—变速机构 2—摆杆机构 3,4—齿轮机构 5—滑块 6—摆杆 7—下支点 8—滑枕 9,10—锥齿轮 11—转动轴 12—小丝杆 13—偏心滑块 14—曲轴销

1)变速机构1

由两组滑动齿轮组成,轴Ⅲ有6种转速,使滑枕变速。

2)摆杆机构2

由齿轮3带动齿轮4转,滑块5在摆杆6槽内滑动并带动摆杆6绕下支点7摆动,于是带动滑枕8作往复直线运动。

3)滑枕行程长度的调整

转动轴11,带动锥齿10和9、小丝杆12的转动,使偏心滑块13移动,曲柄销14带动滑块5改变偏心位置,从而改变滑枕的行程长度。

2.刨刀

刨刀的几何参数与车刀相似,但由于刨削加工的不连续性,刨刀切入工件时,受到较大的冲击力,所以一般刨刀刀杆的横截面均较车刀大1.25~1.5倍。刨刀切入工件时,若受到较大的切

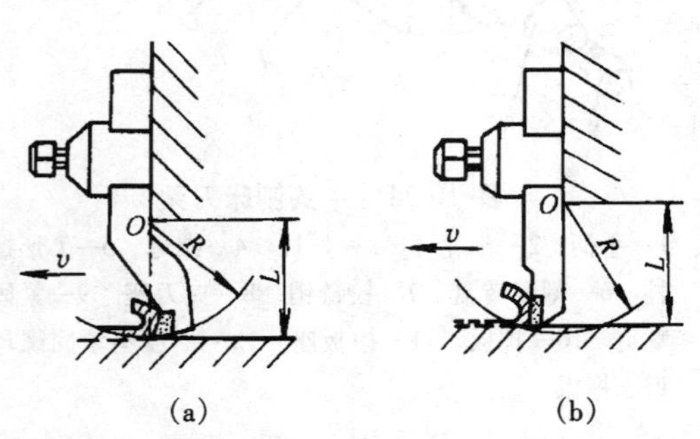

图10-26 弯头刨刀和直头刨刀的比较

(a)弯头刨刀;(b)直头刨刀

削力，刀杆所产生的弯曲变形，围绕 O 点向后上方弹起，因此刀尖不会啃入工件，如图 10-26(a)所示。而直头刨刀受力变形啃入工件，将会损坏刀刃及加工表面，如图 10-26(b)所示。

刨刀的种类很多，常见刨刀的形状及应用如图 10-27 所示。

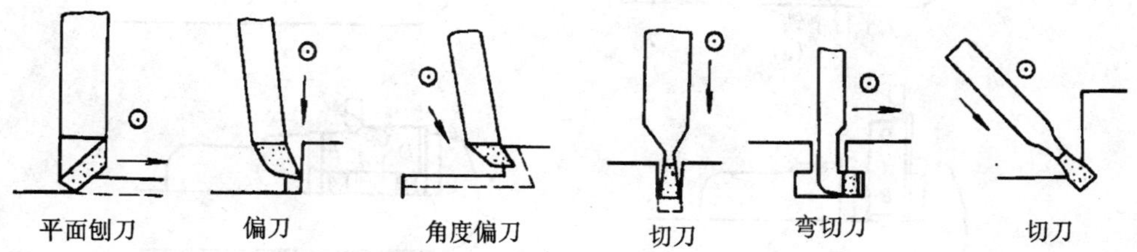

图 10-27　常见刨刀的形状及应用

10.2.3　刨削加工基本技能

1. 项目实训内容及其加工工艺

刨削加工项目实训内容为加工长方体垫铁，如图 10-28 所示。技术要求如下：

①末注公差 IT12 加工；

②材料为 45 钢。

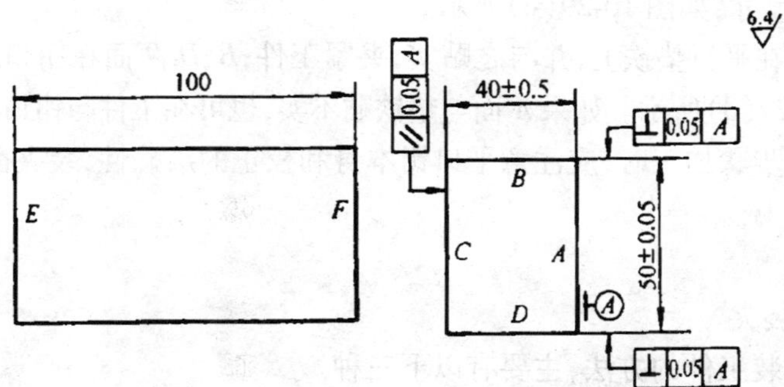

图 10-28　长方体垫铁

长方体在 B665 型刨床上加工，因该零件尺寸不大，可在平口钳上夹紧进行加工。为了保证平行度和垂直度的要求，应先找正平口虎钳，使钳口与工作台垂直并与滑枕行程方向一致；平口虎钳导轨面与工作台平行。

根据零件技术要求，主要保证 A、C 两面平行，B、D 两面对 A 面垂直。E、F 两面要求不严，可用刨垂直面方法加工。$A \sim D$ 4 面刨削步骤(图 10-29)如下。

①熟悉长方体加工图。

②检查材料尺寸，材料为 45 钢。

③先刨出 A 面作为基准面，如图 10-29(a)所示。

④以 A 面为基准，紧贴固定钳口，再在工件与活动钳口间垫一圆棒，夹紧后加工 B

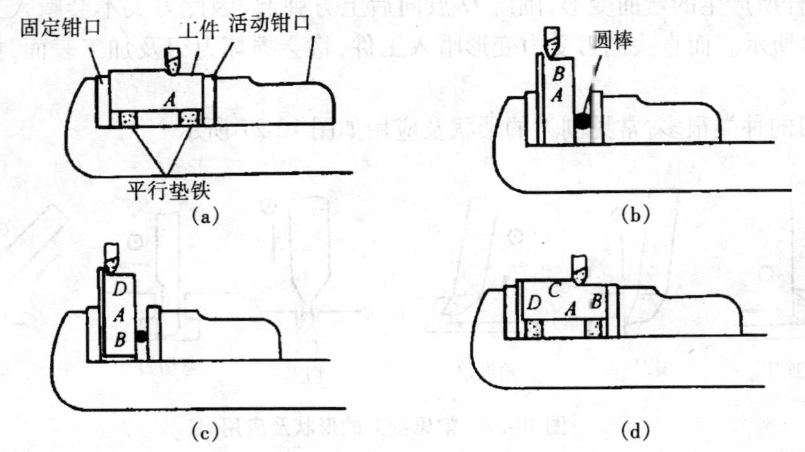

图 10-29　长方体零件刨削步骤

(a)刨削 A 面;(b)刨削 B 面;(c)刨削 D 面;(d)刨削 C 面

面,如图 10-29(b)所示。垫圆棒的目的是减少活动钳口与毛面的接触面积,以保证平面 *A* 与固定钳口接触良好,使之加工出的 *B* 面与 *A* 面垂直。如果加工出来的 *B* 面垂直度不够准确,可改变圆棒所垫的高度,以达到微量调整垂直度的目的。

⑤翻转工件 180°,仍以面 *A* 为基准,紧贴固定钳口,使 *B* 面朝下,紧贴平口钳导轨面,加工 *D* 面至尺寸,如图 10-29(c)所示。

⑥将 *A* 面放在平行垫铁上,并与之贴实,夹紧工件;*B*、*D* 两面在钳口之间,加工 *C* 面至尺寸,如图 10-29(d)所示。如果 *A* 面与垫铁贴不实,也可在工件与钳口之间垫圆棒。

按上述刨削步骤加工时,应注意平口钳本身和校正的准确性,装夹前应确保各面无切屑或污物。

2. 基本技能

(1)工件的装夹

在刨床上安装工件的方法,主要有以下三种。

1)用平口虎钳装夹工件

平口虎钳是一种通用夹具,用于装夹小型工件。使用时先把平口虎钳钳口找正并

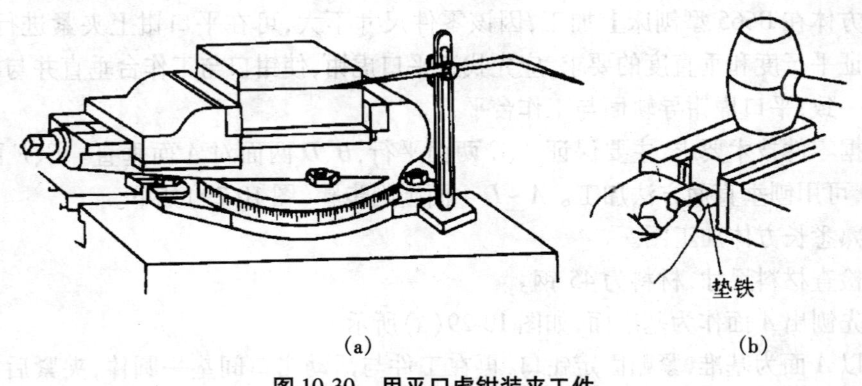

图 10-30　用平口虎钳装夹工件

固定在工作台上，然后装夹工件。常用的用平口虎钳装夹工件的方法如图 10-30(a)所示，用垫铁垫高工件如图 10-30(b)所示。

2)在工作台上装夹工件

对于大型工件或平口虎钳难以装夹的工件，可以把工件直接固定在工作台上进行刨削。根据工件的外形可采用不同的装夹工具。图 10-31(a)所示是用压板和压紧螺栓装夹工件；图 10-31(b)所示是用撑板装夹薄板工件；图 10-31(c)所示是用 V 形铁装夹圆形工件；图 10-31(d)是将工件装在角铁上，用 C 形夹或压板压紧。

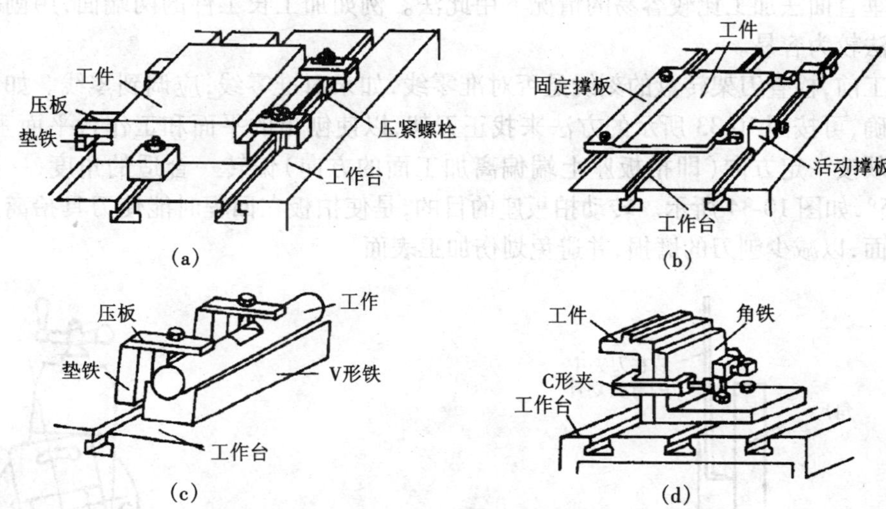

图 10-31　在工作台上装夹工件

(a)用压板和压紧螺栓；(b)用撑板；(c)用 V 形铁；(d)用 C 形夹或压板

3)用专用夹具安装工件

专用夹具安装工件是较完善的安装方法，它既保证工件加工后的准确性，又安装迅速，不需花费时间找正，但要预先制造专用夹具，所以通常用于成批生产。

(2)刨削方法

1)刨水平面

刨削水平面可按下列步骤进行。

①刨刀的选择及安装。平面刨削分粗刨、精刨两种。刨刀也根据刨削特点选用粗刨刀或精刨刀。

刨削水平面时，刀架和拍板座都在中间垂直位置，如图 10-32 所示。在装卸刨刀时，左手扶住刨刀，右手使用扳手。扳手置放位置要合适，必须由上而下或倾斜向下用力扳螺钉将刀具压紧或松开。用力方向不准由下而上，以免拍板翘起或扳手滑脱而碰伤或夹伤手指。

②装夹工件。在平口虎钳或刨床工作台上进行。

③调整机床。根据工件尺寸把工作台升降到适当位置，调整滑枕行程长度和行程位置。

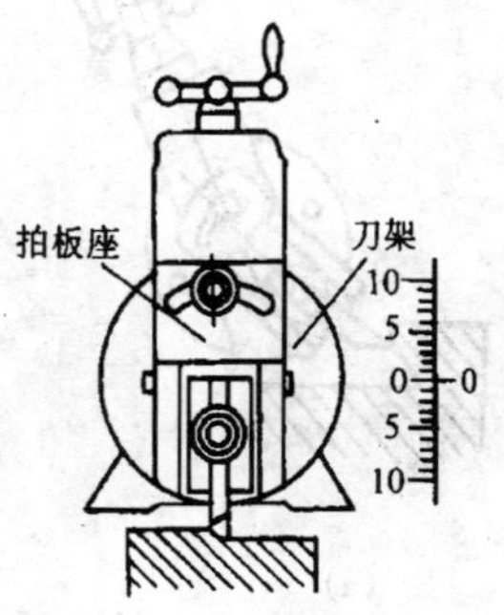

图 10-32　刨平面时刀架和拍板座的位置

④选择切削用量。根据工件尺寸、技术要求及工件材料、刀具材料等确定滑枕每分钟的往复次数和工作台的进给量。

⑤开车刨削。先使用手轮手动进给。试切出 0.5 ~ 1 mm 宽度,停车测量尺寸,根据测量结果用刀架刻度盘调整刨削深度,再使工作台带动工件作水平自动进给进行刨削。

⑥刨削完毕。先停车进行检验,自检测合格后再卸下工件。

2)刨垂直面

刨垂直面是指刀架垂直进给来加工平面的方法。一般在不能用刨水平面法加工,而用刨垂直面法加工比较容易的情况下用此法。例如加工长工件的两端面,用刨垂直面的方法较为容易。

加工前,检查刀架转盘的刻线是否对准零线,如未对准零线,应调到零线。如果刻度不准确,可按图 10-33 所示的方法来找正刀架,以使刨出的平面和工作台平面垂直。拍板座须按一定方向(即拍板座上端偏离加工面的方向)偏转一合适的角度,一般为 10° ~ 15°,如图 10-34 所示。转动拍板座的目的,是使拍板在回程时能使刀具抬离工件的垂直面,以减少刨刀的磨损,并避免划伤加工表面。

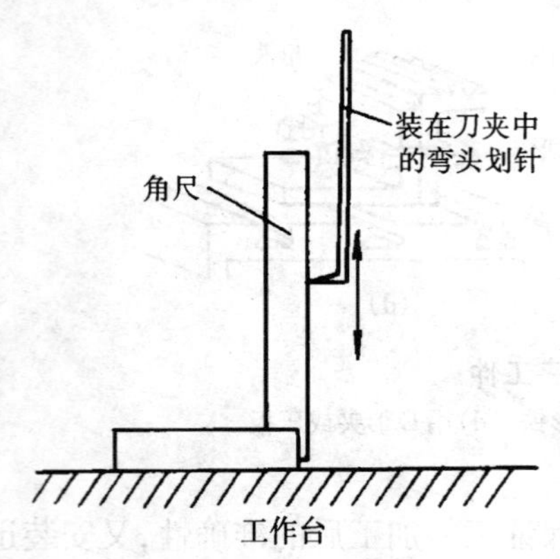

图 10-33　找正刀架垂直度的方法

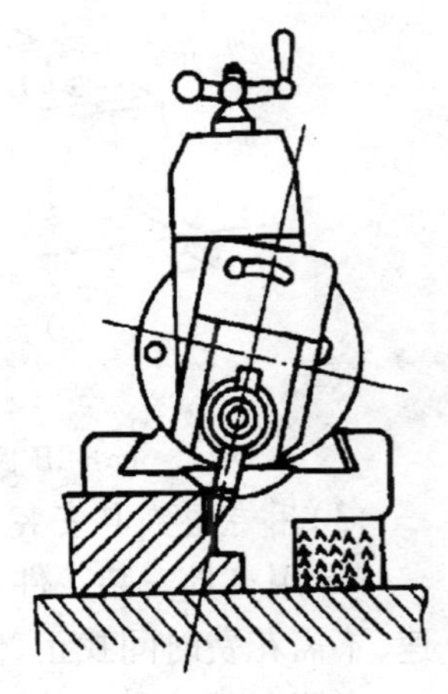
图 10-34　拍板座倾斜的方向

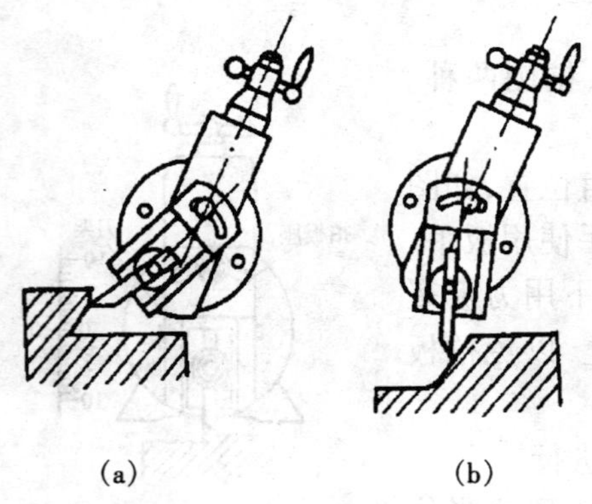

图 10-35　正夹斜刨示意图
(a)刨内斜面;(b)刨外斜面

3)刨斜面

与水平面成倾斜的平面叫做斜面。刨削斜面的方法很多,最常用的方法是正夹斜刨,亦称倾斜刀架法,如图 10-35 所示。它是把刀架和拍板座分别倾斜一定角度,从上向下倾斜进给刨削,与刨垂直面的进给方法相似。

3. 刨工项目实训质量标准

项目训练的成绩评定为长方体质量评定、零件刨工实训项目总结报告和刨工实训指导检查记录三项综合评定。

(1)长方体零件质量检测标准

长方体零件质量检测标准见表10-4,在操作过程中学生应对照该标准边加工,边测量,不断自检,不断修整,不断完善。

表10-4　长方体零件质量检测标准

班级＿＿＿＿学号＿＿＿＿日期＿＿＿＿教师＿＿＿＿得分＿＿＿＿

序号	项目与技术要求		配分		自测结果	实测结果	得分
			IT	R_a'			
1	宽度	40 ±0.5 mm	10	10			
2	高度	50 ±0.5 mm	10	10			
3	长度	100 mm	5	10			
4	形位公差	// 0.05 A	10				
5		⊥ 0.05 A	10				
6		⊥ 0.05 A	10				
7	安全文明生产		15				
合计			100				

(2)刨工实训项目总结报告

项目总结报告是在工件加工完毕后对该次项目实训的总结、体会及建议,也是对相关理论的巩固与提高。项目报告各项要求见表10-5。

表10-5　刨工实训项目总结报告质量评价标准

班级＿＿＿＿学号＿＿＿＿日期＿＿＿＿教师＿＿＿＿得分

序号	项目要求	配分	自检结果	实测结果	得分
1	封面	10			
2	图样绘制正确,技术要求全面	15			
3	报告内容正确全面,书写认真,格式规范	50			
4	实习体会深刻	15			
5	提出合理建议、改进措施或创新观点	10			

(3)刨工实训指导检查记录表

刨工实训指导检查记录表记录各班学生实训期间每天的出勤、操作技能的掌握、加工进度、工量具的使用等情况,便于指导教师的检查和指导,见表10-6。

表 10-6　刨工实训指导检查记录表

____学期　第____周

<table>
<tr><td>时　间</td><td></td><td>星　期</td><td></td><td>指导教师</td><td></td></tr>
<tr><td>班　级</td><td></td><td>人　数</td><td></td><td>班　长</td><td></td></tr>
<tr><td>年　级</td><td></td><td>专　业</td><td></td><td>班主任</td><td></td></tr>
<tr><td>实习内容</td><td colspan="5"></td></tr>
<tr><td rowspan="8">检查记录</td><td rowspan="7">学生情况</td><td>姓　名</td><td colspan="3">原　因</td></tr>
<tr><td></td><td colspan="3"></td></tr>
<tr><td></td><td colspan="3"></td></tr>
<tr><td></td><td colspan="3"></td></tr>
<tr><td></td><td colspan="3"></td></tr>
<tr><td></td><td colspan="3"></td></tr>
<tr><td></td><td colspan="3"></td></tr>
<tr><td>实习情况</td><td colspan="4"></td></tr>
</table>

项目十一 磨削加工与实训

任务1 了解磨削加工

11.1.1 磨削加工特点

在磨床上用砂轮作为切削工具，对工件表面进行加工的方法称为磨削加工，如图11-1所示。磨削是利用砂轮和工件的相对运动来实现的，磨削加工是零件精加工的主要方法之一。在磨削过程中，由于磨削速度很高，因而产生大量切削热，磨削温度可达1 000 ℃以上。为保证工件表面质量，磨削时必须使用大量的切削液。磨削不仅能加工一般的金属材料（如钢、铸铁及有色金属合金），而且还可以加工硬度很高、用金属刀具很难加工，甚至根本不能加工的材料，如淬火钢、硬质合金等。磨削加工的精度等级高，公差等级可达IT6～IT5，表面粗糙度值 R_a 可达0.8～0.1 μm。高精度磨削时，公差等级可超过IT5，表面粗糙度值 R_a 可达0.05 μm以下；磨削加工的背吃刀量较小，故要求零件在磨削之前先进行半精加工。砂轮在磨削时，部分磨钝的磨粒在一定条件下能自动脱落或崩碎，露出新的锋利磨粒参与磨削加工，这一特性称为砂轮的“自锐”作用，能使砂轮保持良好的磨削性能。

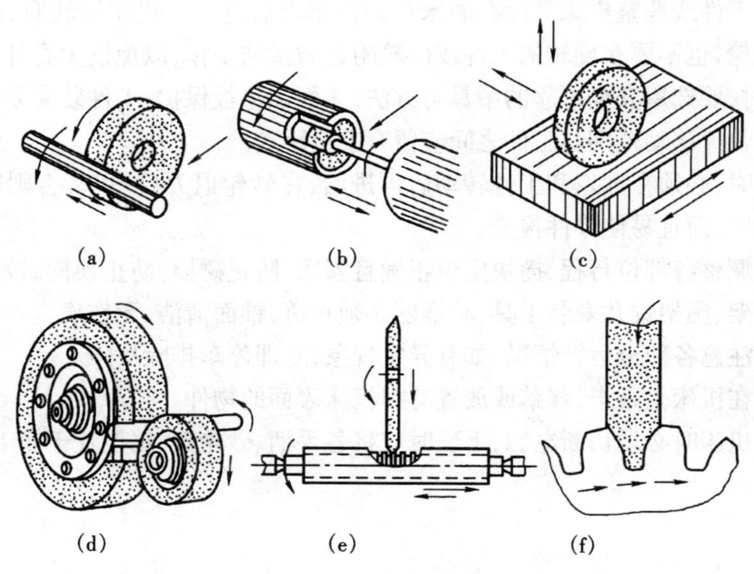

图11-1 磨削加工的应用

磨床可以加工各种表面,加工的用途很广,如内外圆柱面和圆锥面、平面、渐开线齿廓面、螺旋面以及各种成形面等,还可以刃磨刀具和进行切断等。此外,磨削还可用于毛坯的预加工和清理等粗加工工作。

磨床主要用于零件的精加工,尤其是淬硬钢和高硬度特殊材料零件的精加工。目前也有少数用于粗加工的高效磨床。

由于现代机械对零件的精度要求不断提高,表面粗糙度越来越小,各种高硬度材料的应用日益增多,加上精密毛坯制造工艺的发展,很多零件可以不经其他切削加工工序而直接由磨削加工成成品,因此,磨床在金属切削机床中的比重不断上升。

11.1.2 安全文明操作

磨削的安全文明操作主要包括以下方面。

①开动设备前,应检查各手柄、开关、旋钮是否置于停止或所需要的位置上,防止碰撞。

②停车时间如较长,开动设备时,应低速运转 3 ~ 5 min,确认润滑、液压、电气系统及各部分运转正常,再开始工作。

③合理选用砂轮和磨削量。

④必须正确安装和紧固砂轮,并要装好砂轮防护罩,砂轮的线速度不应超过允许的安全线速度,安装砂轮时必须严格检查,并经静平衡。有特殊规定时要进行动平衡或离心试验。砂轮与法兰接触面之间,垫 0.5 ~ 2 mm 厚的纸垫。夹紧要均匀牢靠,空转 3 ~ 5 min,确认运转正常后开始工作。

⑤砂轮修整时禁止使用磨钝的金钢石,并必须使用冷却液。

⑥测量工件或调整机床都应在磨床头架停车以后进行。机床运转时,严禁用手接触工件或砂轮,也不要在旋转的工件或砂轮附近做清洁工作,以免发生意外。装卸较重工具、工件时,要选用安全可靠的吊具与方法,床面加垫板保护,工件装夹要牢固。

⑦砂轮快速移动范围与工件之间应留有安全距离。

⑧磨削时,必须在砂轮和工件转动后再进给,在砂轮退刀后停车,否则容易挤碎砂轮和损坏机床,而且易使零件报废。

⑨合理调整各部位行程,撞块定位正确且紧固,防止碰撞,防止换向时冲击。

⑩在头架、尾架锥孔安装工具,其锥度必须相符,锥面清洁、无伤痕。

⑪经常注意各部分运转情况,如有异常现象,立即停车排除故障。

⑫禁止在机床上敲击,踩踏或放置有损机床表面的物件。

⑬离开机床时必须切断电源,下班时应将各手柄、砂轮架、尾架置于非工作位置。

任务 2　熟悉磨床的分类与型号

11.2.1　磨削加工常用设备

磨削加工常用设备主要是各类磨床。

1. 磨床的分类

用磨料磨具(砂轮、砂带、油石和研磨料等)为工具进行切削加工的机床,统称磨床。

为了适应磨削各种表面、工件形状和生产批量的要求,磨床的种类很多,主要有外圆磨床、内圆磨床、平面磨床、工具磨床和专门用来磨削特定表面和工件的专门化磨床,如花键轴磨床、凸轮轴磨床、曲轴磨床等。以上均为使用砂轮作切削工具的磨床。此外,还有以柔性砂带为切削工具的砂带磨床,以油石和研磨剂为切削工具的精磨磨床等。

磨床的种类很多,按用途和工艺方法的不同,大致可分为外圆磨床、内圆磨床、平面磨床、刀具刃磨床和专门化磨床等。其中外圆磨床又分为万能外圆磨床、无心外圆磨床、宽砂轮外圆磨床和端面外圆磨床;内圆磨床又分为普通内圆磨床、无心内圆磨床、行星式内圆磨床和坐标磨床;平面磨床又分为卧轴矩台平面磨床、卧轴圆台平面磨床、立轴矩台平面磨床和立轴圆台平面磨床。

2. 磨床型号的编制方法

我国将磨床品种分为三大类。一般磨床为第一类,用大写汉语拼音字母“M”表示,读作“磨”;第二类为超精加工磨床、抛光磨床、砂带抛光机等,用“2M”表示;轴承套圈、滚子、钢球、叶片磨床等为第三类,用“3M”表示。齿轮磨床和螺纹磨床则分别用“Y”和“S”表示,读作“牙”和“丝”。磨床型号表示如下:

(①) ② (③) ④　⑤　⑥ (×⑦) (⑧) / (⑨) (-⑩)

其中各段含义为下:①为分类代号;②为类代号;③为通用特性、结构特性代号;④为一组代号;⑤为系代号;⑥为主参数或设计顺序号;⑦为主轴数或第二主参数;⑧为重大改进顺序号;⑨为其他特性代号;⑩为企业代号。

磨床型号中,有“(　)”的代号或数字,当无内容时,则不表示,若有内容则不带括号;有“②、③、⑧”符号者,为大写的汉语拼音字母;有“①、④、⑤、⑥、⑦”符号者,为阿拉伯数字;有“⑨、⑩”符号者,为大写的汉语拼音字母或阿拉伯数字,或两者兼有之。

具体说明如下。

①磨床的分类代号、类代号用 M、2M、3M 表示,前已述及。

②通用特性及代号如表 11-1 所示。

表 11-1　通用特性及代号

通用特性	高精度	精密	自动	半自动	数控	加工中心（自动换刀）	仿形	轻型	加重型	简式或经济型	柔性加工单元	数显	高速
代号	G	M	Z	B	K	H	F	Q	C	J	R	X	S
读音	高	密	自	半	控	换	仿	轻	重	简	柔	显	速

结构特性在型号中没有统一的含义，只有在同类机床中起区分机床结构、性能不同的作用，并排在通用特性的代号之后。结构特性代号用汉语拼音字母（通用特性代号已用的字母和"I、O"两个字母不能采用）表示。

3. 组、系代号

组系代号详见有关附表。

4. 主参数或设计顺序号

磨床型号中的主参数用折算值表示，一般等于磨削的最大尺寸或机床工作台宽度（或最大回转直径）数值的 1/10，个别机床折算系数为 1 或 1/100。如无心外圆磨床 M1080 表示最大磨削直径为 80 mm；M7130 型卧轴矩台平面磨床，30 表示其工作台宽度为 300 mm；M8240 型曲轴磨床，40 则表示最大回转直径为 400 mm。设计顺序号是某些通用机床无法用一个主参数表示时采用的型号编号。设计顺序号由 1 起始，当设计顺序号小于 10 时，由 01 开始编号。

5. 主轴数或第二主参数

主轴数只有多轴机床才表示，主轴的数值应置于主参数前，磨床大多为单轴，可省略，不予表示。第二主参数一般不予表示，若有特殊情况，折算成二或三位数表示。

6. 重大改进

顺序号这类代号按字母本身读音，放在型号基本部分的末尾。其代号按改进的先后顺序用 A、B、C 等汉语拼音字母（但"I、O"两个字母不得选用）。

以上为型号基本部分的识别方法，至于辅助部分，主要反映机床的某些特殊功能、特性及机床制造企业的代号等，不在国家统一管理范围，故从略。

【例 1】　简述 MGB1432D 的含义。

答：该机床为一般类磨床，代号 G 为高精度，B 为半自动，14 表示外圆磨床组的万能系列，32 表示其最大磨削直径为 Φ320 mm，D 表示该磨床为第 4 次重大改进的产品。所以，该机床的名称为"高精度、半自动万能外圆磨床"。

【例 2】　简述型号 M7120B 的含义。

答：M 表示一般磨床类；71 表示卧轴矩台平面磨床；20 表示工作台最大宽度为 200 mm；B 表示第二次结构重大改进。

【例 3】　简述型号 M8612A 的含义。

答：M 表示一般磨床类；86 表示花键轴磨床；12 表示最大磨削直径为 120 mm；A 表示第一次结构重大改进。

11.2.2 基本知识

1. 砂轮

(1)砂轮的构成

砂轮的构成如图 11-2 所示。

砂轮是由砂粒(磨料)和结合剂以适当的比例混合,经压缩再烧结而成,其结构如图 11-2 所示,它由砂粒、结合剂和空隙三个要素组成。砂粒相当于切削刀具的切削刃,起切削作用;结合剂使各砂粒位置固定,起支持砂粒的作用;空隙则有帮助排除切屑的作用。

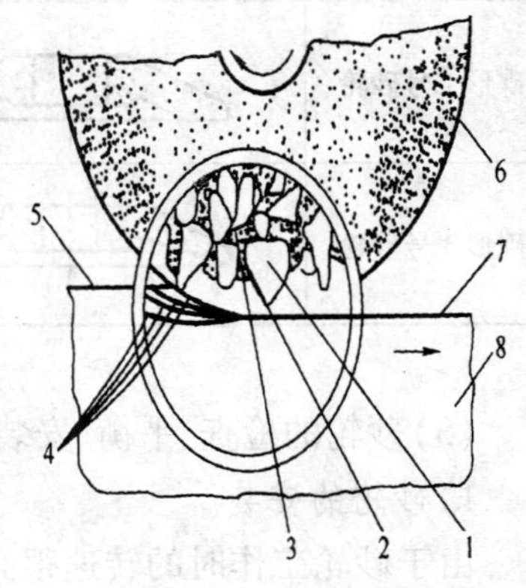

图 11-2 砂轮的构成

1—砂粒 2—结合剂 3—空隙 4—加工面 5—未加工面 6—砂轮 7—已加工面 8—工件

常用的磨料有氧化铝(刚玉类)、碳化硅、立方氮化硼和人造金刚石等。磨料的粒度直接影响磨削的生产效率和磨削质量。粗磨时,余量大、磨削用量大,应选用粗砂轮,在磨削软材料时,为了防止砂轮堵塞和产生烧伤,也选用粗砂轮;精磨时,为获得小的表面粗糙度值和保持砂轮轮廓精度,应选用细砂轮。常用的结合剂有陶瓷结合剂、树脂结合剂和橡胶结合剂等。

(2)砂轮的形状

为适应不同形状工件的磨削,磨料用结合剂粘成不同的形状。常用砂轮的形状代号及主要用途如表 11-2 所示。

表 11-2 常用砂轮的形状代号及主要用途

砂轮种类	断面形状	形状代号	主要用途
平形砂轮		P	磨外圆、内孔、平面及刃磨刀具
双斜边砂轮		PSX	磨齿轮及螺纹
双面凹砂轮		PSA	磨外圆、刃磨刀具、无心磨的磨轮和导轮
双面凹带锥砂轮		PSZA	磨外圆及轴肩
薄片砂轮		PB	切断、磨槽
筒形砂轮		N	主轴端磨平面

续表

砂轮种类	断面形状	形状代号	主要用途
碗形砂轮		BW	磨机床导轨、刃磨刀具
碟形 1 号砂轮		D_1	刃磨刀具
碟形 3 号砂轮		D_3	磨齿轮及插齿刀

(3)砂轮的检查、平衡、安装

1)砂轮的安装

由于砂轮工作时的转速很高，而砂轮的质地又较脆，因此，必须正确地安装砂轮，以免砂轮碎裂飞出，造成严重的设备事故和人身伤害。装拆砂轮时必须注意压紧螺母的螺旋方向。在磨床上，为了防止砂轮工作时压紧螺母在磨削力的作用下自动松开，对砂轮轴端的螺旋方向作如下规定：逆着砂轮旋转方向拧螺母为旋紧，顺着砂轮旋转方向转动螺母为松开。安装砂轮时，应根据砂轮形状、尺寸的不同而采用不同的安装方法。常

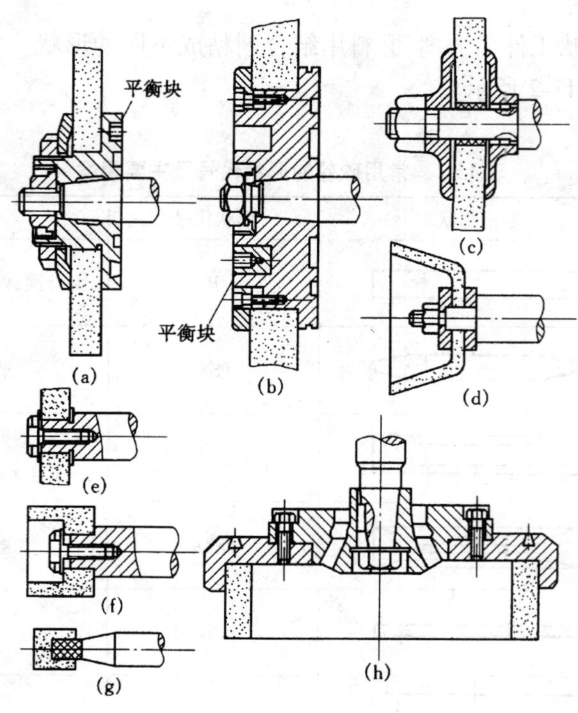

图 11-3　砂轮的常用安装方法

用的安装方法如图 11-3 示，其中，(a)、(b)为用台阶法兰盘安装砂轮；(c)为用平面法兰盘安装砂轮；(d)为用螺母垫圈安装砂轮；(e)、(f)为内圆磨削用砂轮的安装；(g)为内圆磨削用粘接法安装砂轮；(h)为筒形砂轮的安装。

2)砂轮的平衡

砂轮的重心与旋转中心不重合称为砂轮的不平衡。在高速旋转时，砂轮的不平衡会使主轴振动，从而影响加工质量，严重时甚至使砂轮碎裂，造成事故。所以砂轮安装后，首先需对砂轮进行平衡调整。平衡砂轮是通过调整砂轮法兰盘上环形槽内平衡块的位置来实现的，如图 11-3(a)所示。

3)砂轮的修正

新砂轮或使用过一段时间后的砂轮，磨粒变钝，几何形状被破坏，都必须进行修整，主要是修整其形状或恢复砂轮的切削能力。修正砂轮的常用工具是金刚笔。修理砂轮时，修复方式和金刚笔相对砂轮的位置如图 11-4 所示，这样可以避免笔尖扎入砂轮，同时也可保持笔尖的锋利。金刚石笔的结构如图 11-5 所示。

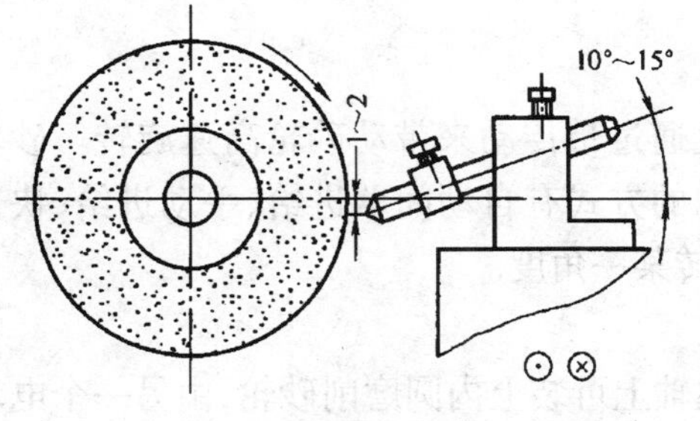

图 11-4　金钢石工具修整砂轮

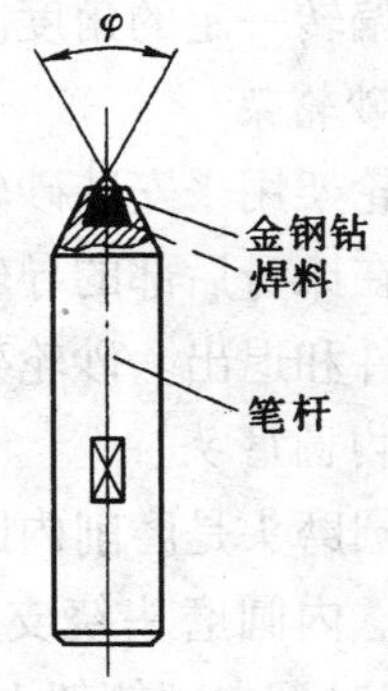

图 11-5　金钢石笔结构

2. 磨床

以砂轮作为刃具进行磨削的机床叫磨床。

(1)万能外圆磨床

图 11-6 所示为 M1432A 型万能外圆磨床，其组成及作用如下。

1)床身

床身主要用于支撑和连接各部件，其上部装有工作台和砂轮架，内部装有液压传动系统。床身上的纵向导轨供工作台移动用，横向导轨供砂轮架移动用。

2)工作台

工作台由液压驱动，沿床身纵向导轨作直线往复运动，使工件实现纵向进给。在工作台前侧面的 T 形槽内装有两个换向挡块，用以控制工作台自动换向。工作台分上下两层，上层可在水平面内偏转一个较小的角度(±8°)，以便磨削圆锥面。

3)头架

头架上有主轴，主轴端部可以安装顶尖、拨盘或卡盘，以便装夹工件。主轴由单独

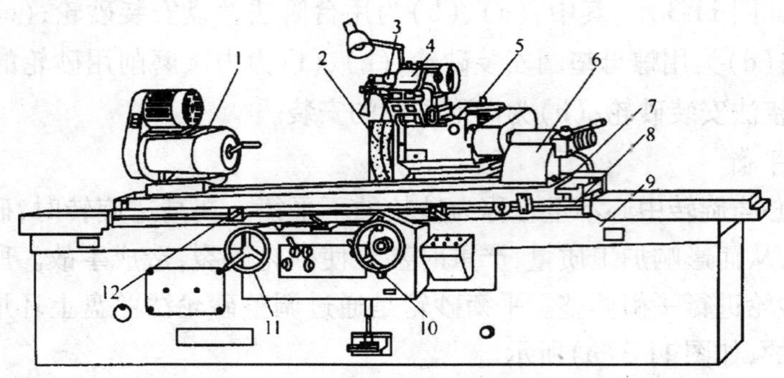

图 11-6 M1432A 型万能外圆磨床

1 —头架 2 —砂轮 3 —内圆磨具 4 —磨架 5 —砂轮架 6 —尾座 7 —上工作台 8 —下工作台 9 —床身 10 —横向进给手轮 11 —纵向进给手轮 12 —换向挡块

的电动机通过带传动变速机构带动，使工件可以获得不同的转动速度。头架可以在水平面内偏转一定的角度。

4) 砂轮架

砂轮架用来安装砂轮，并有单独的电动机通过带传动来带动砂轮高速旋转。砂轮架可以在床身后部的导轨上作横向移动，移动的方式有自动间歇进给、手动进给、快速趋近工件和退出。砂轮架还可以绕垂直轴旋转某一角度。

5) 内圆磨头

内圆磨头是磨削内圆表面用的，在它的主轴上可装上内圆磨削砂轮，由另一个电动机带动。内圆磨头绕支架旋转，使用时翻下，不用时翻向砂轮架上方。

6) 尾座

尾座的套筒内有顶尖，用来支撑工件的另一端。尾座在工作台的位置，可根据工件长度的不同进行调整。尾座可在工作台上纵向移动。

(2) 平面磨床

图 11-7 所示为 M7120A 型平面磨床，它由床身、工作台、立柱、滑座和砂轮架等组成。矩形工作台装在床身的水平纵向导轨上，可以在工作台上作往复运动。砂轮装在砂轮架上，可沿滑座的水平导轨作横向进给运动。滑座可沿立柱的垂直导轨移动，以便调整磨削深度以及完成垂直进给运动。

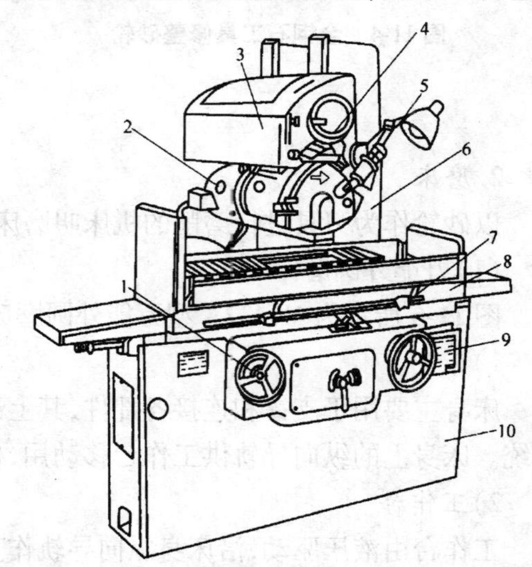

图 11-7 M7120A 型平面磨床

1—工作台手轮 2—磨头 3—拖板 4—横向进给手轮 5—砂轮修整器 6—立柱 7—行程挡块 8—工作台 9—垂直进给手轮 10—床身

任务3　掌握磨削加工基本技能

11.3.1　磨削外圆

外圆磨削的方法一般有纵磨法、横磨法和深磨法三种,如图11-8所示。

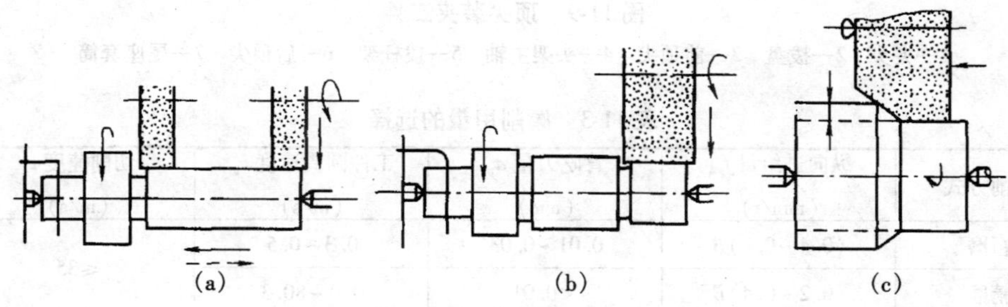

图11-8　外圆磨削工艺

(a)纵磨法;(b)横磨法;(c)深磨法

纵磨法是工件随工作台纵向往复运动,即纵向进给,每个行程终了时砂轮作横向进给一次,磨到尺寸后,进行无横向进给的光磨行程,直到火花消失为止,如图11-8(a)所示。此法适合磨削较大的单件或小批量生产的工件,也可用于精磨。可用同一砂轮磨削长度不同的各种工件,磨削质量好,但磨削效率较低。

横磨法是工件不作纵向进给,砂轮以缓慢的速度连续或间断地向工件作横向进给,直到加工完毕。此法用于刚性较好且待磨表面较短的工件,或阶梯轴的轴颈及精磨等。它磨削效率高,但因工件与砂轮接触面积大,工件易发生变形和烧伤,砂轮形状直接影响到工件的几何形状精度,故磨削精度较低。

深磨法是利用砂轮斜面完成粗磨和半精磨,最大外圆完成精磨和修光,全部磨削余量一次完成,此法用于刚性较好的短轴的大批量生产。

下面以外圆磨床为例介绍轴类零件外圆磨削的操作步骤。

1. 装夹工件

对于较长的轴类工件,可以采用顶尖装夹,装夹方式如图11-9所示。磨床所用的顶尖都是死顶尖,不随工件一起转动,以防在磨削过程中因顶尖的转动而增大工件的加工误差。因此工件中心孔的精度要求高,一般在磨削前,要对中心孔进行研磨,以提高其几何形状精度和表面精度。对于较短的轴,可以直接用卡盘装夹。对于盘套类工件,可用心轴装夹。

2. 选择磨削用量

磨削用量的选择可参考表11-3。

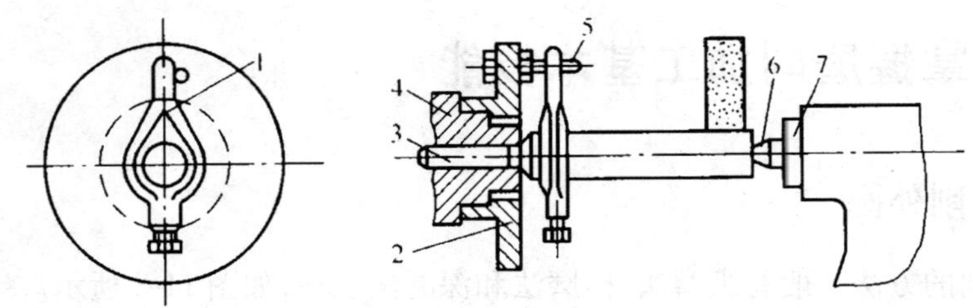

图 11-9　顶尖装夹工件

1—夹头　2—拨盘　3—前顶尖　4—头架主轴　5—拨杆架　6—后顶尖　7—尾座套筒

表 11-3　磨削用量的选择

磨削方式	纵向进给量 $f_{纵}$ (mm/r)	背吃刀量 a_p (mm)	工件圆周速度 v_w (m/s)	切削速度 v_c (m/s)
粗磨	(0.4～0.8)B	0.01～0.03	0.3～0.5	≤35
精磨	(0.2～0.4)B	<0.01	0.0～80.3	

注:B 表示砂轮宽度(mm)。

3. 调整机床

(1)调整工件转速

根据选取的工件圆周速度 v_w,按照下式调整工件的转速 n_w。

$$n_w = 60 \times 1\,000 \times v_w / \pi D$$

式中:D 为工件直径(mm)。

(2)调整纵向进给量 $f_{纵}$

根据选取的纵向进给量 $f_{纵}$,调节调速阀旋钮,调整所取的值。

(3)调整背吃刀量

调整前,先把砂轮退离工件 50 mm 以上,然后快进,再摇横向进给手轮。进给分粗、细两种,粗进给手轮刻度为 0.01 mm/格,细进给手轮刻度为 0.002 5 mm/格。

4. 磨削操作步骤

磨削操作的步骤如下。

①启动机床。

②旋转快速进退阀,将砂轮快速移近工件,自动给冷却液。

③摇横向进给手轮,使砂轮轻微接触工件。

④旋转开停节流阀,使工作台移动。

⑤粗磨,留精磨量 0.04～0.06 mm。

⑥精磨,磨至余量 0.005～0.01 mm 时,不再进给,纵向移动工件数次,直至无火花为止。

⑦退出工件,检验。

11.3.2 磨削平面

平面的磨削分为卧轴周磨和立轴端磨。周磨是用砂轮的圆周磨削平面，如图 11-10(a)所示。周磨平面时，砂轮与工件的接触面积很小，排屑和冷却条件均较好，所以不易产生热变形，而且因砂轮圆周表面的磨粒磨损均匀，故加工质量较高，适用于精磨。端磨是用砂轮的端面磨削平面，如图 11-10(b)所示。端磨平面时，砂轮与工件的接触面积较大，冷却液不易注入磨削区内，所以工件易产生热变形，而且因砂轮端面各点的圆周速度不同，磨粒磨损不均匀，故加工质量较低，但其磨削效率高，适用于粗磨。

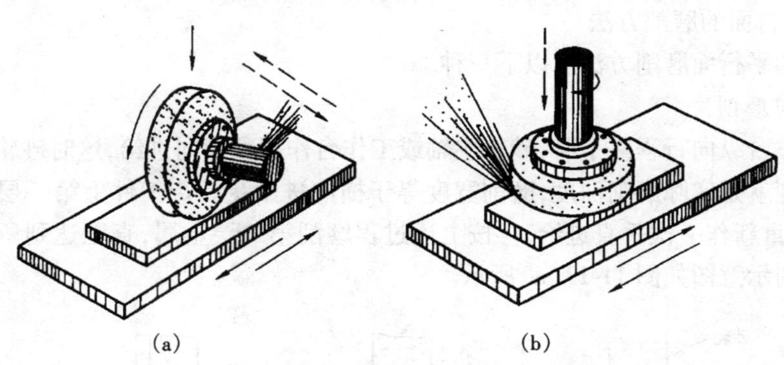

图 11-10 磨削平面的方法

(a)周磨；(b)端磨

除了上述平面磨削方式之外，还可根据工作台的运动方式不同，细分磨削方式，如图 11-11 所示。

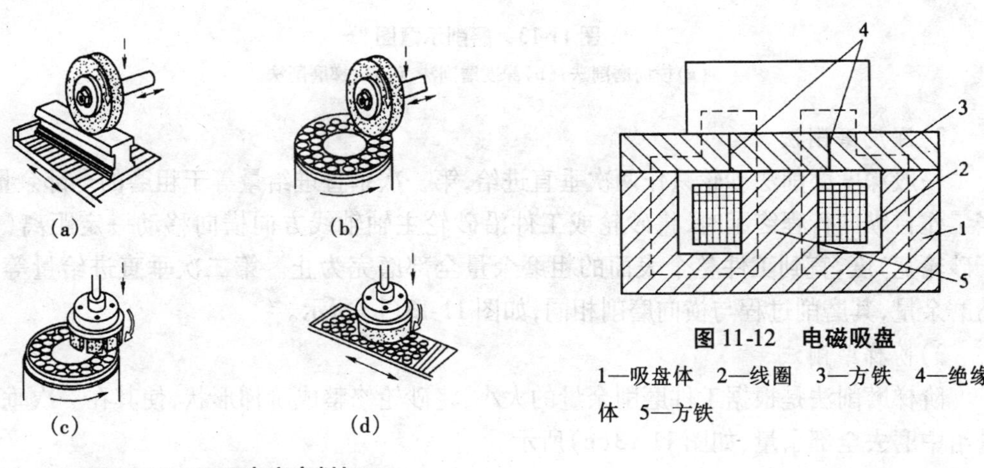

图 11-11 平面磨床磨削加工

图 11-12 电磁吸盘

1—吸盘体 2—线圈 3—方铁 4—绝缘体 5—方铁

1. 磨平行面

(1)工件安装

平面零件磨削时最常用的安装夹具是电磁吸盘，如图 11-12 所示。凡是由钢、铸铁等磁性材料制成的平行面零件,都可由电磁吸盘安装,利用磁力吸牢工件。这种方法装卸工件方便迅速,牢固可靠,能同时安装许多工件。由于定位基准面被均匀地吸紧在台面上,从而能很好地保证加工平面与基准面的平行度。

(2)砂轮选择

平面磨削时一般根据工件的加工精度、磨削方式以及工件材料等因素来选择砂轮。周磨时,一般采用平形砂轮。由于砂轮与工件的接触面积比外圆磨削时大,所以砂轮的硬度应比外圆磨削时选用的砂轮稍软一些。端磨时一般采用筒形砂轮或碗形砂轮,粗磨时也可选用镶块砂轮。

(3)平行面的磨削方法

常用的平行面磨削方法有以下三种。

1)横向磨削法

当工作台纵向行程终了时,砂轮主轴或工作台作一次横向进给,这时砂轮所磨削的金属层厚度就是实际磨削深度,磨削宽度等于横向进给量。待工件上第一层金属磨削完后,砂轮重新作一次垂直进给,再按上述过程磨削第二层金属,直至达到所需的尺寸为止。磨削示意图如图 11-13(a)所示。

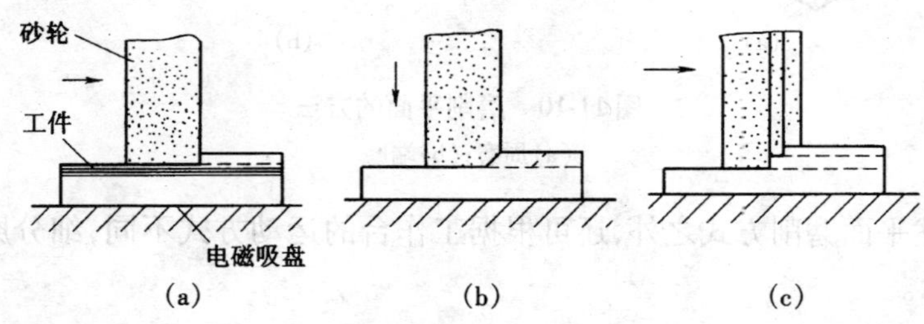

图 11-13 磨削示意图

(a)横向磨削法;(b)深度磨削法;(c)阶梯磨削法

2)深度磨削法

一般深度磨削法砂轮只作两次垂直进给,第一次垂直进给量等于粗磨的全部余量,当工作台纵向行程终了时,将砂轮或工件沿砂轮主轴轴线方向横向移动一定距离(小于砂轮宽)度,直到工件整个表面的粗磨余量全部磨完为止。第二次垂直进给量等于精磨余量,其磨削过程与横向磨削相同,如图 11-13(b)所示。

3)阶梯磨削法

阶梯磨削法是根据工件磨削余量的大小,将砂轮修整成阶梯形状,使其在一次垂直进给中磨去全部余量,如图 11-13(c)所示。

(4)磨削用量的选择

根据加工方法、磨削性质、工件材料等因素来选择磨削用量。

1)砂轮的圆周速度

砂轮的圆周速度不宜过高或过低,过高会引起砂轮的碎裂,过低会影响加工质量和生产效率。一般选择范围如表 11-4 所示。

表 11-4　砂轮圆周速度的选择

磨削形式	被磨工件材料	粗磨(m/min)	精磨(m/min)
周面磨削	灰铸铁、钢	20～22 22～25	22～25 25～30
端面磨削	灰铸铁、钢	15～18 18～20	18～20 20～25

2)工作台纵向进给速度

当工作台为矩形时,纵向进给量选 1～12 m/min;当工作台为圆形时,其速度选为 7～30 m/min。

3)砂轮的垂直进给量

磨削中,应根据横向进给量选择砂轮的垂直进给量。横向进给量大时,垂直进给量应小些,以免影响砂轮和机床的寿命以及加工精度;横向进给量小时,则垂直进给量可适当增大。一般粗磨时,垂直进给量为 0.015～0.05 mm;精磨时为 0.005～0.01 mm。

2. 磨垂直面

垂直面是指那些与主要基面垂直的平面。磨削垂直面的关键问题是采用何种装夹方法,以达到相邻面之间的垂直度要求。几种典型的磨垂直面方法简介如下。

(1)用精密平口钳装夹工件

磨小型垂直面,特别是非磁性材料工件时,通常采用此种方法装夹工件。这种磨削方法较简便,生产率高,且能保证工件的加工精度。精密平口钳如图 11-14 所示。

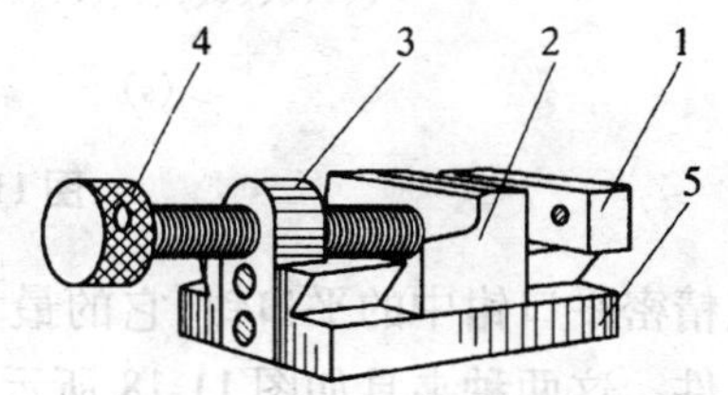

图 11-14　精密平口钳

1—固定钳口　2—活动钳口　3—凸台　4—螺杆　5—平口钳体

(2)用精密角铁装夹工件

这种安装方法能达到较高的磨削精度。磨削时,工件以精加工过的面贴紧在角铁的垂直面上,用压板和螺钉夹紧,并用百分表校正后进行加工。此种方法虽装夹较繁,但可以获得较高的垂直精度,通常适用于制造工夹具的装夹。精密角铁如图 11-15 所示。

(3)用导磁角铁装夹工件

加工时将工件的侧面吸贴在导磁角铁的侧面上,此种加工方法能得到较高的垂直度。异磁角铁如图 11-16 所示。

3. 磨斜面

常用的斜面磨削方法有以下三种。

(1)用正弦规和精密角铁装夹工件磨斜面

正弦规是一种精密量具,使用时,根据所磨工件斜面的角度,算出需要垫入的块规高度,如图 11-17(a)所示。精密角铁如图 11-17(b)所示。

(2)用正弦精密平口钳或正弦电磁吸盘装夹工件磨斜面

正弦精密平口钳的最大倾斜角度为 45°,而正弦电磁吸盘是用电磁吸盘代替了正

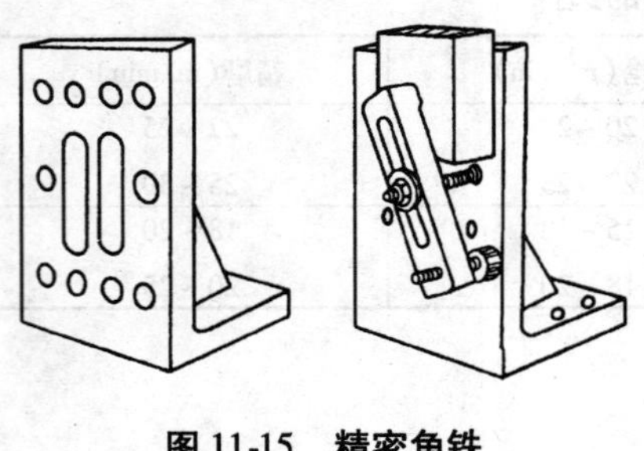

图 11-15 精密角铁

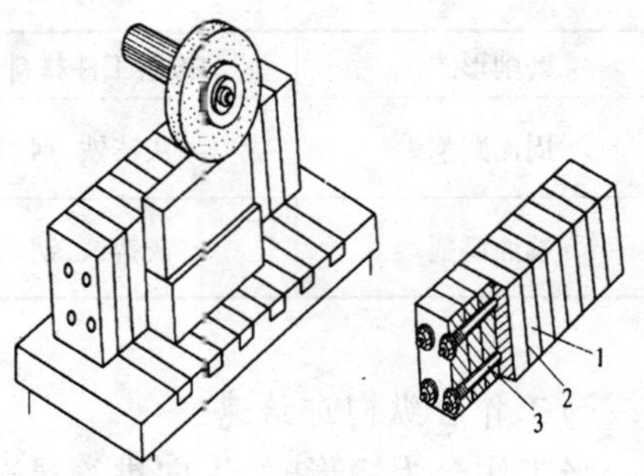

图 11-16 导磁角铁

1—纯铁 2—黄铜片 3—螺栓

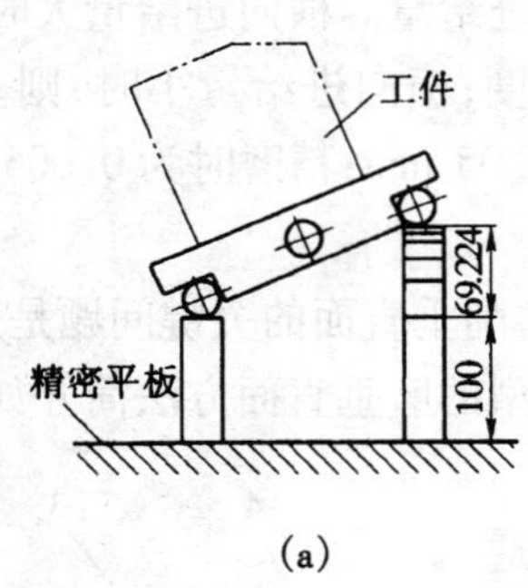

(a)

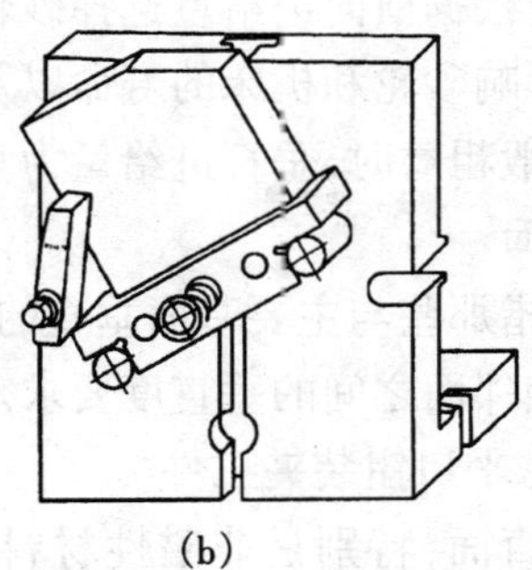

(b)

图 11-17 正弦规和精密角铁

弦精密平口钳中的平口钳,它的最大回转角度也是 45°。一般可用于磨削厚度较薄的工件。这两种夹具如图 11-18 所示。

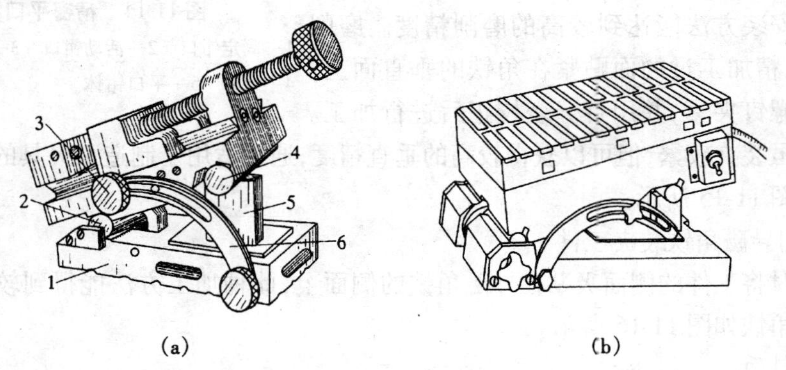

(a) (b)

图 11-18 正弦精密平口钳和正弦电磁吸盘

(a)正弦精密平口钳;(b)正弦电磁吸盘

(3)用导磁 V 形铁装夹工件磨斜面

导磁 V 形铁的结构和使用原理与导磁角铁相同,如图 11-19 所示。这种导磁 V 形铁所能磨削的工件倾斜角不能调整,因而适用于批量生产。

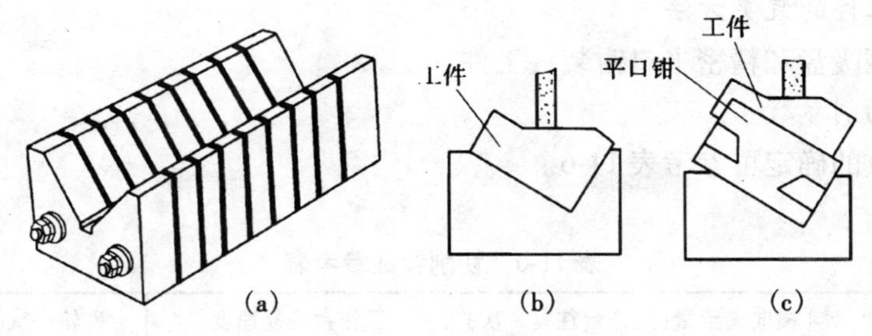

图 11-19　导磁 V 形铁

11.3.3　典型零件的磨削加工

图 11-20 是一个需磨削加工的工件图样，现将磨削加工的过程简述如下。

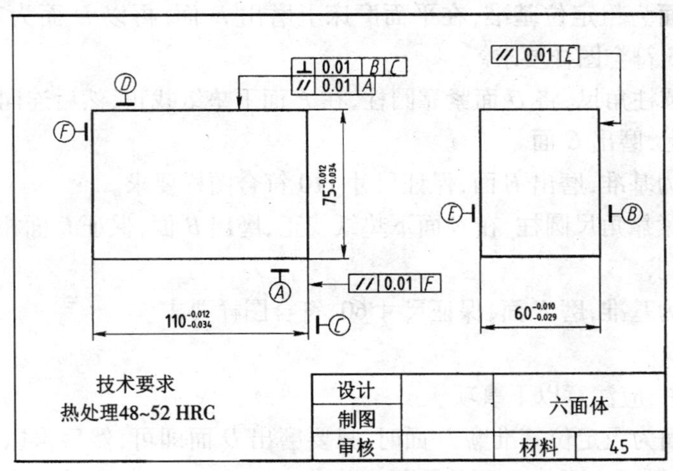

图 11-20　六面体

1. 识读图样

图 11-20 所示零件为正六面体，根据技术要求可知，其 6 个面均需磨削加工，而且互为基准。图中 D 面不仅要求与 B、C 面的垂直度误差为 0.01 mm，而且与 A 面的平行度误差也只有 0.01 mm；B 面与 E 面、C 面与 F 面的平行度误差也应在 0.01 mm 以内。磨削加工为制造本零件的最后一道工序。

2. 设备选用及工量刃具准备

设备选用及工量刃具准备如表 11-5 所示。

表 11-5　设备选用及工量刃具准备表

序号	名称及说明	数量
1	M7120 平面磨床	1
2	平面砂轮、金刚石修整器、静平衡架、电磁吸盘、方形座修整器	各 1
3	千分尺、90°角尺、平板圆柱角尺	各 1

3. 确定工件的装夹方法

采用电磁吸盘和精密平口钳装夹工件。

4. 确定切削参数

切削参数的确定可参考表11-6。

表11-6　切削参数参考表

砂轮圆周速度	横向进给量（工作台往复一次）	工作台往复速度	砂轮一次垂直进给量
1 500 r/min	0.3～0.5 mm	6～9 m/min	0.03～0.06 mm

5. 加工步骤

具体的加工步骤如下。

①先以 *A* 面为粗定位基准，在平面磨床上磨出 *D* 面；再以 *D* 面为基准，精磨出 *A* 面，保证尺寸75符合图样要求。

②用平板圆柱角尺，将 *D* 面紧靠圆柱，在 *F* 面下垫纸找正，然后连同纸一起将 *F* 面吸在电磁吸盘上，磨出 *C* 面。

③以 *C* 面为基准，磨出 *F* 面，保证尺寸110符合图样要求。

④以 *D* 面紧靠角尺圆柱，在 *E* 面下垫纸找正，磨出 *B* 面，保证 *B* 面相对于 *D* 的垂直度，符合图样要求。

⑤以 *B* 面为基准，磨 *E* 面，保证尺寸60，符合图样要求。

6. 注意事项

加工过程中，应注意以下事项。

①先以 *A* 面为粗定位基准磨 *D* 面时，只要磨出 *D* 面即可，然后再以 *D* 面为精基准磨 *A* 面，这样能保证 *A* 面与 *D* 面的平行度要求。

②用平板圆柱角尺找正 *F* 面与 *B* 面时，应将 *D* 面紧贴圆柱，看其透光量大小，然后分别在 *F* 面和 *B* 面下垫纸，直至 *A* 面与圆柱母线无间隙为止。找正工作需仔细，垫纸后工件应平稳。这种方法虽然比较麻烦，但它能保证工件的垂直度要求。

③由于六面体各对应面均有平行度要求，而平行度通常由机床精度保证，因此装夹时应将机床电磁吸盘擦净，以防碎砂粒与磨屑影响工件加工的平行度。

11.3.4　项目实训

1. 实训内容

磨削加工实训内容为磨削六面体，如图11-21所示。

2. 考核要求

项目实训的考核要求如下。

①考核内容：70 +0.01 mm长和40 +0.01 mm宽及50 +0.01 mm厚且达到图样要求的尺寸；工件材料为HT200；尺寸精度、形状或位置精度以及表面粗糙度的精度达到规定的要求。

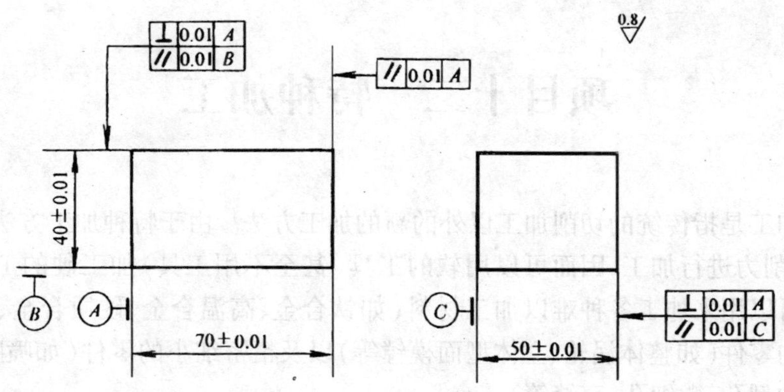

图 11-21　六面体磨削考核图样

②工时定额:7 h。

③安全文明生产:正确执行国家颁布的安全生产法规中的有关规定或企业自定有关文明生产规定,做到工作场地整洁,工件、夹具、量具放置合理、整齐。

3. 六面体磨削质量标准

六面体磨削质量标准如表 11-7 所示。

表 11-7　六面体磨削质量标准表　（单位:mm）

考核项目	序号	考核内容	考核要求	配分	评分标准	扣分	得分
主要项目	1	70	70 +0.01	10	超差扣 10 分		
	2	40	40 +0.01	10	超差扣 10 分		
	3	50	50 +0.01	10	超差扣 10 分		
	4	三对平行表面的平行度	0.01	30	一对超差扣 10 分		
	5	两处相邻表面的垂直度	0.01	20	一对超差扣 10 分		
	6	6 个表面的粗糙度	$R_a=0.8$ μm	30	一处超差扣 5 分		
安全文明生产	1	国家颁布安全生产法规中的有关规定或企业自定有关规定	按规定标准评定	6	违反有关规定扣 1 ~6 分		
	2	企业有关文明生产规定	按规定标准评定	4	工作场地整洁,工、夹、量具放置合理不扣分,差者酌情扣 1 ~4 分		
工时定额	7 h	按时完成			超定额时间 10 min 扣 2 分,20 min 扣 6 分,30 min 扣 12 分,40 min 扣 20 分		

项目十二　特种加工

特种加工是指传统的切削加工以外的新的加工方法。由于特种加工方法不是依靠机械能、切削力进行加工,因而可以用软的工具(甚至不用工具)加工硬的工件。特殊加工方法可以用来加工各种难以加工材料(如钛合金、高温合金、硬质合金、陶瓷等)、形状复杂的零件(如整体涡轮、立体型面模镗等)以及精密细小的零件(如喷嘴、喷丝头等零件上的型孔、微细孔、窄缝等)。

特种加工是近几十年发展起来的新工艺,目前已经得到广泛应用,成为不可缺少的加工方法。下面简要介绍电火花加工、电解加工、超声波加工和激光加工等几种常见的加工方法。

任务1　了解电火花加工

电火花加工又称放电加工,在20世纪40年代开始研究并逐步应用于生产。它是在加工过程中,使工具和工件之间不断产生脉冲性的火花放电,靠放电时局部、瞬时产生的高温把金属蚀除下来。因放电过程可见到火花故称为电火花加工。

12.1.1　电火花加工的原理

电火花加工的原理是基于工具和工件(正、负电极)之间脉冲性火花放电时的电腐蚀现象来蚀除多余的金属,以使零件的尺寸、形状及表面质量达到预定的加工要求。电火花加工时,工具电极和工件电极浸在油槽中的液体介质(煤油)中,脉冲电源发出的脉冲电压会加在工具电极和工件电极上。当两电极在液体介质中靠近时,由于电极的微观表面凸凹不平,导致极间某凸点的电场强度最大,使具有一定绝缘性的液体介质被击穿,液体介质被电离成电子和正离子,形成放电通道。在电场力的作用下,通道内的电子高速奔向阳极,而正离子则奔向阴极,形成电火花放电现象。电子和正离子在高速运动时互相碰撞,在放电通道内产生大量的热,同时,阳极和阴极表面也分别受到电子流的高速轰击,使动能转化为热能,因此整个放电通道就变成了一个瞬时热源。通道中心的温度可达10 000 ℃左右,在如此高的温度下,电极放电处的金属会迅速熔化,甚至气化。

电火花加工原理如图12-1所示。工件与工具分别与脉冲电源的两输出端相连接。自动进给调节装置使工具和工件之间经常保持一很小的放电间隙,当脉冲电压加到两极之间,便在当时条件下相对某一间隙最小处或绝缘强度最低处击穿介质。在该局部产生火花放电,瞬时高温使工具和工件表面都蚀除掉一小部分金属,各自形成一个小凹坑。这样随着相当高的频率,连续不断地重复放电,工具电极不断地向工件进给,就可以将工具的形状复制在工件上，加工出所需要的零件，整个加工表面将由无数个小凹坑组成。

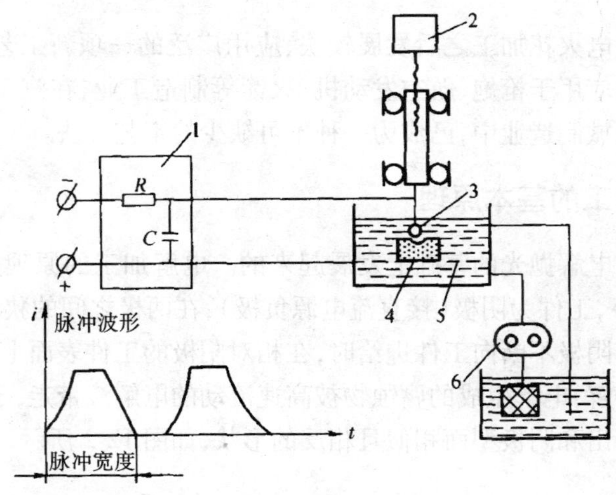

图 12-1　电火花加工原理示意图

1—脉冲电源　2—间隙自动调节器　3—工具电极

4—工件　5—工作液　6—工作液泵

电火花加工机床一般由脉冲电源、间隙自动调节器、机床本体、工作液及其循环系统 4 个部分组成。脉冲电源是放电腐蚀的功能装置，其产生所需要的重复脉冲并施加在工具电极与工件电极上，形成脉冲放电；间隙自动调节器自动调节极间距离和工具电极的进给速度，维持一定的放电间隙，使脉冲放电正常进行；机床本体用来实现工件和工具电极的装夹固定，以及调整工件与机床的相对位置精度等；工作液一般为煤油或矿物油。

12.1.2　电火花加工的特点及应用

电火花适合于难切削材料的加工，只要具有导电性，就可以进行电火花加工；可以加工特殊复杂形状的零件，加工时“无切削力”且工件装夹方便。一些难以装夹的工件以及难以加工的小孔薄壁件、窄槽、各种复杂截面的型孔和型腔零件，都能较方便地进行电火花加工。电火花加工时的电脉冲参数可以任意调整，能在同一台机床上连续进行粗加工、半精加工、精加工，其中精加工后表面粗糙度 R_a 可达 0.8 ~ 1.6 μm。工件的尺寸精度视加工方式而异，穿孔直径可达 0.01 ~ 0.05 mm，型腔加工尺寸可以达 0.1 mm 左右，线切割加工尺寸可达 0.01 ~ 0.02 mm。

电火花加工不仅可以用来加工型腔及各种孔，如锻模膛孔、异形孔、喷丝孔等，而且可以进行切断和切割（如线切割就是利用电火花加工原理进行工作的）以及电火花磨削等。此外，电火花加工还可以进行工件表面强化处理和打印记等。

任务2　了解电解加工

电解加工是继电火花加工之后发展较快、应用广泛的一项新工艺。目前电解加工在国内外已成功地应用于枪炮、航空发动机、火箭等制造工业，在汽车、拖拉机、采矿机械的模具制造和机械制造业中，已成为一种不可缺少的工艺方法。

12.2.1　电解加工的基本原理

电解加工是在电解抛光的基础上发展起来的。电解加工的原理是，以工件为阳极（接直流电源正极），工件为阴极（接直流电源负极），在两极之间的狭小间隙内，电解液高速通过。当工具阴极不断向工件进给时，在相对阴极的工件表面上，金属材料按阴极型面的形状不断溶解，电解生成的腐蚀物被高速流动的电解液带走，于是在工件表面的相对表面上就加工出和阴极型面相似且相反的形状，如图 12-2 所示。

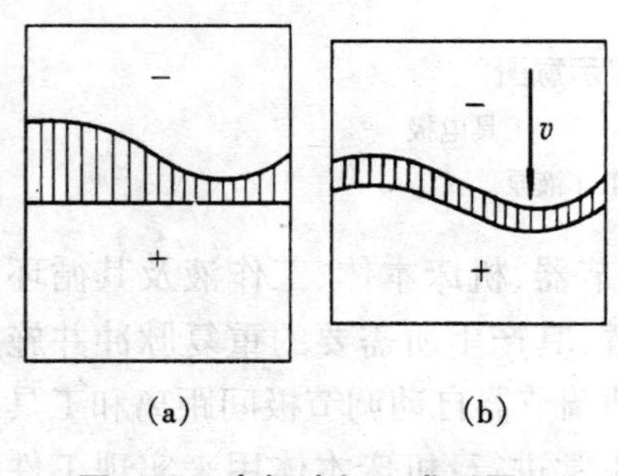

图 12-2　电解液加工成形原理

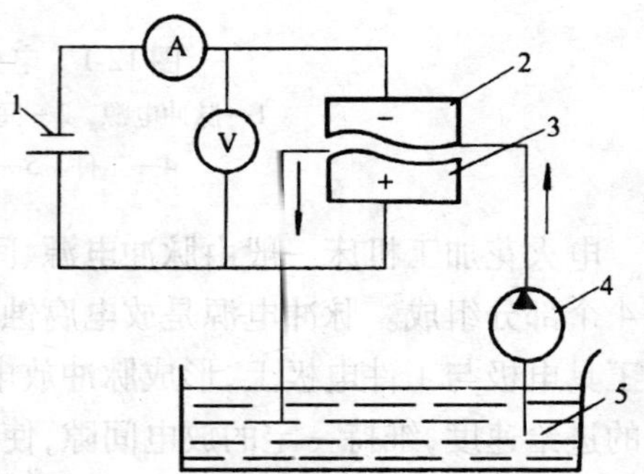

图 12-3　电解加工示意图

1—直流电源　2—工具阴极 3—工件阳极

4—电解液泵　5—电解液

电解加工机床主要由机床本体、电源、电解液系统三大部分组成。电解加工如图 12-3 所示。在电解加工过程中，机床主轴必须在高压电解液作用下稳定进给，以获得良好的加工精度，因此电解加工机床，除具有一般机床的共同要求外，还必须具有足够的刚性、可靠的进给平稳性和良好的防腐蚀性等。电解加工使用的电源是直流稳压电源，电解液系统主要由电解液泵、电解液槽、过滤器、热交换器以及其他管路附件等组成，其作用是连续而平稳地向加工区供给足够流量和合适温度的干净电解液。

12.2.2　电解加工的特点和应用

电解加工的加工范围广，不受金属材料本身力学性能的限制，可加工高硬度、高强度、高韧性等难以切削的金属材料（如高温合金、钛合金等），并可加工叶片、锻模等各种复杂型面；表面加工质量较好，可以达到较好的表面粗糙度（R_a 为 1.25 ~ 0.2 μm）和 ±0.1 mm 左右的平均加工精度；生产效率较高，约为电火花加工的 5 ~ 10 倍，在某些情况下，比切削加工的生产率还高，且加工生产效率不直接受加工精度和表面粗糙度限制。电解液对机床有腐蚀作用，机床要有足够的防腐性能。电解产物需进行妥善处理，否则将污染环境。

电解加工主要用于加工型孔、型腔、复杂型面、小而深的孔以及套料、倒棱、去毛刺和电解抛光等。电解加工适用于难加工材料的加工、相对复杂形状零件的加工及大批量的零件加工。

任务3　了解超声波加工

超声波加工也称超声加工。超声波加工是利用超声（频率超过 16 kHz 的振动波称为超声波）振动工具冲击磨料，对工件进行加工的方法。电火花加工和电化学加工都只能加工金属导电材料，不易加工不导电的非金属材料，然而超声波加工不仅能加工硬质合金、淬火钢等脆硬金属材料，而且更适合于加工玻璃、陶瓷、半导体锗和硅片等非金属脆硬材料，同时还可以用于清洗、焊接和探伤等。

12.3.1　超声加工的基本原理

超声加工是利用工具端面作超声频率振动，通过磨料悬浮液加工脆硬材料的一种成型方法，加工原理如图 12-4 所示。加工时，在工具和工件之间加入液体（水或煤油等）和磨料混合的悬浮液，并使工具以很小的力轻轻压在工件上，如图 12-5 所示。超声换能器产生 16 kHz 以上的超声频率纵向振动，并把振幅放大到 0.05 ~0.10 mm 左右，驱动工具端面作超声振动，迫使工作液中悬浮的磨粒以很大的速度和加速度不断地撞击、抛磨被加工表面，把被加工表面的材料粉碎成很细的微粒，并将它们从工件击蚀下来。虽然每次打击下来的材料很少，但由于每秒钟打击的次数多达 16 000 次以上，所以仍然有一定的加工速度。与此同时，由于磨料悬浮液的循环流动，带走被粉碎下来的材料微粒，并使磨料不断更新，所以随着工具的逐渐深入，便将工具的形状“复印”到工件上。

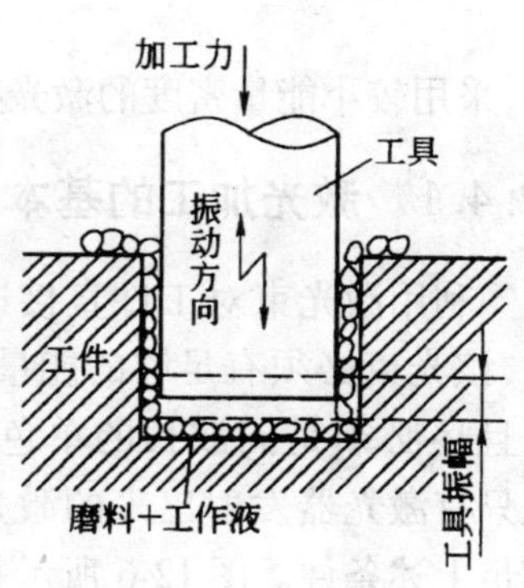

图 12-4　超声加工原理

12.3.2　超声加工的特点和应用

超声加工适合于加工各种硬脆材料，特别是不导电的非金属材料，如玻璃、陶瓷、宝石、锗、硅、硬质合金和淬火钢等。工具可做成复杂的形状，不需要工具和工件作比较复杂的相对运动，便可加工各种形状的槽、型孔、型腔和成型表面等。超声加工机床的结构比较简单，只需要一个方向轻压进给，操作、维修方便，加工质量好。由于去除加工材料是靠极小磨料瞬间局部撞击作用，故工件表面宏观切削力很小，切削应力、切削热很小，不会引起变形及烧伤，表面粗糙度 R_a 可达 0.1 ~1 μm，加工精度可达 0.01 ~0.02

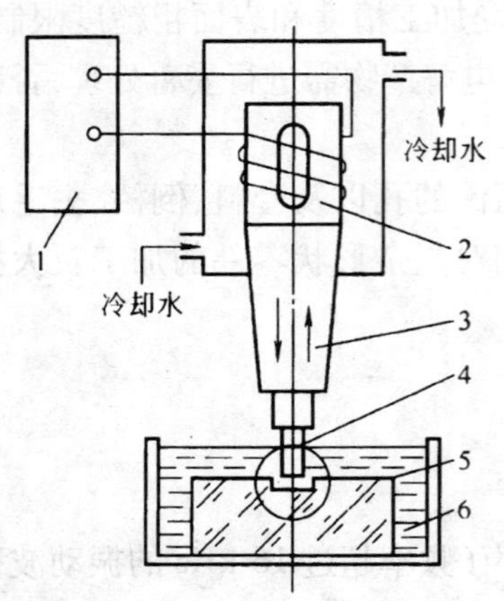

图 12-5 超声加工示意图

1—超声波发生器 2—换能器
3—振幅扩大器 4—工具
5—工件 6—磨料悬浮液

mm,而且可以加工薄壁、窄缝和低刚度零件。

超声加工的生产效率比电火花加工和电解加工低,但其加工精度较高,加工后表面粗糙度较小。因此,采用电火花加工后的一些工件,可安排超声加工进一步提高其加工质量。超声加工目前主要用于加工硬脆材料上的圆孔、型孔、型腔和微细孔等。

任务4 了解激光加工

激光加工就是利用光的能量经过透镜聚焦后,在焦点上达到很高的能量密度,靠光热效应来加工各种材料的。将功率密度极高的激光束照射工件的被加工部位,使其材料瞬时融化和蒸发,同时激光束照射时产生的强烈冲击波,可将熔化物质爆炸式地喷射去除,从而对工件进行穿孔、切割等加工。另外,采用较小能量密度的激光束,还可使加工区域材料粘合,对工件进行焊接加工。

12.4.1 激光加工的基本原理

利用激光束对工件直接进行加工,该光束必须有足够的能量密度,而且还必须是同波长的单色光,因此只有激光器发射出来的激光才能满足上述条件。图 12-6 所示是采用固体激光器对工件进行加工的原理示意图。当激光工件物质受光泵的激发后,会有少量激发粒子产生受激辐射,造成光放大并通过谐振腔(由两反射镜组成)的反馈作用产生振荡,最后由谐振腔的一端输出激光,并通过透镜聚焦到工件的待加工表面上,实现激光加工。

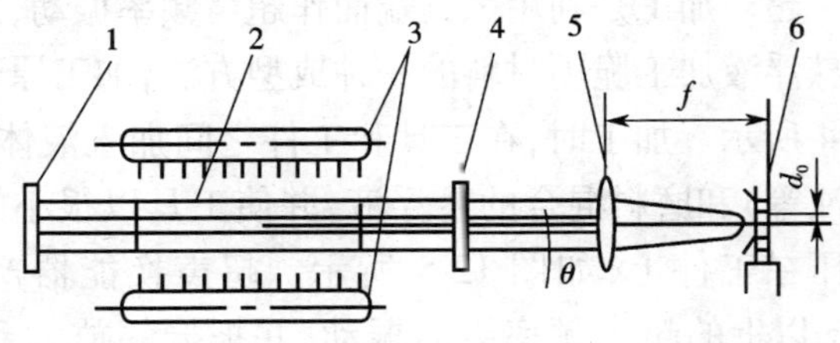

图 12-6 固体激光器加工原理示意图

1—全反射镜 2—激光工作物质 3—光泵(激励脉冲氙灯)
4—部分反射镜 5—透镜 6—工件
d_0—光斑直径 f—透镜焦距
θ—发散角(一般为 10^{-2} ~ 10^{-3} rad)

12.4.2 激光加工的特点和应用

激光加工的功率密度高达 10^8 ~ 10^{10} W/cm,几乎可以加工任何材料。例如耐热合金、陶瓷、石英、金刚石等硬脆材料都能加工;加工速度高,如打一个孔只需 0.001 s;激光加工可控性好,易于实现自动化生产。激光光斑大小可以聚焦到微米级,输出功率可以调节,因此可用以精密微细加工。激光加工不使用刀具,并可通过空气、惰性气体或光学透明介质进行加工,属非接触加工,因此不会出现机械加工变形。加工过程中,应及时通风抽走加工中产生的金属气体及大量飞溅物,操作者应戴防护眼镜。

激光加工常应用于打微小孔(0.01 ~1 mm,最小孔径可达0.001 mm),如火箭发动机和柴油机喷油嘴的打孔及化学纤维喷丝头的打孔等。激光加工还可以对许多材料进行高效率的切削加工,其切割速度一般超过机械切割,其切割金属材料的厚度可达10 mm以上。

项目十三　零件生产工艺过程基本知识

任务1　掌握零件生产工艺过程基本概念

13.1.1　生产过程和工艺过程

生产过程是指将原材料变为成品的过程。例如,要制造一台机器,其生产过程应该包括生产准备、毛坯制造、零件的切削加工及热处理、装配、质量检验及试车、涂装和包装等。显然,有一台机器的生产过程,也有一个零件的生产过程;有一个工厂的生产过程,也有一个车间的生产过程。

工艺过程是指改变生产对象的形状、尺寸、相对位置和性质等,使其成为成品或半成品的过程。工艺过程是生产过程的主要过程,其余的劳动过程则是生产过程的辅助过程。

13.1.2　机械加工工艺过程的组成

1. 工序

工序是指一个(或一组)工人在一个工作地对一个或同时对几个工件所连续完成的那一部分工艺过程。

2. 安装

安装是指工件(或装配单元)经一次装夹后所完成的那部分工序。一道工序可以包括一次或几次安装。

3. 工位

工位是指为了完成一定的工序部分,一次装夹工件后,工件(或装配单元)与夹具或设备的可动部分一起相对刀具或设备的固定部分所占据的每一个位置。

4. 工步

工步是指在加工表面(或装配时的联接表面)和加工(或装配)工具不变的情况下所连续完成的那一部分工序。一道工序可以包括几个工步,也可包括一个工步。为了提高生产效率,用几把刀具同时加工几个表面的工步称为复合工步;在工艺文件上,复合工步应视为一个工步。

5. 走刀

走刀是工步的一部分,它是指由于加工余量较大,需要由同一刀具在同一切削用量下对同一表面进行几次切削时,刀具每切削一次所完成的那一部分工艺过程。

13.1.3 工艺设备和工艺装备

工艺设备是完成工艺过程的主要生产装置,如各种机床、加热炉、电镀槽等。工艺设备简称设备。

工艺装备是指产品在制造过程中所用各种工具的总称,如刀具、夹具、量具等。工艺装备简称工装。

13.1.4 生产纲领和生产类型

1. 生产纲领

生产纲领是指企业在计划期内应当生产的产品产量和进度计划。

2. 生产类型

生产类型是指企业(或车间、工段、班组、工作地)生产专业化程度的分类。一般分为大量生产、成批生产、单件生产三种类型。

任务2 熟悉工件的装夹

工件在进行加工之前,必须准确可靠地安装在机床上。用来确定位置时所依据工件上的点、线、面,称为定位基准。用来体现定位基准的表面,称为定位基准面。工件在装夹前必须选择定位基准面。

13.2.1 定位基准的选择

定位基准分为粗基准和精基准。没有经过切削加工就用作定位基准的表面,称为粗基准。经过切削加工才用作基准的表面,称为精基准。在制定零件的机械加工工艺规程时,总是先选择精基准,然后选择粗基准把精基准的各个基面加工出来。

1. 精基准的选择

选择精基准时,主要考虑如何减少加工误差,保证加工精度,并能使工件的装夹方便。

(1)基准重合原则

应尽可能选用加工表面的设计基准(设计图样上所采用的基准)作为定位基准。

(2)基准同一原则

应使尽可能多的加工表面和加工工序使用同一个定位基准面。例如,加工较精密的台阶轴时,轴上各外圆表面的精基准都是两端中心孔,粗车、精车和磨削各工序的精基准也是轴两端的中心孔。

(3)互为基准原则

相互位置精度要求高的零件,采用互为基准反复加工的原则。例如磨削精密齿轮时,以内孔定位加工齿面,齿面经高频感应加热淬火后,先以齿面为基准磨内孔,再以内孔为基准磨齿面。

(4) 自为基准原则

在精加工或光整加工工序要求余量小而均匀时，应选择加工表面本身作为精基准。例如，用浮动铰刀铰孔、圆拉刀拉孔和无心外圆磨床磨削外圆等。

2. 粗基准的选择

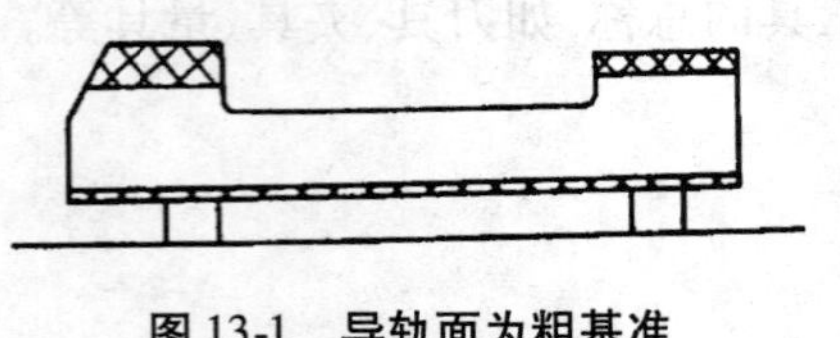

图 13-1　导轨面为粗基准

(1) 选择余量小而均匀的重要表面作为粗基准

如图 13-1 所示，可以导轨面用为粗基准。

(2) 选择平整、定位可靠的面作为粗基准

图 13-1 所示选择导轨面为加工床身铸件两底面的粗基准，目的在于保证重要导轨面上只切去少而均匀的一层金属，从而保留下尽可能多的优良组织层。另外，使用导轨面这样大而平的毛坯面作为粗基准，使工件安装平稳可靠。

(3) 选择不需加工的表面为粗基准

选择非加工表面作为粗基准，可以使加工表面与非加工表面之间的位置误差最小，如图 13-2 所示，外表面 1 是非加工表面，内表面 2 是加工表面。为保证镗孔后壁厚均匀，即内圆表面与外圆表面同轴，应选择外圆表面为粗基准。

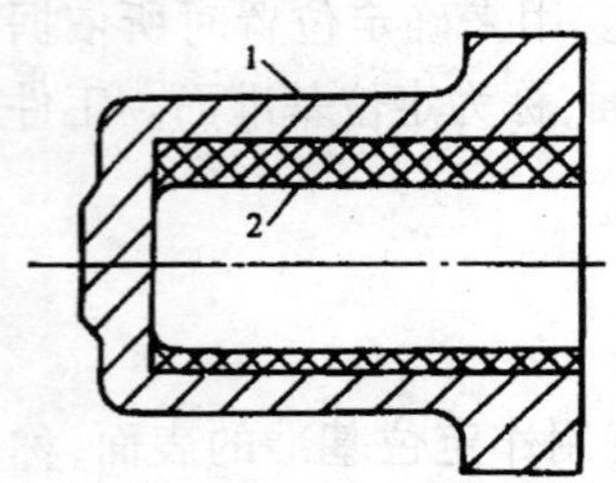

图 13-2　非加工表面为粗基准

1—外表面　2—内表面

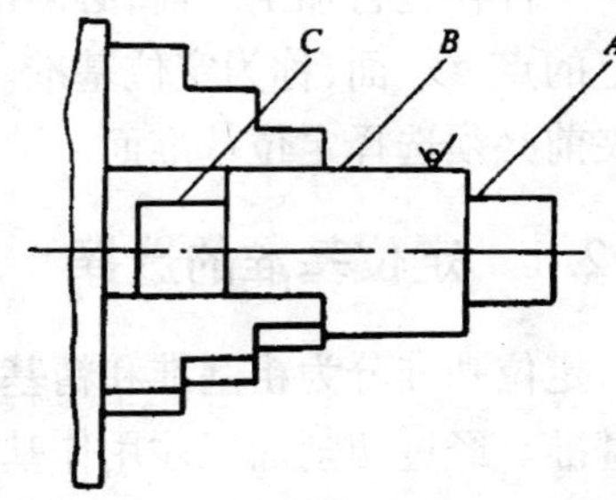

图 13-3　不应重复使用粗基准

(4) 粗基准一般只能使用一次

毛坯上的表面都比较粗糙。一般情况下，同一尺寸方向上的粗基准表面只能使用一次，重复使用会使相应的加工表面间产生较大的位置误差。如图 13-3 所示，以 B 面为粗基准加工 C 面，若再以 B 面为基准加工 A 面，则 A、C 面之间必造成较大误差。

13.2.2　工件的定位原理

机械加工时，必须将工件安装在机床上，但怎样才能使工件有一个正确的位置呢？一般用 6 点定位原则解决。

任何一个物体在空间都有 6 个自由度，三个垂直坐标上的移动(x、y、z)和绕三个坐标轴的转动($\bar{x}$、$\bar{y}$、$\bar{z}$)，如图 13-4 所示。为使工件在空间保持一个固定的位置，必须限制它的 6 个自由度。在机械加工时，常常用相当于 6 个支承点的定位元件与工件的定位基准相接触来限制工件的 6 个自由度，使其具有确定的位置。这种定位方法称为 6 点

定位规则,简称6点定则。如图13-5,三个支承点1、2、3在xOy大平面上,限制了$\bar{z}$、x、y三个自由度;另外两个支承点4、5在yOz窄长平面上,限制了$\bar{x}$、z两个自由度;最后一个支承点6在xOz较小平面上,限制了$\bar{y}$一个自由度。

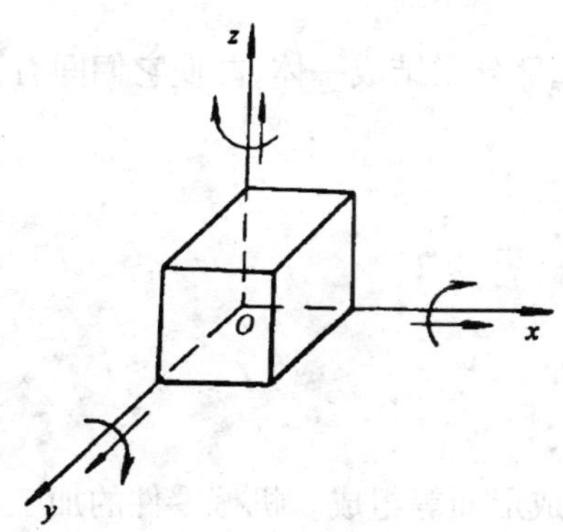

图13-4 物体的6个自由度

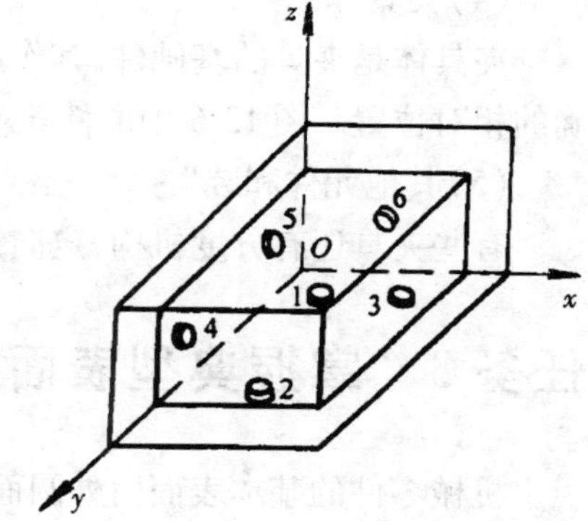

图13-5 工件六点定位简图

13.2.3 夹具的基本知识

1. 夹具的作用

夹具的主要作用如下。

①保证工件的加工质量,稳定产品质量。

②缩短辅助时间,提高生产效率。

③扩大机床工艺范围和改变机床用途。

④改善劳动条件,降低操作工人的技术等级。

2. 夹具的组成及各部分的作用

钻床夹具的组成如图13-6所示。

(1)定位元件

夹具上与工件定位基面接触,并用以确定工件正确位置的零件称为定位元件,图13-6中钻模心轴5是定位元件。

(2)夹紧装置

夹紧装置包括夹紧机构和动力源。其功能是压紧工件,使其保持正确的位置,以防外力作用而产生位移或振动,如图13-6所示的螺母压紧。

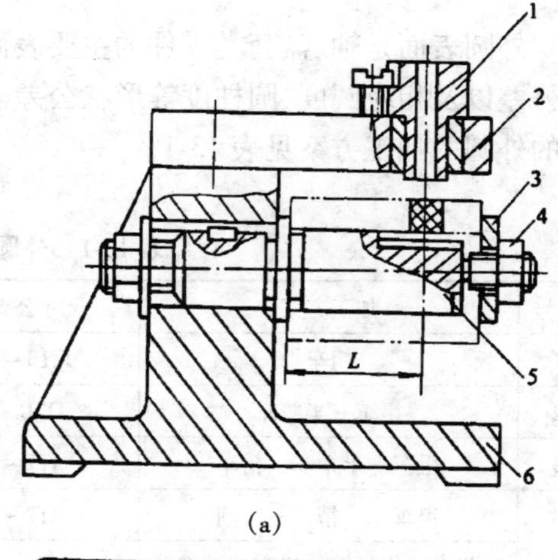

(a)

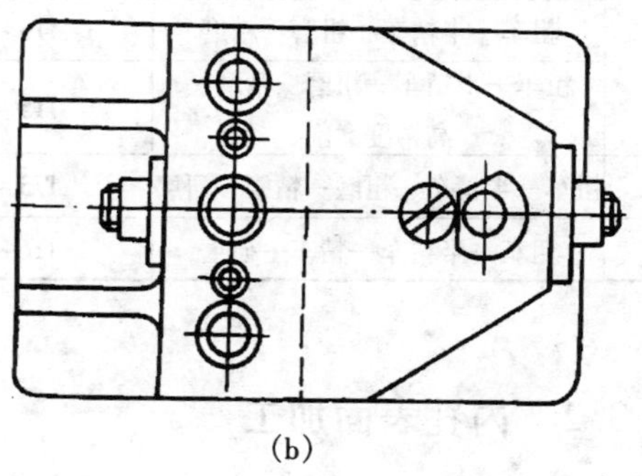

(b)

图13-6 钻床夹具的组成

1—钻套 2—钻模板 3—垫圈
4—螺母 5—钻模心轴 6—夹具体

(3)导向元件和对刀元件

导向和对刀元件是用来保证夹具与刀具之间的相互位置的,如图 13-6 中的钻套 1 是导向元件。

(4)夹具体

夹具体是夹具的基础件,其作用是使夹具各组成部分联结成一体,并使它们间有正确的相对位置。图 13-6 中的件 6 就是夹具体。

(5)其他元件和装置

有些夹具还有分度机构、定向键、平衡块等。

任务 3　掌握典型表面加工方法

机械零件的基本表面由外圆面、内圆面、平面和成形面等组成。机械零件的加工就是对这些基本表面的加工。每一种基本表面通常有多种不同的加工方法。

13. 3. 1　外圆表面加工

外圆表面是轴、盘套类零件的主要表面之一,其技术要求一般包括表面粗糙度、尺寸公差以及相应圆度、圆柱度等形状公差。主要的加工方法是车削和磨削等。各种精度的外圆的加工方案见表 13-1。

表 13-1　外圆表面加工方案表

<table>
<tr><th>序号</th><th>加工方案</th><th>尺寸公差等级</th><th>表面粗糙度 R_a(μm)</th><th>适用范围</th></tr>
<tr><td>1</td><td>粗车</td><td>IT13 ~ IT11</td><td>50 ~ 12. 5</td><td rowspan="3">适用于加工各种金属(未淬火钢)</td></tr>
<tr><td>2</td><td>粗车—半精车</td><td>IT10 ~ IT9</td><td>6. 3 ~ 3. 2</td></tr>
<tr><td>3</td><td>粗车—半精车—精车</td><td>IT7 ~ IT6</td><td>1. 6 ~ 0. 8</td></tr>
<tr><td>4</td><td>粗车—半精车—磨削</td><td>IT7 ~ IT6</td><td>0. 8 ~ 0. 4</td><td rowspan="4">适用于淬火钢、未淬火钢、铸铁等;不宜加工强度低、韧性大的有色金属</td></tr>
<tr><td>5</td><td>粗车—半精车—粗磨—精磨</td><td>IT6 ~ IT5</td><td>0. 4 ~ 0. 2</td></tr>
<tr><td>6</td><td>粗车—半精车—粗磨—精磨—高精度磨削</td><td>IT5 ~ IT3</td><td>0. 1 ~ 0. 008</td></tr>
<tr><td>7</td><td>粗车—半精车—粗磨—精磨—研磨</td><td>IT5 ~ IT3</td><td>0. 1 ~ 0. 008</td></tr>
<tr><td>8</td><td>粗车—半精车—精车—研磨</td><td>IT6 ~ IT5</td><td>0. 4 ~ 0. 025</td><td>适用于有色金属</td></tr>
</table>

13. 3. 2　内孔表面加工

孔也是组成零件的基本表面之一,其技术要求与外圆表面基本相同。零件上各种作用的孔很多,其加工方法有钻、扩、铰、镗、拉、磨、研磨和珩磨等。各种精度孔的加工方案见表 13-2。

表 13-2　内孔表面加工方案

序号	加工方案	尺寸公差等级	表面粗糙度 R_a(μm)	适用范围
1	钻	IT13 ~ IT11	12.5	用于加工除淬火钢以外的各种金属的实心工件
2	钻—铰	IT9	3.2 ~ 1.6	同上，但孔径 $D<10$ mm
3	钻—扩—铰	IT9 ~ IT8	3.2 ~ 1.6	同上,但孔径为 10 ~ 80 mm
4	钻—扩—粗铰—精铰	IT7	1.6 ~ 0.4	
5	钻—拉	IT9 ~ IT7	1.6 ~ 0.4	用于大批大量生产
6	(钻)—粗镗—半精镗	IT10 ~ IT9	6.3 ~ 3.2	用于除淬火钢外的各种材料
7	(钻)—粗镗—半精镗—精镗	IT8 ~ IT7	1.6 ~ 0.8	
8	(钻)—粗镗—半精镗—磨	IT8 ~ IT7	0.8 ~ 0.4	用于淬火钢、不淬火钢和铸铁件;但不宜加工硬度低、韧性大的有色金属
9	(钻)—粗镗—半精镗—粗磨—精磨	IT7 ~ IT6	0.4 ~ 0.2	
10	粗镗—半精镗—精镗—珩磨	IT7 ~ IT6	0.4 ~ 0.025	
11	粗镗—半精镗—精镗—研磨	IT7 ~ IT6	0.4 ~ 0.025	用于钢件、铸铁件和有色金属件的加工

13.3.3　平面加工

平面是零件上常见的表面之一,平面本身没有尺寸精度要求,只有表面粗糙度、平面度要求。根据不同的技术要求及所在零件的结构特点,可分别选用车、铣、刨、磨等加工方法。常用方案见表 13-3。

表 13-3　平面加工方案

序号	加工方案	尺寸公差等级	表面粗糙度 R_a(μm)	适用范围
1	粗车—半精车	IT10 ~ IT9	6.3 ~ 3.2	用于加工回转体零件的端面
2	粗车—半精车—精车	IT7 ~ IT6	1.6 ~ 0.8	
3	粗车—半精车—磨削	IT9 ~ IT7	0.8 ~ 0.2	
4	粗铣(粗刨)—精铣(精刨)	IT9 ~ IT7	6.3 ~ 1.6	用于加工不淬火钢、铸铁、非铁金属等材料
5	粗铣(粗刨)—精铣(精刨)—刮研	IT6 ~ IT5	0.8 ~ 0.1	
6	粗铣(粗刨)—精铣(精刨)—宽刀细刨	IT6	0.8 ~ 0.2	
7	粗铣(粗刨)—精铣(精刨)—磨削	IT6	0.8 ~ 0.2	用于加工不淬火钢、铸铁、有色金属等材料
8	粗铣(粗刨)—精铣(精刨)—粗磨—精磨	IT6 ~ IT5	0.4 ~ 0.1	
9	粗铣—精铣—磨削—研磨	IT5 ~ IT4	0.4 ~ 0.025	

续表

序号	加工方案	尺寸公差等级	表面粗糙度 R_a(μm)	适用范围
10	拉拔	IT9～IT6	0.8～0.2	用于大批量生产除淬火钢以外的各种金属

任务4 掌握典型零件的加工工艺

生产实践中，常把机械零件按结构特点分成轴类零件、盘套类零件、支架箱体零件等几大类。

13.4.1 轴类零件的加工

1. 轴的结构特点、功用及技术要求

轴类零件是常见的典型零件之一，它在机器中用来支承齿轮、皮带轮等传动零件，以传递扭矩。按结构形状的不同，轴类零件一般可分为简单轴、阶梯轴和异形轴三类，如图13-7所示。

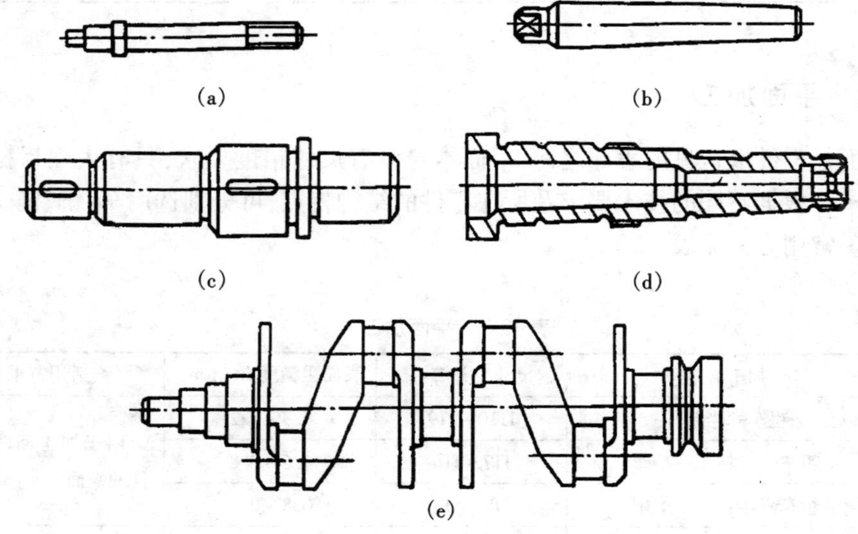

图13-7 轴类零件

(a)拉杆；(b)锥度心轴；(c)传动轴；(d)主轴；(e)曲轴

轴一般有两个支承轴颈。支承轴颈是轴的装配基准，它们的精度和质量要求一般较高。除了尺寸精度外，重要的轴还规定了圆度、圆柱度和同轴度等形位公差的要求等。

2. 轴类零件的材料、热处理及毛坯

不重要的轴可采用碳素结构钢Q235－A、Q255－A等，不需热处理。一般的轴可采用优质碳素结构钢35、45、50等，并根据不同工作条件进行不同的热处理，以获得一定的强度、韧性和耐磨性。对于重要的轴，当精度、转速要求较高时，采用合金结构钢40Cr、轴承钢GCr15、弹簧钢65Mn等，进行调质和表面处理，使其具有较高的力学性能、耐磨性。当转速高、载荷大时，可采用合金结构钢20Cr、20CrMnTi等进行渗碳淬火处理或采用渗氮钢38CrMoAlA进行调质和渗氮处理。此外，有些形状复杂的轴，还可采用球墨铸铁QT600—2、QT1200—1等，并进行正火、调质和等温淬火处理。

对于光轴和直径相差不大的阶梯轴，一般采用圆钢作为毛坯。直径相差较大的阶梯轴和比较重要的轴，应采用锻件作为毛坯。其中大批量生产应采用模锻件；单件小批生产应采用自由锻。对于较复杂的异形轴，可采用球墨铸铁等作为毛坯。

3. 定位基准的选择

(1)粗基准的选择

对于实心轴，一般采用外圆表面作为粗基准。

(2)精基准的选择

应该选择两端的中心孔作为定位精基准。

4. 工艺路线

一般轴类零件的加工工艺路线如图13-8所示。

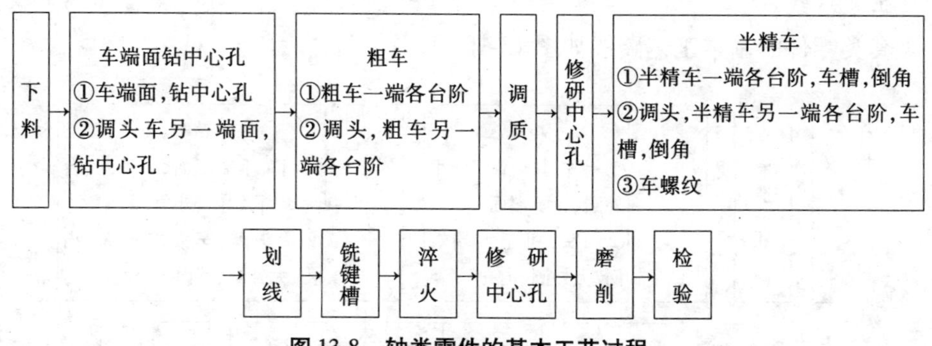

图13-8　轴类零件的基本工艺过程

13.4.2　盘套类零件的加工

1. 盘套类零件的结构特点和技术要求

图13-9中所示的齿轮、端盖、透盖和锁紧螺母等均属盘套类零件，在机器中用得最多。盘套类零件一般由内孔、外圆、端面和沟槽等组成，其中孔和外圆为主要加工表面。其位置精度可能有外圆对内孔轴线的径向跳动(或同轴度)或端面对内孔轴线的端面圆跳动(或垂直度)等要求。

2. 盘套类零件的材料、热处理及毛坯

盘套类零件用途不同，所用材料也不同。常用的材料有钢、铸铁、青铜和黄铜等。直径较小的盘套类零件一般选择圆钢、铜棒或实心铸件作毛坯；直径较大的常用带孔的锻件或铸件作毛坯。大批量生产的盘套零件还可采用粉末冶金件、无缝钢管等。

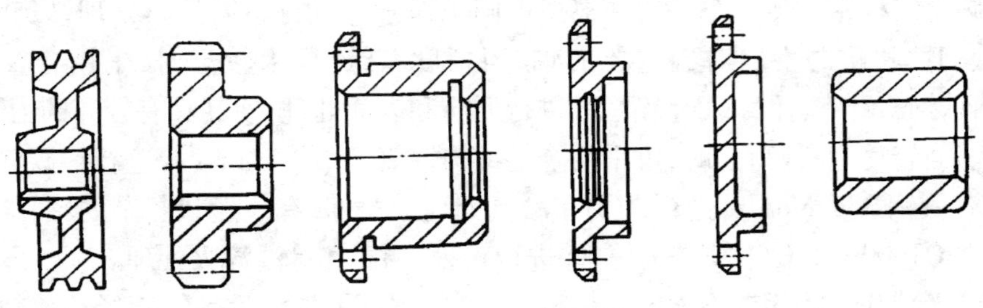

图 13-9　盘套类零件

3. 定位基准的选择

(1)粗基准的选择

盘套类零件一般都选择外圆表面作粗基准，因为多数中小盘套类零件选用实心毛坯或虽有铸出或锻出的孔，但孔径小或余量不均，不能用来作粗基准。但有些零件较大或有较精确的内孔，也可先用内孔作为粗基准，以便使其余量均匀。

(2)精基准的选择

精基准的选择主要是考虑如何保证内外圆的同轴度。盘套类零件一般都选择内孔作为精基准，有时也以外圆为精基准。

4. 工艺路线

盘套类零件的基本工艺路线如图 13-10 所示。

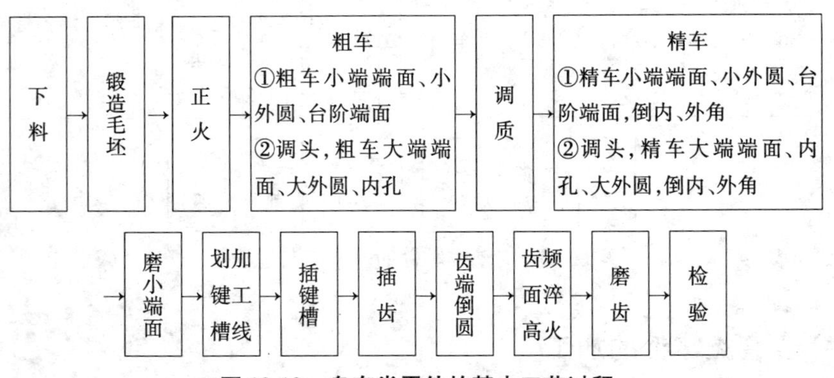

图 13-10　盘套类零件的基本工艺过程

13.4.3　支架箱体类零件的加工

1. 支架箱体类零件的结构特点和技术要求

支架箱体类零件用以支承和组装轴系零件，并使各零件之间保证正确的位置关系，以满足机器的工作性能要求。因此，支架箱体类零件的加工质量在很大程度上影响机器的质量。它是机器部件的基础零件。常见的轴承架、减速箱箱体如图 13-11 所示。箱体的结构较复杂，内部呈腔形，有互相平行或垂直的孔系，这些孔大多是为安装轴承的支承孔。箱体的底平面(有的是侧平面或上平面)是装配基准，也是加工过程中的定位基准。支架的结构与箱体类似，可看成是箱体的一部分。

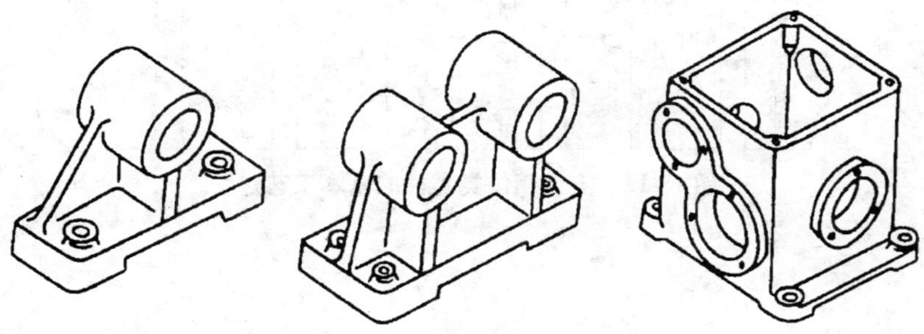

图 13-11　支架箱体类零件

2. 支架箱体类零件的材料、热处理及毛坯选择

支架箱体类零件的毛坯通常采用灰铸铁，例如 HT200 等。有时为了减轻质量，用非铁金属合金铸造箱体。在单件小批生产中也可用焊接件。为了消除应力，应进行退火或时效处理。

3. 定位基准的选择

(1)粗基准的选择

一般采用重要的孔(如轴承孔)为主要粗基准。

(2)精基准的选择

精基准的选择尽可能采用统一的基准。一般选用箱体底面或底与底面上的两个定位销孔(即一面两销)作为精基准。

4. 加工工艺路线

拟订支架箱体类零件的加工工艺路线时一般应遵循的原则如下。

(1)先孔后面

支架箱体类零件基本由平面和支承孔组成，一般应先加工主要平面(也包括一些次要平面)后加工支承孔。这样，可为孔的加工提供稳定可靠的定位基准。此外，主要平面是支架和箱体在机器上的装配基准。先加工主要平面可使定位基准与装配基准重合，从而消除因基准不重合而引起的定位误差。

(2)粗、精加工分开

对于刚性较差、精度要求较高的支架箱体类零件，为了减少加工后的变形，一般要粗、精加工分开，即在主要平面和各支承孔粗加工之后，再进行主要平面和各支承孔精加工。

(3)工序尽可能集中

近年来，由于加工中心使用越来越多，根据支架、箱体类零件的结构特点、尺寸和精度要求，工件在一次装夹中可以利用自动换刀完成平面和孔的加工等多道工序。

根据以上原则，在单件小批生产中支架箱体类零件的主要加工工艺过程为：铸造毛坯并退火—划线—粗加工主要平面—粗加工支承孔—精加工主要平面—精加工支承孔。至于次要表面的加工，可根据具体情况穿插进行，如图 13-12 所示。

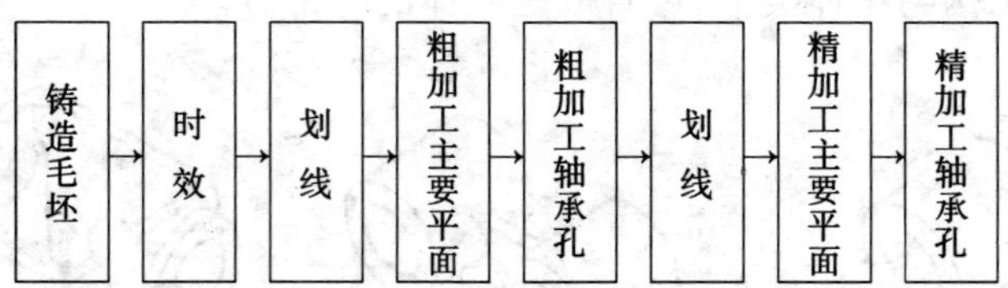

图 13-12　支架箱体类零件的基本工艺过程

项目十四　装　配

任务1　了解装配

装配是指按照规定的技术要求,将已经加工好并检验合格的单个零件,通过各种形式,依次连接成组件、部件,最终连接成一台整体机器的工艺过程。这些零件包括:

①基本零件即主体件,如机座、床身、箱体、轴、齿轮等;

②通用零件或部件,各工厂在该产品系列中,带有通用性质的零件或部件;

③标准零件,即紧固件,如螺钉、螺帽、接头、垫圈、销子等;

④外购零件,如轴承、密封填料、电气零件等。

装配是机器制造中的最后一道工序,因此装配过程是保证机器达到各项技术要求的关键。对金属切削机床来说,装配质量好,就能满足加工工件的各项精度;反之则不能,甚至会出现设备事故。举例如下。

①装配时,车床的主轴与床身导轨的平行度超差,则以后车削出来的工件就会出现较大的锥度。若主轴与中拖板导轨的垂直度超差,则车削出来的工件端面就达不到要求。

②对传动用的齿轮、锥齿轮、蜗轮副等,如果它们的相互位置装配得不正确,便会使齿轮得不到很好的啮合,引起过早的磨损或增加噪音。

③装配滑动连接的相配件时,如果零件的表面光洁度被损坏,或润滑装置不畅通,加工时,则会损伤工件表面或在开车后不久即出现“咬死”的现象。

④装配机床导轨时,如调整不在水平面上,使导轨平面出现倾斜,则其受力就不平衡,从而磨损也不均匀。严重时将使导轨产生变形而损害精度。

⑤在有调整件的装配中,如果各零件相互位置的轴向窜动调整得不正确,也会影响机床的正常工作,因为调整得太紧,温升过高;调整得太松,则窜动较大。

任务2　了解装配的工艺过程

1. 准备

装配前应认真研究产品装配图及其技术要求,特别是零件之间相互连接的关系。同时考虑装配方法、装配顺序及所需要的设备工装。确定装配方案之后,对将进入装配的全部零件都需要进行整理和清洗。必要时,还要对某些零件进行刮削、配研等修配加工。

2. 装配

装配工作通常分为部件装配和总装配。部件装配是指将两个或两个以上零件组合在一起,或将零件与几个组合件结合在一起成为一个部件的装配过程,它是产品进入总装配以前的装配工作。总装配是指将装配的各部件零件结合成一台完整产品的过程。

3. 调试

产品装配后应进行调整和试车。调整是指通过调节零件或机构的相对位置、配合间隙等,使产品的装配精度达到技术要求的过程。调整之后,通过试车确定机器的使用性能是否合格,不合格的产品应重新进行调整或检修。

4. 后处理

后处理是指对调试好的产品所进行涂装和装箱等工作。涂装是为了防止零件不加工表面锈蚀,并使机器外表美观等所进行的工作;涂油是为了防止零件工作表面、已加工表面生锈所进行的工作;装箱是产品完成的最后工作,装箱时连同机器附件、说明书、检验合格证等一起装入,产品装箱后入库或直接发给用户。

任务3　了解装配单元的系统图

1. 装配单元

零件是构成机器(或产品)的最小单元。将若干个零件结合成机器的一部分,无论其结合形式和方法有多大差别,统称为部件。直接进入机器装配的部件,称为组件。直接进入组件装配的部件,称为一级组件。直接进入一级组件装配的部件,称为二级组件。依此类推,机器越复杂,则组件的级数越多。

可以单独进行装配的部件,称为装配单元。一台机器一般能分为若干个装配单元。

基准零件和基准部件是装配工作的基础,其作用是把需要进入装配的零件与部件联成一个整体,并且确定这些零件或部件之间的相互位置。

2. 装配单元系统图

装配单元的装配顺序用装配单元系统图表示。图14-1是某成品的一个装配单元系统图。图中的长方格表示零件或组件。在长方格内应标注零件或组件的名称、编号以及装入的件数等。图中的线条表示装配顺序。

给制装配单元系统图时,先在图纸靠上部画一条横线。在横线的左端画出代表基准零件或部件的长方格。在横线的右端画出代表成品的长方格。然后,把所有直接进入成品装配的零件,按照装入顺序画在横线上面。除基准组件或基准分组件画在横线上外,把所有构成成品的组件,按照顺序画在横线下面。

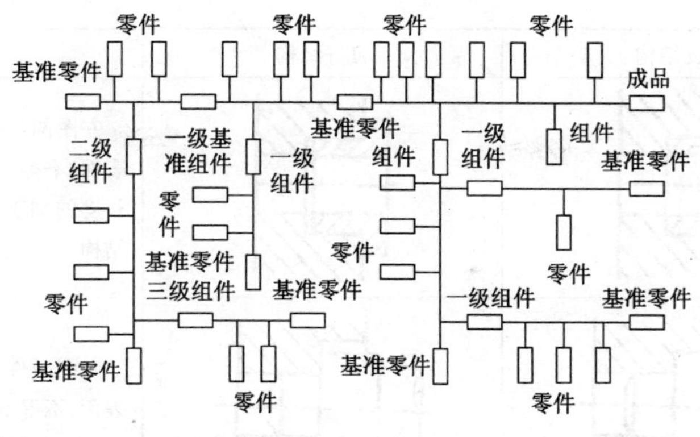

图 14-1　装配单元系统图

任务 4　了解零件结构的装配工艺性

零件结构的装配工艺性，是指所设计的零件在满足使用性能要求的前提下其装配连接的可行性和经济性，或者说机器装配的难易程度。本节通过部分实例，介绍常见的装配工艺性应注意的问题。

1. 倒角

配合件应倒角，以利于装配。通常倒角 45°，较小的倒角有导向作用，更容易装配。倒角能避免零件端部的毛刺划伤手指或配合面，并且使零件外形美观，如表 14-1 中序号 6。

表 14-1　零件结构的装配工艺性示例

序号	不良结构	良好结构	说　明
1			左图两件无径向装配定位基准，难以保证其同轴度要求。应改为右图结构
			左图气缸盖与缸体直接以螺纹连接，由于内、外螺纹间间隙的存在，难以保证两件内孔的同轴度，活塞杆易偏移，使往复运动不灵活。右图增设装配基准面，克服上述问题，且避免了螺纹加工，生产效率高

序号	不良结构	良好结构	说　明
2	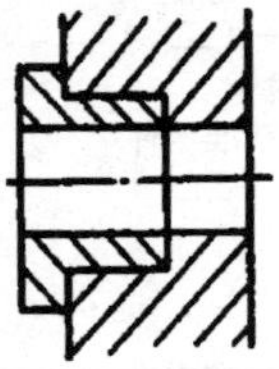	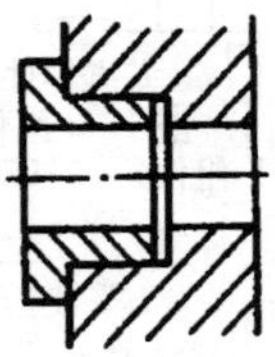	左图两件在轴向有两对配合表面,不得不提高孔深和台阶套长度的加工精度。应改为右图结构
	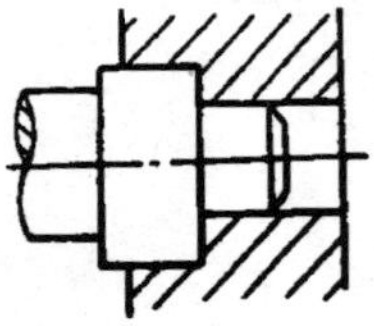	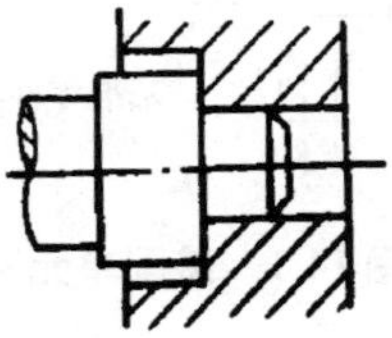	左图两件在径向有两对配合表面,不得不提高阶梯轴外圆和阶梯孔的精度。右图结构合理
3	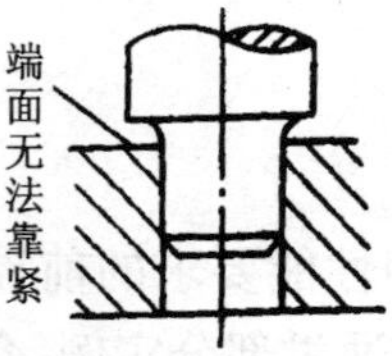 端面无法靠紧	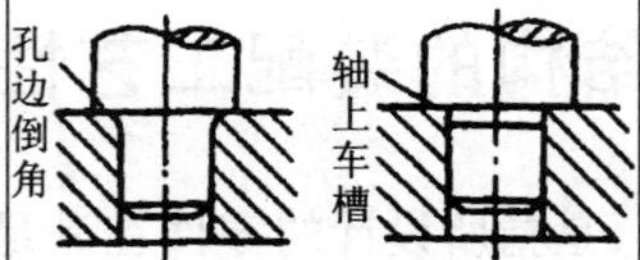 孔边倒角　轴上车槽	左图轴肩和孔的端面无法贴紧,应在孔边设倒角或在轴肩根部车槽,如右图所示
	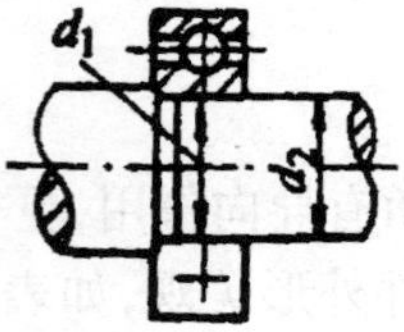 d_1　d_2	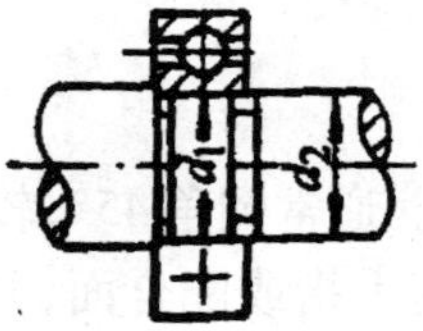 d_1　d_2	轴承与轴颈配合较紧,为保证轴承顺利到达轴颈 d_1 处,应使轴承 d_2 稍小于轴颈 d_1
4	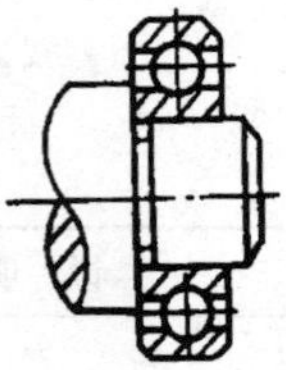	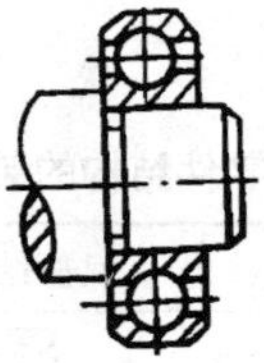	左图轴承内环不易拆卸,应使轴承内环的外径大于轴肩直径,如右图所示
	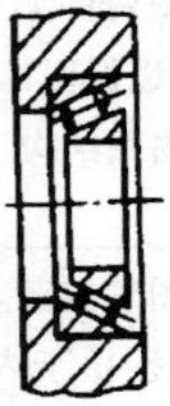		左图轴承外环和箱体孔的配合较紧,轴承外环难以拆卸,应使轴承外环的内径小于箱体靠肩孔径
	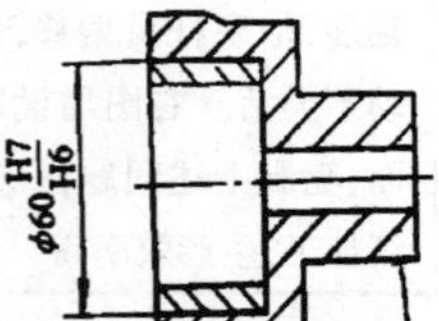 $\phi 60\frac{H7}{H6}$	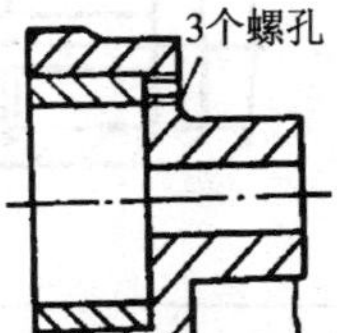 3个螺孔	左图衬套以较大的力压入机体,使拆卸更换衬套困难。可在机体上设计三个均布螺钉孔,用螺钉顶出衬套,见右图

续表

序号	不良结构	良好结构	说明
5	 距离过小	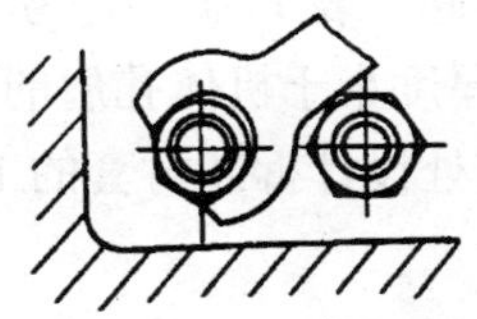	左图螺钉位置距机壁太近，无法使用扳手；改进后，扳手活动空间增大，便于拧紧或松开螺钉
	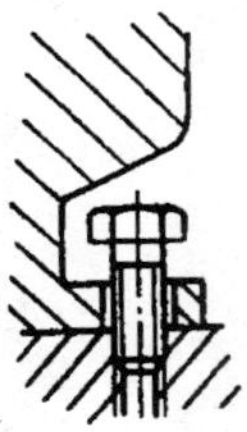	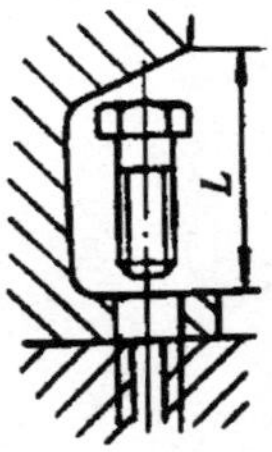 L	左图空间小于螺钉长度，无法装入螺钉
	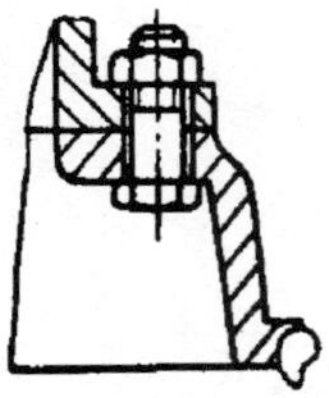	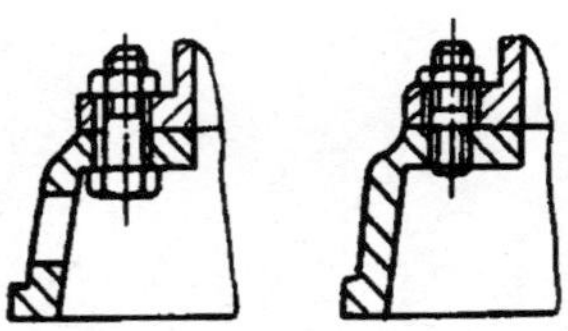	左图连接机体和底座的螺栓安装困难；若结构允许，可在底座上设计出装螺栓的工艺孔，或在底座上加工螺纹孔，用螺柱连接两件
6	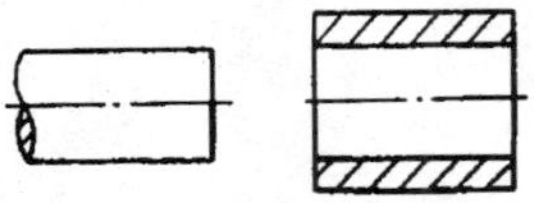	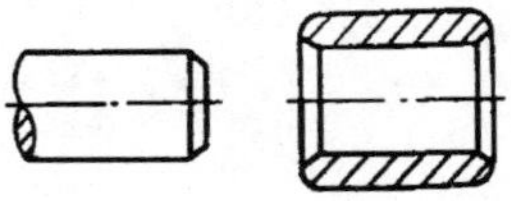	轴、孔配合较紧时，左图装配不方便，应在轴、孔端部有倒角结构

2. 便于定位

如表 14-1 中序号 3 所示孔与轴的装配结构，在轴向要求轴肩与孔端面贴紧定位时，孔边必须倒角，或者在轴肩的根部车槽。

3. 避免多余接触面

当两零件相配合时，在同一个方向上只能有一对接触面。多余的接触面会产生干涉，影响装配。因此，除一对定位面相接触外，其他可能接触的表面间必须留足够的间隙，保证不接触。表 14-1 中序号 2 所示孔与套的配合在轴线方向有一对多余的接触面；阶梯孔与阶梯轴的配合在垂直于轴线方向上有一对多余接触面。

4. 便于螺钉装拆

设计螺钉连接结构时，应考虑安装螺钉方便。表 14-1 中序号 5 所示螺钉连接结构就无法安装螺钉。机座零件设计时应考虑在侧壁上设计一个工艺孔，以便于安装螺钉；也可以设计成螺栓连接结构。

在零件上设计螺钉位置时，要考虑装拆螺钉时的扳手空间。在设计螺钉连接的零件时，还应考虑螺钉的安放空间。

5. 便于拆卸

设计零件时，应考虑便于拆卸。表 14-1 中序号 4 所示轴承内圈的厚度小于轴肩高度，内圈可装不可拆；轴承外圈厚度小于机体孔肩的高度，外圈可装不可拆；装入壳体的衬套无法拆卸，应在壳体的相应处设计拆卸衬套的工艺孔。

6. 装配基准

相配合的零件应设计装配定位基准。否则，零件之间的相互位置关系不明确，无法保证装配质量。表 14-1 中序号 1 所示连接结构没有装配定位基准，不能保证两零件内孔的对中性。

项目十五　先进机械制造技术

随着科学技术和社会生产的不断发展，对机械产品的性能、质量、生产效率和成本的要求越来越高。制造业是我国入世后为数不多的有竞争优势的行业之一。当前世界上正在进行着新一轮的产业调整，中国正在成为世界制造大国。应用新技术，特别是信息技术改造传统产业，促进产业结构升级，变“制造大国”为“制造强国”，将成为今后一段时间制造业发展的主题之一。

任务1　了解成组技术

15.1.1　成组技术的概念

随着科学技术的进步和人们需求的多样化，产品品种越来越多，市场竞争促使新产品开发和产品的更新换代周期缩短。

为解决多品种小批量生产方式中出现的总生产时间较长、生产准备工作量大以及产量小的问题，成组技术逐渐发展起来。

成组技术 GT(Group Technology)是为了有效地进行多品种小批量生产，将具有相似性的零件(形状相似、尺寸相似、加工过程相似等)汇集成组形成零件组，把同一零件组中零件分散的小生产量汇集成较大的成组生产量，使小批量生产能获得接近于大批量生产的经济效果，从而大幅度地提高生产效率。成组技术是一种合理化组织生产的科学方法。成组技术的概念如图 15-1 所示。

15.1.2　零件的分组方法

按一定的准则将零件分类成组是实施成组技术的基础。目前，将零件分类成组的常用方法有视检法、生产流程分析法和编码分类法。

1. 视检法

由有生产经验的人员对零件图样进行仔细阅读和判断，把具有某些特征属性的一些零件归并成一类。它的效果主要取决于个人的生产经验，多少带有主观和片面性。

2. 生产流程分析法

它是对企业生产的全部零件的工艺流程进行分析，依据零件所用机床设备的相似性来对零件进行分组，即使用同一组机床进行加工的零件归为一类。采用此法分类的正确性与所采用的分析方法以及所依据的工厂技术资料有关。

3. 编码分类法

采用某种零件分类编码系统用数字和字母对零件特征进行编码。因此，利用零件

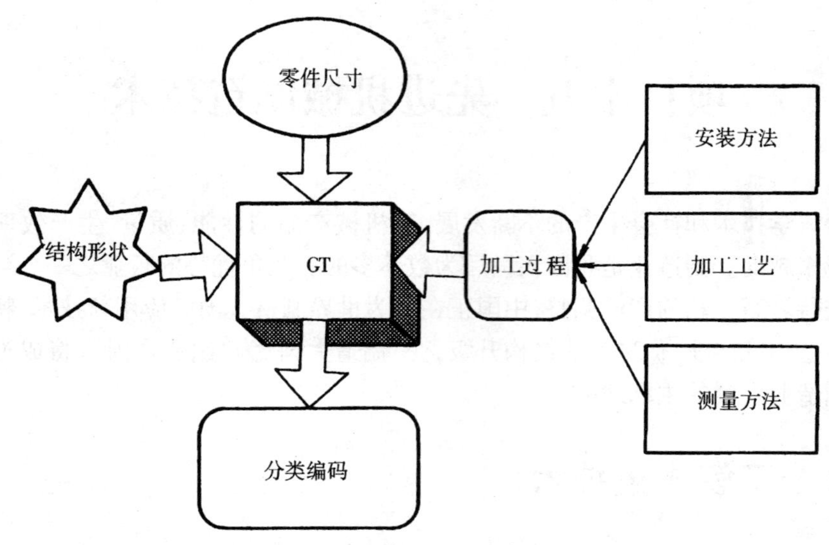

图 15-1　成组技术的概念示意图

代码就能方便地找到相同或相似特征的零件,形成零件组。如果要求编码完全相同的零件才能归为一个零件组,则会造成零件组的组数过多而每组内的零件个数很少,就会失去成组的意义。为此,应适当放宽相似性程度,做到合理分类。

15.1.3　成组生产系统的管理

1. 成组生产的特点

成组生产的主要特点是根据相似性的基本原理进行"归类成组"。由于零件的成组,引起了一系列工作的成组,如设计零件成组、工艺规程成组、工艺装备成组、生产设备成组、劳动定额成组、劳动组织成组、作业计划成组、日常统计成组、劳动计酬成组等,这给生产管理带来了新的变化。过去是零件与产品保持纵向联系,现在是以零件成组进行横向交错生产,客观上要求企业所有部门都均衡地进行生产,并及时做好服务工作等。

2. 成组生产的组织形式

成组生产的组织形式,是实施成组技术的重要条件和关键环节。它将根据已选定的零件分类编码系统所划分的零件组别、编制好的成组工艺规程,以及成组工艺装备等具体条件,来加以划分和确定。如按其零件组别、工艺规程和工艺装备的组合关系,可以组成不同形式的各种成组生产组织。其中成组生产单元是成组生产系统最适宜的基本生产组织形式。成组生产单元是按一个(或几个)零件组的共同工艺流程而布置的设备,它是能完成类似零件全部工序的一种封闭式生产组织形式。

任务 2　了解数控技术

数控加工技术是 20 世纪 40 年代后期发展起来的一种自动化加工技术,它综合了计算机、自动控制、电机、电气传动、测量、监控和机械制造等学科的内容，是机、电、光、液压与气动等高度一体化集成的设备，目前在机械制造业中已得到了广泛的应用。图 15-2 所示为数控立式和卧式加工中心。

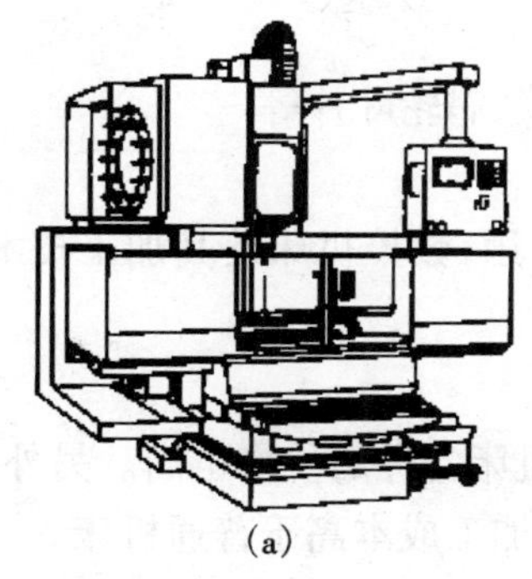

(a)

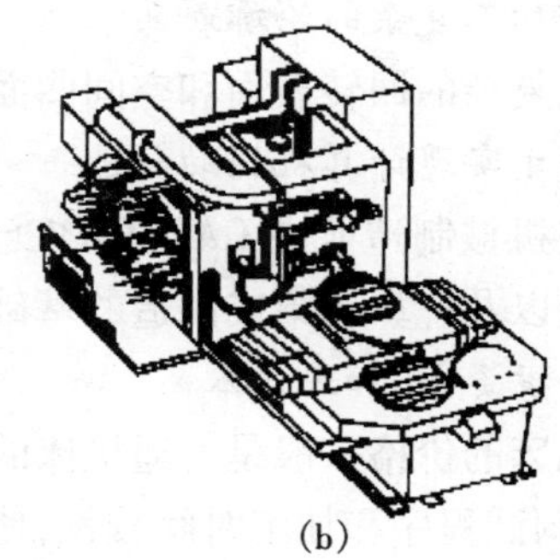

(b)

图 15-2　立式和卧式加工中心

(a)立式;(b)卧式

15.2.1　数控机床的工作原理

数控是以数字化信息对机床运动及加工过程进行控制的一种方法。以图 15-3 所示的三坐标立式数控铣床为例，介绍数控铣床的工作原理。

将加工程序输入到数控系统后，数控系统对数据进行运算和处理，向主轴箱的驱动电机和数控各进给轴伺服装置发出指令，伺服装置接受指令后，向控制三个方向的进给伺服(步进)电机发出电脉冲信号。主轴箱的驱动电机带动刀具旋转，进给伺服(步进)电机带动滚珠丝杠使机床的工作台沿 X 轴和 Y 轴、主轴箱沿 Z 轴移动，从而使铣刀对工件进行切割。

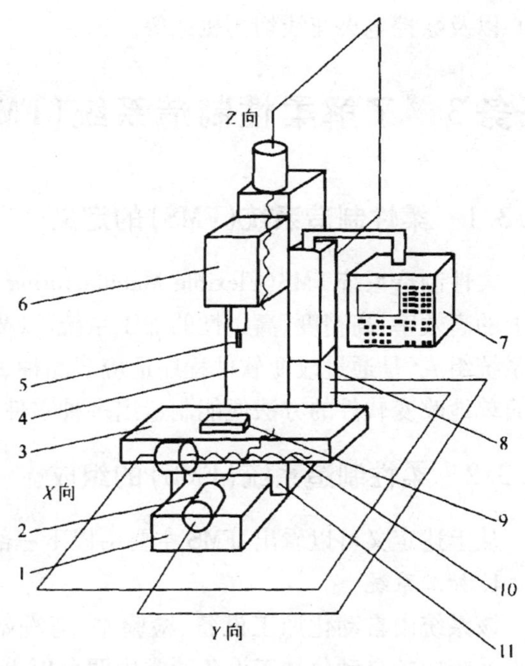

图 15-3　三坐标立式数控铣床示意图

1—床身　2—伺服电机　3—纵向工作台　4—立柱　5—铣刀　6—主轴箱　7—数控系统　8—伺服装置　9—工件　10—丝杠　11—滑鞍

15.2.2　数控加工的特点和应用

数控加工与普通机床加工相比具有以下特点。

1. 加工精度高

数控机床在整体设计中考虑了整机刚度和零件的制造精度，又采用高精度的滚珠丝杠传动，机床的定位精度和复定位精度都很高，特别是有的数控机床具有加工过程自动监测和误差补偿等功能，因而能可靠地保证加工精度和尺寸定位。

2. 生产效率高

数控机床在加工中零件的装夹次数少,一次装夹可以加工出很多表面,省去了划线找正和检测等许多中间环节。加工复杂工件时,效率可提高 5 ~10 倍。

3. 适合加工复杂的轮廓表面

能加工复杂的回转表面和空间曲面,如螺旋桨、涡轮叶片等。

4. 有利于实现计算机辅助制造

目前在机械制造业中 CAD/CAM 已被广泛应用,数控机床及其加工技术正是计算机辅助制造以及计算机集成制造的基础。

5. 初始投资大、加工成本高

数控机床的价格一般是普通机床的若干倍,机床备件的价格也高。另外,加工首件需要编程,调试程序和加工时间较长,使得零件的加工成本高于普通机床。

由于数控机床具有以上特点,所以对于产量小、品种多、产品更新频繁、要求生产周期短的产品零件加工具有明显的优越性。

目前实际使用的数控机床种类有数控车床、数控铣床、数控钻床、数控磨床和加工中心以及数控电火花线切割机床等。

任务3 了解柔性制造系统(FMS)

15.3.1 柔性制造系统(FMS)的定义

柔性制造系统 FMS(Flexible Manufacturing System)是一种建立在柔性制造单元基础上的高效率、高精度、高柔性的加工系统。FMS 由两台以上加工设备、物料运储和控制系统组成,是通过改变软件程序适应多品种、中小批量生产的自动化制造系统。它通过简单地改变软件的方法便能制造出多种零件中任何一种。

15.3.2 柔性制造系统(FMS)的组成

从上述定义可以看出,FMS 主要由以下三部分组成。

1. 加工系统

该系统由自动化加工设备、检验站、清洗站、装配站等组成,是 FMS 的基础部分。加工系统中的自动化加工设备通常由两台以上数控机床、加工中心以及其他加工设备所组成,例如测量机、清洗机、动平衡机和各种特种加工设备等。

2. 物料运储系统

物料运储系统在计算机控制下,主要完成工件和刀具的输送及入库存放,它由自动化仓库、自动运送小车、搬运机器人、上下料托盘、交换工作台等组成。

3. 信息系统

信息系统由一套计算机控制系统构成,能够实现对 FMS 的运行控制、刀具管理、质量控制,以及 FMS 的数据管理和网络通信。

除上述的三个主要组成部分外，FMS还包含冷却系统、排屑系统、刀具监控和管理等附属系统。柔性制造系统的基本组成和典型组成分别如图15-4和图15-5所示。

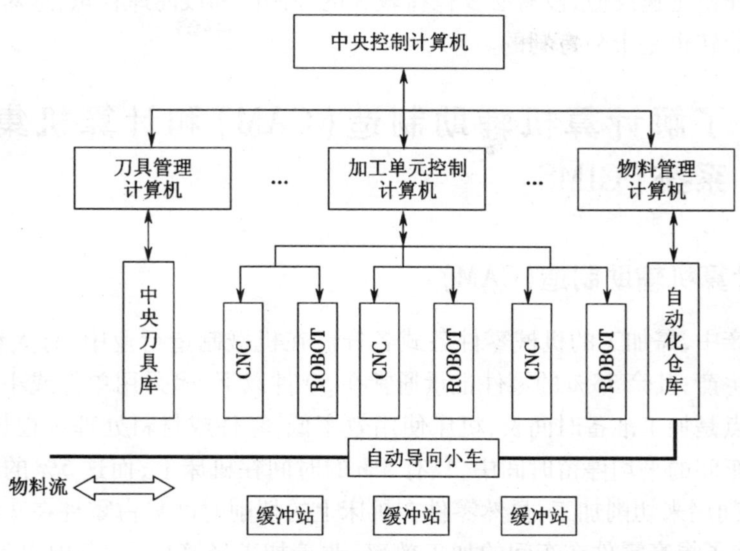

图15-4　柔性制造系统(FMS)基本组成

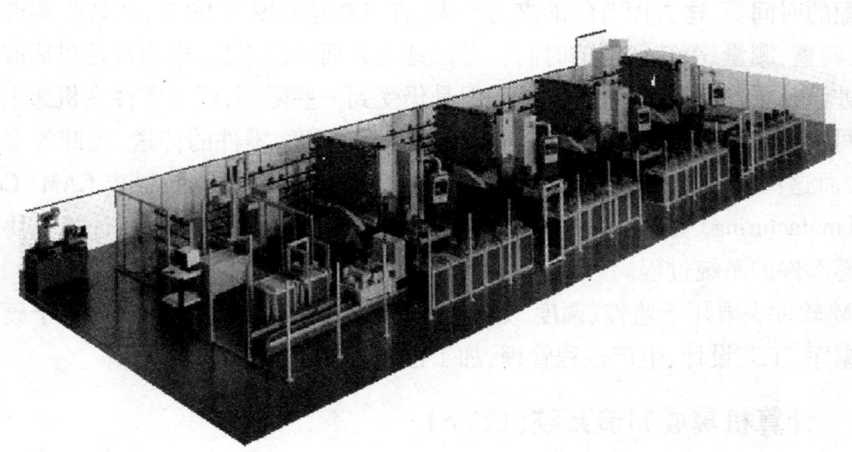

图15-5　柔性制造系统(FMS)典型组成

15.3.3　柔性制造系统(FMS)的特点

由于FMS备有较多刀具、夹具以及数控加工程序，因此能接受各种不同零件加工，解决了多品种、中小批量生产的生产效率与柔性之间的矛盾，对扩大变形产品的生产和新产品开发特别有利。因集中控制、灵活性好，加工过程中工件输送和刀具更换等实现了自动化，人的介入减少到最低程度，提高了生产连续性和数控设备利用率，所以生产周期短、成本低。通过计算机的数据处理，在加工过程中采用自动检测设备，可随时发现机床精度、刀具磨损及加工质量等方面出现的问题,从而能及时采取措施,使加工质量得到保证。另外,由于 FMS 具有高柔性、高生产效率以及准备时间短的特点,能够对市场的变化作出迅速反应,没有必要保持较大的在制品和成品库存量,这对企业提高竞争力和资金周转也是十分有利的。

任务 4　了解计算机辅助制造(CAM)和计算机集成制造系统(CIMS)

15.4.1　计算机辅助制造(CAM)

实际生产中,需加工的机械零件各式各样。在机械制造行业中,有大约 25% 的零件采用大量生产;其余 75% 的零件批量通常在 50 件以下,多采用单件或小批生产。小批生产的特点是加工准备时间长,机床使用效率低,零件或材料处理过程长。据统计,一个零件在车间的平均停留时间中,只有 5% 的时间在机床上,而这 5% 的时间中又只有 30% 的时间用来切削加工,显然零件在机床上的切削时间只占零件在车间停留时间的 1.5%。为了提高零件在车间的加工效率,改善加工经济性,应考虑以下方面:①减少零件在车间的流通时间,例如减少零件等待加工时间、减少已完成加工的零件等待测量和装配的时间等,这方面节约的潜力很大,有时高达 80% ~90%;②减少零件在机床上装卸、调整、测量、等待切削的时间。考虑这两方面的因素后,采用数控机床或加工中心等先进设备可提高机床的使用效率,但是仍受到一些限制,因为零件在机床上的实际等待时间以及在车间的停留时间还与生产的管理、调度,零件的传送、装卸等多方面因素有关,而这些均可通过计算机来全面考虑、安排。计算机辅助制造 CAM(Computer Aided Manufacturing)就是在这样的背景下产生的。显然,CAM 是通过计算机协助加工出一个零部件的系统过程。

CAM 软件主要用于监控、调度、处理并且最终控制信息流和系统的各个硬件。它包括数据库、工艺设计、生产过程管理、加工控制、质量控制等模块。

15.4.2　计算机集成制造系统(CIMS)

CIMS 是一种基于计算机集成制造(CIM)理念构成的数字化、信息化、智能化、绿色化、集成优化的制造系统,是信息时代的一种新型生产制造模式。

CIMS 的核心是将企业内的人/机构、经营管理和技术三要素之间集成,以保证企业内的工作流程、物质流和信息流畅通无阻。

CIMS 三要素是经营管理、人和技术,它们的关系如图 15-6 所示。

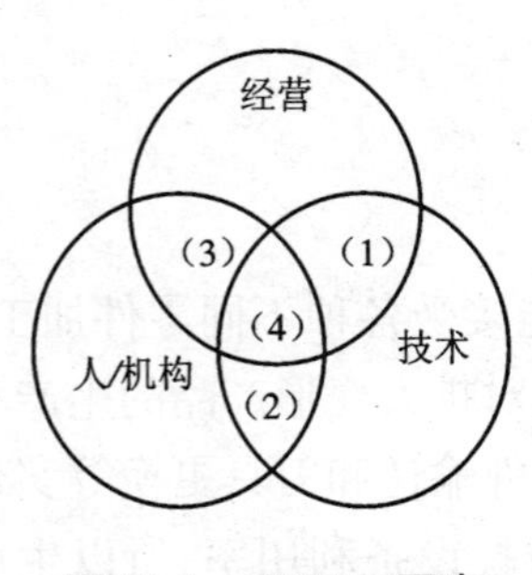

图 15-6　CIMS 三要素

CIMS 通常由经营管理与分析分系统、工程设计自动化分系统、制造自动化分系统、质量保证分系统4个功能分系统及支撑平台子系统(如网络/数据库/集成框架)组成,如图15-7所示。

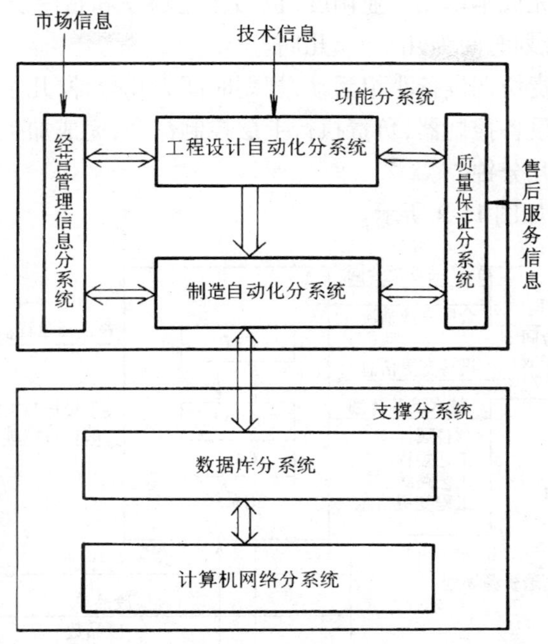

图15-7 CIMS的系统组成

CIMS一般采用分级控制系统结构,也称递阶控制结构。美国国家标准与技术研究所在进行CIMS技术研究时,曾提出了著名的CIMS五级递阶控制结构模型,如图15-8所示。这五级递阶控制结构为工厂级、车间级、单元级、工作站级和设备级。其中每一级可分解为多个模块,它们可扩展成树状结构。

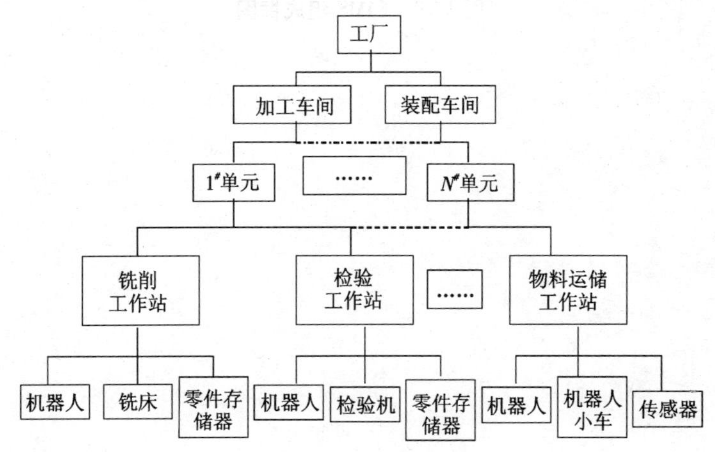

图15-8 五级递阶控制结构

①工厂层,即最高决策层,负责制定长期生产计划、确定资源需求、产品开发、成本

核算,规划周期为几个月/几年时间。

②车间层,负责协调车间作业和资源配置,作用周期为几周/几个月。

③单元层,负责完成本单元作业调度,包括作业顺序和指令发放、进行任务分配调度、协调物料运输,规划时间为几小时/几周。

④工作站层,负责协调设备小组活动,规划时间为几分钟/几小时。

⑤设备层,各种设备控制器,负责执行上层控制命令,完成加工、测量、运输等任务,响应时间为几毫秒/几分钟。

典型 CIMS 框图如图 15-9 所示。

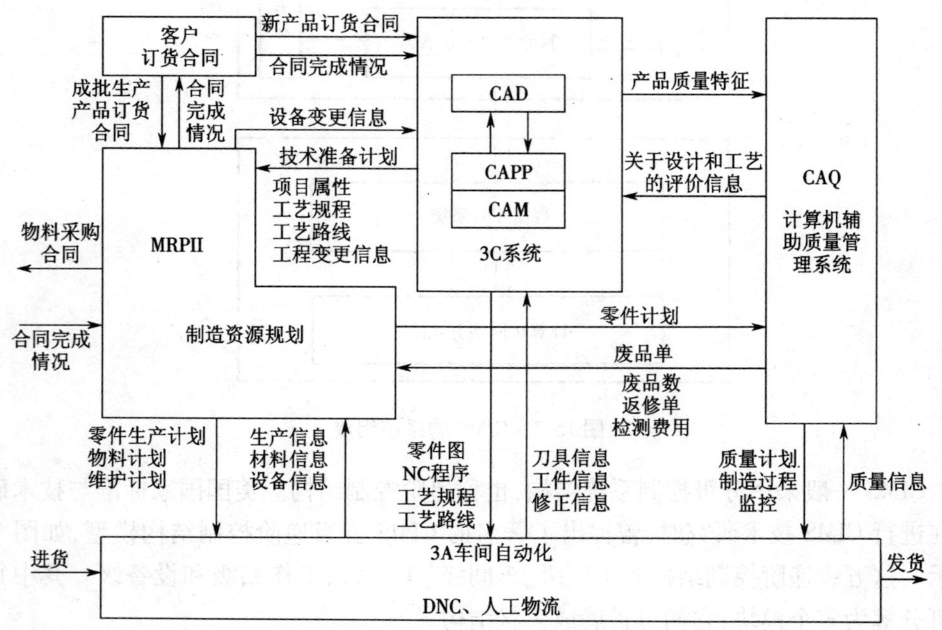

图 15-9 CIMS 组成框图

参考文献

[1] 凌爱林. 工程材料及成形技术基础[M]. 北京:机械工业出版社,2005.
[2] 凌爱林. 金属工艺学(工程技术类)[M]. 北京:机械工业出版社,2001.
[3] 肖智清. 机械制造基础[M]. 北京:机械工业出版社,2002.
[4] 王爱珍. 工程材料及成形技术[M]. 北京:机械工业出版社,2003.
[5] 全燕鸣. 金工实训[M]. 北京:机械工业出版社,2005.
[6] 陈金德. 材料成形技术基础[M]. 北京:机械工业出版社,2000.
[7] 孙以安. 金工实习教学指导[M]. 上海:上海交通大学出版社,1998.
[8] 高正一. 金工实习(非机械类用)[M]. 北京:机械工业出版社,2003.
[9] 梁耀能. 工程材料及加工工程[M]. 北京:机械工业出版社 2006.
[10] 杨慧智. 工程材料及成形工艺基础[M]. 北京:机械工业出版社,2000.
[11] 王俊彪. 材料的先进成形技术[M]. 北京:高等教育出版社,2002.
[12] 杜丽娟. 工程材料成形技术基础[M]. 北京:电子工业出版社,2003.
[13] 吕广庶. 工程材料及成形技术基础[M]. 北京:高等教育出版社,2001.
[14] 曾正明. 机械工程材料手册:金属材料[M]. 北京:机械工业出版社. 2003.
[15] 陈迪林,叶海明,刘国钧,等. 贝氏体球铁的研究现状与展望[J]. 上海:铸造伙伴网,1998 ~ 2002.
[16] 王文翰. 焊接技术手册[M]. 郑州:河南科学技术出版社,2000.
[17] 机械电子工业部. 锻压工考试题库[M]. 北京:机械工业出版社,1993.